# 畜牧业
# 空气质量与控制

汪开英 ／ 著

中国农业出版社
农村读物出版社
北　京

前言

　　我国是畜禽养殖和畜禽产品消费大国。随着畜牧业的规模化和集约化发展，畜牧业带来的环境污染问题成为制约我国畜牧业高质量可持续发展的重要因素之一。畜牧业空气污染物与温室气体排放，是畜牧业的主要空气质量问题。畜牧业空气质量不仅关系到畜禽养殖经济效益，更直接影响人类健康和全球气候变化。

　　近年来，我国对畜牧业空气质量问题日益关注。我国不仅相继出台多部关于畜禽养殖污染防治的法律法规，而且中央多次派环保督察组对群众投诉的养殖臭气问题进行督察，畜牧业臭气污染亟待解决。全球气候变暖说明解决温室气体减排问题已经刻不容缓。我国二氧化碳排放力争2030年前达到峰值，2060年前实现碳中和。畜牧业作为温室气体的重要排放源，一直是我国实现"双碳"目标的工作重点。畜牧业空气污染物与温室气体的排放特征复杂、时空变化大，因此，与工业废气和温室气体排放的易于核算与控制相比，畜牧业空气污染物与温室气体排放的监测、核算与控制难度更大。

　　畜牧业空气质量与控制具有极强的学科交叉性，涉及养殖场规划设计、畜禽饲养工艺与设备、空气污染治理、粪污资源化利用等领域的先进技术。此外，随着科技的发展，畜牧业空气质量监测与控制技术的选择既要满足空气质量控制的需求，又要控制养殖户的生产成本，具有治理效果与经济效益的双重要求。

　　为推广畜牧业空气质量与控制的专业知识，满足行业发展需求和提升行业水平，著者有了撰写一部畜牧业空气质量相关内容图书

1

的规划。著者系统地梳理了养殖场污染物来源与特征、养殖场空气污染物监测与分析、污染控制以及畜牧业空气质量的全程控制等方面的知识。本书各章节之间既相互联系又相对独立。同时，书中内容与畜牧业空气质量的源头、过程、末端三个方面的控制相呼应，力求做到相关知识的介绍没有疏漏，繁简相宜。

著者本着审慎的著书态度，在撰写本书过程中查阅了大量国内外相关文献，对同类研究的不同结论进行比较分析，力求减少本书的谬误。本书撰写过程中，著者曾一度因为工作过于繁忙而中断。重拾图书编撰之时已是一年之后，此书收录的许多技术和数据已经更新迭代，需要重新复核整理。好在历时两年多，此书终于成稿。本书的撰写，得到了同行的鼓励与支持，同时他们也给予著者许多意见和建议，著者在此表示诚挚感谢。希望本书能为畜牧业专业人士、畜牧和环境专业学生、养殖场管理人员和技术人员提供参考。

限于著者水平和时间有限，书中不足和不妥之处在所难免，恳请广大读者和同行专家批评指正。

汪开英

于浙江大学紫金港

2022 年 9 月

目录

前言

# 第一章　绪　论

## 一、畜牧业发展现状

### （一）全球畜牧业发展现状

畜牧业为人类提供了大量的动物蛋白和热能，这些约占全球蛋白质和热能消费量的 33％和 17％，这一比例还将随着人们收入的增长不断提高。1980—2005 年，全球人均肉类、蛋类、奶类消费量增长了 37.3％、63.6％和 8.5％，有些国家或地区的人均肉、蛋、奶类消费增加量甚至超过了 5 倍。未来随着全球人口数量的增加和生活水平的提升，畜产品的需求量还将大幅增大。世界自然保护联盟（IVCN）和联合国环境规划署（VNEP）联合发布的一份报告显示，预计到 2050 年，全球肉类和牛奶的需求量将比 2010 年分别增长 73％和 58％。畜牧业不仅提供了全球的膳食蛋白质和热能，还解决了全球约 13 亿人口的生计问题。据统计，全球超过 7.5 亿贫困人口主要依靠畜牧为生，畜牧业对全球农业生产总值的贡献率达到了 40％。

目前，全球畜牧业发展主要呈现高度集约化、发达国家和发展中国家畜牧业发展差异显著、畜牧业与环境变化密不可分等特点。

畜牧业通过增加饲养单元和动物密度、改善动物生产设施和生长环境条件、提升饲料利用率、使用动物疫苗和药品等方式，发展集约化养殖。不同国家集约化畜牧业的发展方式也有着显著差异。美国、加拿大等国，地广人稀，劳动力稀缺，以工厂化的畜禽养殖模式为主。2017 年，美国有 93.6％的商品猪来自规模为 5 000 头及以上的猪场。荷兰、德国等欧洲发达国家则主要为适度规模的生态化畜禽养殖模式，养殖场通过粪污的无害化处理和资源化利用实现畜牧业可持续发展。改革开放以来，我国畜牧业也基本完成了由散户养殖向规模化养殖的转变。2020 年，国务院办公厅印发的《关于促进畜牧业高质量发展的意见》中指出，到 2025 年畜禽养殖规模化率达到 70％以上，到 2030 年达到 75％以上。

发达国家消费者偏好的变化、人口老龄化和人口增长缓慢，使得畜禽产品的消费趋于稳定；但工业化的畜牧生产和畜产品销售仍占农业 GDP 的 53％。与发达国家畜禽产品消费的稳定状态相比，发展中国家在 1980—2002 年，年人均肉类消费量翻了 1 倍，从 14 kg 增加到 28 kg。发展中家畜牧产品需求量的大幅增加为其畜牧业的发展提供了良好契机。与此同时，发展中家畜牧业的快速发展也加剧了对环境的影响。

畜牧业是占地球陆地面积约 37% 的"生产部门"，其与生态环境的大面积接触无疑使两者存在密不可分的联系并相互影响。畜牧业的发展带来了生物多样性被侵蚀，气候变化，土地、淡水、森林资源退化等环境问题。《联合国2030 年可持续发展议程》中，将畜牧业促进可持续发展的关注从畜牧生产本身转移到畜牧业对实现可持续发展目标的贡献，因此，环境问题已成为畜牧业可持续发展的核心。

### （二）我国畜牧业发展现状

我国畜牧业主要划分为农区和牧区。农区以舍饲养殖为主，养殖种类主要是猪、家禽和山羊等，饲料来源为农产品、饲粮等。农区以秦岭、淮河为界，可分为北方农区和南方农区，北方农区包括黄淮海平原、东北平原、关中平原、河西走廊等地，南方农区包括四川盆地、两湖平原、珠江三角洲、长江中下游平原、浙江中部及西南部、福建东南沿海、广西东部、云南中部和台湾西南部平原等地。牧区以放牧为主，养殖种类主要是草食动物，饲料来源为饲草。牧区主要分布在我国北部和西部，包括内蒙古、青海、新疆、西藏等省份。

随着城镇化进程的加快和国民生活水平的不断提高，畜产品在我国国民消费中占比不断提升。特别是改革开放以来，我国居民肉、蛋、奶类产量和消费量大幅提升（图 1-1）。1980—2020 年，我国肉类产量从 1 205 万 t 增加到 7 748 万 t（图 1-2），畜牧业总产值从 354.2 亿元增加到 40 266.7 亿元。2020 年，中国肉类、蛋类、奶类产量分别占世界总产量的 22.4%、37.3%、4.4%，世界排

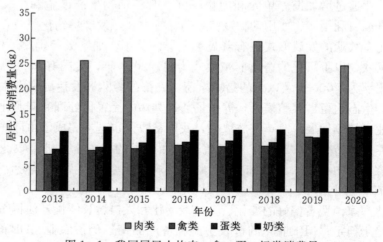

图 1-1 我国居民人均肉、禽、蛋、奶类消费量

名分别是第 1 位、第 1 位、第 4 位。尽管中国肉类产量居世界第一,中国肉类消费中仍有很大一部分依靠进口。2020 年,国际肉价因中国肉类进口大幅增加(受非洲猪瘟影响)而减缓了下降的趋势,可见中国肉类消费量巨大。

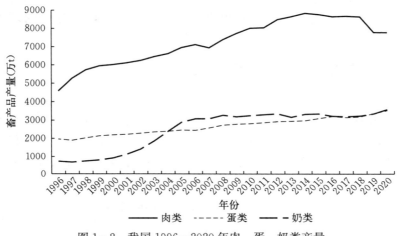

图 1-2　我国 1996—2020 年肉、蛋、奶类产量

畜牧业的快速发展伴随着畜牧业生产模式的变化。传统的家庭养殖型畜牧生产模式土地使用率低,饲料消化率也很低。改革开放以来,我国畜牧业发展迅速,畜牧业格局发生了重大变化,逐渐从家庭养殖模式向集约化、规模化养殖模式转型。特别是 1996 年以后,中国共产党第十五届三中全会通过的《中共中央关于农业和农村工作若干重大问题的决定》中指出,随着我国农业生产和居民消费水平的不断提高,要及时把畜牧业放到更加重要的位置,促进种植业和农产品加工业进一步发展。积极发展牧区畜牧业,加快发展农区畜牧业。稳定发展生猪生产,突出发展草食型、节粮型畜禽业。改良畜禽品种,提高饲养技术和疫病防治技术,发展饲料工业。此后畜牧业产业结构得到极大调整,畜禽养殖规模不断扩大,集约化程度不断提高,机械化程度不断增大。以生猪养殖为例,我国大型养猪场的比例从 1985 年的 2.5% 提升至 2007 年的 22%。此后,随着资本市场转向生猪养殖行业,养猪规模持续扩大,在 2007—2017年 10 年间,生猪养殖场总量下降 54.16%;与之相反,生猪出栏量却增长了24.23%。集约型畜牧业的发展极大地提升了土地使用率(特别是近年楼房养殖的兴起)和饲料利用率,产业链中饲料加工厂和屠宰场等上下游产业的提升也进一步加强了我国畜牧业的规模化进程。

当前,畜牧业已经成为我国农业生产和农村经济的支柱产业,从农业的附属地位发展成农业的重要组成部分,甚至是某些地区的主导产业。同时畜牧业也对增加农民收入和带动农民就业起着至关重要的作用。根据《第三次全国农业普查公报》，截至 2016 年，我国畜牧业从业人员数量约为 1 100 万人，占当年农业生产经营人员总数的 3.5％，是除种植业之外占比最大的农业产业。

集约型畜牧业的发展极大地提升了生产力和生产效率，保证了我国畜牧产品的供应量，但集约化的畜禽养殖也带来了包括大气污染在内的环境污染问题。

## 二、畜牧业发展中大气环境问题

### （一）空气污染

**1. 畜牧业主要空气污染物**　畜牧生产过程中排放的主要空气污染物有氨气（$NH_3$）、硫化氢（$H_2S$）、颗粒物（PM）、温室气体、恶臭气体和挥发性有机污染物（VOCs）（表 1-1），其中，$NH_3$、$H_2S$、VOCs 等又都是养殖场臭气的主要成分。

表 1-1　畜牧业主要空气污染物排放

| 空气污染物 | 对环境影响 | 对人畜健康影响 | 主要来源 | 特点 |
| --- | --- | --- | --- | --- |
| $NH_3$ | 颗粒物重要的前驱物；能形成酸雨、土壤酸化 | 恶臭气体组成部分，引发呼吸系统疾病，长期暴露在 $NH_3$ 环境或 $NH_3$ 浓度超标可致人畜死亡 | 畜禽粪污 | 排放量大 |
| $H_2S$ | 颗粒物重要的前驱物（酸性气溶胶）；导致高密度动物饲养区的大气硫负荷 | 引发呼吸系统、心血管疾病 | 畜禽粪污（厌氧环境微生物分解） | 排放量少、毒性强 |
| 颗粒物（包括 $PM_{10}$、$PM_{2.5}$） | 雾霾 | 引发呼吸系统、心血管疾病；包含病原微生物，传播疫病 | 饲料、粪污、动物皮屑、羽毛、垫料等 | 农业源颗粒物主要来源 |
| 温室气体（$N_2O$、$CO_2$、$CH_4$） | 全球气候变暖 | | 反刍动物肠道发酵、粪污分解、生产运输过程能源消耗 | 排放量大 |
| 恶臭气体 | 对养殖场周围环境产生影响 | 气味大，易引发周围居民投诉；对人畜健康产生危害 | 畜禽粪污、饲料、垫料 | 种类多、成分复杂 |
| VOCs | 臭氧（$O_3$）前驱物、颗粒物前驱物之一 | 苯系物致癌 | 畜禽粪污、饲料、垫料 | 种类多、成分复杂 |

畜牧业排放的 $NH_3$ 占全球人为 $NH_3$ 排放的 64%。以北京为例，据统计，2012 年北京畜禽养殖业 $NH_3$ 平均排放强度高达 2.7 t/km²，其中肉鸡饲养排放的 $NH_3$ 占总排放量的 37.8%，生猪养殖次之，占 37.3%。养殖场内的 $H_2S$ 产生量虽然较低，但由于 $H_2S$ 的毒性极强，会对场内工作人员和动物造成伤害。畜牧业生产过程中还会产生大量 PM。据统计，欧洲畜牧业产生的 $PM_{10}$ 和 $PM_{2.5}$ 分别占大气中 $PM_{10}$ 和 $PM_{2.5}$ 的 8% 和 4%。二氧化碳（$CO_2$）、甲烷（$CH_4$）和一氧化二氮（$N_2O$）是畜禽养殖场排放的主要污染物，也是主要温室气体。养殖场空气污染物成分复杂，除 $NH_3$、$H_2S$、PM 和温室气体外，VOCs 也是养殖场的主要空气污染物。VOCs 是由畜禽粪污和饲料中有机物降解作为中间代谢形成的，主要包括醇类、醛类、挥发性脂肪酸（VAFs）、酯类、硫醇、胺类、芳香烃、含硫化合物、含氯化合物、吲哚类等。

**2. 畜牧业空气污染物来源**　畜牧业生产过程中会产生大量有毒有害气体，主要来自粪污处理、动物本身、饲料加工、畜禽运输及病死动物处理等环节。养殖场是畜禽养殖过程中产生空气污染物的主要场所。养殖场内空气污染物主要来源有畜禽粪污、残余饲料、垫料、畜禽尸体等物质的分解和动物的呼吸。集约化养殖场中，空气污染物的主要排放源有畜禽舍、粪污储存和处理区、污水处理区、饲料生产和储存区及田间粪便施肥区。每个排放源的污染物特征不同，且污染物会随着气候、时间、动物种类、畜禽舍建筑类型、粪污清理与处理方式、饲养类型和管理方式不同而变化。

集约化畜牧业产生的粪污对生态环境影响巨大。据统计，我国每年畜禽粪污的产量约 40 亿 t，是农作物秸秆年产生量的 4 倍多。畜牧业产生的大量粪污如未经处理直接排放，不但会污染土壤和水体，而且这些粪污混合物在清理、储存、运输、处理与施肥过程中会产生大量空气污染物和温室气体。畜禽粪污中 20%～30% 的氮为铵态氮。铵态氮易挥发损失，会提高酸雨的酸碱度（pH）。畜禽粪污在微生物的作用下被分解产生 $NH_3$、$H_2S$ 和甲硫醇（$CH_3SH$）等有毒有害有臭味的气体，而且粪污堆积时间越长，其产生的恶臭气体越多。

除畜禽粪污在储存、运输过程中会产生大量的空气污染物外，动物饲养过程中也会产生污染物，如畜禽舍内垫料、溢洒饲料、动物皮屑、毛发等，这些物质是舍内 PM 的主要来源，而 PM 会携带 $NH_3$ 等有害气体在空气中传播扩散。此外，养殖场饲料加工区也是粉尘污染的重灾区。蛋鸡舍内的破碎蛋壳未及时清理腐败后，会使舍内 $H_2S$ 浓度增高。畜禽运输过程中由于呼吸和排泄，以及病死畜禽未及时处理而造成的腐败分解，都会产生大量空气污染物。

**3. 畜牧业空气污染物危害**　养殖场空气污染物处理难度大，可对人畜健康和环境造成极大危害。在我国大气污染举报中，恶臭/异味污染的举报占比最大。以 2017 年和 2018 年两年为例，全国"12369"环保举报中，恶臭/异味污染分别占涉气举报的 30.6％和 41.7％。可见恶臭气体污染已成大气污染案件中的主要投诉因素。在工业和农业领域的恶臭/异味投诉中，畜牧业占比最大。2020 年，畜牧业在恶臭/异味行业投诉占比达到 12.7％，位列 2020 年恶臭/异味行业投诉首位。

根据一项美国学者的调查，30％的养殖场工人患有慢性支气管炎、职业性哮喘等呼吸系统疾病，60％的养殖场工人健康受到空气污染物的影响。$NH_3$ 浓度超过 10.4 mg/m³ 时就会刺激呼吸道，$H_2S$ 浓度超过 28 mg/m³ 时会引发畜禽生长缓慢、食欲不振等。在美国北卡罗来纳州，一家生猪饲养量为 6 000 头的养殖场，附近社区居民出现了头痛、流鼻涕、咽喉痛、咳嗽过多、腹泻、眼睛灼痛等症状。

畜牧业产生的污染物中，PM 是形成雾霾的主要成分，易引发人畜的呼吸系统疾病，且 PM 中含有大量的致病微生物，易引发疾病传播。PM 和致病微生物可远距离传播，传播范围可达 30 km 以上，因此扩大了养殖场的大气污染范围和疫病扩散风险。尤其是规模化养殖场，畜禽集中饲养的管理模式、高密度以及长期大量堆积的粪污腐败分解，使得有毒有害气体的产生量更大。PM 表面附着的 $NH_3$、恶臭气体和微生物等，更是增加了颗粒物的毒性。

畜牧业产生的空气污染物不仅刺激人畜呼吸系统，传播病原微生物，影响机体免疫力，增大动物易感性，还直接影响畜禽产量和品质。动物感染并传播大肠杆菌、沙门氏菌等是造成畜禽高死亡率的直接原因。畜牧业产生的空气污染物还会危害到养殖场的生物安全。非洲猪瘟疫情在我国暴发以来，养殖场生物安全问题受到人们的空前关注和重视。污浊的养殖场空气，随意排放的粪污，都为养殖场的生物安全带来隐患，容易引发疫病传播，造成巨大经济损失，据农业农村部统计，从 2018 年 8 月到 2019 年 1 月，因非洲猪瘟扑杀生猪 85 万头，直接经济损失超 11 亿元。

畜牧业生产过程中排放的空气污染物还会影响整个生态系统并对生物多样性形成危害。研究表明，中等剂量的空气污染物会使个体植物或特定物种受到养分胁迫或繁殖率降低，物种组成发生改变。高浓度的空气污染物会使一些植物死亡，生态系统的稳定性发生改变。除陆生生态系统外，空气污染物对水生生态系统也有影响，如硫和氮的化合物可以通过多种机制导致地表水的酸化，空气中的氮和磷也能使地表水富营养化，$O_3$ 可以通过对河流沿岸及部分淹没的植物的影响或通过伤害动物呼吸系统改变生物多样性。生态系统的改变使动植物首当其冲地受到伤害，最后将这些伤害反馈到人类本身。酸性沉积和水生生态系统的 pH 改变将导致湖泊和池塘的酸化，酸化的水生生态系统会使鱼类减少甚至灭绝。空气中的污染物在用作饲料的植被或草料上积累，被动物摄入体内。除受污染的植被外，空气污染物通过食物链传播，最终也会传给食肉动物（包括人类）。空气污染除对动植物产生影响外，还会对生态系统中非生物成分产生影响。比如空气污染物会降低大气能见度，从而影响人的可视性，严重者还会导致雾霾。

### （二）全球变暖

温室气体主要包括 $CO_2$、$CH_4$、$N_2O$ 和氟氯化碳（CFC）。2010—2019年，温室气体平均每年增长 1.3%（土地利用变化除外）。2019年，温室气体排放达到 520 亿 $CO_2$ 当量*（$CO_2$-eq）的新高（土地利用变化除外）（图1-3）。

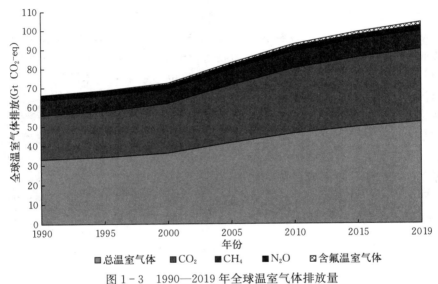

图 1-3　1990—2019 年全球温室气体排放量

（数据来源：OLIVIER，2020）

注：1 Gt＝$10^9$ t。

19 世纪末以来，地球表面的平均温度已经上升了 0.6 ℃。据联合国政府间气候变化专门委员会（IPCC）发布的报告《2021 气候变化：自然科学基础》显示，相比于 1850—1900 年地球的平均温度，目前全球表面温度升高了约 1.1 ℃，这大约是 12.5 万年以来的最高水平。自工业化时代以来，人为温室气体排放已使大气中 $CO_2$、$N_2O$、$CH_4$ 浓度大幅增加，这些排放中约 40% 留存在大气中，剩余部分从大气中移除，存于陆地（植物和土壤）和海洋中。

---

＊ $CO_2$ 当量，用作比较不同温室气体排放的量度单位。

全球变暖使冰川持续缩减，1979—2012 年北极海冰面积缩小速率约为每 10 年 3.5%～4.1%，南极海冰缩减速率也在持续增加。从工业化时代开始算起，海洋吸收 $CO_2$ 已造成海洋酸化，从氢离子浓度的测量结果来看，海表水的 pH 已下降了 0.1，对应酸度增加了 26%。

全球变暖已成为世界性热点问题，温室气体是导致全球变暖的主要因素。畜牧业温室气体排放量占全球总排放量的 18%，高于交通运输业所占份额。畜牧业产生的温室气体主要有 $CO_2$、$CH_4$ 及 $N_2O$。畜牧业排放的 $CO_2$ 占人为 $CO_2$ 排放量的 9%，而 $CH_4$ 和 $N_2O$ 的排放量占总量之比则分别高达 35%～40% 和 65%。

畜牧业对全球变暖的影响主要是由 3 个方面引起的：①畜牧生产范围不断扩大，使森林等植被面积减少，植物光合作用吸收 $CO_2$ 的量变少。②畜牧生产规模和动物数量扩大，使畜牧生产中消耗的化石燃料增多，化石燃料燃烧导致大量 $CO_2$ 排放。③反刍动物肠胃发酵和畜禽粪污分解排放的温室气体，约畜牧业占总排放量的 70%。反刍动物肠胃发酵会产生大量 $CH_4$，而畜牧业发展的一个重要结果就是动物养殖量的增大，这也导致温室气体排放量增大。畜禽粪污在厌氧条件下分解产生的温室气体以 $CH_4$ 为主，同时产生少量 $CO_2$，在好氧条件下产生的温室气体以 $N_2O$ 为主。

畜牧生产过程温室气体排放可以通过适当的技术进行控制，如合理的饲料配比、严格的粪污管理措施以及畜牧生产中新能源的采用等。一方面，畜牧业对温室气体排放具有不可忽视的影响，应该采取积极的方式减少温室气体排放；另一方面，全球变暖也影响着畜牧业的发展，气候变化对畜禽养殖的影响也值得深入探究。

# 第二章　畜牧业空气污染特征

## |第一节| 畜牧业主要空气污染物特征及危害

### 一、氨气和硫化氢

#### （一）氨气和硫化氢来源

**1. 氨气来源**　氨气（$NH_3$）是大气中最主要的碱性气体。它的来源分为自然来源和人为来源。自然来源主要有陆生植物的释放、水体的蒸发和土壤的挥发等。大气中的 $NH_3$ 主要是人为来源。

人类活动排放的 $NH_3$ 主要来自农业，包括肥料施用、畜牧生产等。对全球来说，农业源 $NH_3$ 排放占全球 $NH_3$ 排放的 60% 以上，其中畜牧业 $NH_3$ 排放是全球人为 $NH_3$ 排放的最重要来源，占全球 $NH_3$ 排放的 39%。《中国环境空气质量管理评估报告》（2016 和 2017 版）指出，我国是全球 $NH_3$ 排放量最大的国家，$NH_3$ 年排放量约为 1 000 万 t，其中来自畜禽养殖和化肥施用的 $NH_3$ 排放占 80% 以上。2005—2008 年的数据表明，中国年排放 $NH_3$ 约840 万 t，美国约 280 万 t，欧盟约 310 万 t。我国 $NH_3$ 排放总量远超欧美。

畜牧业的 $NH_3$ 是由畜禽粪污中的含氮有机物在尿素酶的作用下分解产生，其 $NH_3$ 的排放主要来自畜禽舍内动物排出粪污的排放、粪污储存和处理过程中的排放及粪肥施用过程中的排放三个方面。此外，在高密度饲养系统中，禽类高死亡率会导致禽舍内的氮排放增加。对于 $NH_3$ 产生场所，除畜禽舍外，粪污堆放处、堆肥场所、沼液储存池、氧化塘、运动场均是 $NH_3$ 的排放源。

以猪场为例，据统计，猪场中约 50% 的 $NH_3$ 来自尿液表面的散发，另外 50% 则是猪舍内粪便及堆肥过程中产生的。另有研究表明，家畜的氮利用率只有不到 30%，50%～80% 未被利用的氮通过尿液和粪便排出。但是这些排出的氮并未完全被回收利用，氮在粪尿中分别以蛋白质和尿素的形式存在，分别占总氮的 30% 和 70%。在猪粪污贮存过程中，有 25%～35% 的氮以 $NH_3$ 的形式散发。

下式为尿酸水解转化 $NH_3$ 的步骤：

$$CO(NH_2)_2 + 3H_2O \longrightarrow (NH_4)_2CO_3 + H_2O$$
$$(NH_4)_2CO_3 + H_2O \longrightarrow 2NH_4^+ + HCO_3^- + OH^-$$
$$NH_4^+ \longrightarrow NH_3 + H^+$$

氮在粪污中经过脱氨作用、硝化作用、反硝化作用等转化为 $NH_3$。微生物将粪污中的有机氮经过脱氨生成 $NH_3$，$NH_3$ 易溶于水，形成铵态氮（$NH_4^+ - N$）。$NH_4^+ - N$ 受温度、pH 等影响，一部分继续通过 $NH_3$ 形式向外界释放，一部分为微生物提供生长所需氮源，或被硝化细菌转化为硝态氮（$NO_3^- - N$）。$NO_3^- - N$ 一部分经反硝化作用产生 $N_2$ 和 $N_2O$ 等含氮气体释放，一部分通过地表径流损耗（图 2-1）。

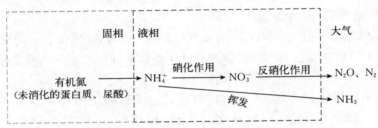

图 2-1 粪污中氮的转化过程

实际上，在粪污回收利用的各环节（氨挥发、反硝化等），都有大量的氮损失，最终粪污中被回收利用的氮只有 50%~70%。$NH_3$ 的挥发发生在畜禽生产的各个阶段，主要是在粪尿排泄时、粪污贮存中及土壤施肥后。大气中的 $NH_3$ 主要在对流层中扩散，与硝酸、硫酸发生反应，形成危害人体健康的硝酸盐、硫酸盐颗粒；与空气中的水蒸气结合，最终以降水的形式沉降到地面或水体中。

畜禽养殖场中，产生 $NH_3$ 最多的是禽类养殖场，其次是养猪场，产生 $NH_3$ 最少的是奶牛和肉牛养殖场。畜禽种类不同，粪污中的含氮量也不同。如家畜中，羊粪中含氮量最高，猪粪、马粪中其次，牛粪中含氮量最低。由于粪污温度、理化性质不同等原因，其氮挥发时间也不同，猪粪、马粪中的氮挥发较慢，持续时间较长；牛粪、鸡粪、兔粪中氮挥发时间短，挥发快。

**2. 硫化氢来源** 硫化氢（$H_2S$）是一种无色、易燃、具有腐蚀性的剧毒气体，低浓度时有具有臭鸡蛋味，浓度极低时有硫黄味。养殖场的 $H_2S$ 主要是由微生物（主要是硫酸盐还原菌）在厌氧环境中，还原尿液中的硫酸盐和分解粪污、饲料残渣中含硫有机质产生的。畜禽舍内粪污未及时清理将挥发出 $H_2S$，而厌氧处理会产生大量 $H_2S$。在厌氧条件下，任何以非 $H_2S$ 形式排出的硫都将被微生物还原为 $H_2S$，因此，粪污是 $H_2S$ 的主要排放源。粪肥搅拌、沼液泵出施肥、沼渣清理等过程中都将释放出极高浓度的 $H_2S$。$H_2S$ 比空气重，在畜禽舍下部比上部聚集多。尽管 $H_2S$ 是畜牧生产中排放的主要含硫化合物，但在农业来源的 $H_2S$ 通常不计算在硫排放估算中。

动物粪污中的 $H_2S$ 主要有两个来源：①饲料中的含硫氨基酸和作为饲料添加剂的无机硫化物，如硫酸铜和硫酸锌。硫化物（$S^{2-}$）可在较低的碱性条件下与氢离子（$H^+$）反应，转化为硫氢根离子（$HS^-$）或 $H_2S$。硫酸盐添加量虽然属于微量，但在猪和家禽养殖的饲料中被广泛使用。②动物饮用水。一些供畜禽饮用水中含有微量硫，有学者研究发现，动物饮用水与动物饲料相比，可能是更主要的硫来源。

一般来说，猪舍中 $H_2S$ 的浓度比较低。有研究表明，猪舍中 $H_2S$ 的平均浓度低于 $2.8\ mg/m^3$，但在粪污搅拌时，$H_2S$ 的峰值浓度可达到 $139\ mg/m^3$，深坑粪沟中排气扇位置的 $H_2S$ 浓度可高达 $306\ mg/m^3$。还有研究指出，在通风条件下，粪污储存过程中，$H_2S$ 的浓度可以保持在 $1.4\ mg/m^3$ 以下，但有时可能发生 $H_2S$ 爆裂释放。HOFF 等（2006）研究表明，在粪污清运过程中，由于猪舍内的粪污被不断搅拌，舍内 $H_2S$ 的浓度会急剧增加，相对于清粪前的 $H_2S$ 排放速率，粪污清运过程中 $H_2S$ 的排放速率增加了 61.9 倍。Guarrasi 等（2015）研究显示，猪舍 $H_2S$ 的浓度一般为 $0\sim135\ mg/m^3$，平均浓度为 $0.01\ mg/m^3$。鸡舍 $H_2S$ 浓度一般为 $0\sim13\ mg/m^3$，平均浓度为 $0.46\ mg/m^3$。奶牛舍和肉牛舍的 $H_2S$ 一般为 $0\sim31\ mg/m^3$，平均浓度为 $0.36\ mg/m^3$。

### （二）氨气和硫化氢的危害

**1. 氨气危害**

（1）氨气对人畜的危害　$NH_3$ 是无色、具有强烈刺激性臭味的气体，因此也是造成畜禽舍恶臭的气体之一。它易溶于水，在水中以 $NH_3 \cdot H_2O$ 的形式存在，少量水解成 $NH_4^+$ 和 $OH^-$。氨的水溶液呈碱性，因此对黏膜有刺激性，严重时可发生碱灼伤，引起眼睛流泪、灼痛，角膜和结膜发炎，视觉障碍。若 $NH_3$ 进入动物或人体呼吸道，则可引起咳嗽、气管炎和支气管炎、肺水肿出血、呼吸困难甚至窒息。有研究表明，幼猪生活环境的空气中含 $35\ mg/m^3$ 和 $70\ mg/m^3$ 的 $NH_3$，增重速度将分别下降 12% 和 30%。鸡是畜禽中对 $NH_3$ 浓度最为敏感的动物。鸡舍中 $NH_3$ 浓度达到 $15\ mg/m^3$ 时，新城疫等疾病发病率会升高，当浓度升至 $37.5\ mg/m^3$ 时，鸡会出现呼吸频率下降、产蛋率减少等状况。

除对人畜黏膜刺激和呼吸系统有影响外，$NH_3$ 对人畜的神经系统也有影响。高浓度的 $NH_3$ 被吸入后，会随血液流至全身，继而进入大脑，引发神经功能障碍，同时，血液中的氨浓度增加会使神经细胞的新陈代谢活动受阻，引发神经系统疾病。

人如果长期暴露在极低浓度（0.21 mg/m³）的 $NH_3$ 环境中，健康也会受到影响。$NH_3$ 对人体的危害见表 2-1 和表 2-2。因此，欧美国家已经针对 $NH_3$ 浓度对养殖场工人的工作时间做出了限定，如美国养殖场工人不能在 17 mg/m³ $NH_3$ 浓度的环境中工作超过 8 h，在 $NH_3$ 浓度为 24 mg/m³ 的环境中暴露时间不能超过 15 min。

表 2-1　短期* 接触 $NH_3$ 对人体健康的危害

| 浓度（mg/m³） | 存在时间 | 影响 |
| --- | --- | --- |
| 0.35 | | 危害阈值 |
| 34.75 | 1 d 以内 | 轻微短暂的眼睛、喉咙疼痛，咳嗽 |
| 347.5 | 30 min | 呼吸加速，鼻子和喉咙疼痛 |
| 3 475 | ＜30 min | 迅速致死 |

* 短期指少于或等于 14 d。

表 2-2　长期* 接触 $NH_3$ 对人体健康的危害

| 浓度（mg/m³） | 存在时间 | 影响 |
| --- | --- | --- |
| 0.21 | | 危害阈值 |
| 69.5 | 6 周 | 眼睛、鼻子、喉咙疼痛 |

* 长期指多于 14 d。

我国相关部门也对畜禽舍内 $NH_3$ 浓度做出了明确规定，如《畜禽场环境质量标准》（NY/T 388—1999）中规定，猪舍、牛舍、禽舍 $NH_3$ 浓度需要分别保持在 25 mg/m³、20 mg/m³、15 mg/m³（成禽）和 10 mg/m³（雏禽）以下。此外，《工作场所有害因素职业接触限值　第 1 部分：化学有害因素》（GBZ 2.1—2019）中也规定了 $NH_3$ 的接触限值（表 2-3）。

表 2-3　工作场所空气中化学有害因素职业接触限值

| 名称 | 职业接触限值（mg/m³） | | 临界不良健康效应 |
| --- | --- | --- | --- |
| | 时间加权平均容许浓度 | 短时间接触容许浓度 | |
| $NH_3$ | 20 | 30 | 眼和上呼吸道刺激 |

（2）氨气对环境的危害　$NH_3$ 除了对人畜健康的危害，还会对生态系统产生影响。$NH_3$ 进入环境后，会对生态系统产生很多负面影响：①$NH_3$ 进入大气中会形成酸雨，如荷兰 1989 年的酸雨中有 45％是来自 $NH_3$；②$NH_3$ 通过大气沉降进入水体，增加环境养分输入，造成水体的富营养化；③$NH_3$ 水解后以硝酸盐的形式沉积于土壤、地表和地下水，造成土壤和地下水酸化，

$NH_3$ 与氮氧化物（$NO_x$）、硫氧化物（$SO_x$）一起被确定为土壤酸化的主要来源；④陆地上活性氮的增加会改变陆地生态结构和植物群落关系，喜氮植物的增加会限制其他物种的繁殖和生长，从而降低物种的多样性。此外，氨还有助于 $N_2O$ 的间接排放。

$NH_3$ 也是 PM 的重要前驱物。$NH_3$ 可通过大气化学反应生成硝酸铵、硫酸铵等 $PM_{2.5}$ 的重要组成部分。当 $NH_3$ 被释放到空气中时，一部分 $NH_3$ 在空气中不发生沉积，另一部分 $NH_3$ 与一些酸性化合物（如硝酸或硫酸）快速反应，形成直径小于 2.5 $\mu m$ 的气溶胶颗粒，即人们常说的 $PM_{2.5}$。据统计，在美国超过 50％ 的 $PM_{2.5}$ 来自 $NH_3$。

**2. 硫化氢危害**

（1）**硫化氢对畜禽的危害** $H_2S$ 主要经畜禽呼吸道吸入，也可经胃肠道吸收，经皮肤吸收较少。$H_2S$ 易被呼吸道黏膜和眼结膜吸附，由于其化学性质不稳定，易与钠离子结合形成硫化钠，因此会对黏膜产生强烈刺激，引起畜禽眼炎和呼吸道炎症。

进入血液中的 $H_2S$ 大部分在体内氧化成硫酸盐和硫代硫酸盐而随尿排出，少部分 $H_2S$ 经甲基化形成低毒的甲硫醇和甲硫醚，甲硫醇浓度较高时对中枢神经系统具有麻醉作用。而未被氧化的游离 $H_2S$ 可与细胞中氧化型细胞色素氧化酶中的二硫键或 $Fe^{3+}$ 结合，使之失去传递电子的能力，使酶失去活性，进而阻断组织细胞的内呼吸，造成组织细胞缺氧。同时还有部分 $H_2S$ 可作用于血红蛋白产生硫化血红蛋白，降低血红蛋白携氧能力，导致细胞窒息、组织缺氧，抑制细胞活性。

$H_2S$ 还会降低脑和肝中的 ATP 酶活性，与体内谷胱甘肽中的巯基结合使其失活影响体内生物氧化过程。高浓度 $H_2S$ 可作用于颈动脉窦及主动脉的化学感受器，引起反射性呼吸抑制且可直接作用于延髓的呼吸及血管运动中枢，造成"电击型"死亡。

猪长期处于低浓度 $H_2S$ 环境中，其食欲会受到影响，体质变弱，抵抗力降低，增重减缓；处于高浓度 $H_2S$ 猪舍中，会出现畏光、流泪、咳嗽、呕吐、腹泻等症状，同时结膜炎、支气管炎、气管炎发病率增高，严重时可出现中毒性肺炎、肺水肿等。对于成年鸡来说，$H_2S$ 含量达到 28 $mg/m^3$ 时会使鸡活动减少、生长减慢。对于犊牛来说，28 $mg/m^3$ 的 $H_2S$ 含量就会引起食欲减退。

（2）**硫化氢对人体的危害** $H_2S$ 对人健康的危害主要表现在刺激黏膜，引起眼结膜炎、鼻炎、气管炎、咽喉灼痛、肺水肿等（表 2 - 4）。暴露在高浓度的 $H_2S$ 环境中有致命危险。1975—2004 年，美国有 77 人死于暴露在高浓度 $H_2S$ 的畜禽粪污处理设施和畜禽舍中。据报道，艾奥瓦州的养殖场中，至少有 19 名工人死于暴露在粪污搅动中产生的 $H_2S$ 中。2011 年，日本北海道的 2 名工人在奶牛粪污贮存池旁死亡，据推测死亡原因是粪坑中的盖子落入坑内，搅动粪污，粪污释放出了高浓度的 $H_2S$。有研究显示，长期处于低浓度的 $H_2S$ 环境中，会对大脑特别是中枢神经系统造成损伤。

表 2-4  $H_2S$ 的危害浓度与时间

| 浓度（mg/L） | 存在时间 | 影响 |
|---|---|---|
| 70～150 | 2～5 min | 嗅觉疲劳，不再闻到臭气 |
| 70～150 | 1～2 h | 出现呼吸道及眼刺激症状 |
| 300 | 6～8 min | 出现眼急性刺激症状，稍长时间接触引起肺水肿 |
| 760 | 15～60 min | 发生肺水肿，支气管炎及肺炎，头痛，头昏，步态不稳，恶心，呕吐 |
| 1 000 | <10 s | 很快出现急性中毒，呼吸加快后呼吸麻痹而死亡 |

在一般畜禽舍中，$H_2S$ 含量低于 14 mg/m³，通常来说是安全的。设有漏缝地板下深粪坑的畜禽舍，在搅动和卸出液粪时，$H_2S$ 含量有可能达到 1 420 mg/m³，足以使人畜发生中毒甚至死亡。

美国政府工业卫生学家会议（ACGIH）将 $H_2S$ 的接触阈限值-时间加权平均值（TLV-TWA）从 14 mg/m³ 降低到 1.4 mg/m³，且将 $H_2S$ 的短期接触限值从 21 mg/m³ 降低至 7 mg/m³。我国相关部门也对畜禽舍内 $H_2S$ 浓度做出了明确规定。《畜禽场环境质量标准》（NY/T 388—1999）中规定，猪舍、牛舍、禽舍 $H_2S$ 浓度需要分别保持在 10 mg/m³、8 mg/m³、2 mg/m³（雏禽）和10 mg/m³（成禽）以下。此外，《工作场所有害因素职业接触限值 第 1 部分：化学有害因素》（GBZ 2.1—2019）中也规定了 $H_2S$ 的接触限值（表 2-5）。

表 2-5  工作场所空气中化学有害因素职业接触限值

| 名称 | 职业接触限值（mg/m³） | 临界不良健康效应 |
|---|---|---|
| $H_2S$ | 10 | 神经毒性；强烈黏膜刺激 |

（3）硫化氢对环境的危害  $H_2S$ 在空气中滞留时间很短，挥发到大气中后多数被氧化成二氧化硫（$SO_2$），$SO_2$ 干沉降或被氧化成硫酸盐气溶胶。硫酸盐气溶胶是 $PM_{2.5}$ 的重要组分。因为 $SO_2$ 在大气中寿命只有 4～48 h，因此 $H_2S$ 形成硫酸盐气溶胶的时间较短。硫酸盐气溶胶通过太阳光的反射和云的形成对地球辐射产生影响。畜牧业中，$H_2S$ 的排放通常伴随着 $NH_3$，而 $NH_3$ 和胺有助于硫酸（$H_2SO_4$）的形成。因此，养殖场中排放的 $H_2S$ 和 $NH_3$ 会形

成具有气溶胶形成潜力的羽流，危害性变得更大。

### （三）氨气和硫化氢排放的影响因素

畜禽舍内、粪污处理过程以及粪污施肥过程中的 $NH_3$ 和 $H_2S$ 排放主要受畜禽舍结构及垫料、饲料、水源、粪污、温度、相对湿度、pH、通风量、季节和昼夜变化、生长阶段等因素影响。

**1. 畜禽舍结构及垫料** 畜禽舍结构对氮转化、氮损失和 $H_2S$ 浓度有很大的影响，如封闭式畜禽舍和开放式畜禽舍 $NH_3$、$H_2S$ 浓度不同，畜禽舍地板类型对 $NH_3$ 和 $H_2S$ 排放也存在不同程度影响。此外，增加储粪坑的深度可以减少粪污暴露的表面积。粪污的表面积越小，表面的气流对 $NH_3$ 和 $H_2S$ 排放的影响也越小，从而减少 $NH_3$ 和 $H_2S$ 的排放。

畜禽舍内垫料的种类、厚度、含水率对 $NH_3$ 排放均有影响。例如，锯末、秸秆等材料作为垫料有助于减少畜禽舍内 $NH_3$ 的产生。有研究表明，锯末垫料猪舍内 $NH_3$ 排放量与传统猪舍 $NH_3$ 排放量相比，减少 50% 以上，且锯末垫料猪舍的 $NH_3$ 排放量仅为稻草垫料猪舍 $NH_3$ 排放量的 30% 左右。玉米秸秆、大豆秸秆、小麦秸秆及松木屑四种垫料中，玉米秸秆 $NH_3$ 的减排幅度最大。锯末和稻壳混合垫料比蘑菇和稻壳混合垫料、酒渣和稻壳混合垫料的 $NH_3$ 排放量低。采用经过碳化处理的垫料也有助于减少 $NH_3$ 的排放，美国佐治亚州立大学的一项研究表明，添加酸化碳有助于降低 $NH_3$ 的排放量。适当增加鸡舍内垫料厚度，将有助于减少垫料中的含水量，便于降低 $NH_3$ 的排放量。此外，及时添加、更换新的垫料可以使 $NH_3$ 的浓度降低 50%。垫料含水率对 $NH_3$ 排放也有影响，当垫料含水率较高时，$NH_3$ 排放量较大。

**2. 饲料** 畜禽日粮中通常蛋白质水平较高。饲料中的蛋白质在畜禽肠道内通过各种酶的作用转化成氨基酸，畜禽体内过量的氨基酸经过脱氮作用转化为尿酸、氨等排出，饲料中 50%～70% 的氮以尿氮和粪氮的方式排出畜禽体外。其中，所含尿素可水解为碳铵，并以 $NH_3$ 形式挥发至大气中。因此，饲料中蛋白质的供给量对 $NH_3$ 的排放有着显著影响。研究表明，对于 10～20 kg 和 20～50 kg 阶段的猪，日粮蛋白质含量降低 3%～4%，可以使猪舍中 $NH_3$ 浓度降低 26.55%～57.85%。

畜禽从饲粮中摄入的硫将直接影响粪污中 $H_2S$ 的产生量。有研究表明，选择含硫量较低的饲料原料可在不影响生产性能和氮转化率的前提下使粪尿中硫酸盐的含量降低 30%，$H_2S$ 的产生量也有所减少。同样，畜禽采用富含硫的高蛋白的饲料，特别是当其消化机能紊乱时，会由肠道排出大量 $H_2S$。与饲粮中添加无机硫的猪粪相比，饲粮中添加有机硫的猪粪中 $H_2S$ 的排放量更低。

本书第四章第一节中会详细介绍饲料配方对空气污染物的源头控制。

**3. 水源** 在养殖场中，$H_2S$ 的产生和排放与 $NH_3$、$CO_2$ 的不同之处在于，$H_2S$ 的排放总量可能与硫的来源有关。硫的来源除饲料外，还有动物饮用水。Arogo 等（2000）的一项实验室研究表明，养猪场供水中硫酸盐浓度与地下储存猪粪中 $H_2S$ 的排放呈正相关。不同养殖场 $H_2S$ 排放总量与养殖场用水中硫浓度相关。在美国国家空气排放监测研究中，通过连续两年监测 $H_2S$ 排放发现，水中硫酸盐水平是影响 $H_2S$ 浓度的重要因素。在使用高硫酸盐浓度水的猪场，两年间日均 $H_2S$ 浓度高达 3.3 mg/m³，日排放最大值高达 39.1 mg/m³；而在同一猪场，使用低硫酸盐浓度水，测得的日均 $H_2S$ 浓度为 0.6 mg/m³。

**4. 粪污** 在粪污中，氮浓度与粪污的沉积时间有关，新鲜粪污含氮量高，随着时间增加，粪污中的氮以 $NH_3$ 的形式矿化和挥发。存积畜禽舍内的粪污是舍内 $NH_3$ 和 $H_2S$ 释放的最主要来源，如不及时清理，则畜禽舍内 $NH_3$ 和 $H_2S$ 的浓度将显著增加。因此，增加畜禽舍冲洗频率和用水量可以减少 $NH_3$ 和 $H_2S$ 的排放。当然这同时意味着后期污水处理量会增加，需要综合考虑两者关系，采用合理的冲洗频率和用水量。同时，增加清粪频率也可降低 $NH_3$ 和 $H_2S$ 的排放量。

有研究表明，2~3 d 的清粪频率可减少舍内 $NH_3$ 排放达 46%。对于猪舍而言，舍内设有 4% 的坡度使尿液直接排出舍外，每天清理粪污一次，可减少 65%~80% 的 $NH_3$ 排放量。Zhang 等（2022）研究发现，每天 2~3 次清除畜舍内粪污可显著降低 $NH_3$ 排放，增加清粪频率还显著降低了舍内 $CO_2$ 和 $CH_4$ 浓度。匡伟等（2020）研究显示，每隔 2 d 清粪，蛋鸡舍内 $NH_3$ 和 $CH_4$ 浓度显著高于每天 1 次和每天 2 次清粪。短时间（2 s）频繁冲洗（每 1~2 h 一次）比较长时间（3~6 s）低频率（每 3.5 h 一次）冲洗 $NH_3$ 减排效果好。蔡丽媛等（2015）研究结果表明，羊舍内机械清粪夏、冬两季每天刮粪 1 次，对 $NH_3$ 的清除率显著高于不刮粪和每天刮粪 2 次。Liang 等（2005）调查了美国 4 家蛋鸡场（采用粪便传送带设施）的 $NH_3$ 排放。结果表明，每日清粪时，$NH_3$ 的排放因子为 17.5 g/(d·AU)（d 为天，AU 为动物单位，1 AU=500 kg 动物），1 周清粪 2 次时，$NH_3$ 的排放因子为 30.8 g/(d·AU)。Morgen 等（2014）对采用粪便传送带设施的蛋鸡舍的 $NH_3$ 排放率进行了测量。结果显示，在粪便清理期间，舍内 $NH_3$ 的浓度一直在增加，而随着粪便清除结束，$NH_3$ 的浓度便急剧下降。

除粪污清除频率外，粪污含水率也影响 $NH_3$ 排放。粪污中水分含量低，则 $NH_3$ 占总氮的百分比较低。Lorimor 等（1999）研究了粪便不同含水率对 $NH_3$ 挥发的影响：粪便含水率为 34.9% 时，粪便中的 $NH_3$ 占总氮的 17.6%；

含水率为 47.1％时，$NH_3$ 占总氮的比例为 30.3％。此外，当粪污中的含水率为 40％～60％时，最适宜微生物生长，氨化速率最高。

对粪污进行搅拌会影响 $H_2S$ 的排放。$H_2S$ 在水中的溶解度较低，因此在粪污中产生的气态 $H_2S$ 仍会以微小气泡形式残留在粪污固体部分中，直到气泡通过聚积变得足够大移动上浮，离开粪污。对粪污进行搅拌会加速 $H_2S$ 聚团，使 $H_2S$ 突然从气泡中释放到空气中，这也是对粪污进行搅动、用泵输送等行为会使粪污中 $H_2S$ 的释放率激增的原因。有研究表明，以 350 r/min 的速度混合粪污 2 min 会产生较高的 $H_2S$ 排放量。以 500 r/min 的速度混合猪粪废水，其 $H_2S$ 排放量比未受搅拌的猪粪废水中的 $H_2S$ 高 1 万倍。此外，禽舍内破壳蛋增多时，舍内 $H_2S$ 浓度会显著增高，越接近地面浓度越高。

**5. 温度、相对湿度和 pH** 是影响养殖场 $NH_3$、$H_2S$ 排放的重要因素之一。

粪污释放到大气中的 $NH_3$ 由气相中的 $NH_3$ 和从液相转化为气相的 $NH_3$ 组成。受温度、湿度、pH 及 $NH_4^+$ 浓度等影响，液相中低挥发性的 $NH_4^+$ 会转化为高挥发性的 $NH_3$。$NH_4^+$ 和游离氨 [$NH_{3(液)}$] 之间存在平衡，$NH_{3(液)}$ 的存在和挥发由下式表示：

$$NH_4^+ \longleftrightarrow NH_{3(液)} + H^+ \qquad (2-1)$$

$$NH_{3(液)} \longleftrightarrow NH_{3(气)} \qquad (2-2)$$

$NH_4^+$ 和 $NH_{3(液)}$ 在粪污中的关系用氨氮解离常数（$K_d$）表示。$K_d$ 是从亨利定律常数衍生而来。亨利常数定义了液相和气相之间的氮平衡，代表给定化合物在两相中的分子群之间的比例，决定了化合物在每种介质之间的相对相容性，其表达式如下：

$$H = \frac{[NH_3]_{液}}{[NH_3]_{气,表面}} \qquad (2-3)$$

式中：

　　$H$——亨利常数，无量纲；

　　$[NH_3]_{液}$——液体中游离氨的浓度，$kg/m^3$；

　　$[NH_3]_{气,表面}$——液体和空气交界处气态氨的浓度，$kg/m^3$。

　　$K_d$ 可表示为：

$$K_d = \frac{[NH_3]_{液} \times [H^+]}{[NH_4^+]} \qquad (2-4)$$

$K_d$ 主要与粪污中的液体温度和 pH 有关。$K_d$ 随温度的升高而增加，具体表达式可用 Van't Hoff 模型表示：

$$\ln [K] = -\frac{\Delta H}{RT} + \frac{\Delta S}{R} \qquad (2-5)$$

式中:

$K$——平衡常数,无量纲;

$\Delta H$——焓变,J/mol;

$\Delta S$——熵变,J/mol;

$R$——通用气体常数,8.314 J/(mol·K);

$T$——温度,K。

Van't Hoff 模型为解离化合物提供了 $K_d$ 和温度之间的关系。因此,温度升高会导致未解离的 $NH_3$ 比例增加,从而增加了 $NH_3$ 的排放。

$NH_3$ 的排放速率与温度呈正相关。温度决定了对流传质系数,粪污中的热量与不断解离和扩散的 $NH_3$ 相互作用。高温有利于 $NH_3$ 的产生:一方面高温会影响 $K_d$,温度升高促进了 $NH_3$ 的挥发,$NH_3$ 常常被溶解或吸附在潮湿的地面、墙面和家畜黏膜上;另一方面,温度能促进畜禽粪污和尿液中的脲酶活性,温度升高时,脲酶活性升高和尿素分解,$NH_3$ 的排放量增加。挥发后的 $NH_3$ 附着在畜禽黏膜上,危害畜禽健康。

有研究显示,$NH_3$ 排放速率与湿度呈正相关。湿度可以提高脲酶活性,进而影响 $NH_3$ 排放。畜禽舍内湿度还会通过垫料和粪污含水率而影响 $NH_3$ 排放。不过,也有研究显示,$NH_3$ 排放速率和湿度呈负相关,这可能是由于热应激导致畜禽排泄量减少,从而减少 $NH_3$ 排放。较高的湿度会导致更多的 $NH_3$ 溶解在潮湿的空气中,从而降低 $NH_3$ 的测量值。此外,湿度对 $NH_3$ 的影响还依赖于温度的变化。

温度、湿度变化还将导致其他参数(如风速、动物行为等)改变,从而影响 $NH_3$ 排放。研究表明,温度每升高 1 ℃,对应 $NH_3$ 挥发量将增加 6%~7%。若通风条件恒定,猪舍温度由 10 ℃升高到 20 ℃,则 $NH_3$ 排放量增加 2 倍。

温度对堆肥过程中的 $NH_3$ 挥发影响较大,堆肥升温期中 $NH_3$ 挥发与温度呈线性正相关,堆肥高温期呈指数正相关。升温期和高温期是 $NH_3$ 的主要排放时期,占总排放量的 60%。

Balsari 等(2007)发现 $NH_3$ 排放与粪液顶层的温度密切相关(相关系数 $r=0.76$)。在 Rigolot 等(2010)的 $NH_3$ 排放模型中,室外粪液发酵罐 $NH_3$ 排放量随温度的上升而增加。

粪污中的 pH 也会影响 $NH_3$ 的排放,主要是影响尿素和未被消化的蛋白质中的氮转化成 $NH_3$。

pH>5.5 时,尿素中氮的降解率增加;pH>7 的碱性环境是尿酸分解的有利条件,此时尿素被脲酶水解为 $NH_3$ 和碳酸盐;pH=9 时,尿酸被分解的效果最佳。$NH_3$ 在碱性条件下比在酸性条件下更容易挥发。当 pH 升高时,

粪污中的 $NH_4^+$ 分解成 $NH_3$，向空气中散发。因此，如果在粪污中增加酸性物质，可以减少粪污中 $NH_3$ 的挥发。

$$NH_4^+ \longleftrightarrow NH_3 + H^+ \qquad (2-6)$$

酸性条件　　碱性条件

$H_2S$ 排放是液相浓度、温度和 pH 的函数，其中温度和 pH 影响 $H_2S$ 在液体中的溶解度。Chung 等（1996）研究表明，当温度超过 25 ℃时，对粪污中 $NH_3$ 和 $H_2S$ 的排放量影响显著。

粪污中的硫化物以 $H_2S$、$HS^-$ 和 $S^{2-}$ 等形式存在。其中，$H_2S$ 的化学解离反应方程式如下：

$$H_2S \longleftrightarrow HS^- + H^+ \qquad (2-7)$$

当 pH<5 时，粪污中的硫化物都以 $H_2S$ 的形式存在；当 pH=7 时，$H_2S$ 和 $HS^-$ 比例相同；当 pH=10 时，所有硫化物都以 $HS^-$ 的形式存在；当 pH=14 时，$HS^-$ 和 $S^{2-}$ 存在比例相同。因此，调节粪污中的 pH 会影响 $H_2S$ 的排放。

**6. 通风量、季节和昼夜变化**　　$NH_3$ 排放量与设备通风量呈正相关。畜禽舍通风量增加，空气流速升高，可加快尿素分解，从而增加 $NH_3$ 排放，降低舍内的 $NH_3$ 浓度。畜禽舍的模拟数据表明，在较高的环境温度下平衡通风率和畜禽的热中性区（畜禽代谢稳定区）可以使 $NH_3$ 的排放量减少 8%～13%。理论上说，更高的通风率将导致舍内空气交换量变大，同时降低舍内空气温度。在较高的空气交换率下，$NH_3$ 排放源上方的空气会被新鲜空气替换，导致 $NH_3$ 的扩散，增加 $NH_3$ 的排放量。有研究表明，猪舍内风速每提高 2～4 m/s，$NH_3$ 的散发量在250 mg/h的基础上增加了 100 mg/h。此外，猪舍内的通风频率从 2 次/h 提高到 7 次/h，$NH_3$ 的排放量会提高到原来的 7 倍。

$H_2S$ 的排放量也与通风有关，特别是在机械通风的密闭式猪舍内，通风不足将导致舍内 $H_2S$ 浓度过高。Ni 等（2021）研究认为，影响 $H_2S$ 浓度的关键因素是硫源、排放机制和通风量。

季节变化影响畜禽舍内温度和通风量，从而影响畜禽舍内 $NH_3$ 和 $H_2S$ 的排放。Blunden 等（2008）测量机械通风猪舍中 $H_2S$ 浓度，发现冬季 $H_2S$ 浓度最高、夏季最低。

昼夜变化也影响舍内 $NH_3$ 和 $H_2S$ 的浓度。夜间畜禽舍的通风量相对减少，使 $NH_3$ 和 $H_2S$ 在畜禽舍内累积，在晨间达到最大值。因此，畜禽舍内应尽量保持通风平衡，夜间适当增大通风量，改善畜禽舍环境质量。

**7. 生长阶段**　　畜禽舍内的 $NH_3$ 排放量与动物生产阶段相关，随着动物体重的增长，排泄量加大，单位时间内在舍内的粪污蓄积量增多，这是影响

$NH_3$ 排放量的主要因素。此外，不同生长阶段畜禽活动量、饲养方式、饲料类型等也会造成 $NH_3$ 排放量不同。有研究表明，保育猪、仔猪、育肥猪舍内 $NH_3$ 平均浓度和排放速率依次增大。同时，$NH_3$ 排放系数与体重呈正相关。生长阶段对禽类的 $NH_3$ 排放也有影响，$NH_3$ 的排放与禽类的年龄线性相关。此外，低体重的禽类可以降低 $NH_3$ 排放。

动物的生长阶段也对 $H_2S$ 的释放有重要影响。动物体格越大，粪污产生量越大，$H_2S$ 的产生和释放就越多，生长和育肥猪舍 $H_2S$ 浓度比保育猪舍的高。不同饲养阶段的饲料也影响畜舍 $H_2S$ 的水平，保育猪饲料含硫量低于育肥猪饲料的含硫量，其舍内 $H_2S$ 含量也低。动物的代谢活动同样影响舍内 $H_2S$ 水平，代谢活动越多，$H_2S$ 排放量越多。夏季动物代谢旺盛，$H_2S$ 水平相应增加。

## 二、颗粒物

### （一）颗粒物来源

大气颗粒物是在大气中存在的各种固态、液态和气溶胶颗粒状物质的总称，常见的灰尘、烟、雾、霾等都属于其范畴。大气气溶胶是指直径为 $0.001\sim100\ \mu m$ 的液体或固体颗粒均匀分散在大气中形成的相对稳定的悬浮体系。实际研究过程中，人们更关注大气气溶胶体系中各种 PM 的特性（物理特征、化学组成等）、来源、迁移变化规律、在大气化学过程中的作用和对生物的健康效应等。因此，人们习惯上将"大气气溶胶"和"大气颗粒物"这两个不同的概念通用。

通常采用动力学当量直径（AED）来描述大气颗粒物的大小。PM 按粒径大小可分为总悬浮颗粒物（TSP）、可吸入颗粒物（IPM）、可入肺颗粒物（RPM）等。粒径小于 $100\ \mu m$ 的悬浮颗粒物称为 TSP。$PM_{10}$ 是飘浮在空气中 AED 小于 $10\ \mu m$ 的 IPM；$PM_{2.5}$ 是飘浮在空气中 AED 小于 $2.5\ \mu m$ 的细颗粒物，也称 RPM。与粗颗粒物相比，细颗粒物的大气寿命更长，同时具有更高的吸收和散射效率。粒径大于 $10\ \mu m$ 的 PM 几乎不能通过上呼吸道的鼻腔、嘴部和咽喉；$PM_{10}$ 可进入鼻腔；粒径小于 $7\ \mu m$ 的 PM 可进入咽喉；粒径小于 $3\ \mu m$ 的 PM 可到达支气管；粒径为 $0.02\ \mu m$ 左右的 PM 大多沉积在肺泡（肺的气体交换部位）。不同粒径的 PM 沉积方式不同，较大粒径的 PM 主要通过碰撞作用沉积，而粒径较小的 PM 则主要通过扩散作用沉积。

PM 引发的空气污染通常被认为是工业化和城市化的后果，在农业领域并没有被当作主要的空气污染来源。然而，欧洲研究表明，农业可能是主要的空气污染排放源之一，其中畜牧业 PM 又是农业源 PM 的主要来源之一，并且随着畜牧业的发展，其 PM 的排放占比还将随之增加。

养殖场中，PM 主要来自畜禽舍。此外，在有饲料加工区的养殖场内，饲料加工车间也是 PM 的主要来源。

畜禽舍内的 PM 比其他室内 PM 浓度高出 10～100 倍。PM 不但是 $NH_3$、$H_2S$ 等恶臭气体的载体，表面还会吸附大量的微生物（如细菌），具有生物活性。PM 的生物成分主要来源于动物皮屑、粪污、饲料及垫料。畜禽携带的微生物数量繁多，种类复杂，肠道中微生物菌群更是十分丰富，动物的粪污也为微生物的聚集提供了物质基础。在高密度的饲养环境中，畜禽舍内空气流动性差，湿度大，利于微生物的存活和繁殖，微生物附着在 PM 表面，向空气中传播。在微生物成分中，直径分别为 $1～30\,\mu m$ 和 $0.25～8\,\mu m$ 的真菌孢子和细菌是构成 IMP 的一部分。

PM 具有再生性。已经沉降到物体表面的 PM 会通过风或振动，再次上浮到空气中，形成再生颗粒物。

畜牧生产系统中，尤以禽舍和猪舍的 PM 排放最大，其中肉鸡舍中 PM 水平最高，禽舍中 IMP 量最高。畜禽舍内 PM 来源有饲料、体表（包括禽类羽毛）、粪污、微生物以及其他类型来源（表 2-6）。饲料 PM 是由于饲料粉末飘散至空气中并长时间悬浮造成的，是畜禽养殖场 PM 的主要来源。体表 PM 包括畜禽咳嗽、打喷嚏时带出的飞沫，以及运动、蹭痒时脱落的皮肤或羽毛。当然，畜禽养殖场内的 PM 还有类似木屑垫料、畜禽粪污及真菌孢子等形成的 PM。

表 2-6　猪场和禽场内 PM 来源

| 动物种类 | 饲养方式 | 主要颗粒物来源 | 贡献率（%） |
|---|---|---|---|
| 禽类 | 垫料养殖 | 垫料（包含粪污） | 55～68 |
| | | 羽毛 | 2～12 |
| | 笼养、传送带清粪 | 饲料 | 80～90 |
| | | 羽毛 | 4～12 |
| 猪 | 垫料养殖 | 垫料（包含粪污） | >30 |
| | | 饲料 | >10 |
| | 部分漏缝地板 | 饲料 | >10 |
| | | 皮肤 | >10 |

在家禽生产中，家禽舍中的 PM 是液体和固体材料的复杂混合物，PM 的主要来源是饲料、粪污、羽毛与垫料，PM 中 90% 是有机质。在多层养殖的禽舍内，皮屑、羽毛、排泄物、饲料、垫料所产生的 PM 污染尤其严重。禽舍中，羽绒、尿液中的矿物晶体和垫料是肉鸡舍中 PM 的主要来源。皮屑、羽毛、粪污、尿液中的矿物晶体、饲料和垫料是蛋鸡舍中 PM 的主要来源。鸡群

的活动量增加是导致鸡舍内 PM 增加的主要原因。Roumeliotis 等（2008）的研究表明，肉鸡的 TSP（平均 170.2 g/d）排放因子大于蛋鸡（42.8 g/d），这可能是由于肉鸡的采食量和活动量较蛋鸡大。家禽粪污是微生物气溶胶的主要载体。从鸡粪污中分离出的大肠杆菌与鸡舍内空气、鸡场下风向空气中分离到的大肠杆菌相似性可达 100%，表明鸡舍内气载大肠杆菌主要来自鸡的粪污。有学者对鸡舍内的金黄色葡萄球菌气溶胶也进行了类似分析，得出相同结论。除粪污、饲料、羽毛、皮屑外，动物的呼吸也会引起微生物气溶胶的传播，对 H9 N2 亚型禽流感病毒气溶胶的实验表明，SPF 鸡（不携带病原的健康鸡）感染病毒后通过咽喉排出的病毒能够形成病毒气溶胶。

猪舍中 PM 主要来自饲料，其次是粪污，其他成分如猪皮屑、霉菌、谷物、昆虫和矿物灰分等较少。饲料颗粒在粗颗粒物中含量最高，粪污在 IMP 中含量最高，这意味着动物将粪污来源的 PM 吸入肺泡内的可能性更大，潜在危害也会更大。垫料也是 PM 的主要来源。不过，也有研究指出，饲料和猪体产生的皮屑是猪舍内 PM 的主要来源。

畜禽舍中 PM 粒径分布变化很大。了解畜禽舍内 PM 的粒径分布，可以在采取 PM 减少措施时，确定对哪些范围的粒径尺寸保持不变，对哪些范围的粒径尺寸能够有效去除。其中，粗颗粒物占 TSP 的比重很大，为 55%～67%（表 2-7）。在有些研究中，粗颗粒物占 TSP 的比重甚至超过了 85%。相比而言，细颗粒物虽然比重较小，但危害远超粗颗粒物。

表 2-7　畜禽种类的粒径分布所占总悬浮物的百分比（%）

| 畜禽舍类型 | $PM_{2.5}$ | $PM_5$ | $PM_{10}$ | $>PM_{10}$ |
| --- | --- | --- | --- | --- |
| 猪舍 | 8～12 | 4～14 | 40～45 | 55 |
| 肉鸡舍 | 9 | — | 58 | 42 |
| 蛋鸡舍 | 3 | — | 33 | 67 |
| 牛舍 | — | 17 | — | — |

此外，畜禽舍内空气中的污染物质之间会产生化学反应，形成有机或无机粒子，这些粒子被称为二次颗粒物。比如畜禽舍内空气中的 $NH_3$ 和酸性气体容易发生化学反应形成无机盐粒子，这些粒子与粪污、饲料等污染源排放的 PM 的物理、化学性质完全不同，且粒径相对较小。因此畜禽舍内的 $PM_{2.5}$ 有一部分也来源于二次颗粒物。

不同种类畜禽舍 $PM_{10}$ 和 $PM_{2.5}$ 的浓度和排放率也不同，肉鸡舍中 $PM_{10}$ 的浓度远高于其他畜禽舍，蛋鸡舍和肉鸡舍的 $PM_{2.5}$ 浓度较其他畜禽舍高（表 2-8）。

表 2-8　不同种类畜禽舍内 $PM_{10}$ 与 $PM_{2.5}$ 相对浓度及单个动物的平均排放率

| 畜禽种类 | 相对浓度（mg/m³） | | 平均排放率（mg/h） | |
| --- | --- | --- | --- | --- |
| | $PM_{10}$ | $PM_{2.5}$ | $PM_{10}$ | $PM_{2.5}$ |
| 肉鸡 | 3.83～10.36 | 0.42～1.14 | 2.24～4.66 | 0.11～0.27 |
| 蛋鸡 | 0.75～8.78 | 0.03～1.26 | 7.08～8.67 | 0.39 |
| 生猪 | 0.63～5.05 | 0.09～0.46 | 7.29～22.5 | 0.21～1.56 |
| 奶牛 | 0.10～1.22 | 0.03～0.17 | 8.5 | 1.65 |

　　大气颗粒物包含许多不同组分，具有区域变化性，且其化学组成非常复杂，其主要化学组分可以分为无机元素（无机离子和微量元素）、元素碳、有机碳、有机化合物和生物质组分。大气颗粒物几乎包含自然界中存在的所有元素，并不同程度地含有一些有毒的微量元素（如铅、汞等）。大气颗粒物中的水溶性无机组分主要是铵盐、硫酸盐、硝酸盐和氯化物。除无机组分外，大气颗粒物中含有的多种有机物是具有多种化学性质和热动力学性质的上百种单个有机化合物的聚合体，包含多环芳烃化合物、醛酮类羰基化合物、正构烷烃等有毒有机污染物（表 2-9）。

表 2-9　大气颗粒物中有机物的化学组成

| 水不溶性有机物（WINSOC） | 水溶性有机物（WSOC） |
| --- | --- |
| $n$-链烷烃 | 脂肪族醛 |
| 脂环烃 | 脂肪族酮 |
| 多环芳烃及含氧、含氮、含硫多环芳烃 | 短链的一元、二元羧酸和长链的脂肪酸 |
| 多环芳香酮 | 酮酸 |
| 多环芳香醌 | 氨基酸 |
| 芳香多羧基酸 | 羟胺 |
| 高级脂肪族醇 | 低级脂肪族醇 |
| 酯（如酞酸酯） | 硝基苯酚 |

　　畜禽舍内 PM 的 90% 由有机粒子组成。舍内 PM 的组成成分与畜禽种类、生长阶段、管理模式等有关。畜禽舍内 PM 的组成元素主要有 C、N、O、P、S、Na、K、Ca、Mg 等。禽舍和猪舍内 PM 中的氮含量高于牛舍内的氮含量，而牛舍内 PM 中的矿物质和灰分含量更高。

### （二）微生物气溶胶来源及分布特征

　　微生物气溶胶是含有微生物成分的固体或液体微粒悬浮于气体介质中形成的稳定分散体系，是大气气溶胶的重要组成部分。根据微粒所包含的微生物种类可以划分为细菌气溶胶、真菌气溶胶、病毒气溶胶、孢子气溶胶、毒素气溶胶等。微生物气溶胶粒子粒径范围为 $0.01\sim100~\mu m$，其数量多、分布广、存活能力强且传播距离远。

GERALD 等（2014）采集不同畜禽舍的 PM，并通过培养基对 PM 的微生物进行培养分析。试验结果表明，虽然不同畜禽舍内 PM 携带的微生物种类不尽相同，但李斯特菌在其中的含量均最高。葡萄球菌、假单胞菌、芽孢杆菌、李斯特菌、肠球菌、诺卡氏菌、乳杆菌、青霉菌是猪舍中的常见微生物。猪粪中的微生物主要是革兰氏阳性球菌，包括链球菌、胃球菌、胃链球菌和聚链球菌。猪肠道中的环境是厌氧环境，因此猪粪中的主要细菌种类是厌氧菌或兼性厌氧菌。猪场 PM 中生物的多样性虽然不随季节变化而变化，但不同季节的微生物浓度也存在差异：病原菌夏季存在多；春季存在则最少；真菌过敏原则秋季浓度高于其他季节。

肉牛场中存在非致病性革兰氏阳性菌，如芽孢杆菌属、金黄色杆菌属、棒状杆菌属、螺旋球杆菌属、微球杆菌属和类芽孢杆菌属。此外，还存在少量非致病真菌，如链格孢属、平脐蠕孢属、金孢属、枝孢属和青霉属。

Dai 等（2022）的研究表明，采用隧道通风模式的 H 型笼养蛋鸡舍中优势菌门为变形菌门、拟杆菌门、厚壁菌门等，优势属为假单胞菌属、大肠菌属等。蛋鸡舍中的潜在致病菌主要有假单胞菌、大肠杆菌、肠杆菌和不动杆菌。此外，蛋鸡舍清粪过程显著增加了空气中的细菌浓度。

在有 1.5 万只鸭的育肥舍内，空气中传播的革兰氏阴性菌，如肠杆菌科、假单胞菌科、弧菌科、军团菌科，分别占总量的 57%、26%、7%、1%。总需氧菌和革兰氏阴性菌的最大空气传播浓度分别为 $1.7\times10^6~CFU/m^3$ 和 $1.8\times10^2~CFU/m^3$。

畜禽粪污中的微生物会被夹裹在 PM 中悬浮在畜禽舍内，因此研究畜禽粪污中的微生物种类也具有重要意义。此外，在畜禽粪污中，不同种类的微生物在恶臭化合物的产生过程中具有不同的作用。

### （三）颗粒物的危害

**1. 颗粒物对畜禽的危害** PM 对动物的健康危害主要在于对动物呼吸道的刺激和损伤，养殖场内 PM 也被认为是造成动物生产性能下降的不利因素。动物吸入的 PM 会深入到动物的呼吸道，引发呼吸道疾病，如慢性支气管炎、哮喘等。如在 PM 和 $NH_3$ 的共同作用下，猪的日增重会降低，肺炎的发病率会增加，甚至死亡率也会有所增加。

除了 PM 本身的作用，PM 携带的化合物和微生物也会对动物产生危害。如猪舍中的 PM 携带有超过 50 种的化合物，这些附着在 PM 上的化合物如果进入更深层的呼吸道会增加 PM 的生物刺激性，也增加了 PM 的潜在健康危害。

PM 对人和动物健康的影响不仅与 PM 粒径和其中的微生物浓度有关，还和微生物的组成有关。微生物气溶胶是舍内畜禽健康水平下降以及舍间疾病传播扩散的主要因素。由微生物气溶胶引起的畜禽疾病有仔猪水肿病、牛乳腺炎、家禽败血症等。当含有细菌和真菌的微生物在空气中长距离传播时，会引发动物群的大范围感染。大肠杆菌、葡萄球菌、金黄色葡萄球菌、链球菌是畜禽养殖场中常见的细菌。曲霉菌、青霉菌、链格孢菌、根霉菌等是畜禽舍内常见的真菌，而过敏性肺病与真菌的吸入有关。曲霉菌与哮喘和其他过敏性呼吸系统疾病有关。粒径微小的颗粒，通过气道进入肺泡，存在其中的真菌会随之对健康产生影响。许多传染病如口蹄疫、猪流感、禽流感、结核病等气源性传染病，即可通过空气中的 PM 进行传播扩散。畜禽舍中革兰氏阴性菌的含量虽然不高于 10%，但所有革兰氏阴性菌均具有致病性。内毒素是革兰氏阴性菌中的成分，内毒素会引起畜禽的呼吸道和肺部感染。畜禽舍周围，内毒素浓度可达到 $0.66 \sim 23.22\ EU/m^3$（EU 为内毒素单位），牛舍中的内毒素浓度更是高达 $761\ EU/m^3$，散养蛋鸡舍的内毒素最高可达 $8\ 120\ EU/m^3$。

此外，畜禽舍 PM 表面附着有大量的重金属离子、VOCs、$NH_3$、$H_2S$ 等，沉降在家畜体表会堵塞汗腺导致皮肤发炎，落在眼结膜上会引起眼结膜炎；$PM_{2.5}$ 还会随呼吸进入支气管甚至肺泡，导致肺泡巨噬细胞吞噬能力下降，进而影响机体的免疫功能，增加家畜患支气管炎、肺炎的概率。Michiels 等（2015）研究表明，$PM_{10}$ 对育肥猪的呼吸健康有显著影响，易导致呼吸道疾病，降低猪的生产性能。

**2. 颗粒物对人体的危害**　世界卫生组织（WHO）认为，各种健康威胁随着人体暴露于大气颗粒污染物而不断增加，目前没有证据表明某个浓度值下的大气颗粒物不会对健康产生负面影响。研究发现，户外空气污染（主要为商业和住宅能源所贡献的细颗粒物）在世界范围内造成每年超过 320 万人死亡。农业源作为第二大贡献者，在许多欧洲国家，其造成的死亡率可以占总空气污染死亡率的 40%。欧洲环境署（EEA）的数据显示，2018 年欧盟有 37.9 万人的死亡与悬浮在空气中的 PM 有关。此外，世界上的 500 多种致病微生物中有 100 多种可通过 PM 传播，由 PM 引起的呼吸系统疾病发病率高达 20%。

畜牧业 PM 对人体的主要危害是引发呼吸道疾病（表 2 - 10），特别是畜禽养殖场内的工作人员，他们受 PM 影响较大，因而患呼吸道疾病的概率也更大。呼吸病学和健康风险的研究表明，PM 与人的心肺功能失常也存在关系，而且在老人、小孩和患病群体中，PM 浓度的提高会显著提升死亡率。奶牛场工人由于常年接触高浓度真菌颗粒物，易患过敏性肺泡炎这种奶牛工人特有的疾病。希科夫斯基等（2005）研究了环境中 PM 水平升高与慢性阻塞性肺病的联系，环境中 $PM_{10}$ 浓度每增加 7 $\mu g/m^3$，周围居民患慢性阻塞性肺病的病例会增加 33%。$PM_{10}$ 大部分通过呼吸道进入人体，少数通过呼吸道或皮肤进入人体。$PM_{10}$ 在呼吸道中发生沉积，其沉积效率与 PM 的粒径、密度、形状、浓度和人体的健康状况、呼吸频率等有关。一般人体对 $PM_{10}$ 的清除在一天内能够完成，但沉积在肺泡中的 $PM_{10}$ 则需要几周甚至几个月才能清除。一项汇总了 9 个欧洲国家的研究数据显示，肺癌风险与 $PM_{10}$ 和 $PM_{2.5}$ 均相关，这两种污染物的增加量和肺腺癌的发生也有关联，该研究涉及 30 多万人，为 PM 的致癌风险提供了直接人群证据。

表 2-10　$PM_{10}$ 的毒性作用

| 影响方面 | 毒性作用 |
| --- | --- |
| 肺功能 | 降低肺部呼吸氧气的能力；使肺泡中的巨噬细胞的吞噬功能和生存能力下降，导致肺部排出污染物的能力降低 |
| 呼吸系统 | 使鼻炎、慢性喉炎、慢性支气管炎、支气管哮喘、肺气肿、尘肺等呼吸系统疾病恶化，甚至引起哮喘等过敏性疾病和硅肺、石棉肺等肺病 |
| 炎症 | 刺激肺部，导致肺部出现急性炎症，表现为中性粒细胞大量局部渗出 |
| 免疫系统 | 引起巨噬细胞的数量和活性改变，降低免疫功能，增加对细菌、病毒等感染的敏感性，使机体对传染病的抵抗力下降；病原微生物随 $PM_{10}$ 进入人体后，可使机体抵抗力下降，诱发感染性疾病的发生 |
| 癌症的发生 | $PM_{10}$ 上吸附的多环芳烃化合物（PAHs）是对机体健康危害最大的环境致癌、致突变物质，其中苯并[$\alpha$]芘能诱发皮肤癌、肺癌和胃癌 |
| 神经系统 | 带有铅的小颗粒物（粒径<1 $\mu m$）在肺内沉着极易进入血液系统，大部分与红细胞结合，小部分形成含铅的磷酸盐和甘油磷酸盐，然后进入肝、肾、肺和脑，几周后进入骨内，导致高级神经系统紊乱和器官调解失能，表现为头痛、头晕、嗜睡和狂躁的中毒性脑病 |
| 胎儿的生长发育 | 胎儿增重缓慢 |
| 儿童的生长发育 | 影响儿童的生长发育和免疫功能 |
| 死亡 | 导致患心血管疾病、呼吸系统疾病和其他疾病的敏感体质患者的过早死亡 |

有研究表明，$PM_{2.5}$ 浓度增加 10 $\mu g/m^3$，心血管疾病病例增加 24%，并导致该病死亡率增加 76%。$PM_{2.5}$ 还与肺癌的发病率和死亡率增加密切相关。国际癌症研究机构（IARC）指出，$PM_{2.5}$ 对肺部的作用机制包括通过氧化应激产生的细胞毒性、致病突变、DNA 的氧化性损伤、产生氧自由基的活性等都会对人类健康造成威胁。PM 粒径越小，渗透到呼吸道的气道中并到达肺部的数

量越多，进入肺部的细小和超细颗粒中 50％会保留在肺泡中；且 PM 粒径越小，其对肺部的作用机制产生的毒性越高。

PM 不仅对人畜的呼吸系统有害，而且当 IMP 携带的毒素进入血液时，还会影响肝脏、肾脏和神经系统。此外，美国流行病学研究发现，糖尿病与 PM 之间存在着紧密联系。更有研究人员在人类大脑组织样本中发现大量微小 PM，它可能是导致阿尔茨海默病（俗称老年痴呆症）的元凶之一。

畜牧业 PM 对人畜健康的影响研究现阶段多在于 PM 与人畜健康之间的联系或与某种疾病之间存在关系，但对于 PM 对人畜健康的影响机制还有待深入的研究。

**3. 颗粒物对环境的危害**　畜牧业生产过程对周边环境存在影响。在畜禽养殖场中，PM 不仅对养殖场内空气质量有重要影响，对外界环境同样有影响，排放到养殖场外界的 PM 可影响生态系统。高浓度的 PM 也会影响到气候变化，比如雾霾的形成、大气辐射与大气可见度等。如大气颗粒物对太阳光具有不同的吸收、散射和反射作用，PM 通过吸收或反射太阳辐射，对地球热平衡产生影响。

如果大气中含有大量吸收水分的 PM，PM 在低于水面饱和水汽压时发生凝结，大气颗粒物形成凝结核，如果凝结核中含有硝酸盐、硫酸盐等，则能够作为酸性凝结核形成酸雨。

PM 本身还可以携带臭气污染物、微生物、有毒酸性物质，以及其他生物成分，对周围环境空气质量造成影响。

**（四）颗粒物排放的影响因素**

PM 形成和传播的影响因素不同。畜牧业 PM 的形成过程受畜禽舍内外因素影响，而使 PM 在空气中传播的过程主要受动物和人类活动的影响（图 2-2）。这里主要讨论养殖场内 PM 形成的影响因素。不同种类的畜禽 PM 排放特性差异很大，当前对 PM 的研究主要关注畜禽舍内 TSP、$PM_{10}$、$PM_{2.5}$。养殖场内 PM 排放率、浓度等特征受多种因素的影响，其排放与畜禽种类和垫料、饲料、相对温度、湿度、通风量、季节变化和昼夜变化、生长阶段和饲养模式等因素相关。

**1. 畜禽种类和垫料**　畜禽种类对 PM 的排放影响很大，因为不同种类畜禽的饲养模式、动物数量及日龄、通风率、温度、相对湿度等不同。研究表明，禽舍中 PM 浓度高于猪舍，肉鸡舍中 PM 浓度高于蛋鸡舍，平养蛋鸡舍 PM 浓度高于笼养蛋鸡舍。

垫料对 PM 排放的影响很大，如在育肥猪中，与非秸秆混凝土地板相比，使用秸秆作为垫料的猪舍中 PM 的可吸入浓度增加 1 倍。如福利化养猪的猪舍内，由于铺设垫料，会造成 PM 浓度增大。此外，垫料类型和含水率对 PM 浓

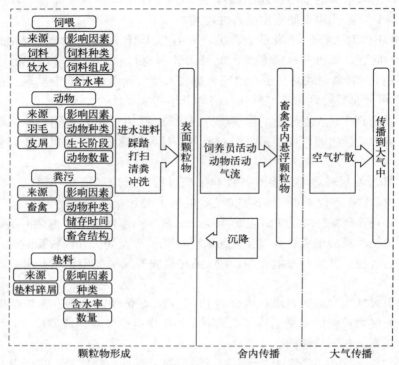

图 2-2　畜牧业颗粒物形成与传播

度也有影响。

**2. 饲料**　饲料是畜禽舍内 PM 的主要来源之一。颗粒饲料比粉尘饲料产生的 PM 少，液体饲料的粉尘排放也较少。向饲料中加水或油脂会减少粉尘向空气中散发。使用饲料添加剂或饲料涂层也可以有效减少源头粉尘。改进饲喂设备也能减少饲料中粉尘的排放。

Cheng 等（2017）通过试验发现，在饲料中添加 10% 的新鲜发酵豆粕可降低仔猪舍内 19.9% 的 $PM_{10}$ 和 16% 的 $PM_{2.5}$ 浓度；张庆振等（2016）用 10% 的菌肽蛋白替代保育猪日粮中的部分普通豆粕，试验结果与对照组对比后发现能够降低舍内 20.34% 的 $PM_{10}$ 与 8.09% 的 $PM_{2.5}$ 浓度；吴胜等（2019）在断奶仔猪饲料中添加不同剂量的植物精油制剂并与对照组对比，结果表明，添加植物精油可显著降低舍内微生物气溶胶浓度，且大剂量的去除效果更优。

**3. 温度、相对湿度**　温度适宜时，动物的活动量增加，PM 浓度也随之增加。温度过低或过高，动物活动均会受到抑制，PM 浓度也随之降低。此外，温度、相对湿度对 PM 的形成、排放和分布也有重要影响，如在高温高湿环境中，PM 易发生凝并，小颗粒物集结成大颗粒物。

**4. 通风量、季节和昼夜变化**　畜禽舍内的风速和通风量是影响颗粒物平均浓度和空间分布的重要因素。通风率增加会造成舍内湍流增强，夹裹的 PM 增多，且造成已经沉降的 PM 重新悬浮。机械通风畜舍内 PM 分布、运动趋势受气流分布、通风率与通风量等多种通风系统特性的影响，如畜舍不同的通风机制会导致舍内不同的气流分布，进而影响舍内 PM 等污染物分布。因此，在畜舍通风系统设计中应综合考虑通风换气与降尘的需要，可应用计算流体力学（CFD）技术深入研究经济高效的通风降尘策略。

吴胜等（2018）发现，猪舍通风量是影响畜舍内 PM 分布的主要因素。夏季气温较高，需要加大通风量以带走舍内多余的热量，通风率高于冬季，舍内的 PM 浓度低、排放率高。冬季畜舍需要保温，舍内通风率低、PM 浓度高、排放率低。黄藏宇（2012）发现，在封闭猪舍中安装可调节风速和风量的新风系统可以显著降低舍内 PM 浓度，最高降幅为 65.8%。Kwon 等（2016）以通风率、室内外温度、猪数量、年龄与活动水平等作为参数，利用 CFD 技术研究机械通风养猪场的粉尘排放规律，结果表明通风是影响 TSP 和 $PM_{10}$ 最主要的因素，调整通风速率和改善通风系统特性可以有效降尘。汪开英等（2017）在猪舍内应用 CFD 技术模拟 PM 浓度场，结果表明 TSP、$PM_{10}$、$PM_{2.5}$ 均受通风率影响，通风速率越大，PM 浓度越小，其中 $PM_{2.5}$ 受通风的影响最大。Wang 等（2002）的研究表明，机械通风的猪舍内，PM 的浓度与通风率呈反比。另据研究，如果通风率低于舍内换气次数（56 次/h），则增加通风率会降低总体平均 PM 浓度；如果通风率超过舍内换气次数，由于 PM 空间分布不均而造成的不同空气层夹裹 PM 和 PM 重新悬浮，会增加 PM 浓度。对于猪舍来说，由于猪舍内的空气混合是由进排气口位置决定的，因此不同猪舍位置和不同通风阶段的 PM 浓度可能会发生变化。

季节变化会直接影响畜禽舍内的通风率，进而影响 PM 浓度。由于夏季畜禽舍通风率高于冬季，因此夏季畜禽舍内 PM 浓度低，排放率高；相反，冬季畜禽舍内 PM 浓度高，排放率低。在蛋鸡舍内，夏季 IMP 和 PM 总量形成率高于冬季，原因是夏季通风率高，PM 的湍流和悬浮增加。同时，季节变化对 IMP 和 PM 总量影响显著，对于猪场和禽场，两种组分在冬季浓度均较高。在肉鸡舍中，当夏季内外温差小于 10 ℃时，PM 浓度低于冬季（内外温差大于 10 ℃时）。在蛋鸡舍内，TSP 和 $PM_{10}$ 浓度冬季也均高于夏季。

PM 会通过对垫料进行机械搅拌而排放到空气中，由于夜间畜禽活动水平较低，因此夜间 PM 浓度通常低于白天。白天动物活动增加，会在舍内引起湍流，并驱散沉降在建筑物表面的 PM，导致 PM 浓度增加。细小颗粒物往往比粗颗粒物沉降得慢，因此在空气中停留的时间也更长。此外，照明对禽舍中 PM 的影响较大。蛋鸡舍中，PM 在光照环境下的形成率高于黑暗环境中的形成率，原因是光照期间鸡的活动量增加。对禽舍来说，昼夜变化和照明对不同种类禽舍的影响也不同。如蛋鸡舍内，由于蛋鸡白天活动较多，PM 浓度昼夜变化更大；而对于采用间歇照明的肉鸡舍，与昼夜变化相比，照明变化、肉鸡活动和 PM 浓度之间关系密切。此外，在猪舍中，由于猪白天的饮食增加，IMP 浓度增加。

**5. 生长阶段和饲养模式**  禽类日龄增加会引起 PM 浓度升高；相反，猪的体重增加则会导致舍内 PM 浓度降低。这可能是由于禽类日龄增加，粪污增多、活动增强、羽毛量增多等原因导致 PM 浓度增加；而猪体重增加，猪活动量减少，导致 PM 减少。

不同的饲养模式也会影响 PM 的排放。猪舍中，使用干料器定时饲喂的猪舍内 PM 浓度低于自由采食猪舍内的 PM 浓度。禽类散养式的饲养模式要比笼养式的饲养模式产生更多的 PM。

## 三、温室气体

### （一）温室气体来源

人类活动中产生的 $CO_2$、$CH_4$ 和 $N_2O$ 等温室气体，使大气中温室气体浓度上升，导致全球气候变暖。农业排放的 $CH_4$ 占人类活动造成的 $CH_4$ 排放总量的 50%，$N_2O$ 占 60%。而畜牧业是农业活动温室气体排放的主要来源，畜牧业产生的温室气体占全球温室气体排放总量的 18%。$CO_2$、$CH_4$ 和 $N_2O$ 这三种气体具有不同的辐射强度和捕获大气中热量的能力及在大气中不同的存在时长。为比较各种温室气体引发全球变暖的潜力，所有温室气体均以百年内的 $CO_2$ 当量（$CO_2 - eq$）表示。

采用"全球变暖增温潜势"（GWP）作为评价温室气体对气候变化影响的相对能力。近 100 年 $CO_2$、$CH_4$ 和 $N_2O$ 的 GWP 分别为 1、28 和 265，也就是说每排放 1 g $CH_4$ 或 $N_2O$，在地球大气中捕获热量的能力是 1 g $CO_2$ 的 28 倍或 265 倍。

$CO_2$ 是最重要的温室气体，因为其浓度和排放量比其他温室气体大得多。其次是 $CH_4$，因为它在大气中可停留 9～15 年，且其捕获大气热量的效率是 $CO_2$ 的 28 倍。自工业时代以来，$CH_4$ 的浓度约增加了 150%。据 IPCC 统计，进入大气层中的 $CH_4$ 通量中有一半是人为排放的。$N_2O$ 是第三重要的温室气体，它虽然量小，但在捕获热量方面的效率是 $CO_2$ 的 265 倍，且在大气中可存活 114 年。$NO_x$ 能够促进对流层 $O_3$ 的形成，而且 $N_2O$ 不但是一种温室气体，还能够通过光化学分解为 NO 来降低平流层的 $O_3$。

在畜牧养殖的整个生产过程中，几乎每个环节都在排放温室气体（图 2-3），$CH_4$ 和 $CO_2$ 的浓度差异很大，而 $N_2O$ 的全年排放量相对稳定。

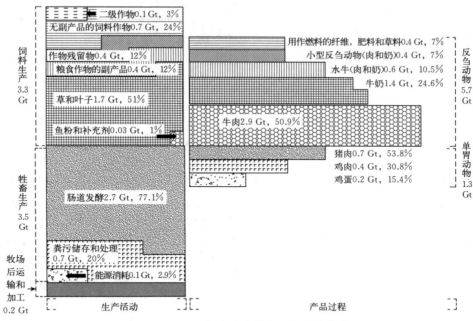

图 2-3　2013 年全球畜牧业温室气体排放

（数据来源：GERBER，2013）

　　畜牧业各类生产部门中，牛（不包含水牛）的生产环节温室气体排放量占畜牧业排放总量的 65%，是畜牧业中对温室气体贡献最大的物种。牛肉生产中，温室气体排放量占牛生产环节排放总量的 41%；牛奶生产中，温室气体排放量占牛生产环节排放总量的 20%。牛生产环节温室气体的主要排放源是牛的肠道发酵、饲料和肥料使用，其中肠道发酵是牛排放温室气体的主要源头，温室气体年排放量为 11 亿 t，分别占乳制品和牛肉生产过程中温室气体排放量的 46% 和 43%。饲料和肥料使用环节是牛生产环节温室气体的第二排放源，占乳制品和牛肉生产过程中温室气体排放量的 36%。肥料使用环节产生的温室气体主要是 $N_2O$。不同牛群种类排放温室气体的强度不同，奶牛生产比肉牛生产排放的温室气体强度大，这主要是由于奶牛不但生产奶制品，还有一部分生产牛肉，因此排放温室气体的量比肉牛大。

　　除牛生产环节外，水牛、其他反刍动物的温室气体排放量约占畜牧业温室气体排放总量的 8%、6.5%。

　　生猪生产环节温室气体排放量占排放总量的 9%。生猪生产环节的主要排放源中，饲料生产温室气体排放量最大，占猪类总温室气体排放量的 48%；其次是粪污存储和处理，占 27.4%；养殖场后续活动及运输占 3.5%。猪场中

$N_2O$ 主要来自粪污储存和处理，$CH_4$ 主要来自肠道发酵和粪污储存及处理，$CO_2$ 主要来自猪舍内动物的呼吸、粪污排放等。同时，$CO_2$ 可作为评价猪舍中通风量的标志性气体，当猪舍内通风不良时，$CO_2$ 浓度会较高。

鸡生产中温室气体排放量占排放总量的 8%。主要排放源为饲料生产，约占鸡和鸡蛋生产环节的 57%；其次是粪污产生的温室气体，占鸡和鸡蛋生产环节的 20%。

畜牧业中温室气体的排放主要来自以下四个方面。

**1. 家畜肠道发酵**　反刍动物和非反刍动物胃中食物发酵时都会产生 $CH_4$。$CH_4$ 对全球气候变暖的影响作用占全部温室效应影响因素的 15%～20%。微生物发酵将碳水化合物分解成能被动物消化的简单分子，$CH_4$ 就是能量代谢过程中的产物，由厌氧微生物——产甲烷菌生成。反刍动物排放的 $CH_4$ 产生于内含丰富微生物的瘤胃和后肠中。而非反刍动物，如单胃动物猪产生的 $CH_4$ 主要来自大肠。不同类型家畜的 $CH_4$ 排放量不同。反刍动物肠道发酵产生的 $CH_4$ 排放量更大。据统计，反刍动物如牛、羊等的 $CH_4$ 总产量约为全球动物和人类 $CH_4$ 释放总量的 95%。每年释放到大气中的 $CH_4$ 为 $10^{12}$ g 时，大气中的 $CH_4$ 浓度将增加 1%。对反刍动物来说，肠道 $CH_4$ 排放量占饲料总能量的 2%～12%，其排放量取决于日粮中碳水化合物类型、日粮中脂肪含量、瘤胃调节剂等。对单胃动物来说，肠道 $CH_4$ 排放量通常不到个体动物总能量摄入量的 2%。

**2. 动物粪污分解**　畜禽粪污厌氧储存和处理过程中产生的主要温室气体是 $CH_4$。相反，若对粪污进行好氧处理，由好氧微生物和兼性微生物对粪污进行分解，则主要温室气体产物是 $CO_2$。此外，尿素在脲酶催化下快速水解，会产生 $NH_3$ 和 $CO_2$。粪污中 $CH_4$ 的释放过程：微生物将有机物分解，转化为 VFAs、$CO_2$ 和 $H_2$ 这些中间产物，这一过程由于微生物活性的影响，粪污的温度增加，从而为产甲烷菌在嗜热环境下将乙酸盐、$CO_2$ 和 $H_2$ 转化为 $CH_4$ 提供了合适的条件。粪污中 $CH_4$ 的排放量会因储存时间、环境温度、收集和燃烧方式的不同而发生变化。肉牛粪污产生的 $CH_4$ 量是牛产生气体总量的 12%～17%。当然，$CH_4$ 也可以转化生成 $CO_2$，从而减少降低其 GWP。

畜禽养殖业中，氮的损失是从畜禽舍内粪污排出动物体外开始，并在之后的贮存和管理过程中不断损失。动物粪污储存和处理过程中，会产生大量的 $N_2O$。$N_2O$ 的排放分为直接排放和间接排放，直接排放是通过粪污向空气中释放大量的氮，再通过硝化和反硝化作用转化成 $N_2O$。间接排放主要是以 $NH_3$ 和 $NO_x$ 的形式产生的挥发性氮损失。$N_2O$ 的直接排放是硝化和反硝化作用的产物，会在利于这个过程的所有畜禽生产阶段释放。硝化作用发生在好氧条件下，首先铵被氧化为亚硝酸盐，然后亚硝酸盐转化为硝酸盐。在硝化过程中，当发生缺氧或硝酸盐积累时，就会产生副产物 $N_2O$。氨氧化细菌负责在硝化作用中产

生 $N_2O$。反硝化作用是氮循环的重要组成部分，是在厌氧过程中逐步通过亚硝酸盐、一氧化氮和 $N_2O$ 将硝酸盐还原为氮。反硝化过程中产生的 $N_2O/N_2$ 值受缺氧和具有反硝化能力的兼性异氧细菌的影响。$N_2O$ 的形成和排放速率随肥料孔隙率、pH、温度、湿度、固体量、氮和蛋白质含量的变化而变化。有研究表明，畜禽舍中 $N_2O$ 排放量最高的是带垫料的家禽舍，因为该场所含有大量氧气和碳源，易于发生硝化和反硝化作用。畜禽粪污如果以液体形式储存，直接排放产生的 $N_2O$ 较少，因为此时的缺氧环境不能发生硝化反应。

**3. 畜禽饲料生产** 饲料原料的生产及新建养殖场侵占自然环境过程中，会产生大量 $CO_2$。同时，饲料生产、肥料制造、加工和运输过程中，所消耗的化石燃料也会产生大量的 $CO_2$。饲料生产中，$N_2O$ 的排放源来自饲料生产中使用的肥料（有机肥料或合成肥料），以及在养殖场堆肥区沉积或农田施肥过程中的肥料。这些过程中产生的 $N_2O$ 具有极大的不确定性。

**4. 饲养过程中的能源消耗** 在整个畜牧供应链中都会存在能源消耗，除了畜禽饲料生产需要消耗大量的煤、石油等化石燃料，大规模的封闭式规模化养殖场也需要消耗大量的能源来照明、供暖、降温、自动化投喂和供水，以及保持空气流通，这些过程都会间接产生大量的温室气体。

畜牧业温室气体排放的评估中通常不包含动物或动物粪污产生的 $CO_2$，因为植物通过光合作用吸收 $CO_2$，而动物通过食用植物排出 $CO_2$，形成循环。而对于畜牧业中非动物或动物粪污直接产生的 $CO_2$，则可以包含到畜牧业温室气体排放的生命周期评估中，间接的 $CO_2$ 排放源包括农场设备、运输车辆中化石燃料的燃烧及整个供应链中的电力使用。

## （二）温室气体危害

**1. 全球变暖** 1906—2005 年，全球地表平均温度上升了 0.74 ℃，并以每 10 年升高 0.13 ℃ 的趋势升温。全球大气平均温度和海洋温度均在增加，在大陆、区域和海盆尺度上，科学家们已经观察到了大量的长期气候变化事实。全球 $CO_2$ 浓度的增加主要是由化石燃料的使用及土地利用的变化引起，而 $CH_4$ 和 $NO_x$ 浓度的增加则主要是由农业引起。虽然 $CO_2$ 排放得到人们普遍的关注与共识，但 $N_2O$ 和 $CH_4$ 的 GWP 更大。

全球变暖引起的气候变化，会导致洪涝灾害、大风等极端气候频发，海平面上升、冰川融化以及全球粮食储备量下降。最终对人类生存造成巨大的风险。气候变化还可能导致许多生态系统衰退或受到破坏，个别物种甚至会灭绝。

畜牧业也会受到全球气候变化的影响，比如全球粮食减产会导致畜牧产品价格上涨，全球变暖可能会导致畜禽寄生虫增多及疾病频发等。疾病的传播速度和范围都会在气候变化的影响下不断提升和扩大，使蚊虫等传播媒介的繁殖能力和致病性增强。气温升高会加速大气中化学污染物的光化学反应，增加大气中光化学氧化剂的含量，使人体各种疾病的发病率升高。同时，高温天气会使原本就炎热的地区更热，导致高温地区畜禽和人的死亡率增加。

**2. 温室气体对人畜的危害** 温室气体中的 $CO_2$ 本身无毒无害，但当畜禽舍内的 $CO_2$ 浓度达到一定程度时，会造成动物缺氧，出现精神萎靡、食欲下降、体质虚弱等现象，诱发 $CO_2$ 慢性中毒。有研究表明，猪舍内 $CO_2$ 浓度达到 20%时，仔猪呼吸速率增加、行为异常、肌肉神经高度兴奋（表 2-11），当 $CO_2$ 浓度达到 30%时，仔猪会在 6 min 后机体失去平衡。Lionch 等（2013）研究了无意识的猪暴露在不同比例 $N_2$ 和 $CO_2$ 混合气体条件下的反应。研究发现，长时间暴露于浓度为 90% $CO_2$（10%空气）环境中的猪全部死亡，暴露在 $N_2$/$CO_2$ 混合气体下的猪有 30.4%存活。

表 2-11 不同浓度 $CO_2$ 对猪的影响

| $CO_2$ 浓度（体积分数,%） | 影响 |
| :---: | :---: |
| 4 | 呼吸频率增加 |
| 9 | 不舒服 |
| 20 | 无法忍受 |

舍内 $CO_2$ 浓度过高还会对工作人员的健康造成危害。当 $CO_2$ 浓度较低时，舍内工作人员未受到影响；当 $CO_2$ 浓度增加，且长时间暴露在高浓度 $CO_2$ 环境中，人会出现头晕头痛、神志不清等症状，严重时甚至死亡（表 2-12）。

表 2-12 不同浓度 $CO_2$ 对人体的影响

| $CO_2$ 浓度（体积分数,%） | 对人体的影响 |
| :--- | :--- |
| 0.03 | 无影响 |
| 0.1~0.2 | 疲倦 |
| 0.3 | 注意力下降，心理性能下降 |
| 0.5~0.8 | 头晕 |
| 1.0 | 每分钟呼吸量和潮气量增加 60%，胃酸增多，心力储备下降 |
| 1.5 | 类固醇激素分泌增加，EEG 改变 |
| 2.0 | 运动适应能力开始下降 |
| 3.0 | 每分钟呼吸量和潮气量增加 100%~130%，心率、呼吸频率加快，基本生理功能改变，低碳酸血症，对中等体力活动无影响 |
| 5.0 | 呼吸费力，呼吸量增加，头痛，潮气量增加约 300% |
| 6.0 | 嗜睡、头痛 |
| 7.5 | 心肌收缩力降低、高碳酸血症 |
| 7.0~9.0 | 人体耐受极限 |
| >10.0 | 呼吸变弱、意识丧失，血压下降，昏迷甚至死亡 |

国际农业与生物系统工程委员会（CIGR）规定畜禽舍内 $CO_2$ 最大允许浓度为 5 400 mg/m³，美国爱荷华州立大学推荐的猪舍内 $CO_2$ 浓度限值为 5 893 mg/m³，我国《规模猪场环境参数及环境管理》中规定的 $CO_2$ 浓度限值为 1 300 mg/m³（保育舍和哺乳舍）和 1 500 mg/m³（育肥舍、空怀妊娠舍和种公猪舍）。我国牛舍和禽舍中 $CO_2$ 的浓度限值均为 1 500 mg/m³。

### （三）温室气体排放的影响因素

本节温室气体排放的影响因素只涉及养殖过程温室气体排放，不涉及粪污施肥到农田中温室气体排放。

**1. 畜禽**　畜禽种类、生长阶段及畜禽舍结构都对温室气体排放有显著影响。

《2006 年 IPCC 国家温室气体排放清单指南》（简称"IPCC 指南"）中给出了牛、猪、羊、家禽等 12 种畜禽的温室气体排放因子推荐值，且对于温室气体贡献最大的牛，不同种类及生长阶段其排放因子的推荐值不同。对于单胃动物而言，生长阶段影响动物的后肠发酵能力。以猪为例，成年猪的 $CH_4$ 产量通常最高，因为其后肠发酵能力最强。

畜禽舍结构会影响温室气体排放，畜舍地面使用稻草覆盖要比地面完全使用地板所排放的 $CH_4$ 和 $N_2O$ 少，地面平养鸡舍所产生的 $N_2O$ 和 $CO_2$ 比层架式鸡笼要多。

畜禽舍内垫料对温室气体排放也有影响，不同材料的垫料温室气体排放量不同。如与秸秆垫料相比，木屑垫料能够减少 $CH_4$、$N_2O$ 和 $CO_2$ 的排放。

**2. 饲料**　动物采食的饲料在消化道内正常发酵后会产生 $CH_4$。饲料的种类、配比、饲喂方式及使用营养添加剂都将影响 $CH_4$ 的排放。

不同饲料种类影响反刍动物的 $CH_4$ 排放。国内学者研究饲料体外发酵的 $CH_4$ 产量发现，采用玉米秸秆的饲料 $CH_4$ 产量最高，采用国产苜蓿的 $CH_4$ 产量最低。有研究表明，喂氨化饲料的牛比喂普通饲料的牛每年少排放 17.11 kg $CH_4$，且氨化饲料营养价值高、易消化，从而缩短了牛的饲养周期，减少了单位畜产品 $CH_4$ 的排放量。采用秸秆青贮的饲料与普通饲料相比，也提高了秸秆利用率，而减少了单体动物 $CH_4$ 的排放。

日粮中精粗纤维的配比会影响 $CH_4$ 排放。比如日粮中粗纤维水平过高可能导致日粮营养浓度偏低，动物为摄取足够的营养物质而增加采食量，从而增加 $CH_4$ 排放。

饲喂方式也会影响 $CH_4$ 和 $CO_2$ 的排放量，比如先粗后精以及先粗后多次添加精料的饲喂方式不仅可以降低饲料损耗，减少 $CH_4$ 和 $CO_2$ 的排放量，而且可以改善动物生产性能。

使用诸如以尿素、矿物质、微量元素、维生素等为主要成分的多功能舔砖，或如莫能菌素、盐霉素和拉沙里菌素的离子载体，都可以减少 $CH_4$ 的排放量。

**3. 粪污** 粪污储存时的氧气条件、温度、pH、储存时间、搅拌、含水率、可降解有机物含量、氧化还原电位、C/N 等都会影响温室气体排放。此外，粪污处理方式（如厌氧发酵和好氧堆肥）也会影响粪污温室气体排放。

有氧条件下，粪污中 $CO_2$ 的排放量更大，而厌氧条件更有助于 $CH_4$ 排放。对于 $N_2O$，粪污中的 $NH_4^+$ 在好氧条件下转化为硝酸盐，$N_2O$ 为副产物，硝化作用下 $N_2O$ 的最终产物只有不到 1%。不过，有氧条件下 $NH_3$ 的排放量更大，因为它可以参与到随后的反硝化作用中，因此也有助于 $N_2O$ 的间接排放。厌氧条件下发生反硝化反应，将硝酸盐还原为氮，这一过程中 $N_2O$ 的产生量占最终产物的 5%。

温度对温室气体的排放有显著影响，高温有助于 $CH_4$ 排放。根据 IPCC 指南，当年平均室外温度低于和高于 15 ℃时，每只禽类每天的 $CH_4$ 产量分别为 0.05 g 和 0.08 g。Im 等（2020）研究表明，温度为 35 ℃时，牛粪中 $CH_4$ 的排放量最高；当温度为 20 ℃时，$CH_4$ 的排放量减少了近一半。Sommer 等（2007）研究发现，在 10 ℃和 15 ℃，畜禽粪污每千克挥发性固体中 $CH_4$ 的最高排放速率分别为 0.012 g/h 和 0.02 g/h；而当温度为 20 ℃时，每千克挥发性固体中 $CH_4$ 的排放速率则可以达到 0.1 g/h。季节不同会影响温度变化，夏季 $CH_4$ 的排放量远高于冬季，其累积排放量甚至可以达到冬季的 100 倍以上。

降低粪污的 pH 可以同时减少 $CH_4$ 和 $N_2O$ 的排放。粪污的储存时间也影响温室气体的排放，$CH_4$ 的排放通常在前 30 d 达到峰值，$N_2O$ 的排放在 30～60 d 时达到峰值。因此，储存时间越短，温室气体排放时间越少。搅拌也会对粪污的温室气体排放产生影响。有研究表明，搅拌牛粪会使 $CH_4$ 的排放增加。此外，粪污中的温室气体排放还受到粪污含水率、可降解有机物含量、氧化还原电位、C/N 等因素的影响。

对于露天储存的粪污，尽管粪污表面覆盖材料创造了厌氧条件，但却可以显著减少总的温室气体排放。有研究表明，表面覆盖会减少粪污 38%～88% 的 $CH_4$ 排放量，且覆盖效果受温度影响。不同覆盖材料和覆盖技术对减排效果也不一样，覆盖稻草效果最好。

对粪污的处理方式也会影响温室气体的排放。比如应用沼气工程回收 $CH_4$ 会减少温室气体排放。按照 IPPC 的推荐方法，以一个建在我国南方的沼气工程为例进行计算，一个年出栏万头猪的养猪场会因沼气工程每年获得温室气体减排效益 781 t $CO_2$ - eq。对粪便进行堆肥处理也会影响温室气体的排放速率，大规模堆肥的温室气体排放速率比小规模的快。依靠对堆体内温度梯度引起被动曝气的被动堆肥排出的温室气体比主动堆肥（强制通入空气）的多，这是由于被动堆肥会产生局部厌氧区，因此造成更高的 $N_2O$ 和 $CH_4$ 排放。

## 四、恶臭气体污染及挥发性有机化合物

### （一）恶臭气体及挥发性有机化合物的来源

畜禽养殖过程中产生的恶臭气体主要是由微生物及畜禽废弃物（包括粪尿、溢洒饲料及废水、垫料等）在一定条件下降解产生的挥发性化合物混合而成。畜禽养殖场恶臭成分复杂多样、浓度变化大、滞留时间长，其复杂性和变化性甚至超过工业恶臭。

总体来说，畜禽养殖场的恶臭气体可分为含氮化合物（如 $NH_3$ 等）、含硫化合物（如 $H_2S$、硫醇、硫醚等）、VFAs（如乙酸、丙酸等）、芳香族化合物（如酚类、吲哚等）四大类。$NH_3$ 有强烈刺激性气味，但与其他恶臭成分相比，氨的嗅阈值 $[(0.3\sim53)\times10^{-6}]$ 较高。除 $NH_3$ 外，恶臭气体中含氮化合物还有挥发性胺，如甲胺、三甲胺、乙胺、腐胺和尸胺等。含硫化合物一般具有强烈刺激性气味，主要有 $H_2S$、甲硫醇、丙硫醇、二甲基硫醚等。畜禽粪污中的硫多以 $H_2S$ 和甲硫醇的形式散发到空气中。VFAs 被认为是恶臭气体中的重要组成部分。其中，乙酸约占 VFAs 的 60%，其次有丙酸、正丁酸、异丁酸、戊酸等。畜禽养殖场中的 VFAs 一般是短碳链结构，相比于长碳链结构，短碳链结构的 VFAs 嗅阈值较高，因此养殖场中的 VFAs 一般不带有强烈刺激性臭味。养殖场中的芳香族化合物主要有酚类、吲哚和粪臭素，其中酚类浓度较高，吲哚浓度较低。畜禽养殖场的酚类物质中，甲酚浓度最高，且较其他芳香族化合物嗅阈值低，因此甲酚是畜禽养殖场芳香族化合物中产生恶臭的主要物质。

臭气中存在的化合物成分不同，且所有成分都有不同的气味和阈值。有研究发现，猪粪产生的臭气中含有 168 种挥发性化合物，以散发低级脂肪酸类臭气物质为主；鸡的粪与尿同时排出，其中 $NH_3$ 和二甲基二硫的浓度特别高；牛粪散发出的臭气成分以低级脂肪酸为主，与猪粪、鸡粪相比，臭气成分种类少，浓度低。

畜牧业恶臭气体主要有畜禽舍、粪污储存和处理场所（贮粪池、堆肥车间、污水池等）及农田施肥三种来源。其中，农田施肥可能是恶臭气体排放和投诉最大的来源。不同养殖场的恶臭气体主要来源不同，蛋鸡场恶臭主要来源是粪便堆肥，奶牛场恶臭主要来源是污水贮存，养猪场恶臭主要来源是各类猪舍。

VOC 是一类包含数千种气体的化合物，恶臭气体中含有多种 VOCs。美国国家环境保护署（EPA）对 VOCs 进行了定义：VOCs 是任何参与大气光化学反应的含碳化合物，不包括一氧化碳（CO）、$CO_2$、碳酸、金属碳化物或碳

酸盐。在我国，对 VOCs 的定义是指常温下饱和蒸汽压大于 70 Pa、常压下沸点在 260 ℃以下的有机化合物，或在 20 ℃条件下蒸汽压大于或者等于 10 Pa 且具有挥发性的全部有机化合物。因为 VOCs 的沸点很低（50~260 ℃），因此它们能够轻易从固体和液体表面逸出，进入室内或环境空气中。

按 VOCs 的化学结构可分为烷烃类、芳香烃类、烯烃类、卤代烃类、酯类、醇类、醛类、酮类和其他化合物等（表 2-13）。目前已鉴定出的 VOCs 有 300 多种。最常见的有苯、甲苯、二甲苯、苯乙烯、三氯乙烯、三氯甲烷、三氯乙烷、二异氰酸酯（TDI）、二异氰甲苯酯等。

表 2-13　VOCs 分类及主要成分

| 序号 | VOCs 类别 | 主要成分 |
|---|---|---|
| 1 | 烷烃类 | 丁烷、正己烷 |
| 2 | 芳香烃类 | 苯、甲苯、二甲苯、苯乙烯 |
| 3 | 烯烃类 | 1，3-丁二烯 |
| 4 | 卤代烃类 | 二氯甲烷、三氯甲烷、四氯化碳、四氯乙烯 |
| 5 | 酯类 | 乙酸乙酯、醋酸乙酯 |
| 6 | 醇类 | 甲醇、正丁醇、异丙醇 |
| 7 | 醛类 | 甲醛 |
| 8 | 酮类 | 丙酮、丁酮、环乙酮 |
| 9 | 其他化合物 | 有机酸、有机胺、有机硫化物等 |

畜牧业 VOCs 是饲料和畜禽粪污中的有机物降解过程中的中间代谢产物。在有氧条件下，任何形式的 VOCs 都会迅速氧化生成 $CO_2$ 和水。在厌氧条件下，复杂的有机化合物被微生物降解为挥发性有机酸和其他 VOCs，而后者又被产甲烷菌转化为 $CH_4$ 和 $CO_2$。当产甲烷菌的活性处于最佳状态时，几乎所有的 VOCs 都被代谢为更简单的化合物，如 $CH_4$。

畜禽粪污中的一些 VOCs 是由微生物对粪污分解过程中产生的，畜禽粪污中的 VOCs 主要有 VFAs、含氮化合物、含硫化合物、醛、酮、醇等。普遍认为畜禽粪污是养殖场中 VOCs 的主要来源，但也有研究指出，发酵饲料（如青贮饲料）比粪污的 VOCs 产生量更大，甚至与城市移动源的 VOCs 排放量几乎持平。玉米等农作物通常被储存用作畜禽饲料，经过一定时间的储存发酵后，当这些农作物被运出储存仓，与外界空气接触时，外界风速和温度都比仓内高，饲料中的 VOCs 排放量变得更大。在美国北卡罗来纳州一养猪场下风向处收集到的空气样本显示，丙酮、乙醛、甲醇和乙醇是猪饲料储存仓附近普遍存在的 VOCs。

除畜禽粪污和发酵饲料外，动物呼吸也会释放 VOCs，主要是由微生物在动物肠道系统内发酵产生。Dewhurst 等（2001）测定了牛瘤胃气体中的VOCs，发现其中甲基硫化物和二甲基硫化物的含量均高达10 mg/kg，醇类（甲醇、乙醇和丙醇）、羰基（乙醛和丙酮）和 C2～C6 VFAs 的浓度高达 10～100 μg/kg。有学者将猪场排放的 VOCs 分为 9 类，共 50 多种，其中 5 类为危险大气污染物。Fillpyetal 等（2006）在牛舍和氧化塘中分别鉴定出 82 和 73种 VOCs。Sunesson 等（2001）在瑞典的 8 个奶牛场中发现了 70 种不同的VOCs。Ngwabie 等（2001）研究发现，养殖场排放的主要 VOCs 是甲醇和乙醇，其中猪场中释放的主要是甲醇，奶牛场中释放的主要是乙醇。这可能是由于猪的饲料中含有的果胶是一个潜在的甲醇排放源。Rumsey 等（2012）研究发现，猪场中的乙醛、丙酮、2，3-丁二酮、乙醇、甲醇和 4-甲基苯酚这 6种 VOCs 的浓度比其他 VOCs 的浓度更大，且在猪场和氧化塘中的 VOCs 中，2，3-丁二酮和 4-甲基苯酚的嗅阈值超过其他 VOCs。Feilberg 等（2010）研究指出，猪场中引起关键气味的 4 种气体为 $H_2S$、甲硫醇、4-甲基苯酚和丁酸。Hobbs 等（2004）测量了英国奶牛粪中 VOCs 的排放，发现乙酸和二甲基硫化物为牛粪中的主要 VOCs。Ngwabie 等（2008）对德国一牛场中排放的 VOCs 进行测量，发现醇类（乙醇、甲醇、C3～C8 醇）排放量最大，其次是乙酸和乙醛。Ngwabie 等（2008）得出结论，家畜 VOCs 排放以含氧化合物为主。Alanis 等（2008）对奶牛场排放的非肠道来源的 6 种 VFAs 进行定量分析，结果发现饲料和动物粪污是 VFAs 的主要来源，其中乙酸占实验来源的 70％～90％。

### （二）恶臭气体及挥发性有机化合物的危害

畜禽场产生的恶臭不仅气味令人厌恶，且伴随着病原微生物、悬浮颗粒、寄生虫卵、$NH_3$、$H_2S$ 等有毒有害成分，造成严重的空气污染，威胁人畜的身心健康。

WHO 和联合国粮农组织（FAO）调查资料显示，动物传染给人的人兽共患传染病达 90 多种。养殖场排放的恶臭气体，如不加以控制，会引起呼吸道疾病，如变应性鼻炎、气流阻塞和哮喘等。猪舍和鸡舍饲喂工人易患急性和慢性呼吸系统疾病。养殖场所在地区的居民也会有头痛、流鼻涕、喉咙痛、咳嗽过多、腹泻、眼睛灼痛等现象。同时，长期接触臭味会对人们情绪造成影响，引发失眠、易怒、抑郁等问题。

当恶臭分子被吸入人或动物体内时，受体中的嗅神经元会捕捉恶臭分子，将其传入进嗅球。在嗅觉神经系统中，约有 500 万个受体细胞，细胞会触发大脑中的嗅球冲动。当恶臭气体刺激黏液和嗅觉上皮中的神经时，人或动物就会出现不适感。

恶臭气体中的粪臭素，具有强烈臭味，其嗅阈值低于 $0.003\ mg/m^3$。粪臭素能够引发肠道疾病、反刍动物急性肺水肿和肺气肿等疾病，对人畜都有极大危害。

VOCs 中的一些组分不但产生臭味，而且会对人畜健康产生强烈危害。其对人畜产生健康影响的主要症状有头晕、头痛、喉咙痛、鼻部不适、鼻子出血、过敏性皮肤反应、恶心、呕吐、疲劳等。在高浓度下，许多 VOCs 是强效麻醉剂，可以抑制中枢神经系统；在超高浓度下，一些 VOCs 可能导致神经功能受损，出现昏迷、抽搐甚至死亡。EPA 列出的 188 种已知会导致癌症或其他严重健康影响的空气污染物中，就有 162 种为 VOCs。

除对人畜健康的影响，VOCs 还有助于形成地面或对流层的 $O_3$，同时也是生产 $PM_{2.5}$ 的重要前驱物。不同组分的 VOCs 对 $O_3$ 形成的贡献不同，虽然畜禽养殖业 VOCs 比其他来源产生的 VOCs 生成 $O_3$ 的潜力低，但是，畜禽养殖业产生的 VOCs 仍然是一个严重的环境问题。

$O_3$ 形成过程：

$$NO_2 + h\nu \longrightarrow NO + O$$
$$O + O_2 + M \longrightarrow O_3 + M$$
$$O_3 + NO \longrightarrow NO_2 + O_2$$

式中，M 为气体分子，通常为氮气或氧气，在反应过程中起催化作用，改变反应速率。

从上式可以看到，在 $O_3$ 的形成过程中，VOCs 并不参与上面 3 个反应，但其却在 $O_3$ 的形成中起着关键作用，因为 VOCs 可以将 NO 氧化为 $NO_2$，增加 $NO_2$ 相对于 NO 的浓度，从而增加了 $O_3$ 的产生量。

对流层中的 $O_3$，不仅对金属等有腐蚀作用，同时是光化学烟雾的主要成分。对人体危害而言，人在 $1\ h$ 内可接收 $O_3$ 的极限浓度是 $260\ \mu g/m^3$，人在 $320\ \mu g/m^3\ O_3$ 环境中活动 $1\ h$ 就会咳嗽、呼吸困难。人长时间接触 $O_3$ 会出现恶心乏力、咳嗽胸闷等症状。此外，$O_3$ 还会造成植物枯萎、农作物减产等危害。

VOCs 是 $PM_{2.5}$ 的前驱物，且其气相氧化会导致二次有机气溶胶（$SOA_s$）的形成。$SOA_s$ 可以影响云的形成，特别是对于一些极性有机物，如羟基化合物，可能作为云聚凝核，形成云滴。

### （三）恶臭气体和挥发性有机化合物排放的影响因素

养殖场的恶臭气体和 VOCs 成分复杂，因此其排放的影响因素也多种多样。前文已介绍过 $NH_3$、$H_2S$、PM 和 $CH_4$ 排放的影响因素。$NH_3$ 在恶臭气体中占比大，因此其排放量直接影响恶臭浓度。$H_2S$ 虽然占比不大，但具有强烈刺激性气味，也会影响养殖场及其周边环境空气中的恶臭浓度。PM 吸收、聚集恶臭化合物，具有集中及运输恶臭的作用，易加剧恶臭污染。当 PM 扩散时，恶臭也随之扩散，因此降低畜禽舍 PM 浓度也是控制恶臭扩散的一种有效措施。VFAs 是 $CH_4$ 产生的中间产物，因此 $CH_4$ 的转化率也间接影响 VFAs 的排放率。以上可以看出，养殖场 $NH_3$、$H_2S$ 和 $CH_4$ 排放的影响因素也间接影响养殖场臭气的排放，这里就不再赘述。此外，养殖场臭气和 VOCs 排放的影响因素还有畜禽种类、饲料、温度、pH、通风、季节变化、清粪方式和频率，以及养殖场管理等。

**1. 畜禽种类**　不同畜禽种类的臭气排放量不同。Mielcarek 等（2015）研究表明，猪、牛、鸡三种畜禽中，鸡的恶臭排放因子最高，且肉鸡的恶臭排放因子高于蛋鸡。Gay 等（2003）研究表明，猪舍的恶臭排放量高于牛舍和鸡舍。

**2. 饲料**　饲料中粗蛋白、纤维、非淀粉糖含量都影响动物臭气的产生和排放。饲料中粗蛋白含量越高，恶臭排放率越高。适当减少饲料中粗蛋白含量，对饲料进行合理配比，提高饲料利用率，可以有效减少臭气的排放。同时，饲料中膳食纤维含量与饲料消化率呈负相关。因此，采用较低膳食纤维含量的饲料可以提升饲料消化率，或者在饲料中添加纤维降解酶（如木聚糖酶），可以在动物体内对纤维进行降解。此外，饲料中的非淀粉糖（纤维素、半纤维素、果胶等）很少被非反刍动物利用，且它们有助于臭味和 $CH_4$ 的产生。因此，减少非淀粉多糖的摄入量可以控制臭气排放。还有报道指出，粪污中淀粉的发酵也有助于恶臭气体的产生。因此，实现饲料中蛋白质、膳食纤维和糖类的平衡可以减少恶臭气体的排放。

不同饲料产生的 VOCs 排放量不同。Chung 等（2010）研究表明，青贮饲料和混合饲料是奶牛场 VOCs 产生的主要来源，其中混合饲料对 $O_3$ 形成的相对贡献是青贮饲料的 2 倍多。Malkina 等（2011）研究表明，不同饲料中烯烃的浓度差异很大，范围从 8 nL/L（高含水率玉米饲料）至 70 nL/L（玉米青贮）。且不同青贮饲料中乙醇的排放差异也很大，玉米青贮、苜蓿青贮和谷物青贮中，谷物青贮的乙醇排放量最大，苜蓿青贮的乙醇排放量最低。

**3. 温度和 pH**　动物产生的恶臭气味大部分是微生物在动物体内和粪污中厌氧分解有机物所产生的化合物，微生物对温度、湿度、pH 等环境参数很敏感，因此这些参数都是恶臭气体排放的影响因素。

温度降低，微生物活性降低，则恶臭产生量减少；反之，高温会增加微生物活性，加速微生物分解畜禽粪污，使恶臭产生量增加。同时，高温促进了 $NH_3$、$H_2S$、4-甲基苯酚（对甲酚）和 3-甲基醇的形成，因此温度升高会使恶臭气体排放量增加。有研究表明，畜禽舍温度升高 5 ℃，恶臭气体排放量约增加 20%。温度从 10 ℃提高到 30 ℃，猪粪污中恶臭浓度增加 216%。Guo 等（2006）研究发现，恶臭浓度与环境温度存在二阶多项式关系。此外，几乎所有 VOCs 的排放量都随温度升高呈指数增长。

pH 是影响微生物生长的一个因素，多数细菌都是在中性或接近中性的条件下生长。因此，粪污中的 pH 影响微生物生长，进而影响臭气排放，且调节粪污的 pH 比控制粪污温度更加容易。当粪污的 pH 升高或降低时，粪污中一些增加恶臭气体排放的细菌生长受到抑制。如将粪污 pH 提高到 8～11 时，臭气排放会不同程度地减少。此外，碱性物质还可以使 VFAs 以盐的形式沉淀，从而减少 VFAs 的排放。值得注意的是，对粪污中 pH 的调节应使用新鲜粪污，而非陈旧粪污。新鲜粪污中有机物形成 $NH_3$ 和 $H_2S$ 的细菌活性尚未充分发展，气体中的挥发性部分含量较低。

**4. 通风和季节变化**　畜禽舍的恶臭气体排放与通风率呈正相关，使用与动物福利相一致的最低通风率可以降低恶臭气体排放。通风率降低后，恶臭气体排放量也随之减少；然而，该过程中也可能由于通风率降低，导致温度增加，反而增加恶臭气体的排放。有研究结果表明，当粪污存储容器内的通风率从 0.5 L/min 增加到 1.5 L/min 时，恶臭气体浓度降低了 34%，恶臭气体排放量增加了 97%。

此外，恶臭气体和 PM 通过气流运输和扩散，随着风向和风速的变化，恶臭区域和强度也会发生变化，有时臭味甚至会传播几千米。

季节变化影响畜禽舍通风率和温度。夏季通风率比冬季高，且夏季温度上升，因此夏季恶臭气体排放率是冬季的 2～4 倍。

**5. 清粪方式和频率**　畜禽舍内的清粪方式和清粪频率影响舍内恶臭的排放率。采用不同的清粪方式，恶臭气体的排放率不同。对猪舍来说，与深坑式猪舍的恶臭气体排放率相比，定期冲洗式清粪猪舍的恶臭气体排放率明显较低。同时，提高清粪频率有助于降低恶臭气体排放率。此外，畜禽舍粪坑深度和暴露面积也会影响恶臭气体的排放。

**6. 养殖场管理**　养殖场管理也是影响恶臭气体排放的因素之一。良好的管理措施可以减少畜禽舍内外恶臭气体排放，如避免舍内饲料堆积和饲料溢出；避免饮水系统中水的溢出；饲料储存运输过程中减少粉尘产生；污水和粪污储存系统的定期排空和清洁等。

## |第二节| 畜牧业不同物种污染物排放特征

### 一、猪场污染物排放特征

#### （一）不同生长阶段污染物排放特征

生猪养殖分为妊娠期、哺乳期、保育期和育肥期 4 个阶段。猪的生长阶段不同，其污染物排放特征也不同。

NH$_3$ 排放速率与猪体重和舍内猪的数量呈正相关。许稳等（2018）研究表明，4 个生长阶段的猪舍内 NH$_3$ 浓度由低到高依次为：妊娠舍＞育肥舍＞哺乳舍＞保育舍。该研究指出，妊娠舍内 NH$_3$ 浓度最高，这是由于妊娠期母猪的体重大，为了维持身体正常的生理代谢需要摄入更多的蛋白质和其他营养物质，粪污中的含氮量也随之增加，从而增加了舍内 NH$_3$ 的产生。育肥舍内猪的数量较多，因此育肥舍内的 NH$_3$ 浓度也较高。Huaitalla 等（2013）研究则指出，夏季育肥舍内 NH$_3$ 浓度显著低于妊娠舍，冬季 NH$_3$ 浓度则高于妊娠舍。Zhu 等（2000）发现，机械通风猪舍中，保育舍的恶臭和 H$_2$S 排放率最高〔分别是 50 OU/(s·m$^2$) 和 140 $\mu$g/(s·m$^2$)〕。自然通风猪舍中，育肥舍的 NH$_3$ 排放率最高。

不同生长阶段猪舍内 PM 也有显著差异。有学者对不同猪舍内的 PM$_{2.5}$ 和 PM$_{10}$ 浓度监测发现：PM$_{10}$ 浓度，育肥舍＞分娩舍＞妊娠舍；PM$_{2.5}$ 的浓度，则是分娩舍＞育肥舍＞妊娠舍。

对于臭气排放，Miecarek 等（2015）的研究表明，排放因子排序为育肥舍＞妊娠舍＞分娩舍＞哺乳舍。Guo 等（2015）研究结果显示，恶臭浓度，保育舍＞育肥舍＞分娩舍＞妊娠舍。对于臭气排放率，则是育肥舍＞保育舍＞分娩舍＞妊娠舍。

### （二）不同地面类型污染物排放特征

猪舍内的地面通常为实心地面、漏缝地板（全漏缝和半漏缝）地面及生物发酵床地面。不同地面结构的空气污染物排放有所不同。我国规模化养殖场育成育肥猪舍以半缝隙地面居多，养殖小区、散户多以水泥、泥砖地面为主。

采用实心地面的猪舍，猪粪落在地面上，为排泄物提供了好氧条件，有利于 NH$_3$ 和恶臭化合物的生成和挥发。如不及时清除，大量空气污染物向舍内排放。

采用漏缝地板的猪舍，猪粪污通过漏缝地板的缝隙落到粪坑中，使粪污保持相对静止状态，粪污易于形成干硬外壳。

采用生物发酵床的猪舍，发酵床上的垫料与排泄物混合。一方面，垫料可以吸收空气污染物；另一方面，垫料中洛东酵素内的纳豆芽孢杆菌和酵母菌所分解的蛋白酶、脂肪酶、纤维素酶、果胶酶等酶类，可以将排泄物中的有机物分解，并以 H$_2$O 和 CO$_2$ 的形式释放，从而达到降低空气污染物的目的。此外，由于国内垫料多由锯末、米糠及微生物发酵而成，国外垫料通常直接使用稻草、麦秆等，因此国内生物发酵床猪舍的 NH$_3$ 和恶臭气体排放率相对较低。

以育肥舍为例，舍内同等条件下，NH$_3$ 的排放系数为实心地面＞半漏缝地板＞生物发酵床；恶臭气体排放系数为实心地面＞全漏缝地板＞生物发酵床（表 2-14、表 2-15）。

### 表 2-14　育肥舍 NH₃ 排放系数

| 参数 | 地板类型 | | |
| --- | --- | --- | --- |
| | 半缝隙地面舍 | 实心地面舍 | 生物发酵床舍 |
| 排放系数 [g/(d·头)] | 9.47±7.09 | 11.23±4.23 | 4.27±2.09 |
| 排放系数 [g/(d·m²)] | 1.46±1.09 | 1.73±0.65 | 0.66±0.32 |
| 排放系数 [g/(d·AU)] | 60.00±38.84 | 76.26±19.06 | 35.28±22.64 |

### 表 2-15　育肥舍恶臭气体排放系数

| 参数 | 全缝隙地面舍 | 实心地面舍 | 生物发酵床舍 |
| --- | --- | --- | --- |
| 基于单位地板面积恶臭排放系数 [OU/(m²·s)] | 3.70±1.31 | 4.33±2.39 | 3.39±3.33 |
| 基于单位猪体恶臭排放系数 [OU/(头·s)] | 5.54±1.97 | 6.50±3.58 | 5.08±5.00 |
| 基于单位猪体单位恶臭排放系数 [OU/(AU·s)] | 43.72±15.23 | 52.02±27.09 | 35.68±26.74 |

有研究发现，混凝土实心地面猪舍内 NH₃ 和 CO₂ 浓度显著高于生物发酵床猪舍内 NH₃ 和 CO₂ 浓度。由于国外猪舍垫料没有添加微生物，与国内生物发酵床有所不同，因此国外研究发现有垫料的猪舍比漏缝地板猪舍的 NH₃ 和温室气体排放量更高。研究发现，对于有稻草垫料的仔猪舍，断奶仔猪在稻草垫料（无微生物）上比在漏缝地板上的 NH₃ 排放量多 100%，且漏缝地板的断奶仔猪舍内几乎没有 N₂O 的排放。育肥猪在垫料上比漏缝地板上的温室气体排放量多 20%。

与 NH₃ 和恶臭在垫料和实心地面中的排放特性不同，PM 在含有稻草垫料的育肥舍中浓度比在实心地板育肥舍中的浓度高出 2 倍，在育肥后期浓度更高，这是由于与实心地面相比，稻草垫料易分解产生 PM，且在后期垫料变脏、变碎，因此产生更多的 PM。

### （三）不同漏缝地板污染物排放特征

漏缝地板分为全漏缝地板和半漏缝地板，不同猪舍漏缝地板间隙宽度不同。漏缝地板下设有储粪坑，猪排泄的粪尿通过漏缝落入储粪坑内。漏缝地板的面积影响 NH₃ 的散发，如将地面 50% 的漏缝面积降到 25%，NH₃ 排放量可下降 20%。与漏缝面积为 16.7% 的猪舍相比，漏缝面积为 33.3% 的猪舍内

$NH_3$ 排放量提高 11.6%。

漏缝地板截面形状和槽口对 $NH_3$ 排放也有影响，有槽口且断面形状为梯形、曲面梯形、T 形的漏缝地板与无槽口断面形状为梯形的漏缝地板相比，分别可以降低 23%、26%、42% 的 $NH_3$ 排放量。

漏缝地板与气流方向垂直或平行，其 $NH_3$ 的排放速率也不相同。研究表明，当气流速度大于 0.8 m/s 时，平行于气流方向的漏缝地板将释放更多的 $NH_3$；随着自由气流速度的增加，差异增大，当气流速度达到 1.6 m/s 时，差异达到 39%。因此，对于高自由流空气速度（>0.8 m/s），建议漏缝地板方向垂直于气流方向，因为这样释放的 $NH_3$ 较少。

### （四）不同清粪模式污染物排放特征

猪舍的清粪模式按用水方式，可分为水冲粪、干清粪、水泡粪（尿泡粪）、发酵床工艺；按操作方式，可分为人工清粪和机械清粪。机械清粪又可分为平刮清粪和 V 刮清粪。

猪舍采用不同清粪模式，舍内污染物浓度会有显著差别。如有研究表明，机械清粪的猪舍内 $H_2S$ 浓度要比采用水泡粪的猪舍内 $H_2S$ 的浓度低 90%。发酵床的猪舍内 $NH_3$ 浓度比尿泡粪的猪舍内 $NH_3$ 浓度低。妊娠猪舍中，干清粪与水泡粪工艺相比，风机口处 $NH_3$、$H_2S$、$PM_{2.5}$ 和 $PM_{10}$ 浓度显著降低。

### （五）不同生产区域污染物排放特征

在生猪生产过程中，猪舍内产生 $NH_3$ 约占整个生猪生产过程的 70%，在污水储存和粪污管理环节，粪污继续分解还将产生约 30% 的 $NH_3$。此环节中，污水和粪污堆肥环节的 $NH_3$ 浓度最高，污水贮存池的 $NH_3$ 浓度也较高。

## 二、反刍动物养殖场污染物排放特征

### （一）反刍动物肠胃气体排放原理

**1. 反刍动物的胃**　反刍动物包括牛、羊、骆驼和鹿等。反刍动物有 4 个胃，分为瘤胃、网胃、瓣胃和皱胃。前 3 个胃的黏膜无腺体分布，合称前胃，只有皱胃分泌胃液。瘤胃中有大量微生物，包括原生动物（纤毛虫为主）和细菌。牛瘤胃中有 200 多种细菌，还有 100 多种原虫及多种真菌。1 g 瘤胃液中含 150 亿～250 亿个细菌、60 万～100 万个纤毛虫。因为有数量和种类如此可观的微生物群，因此瘤胃成为反刍动物体内最具消化能力的器官。

成年的反刍动物瘤胃庞大，大型牛瘤胃的容积为 140～230 L，小型牛瘤胃的容积为 95～130 L，占 4 个胃总容积的 80%。瘤胃本身不分泌酶，酶是由胃内微生物所产生。反刍动物进食时，不是直接将饲料中的营养物质消化吸收，而是饲料首先要经过瘤胃微生物发酵，然后饲料经逆呕重新回到口腔，经过再咀嚼，再次进入瘤胃，这一反刍和咀嚼过程重复进行，直到饲料被彻底嚼碎，食物再从瘤胃经网胃进入瓣胃及皱胃。因此，饲料的消化吸收主要是在瘤胃中进行，瘤胃可以看作反刍动物体内的一个巨大的厌氧发酵罐。蛋白质、碳水化合物及脂肪等营养物质经过瘤胃中微生物和纤毛虫的消化分解，生成乙酸、丙酸、$CO_2$、氨基酸、$CH_4$ 等。

**2. 反刍动物体内氮循环**　瘤胃中的细菌和原虫具有水解蛋白质的活性，摄入的蛋白质经瘤胃细菌和原虫的一系列作用，包括蛋白质的水解、肽的降解、氨基酸的脱氨基作用及生成物碳架的发酵，分解成氨和 VFAs。

饲料中的蛋白质进入瘤胃后，先被瘤胃中的微生物水解成氨基酸，一部分氨基酸被瘤胃微生物利用合成微生物蛋白质，并被进一步分解成 $NH_3$、$H_2O$ 和有机酸；另一部分被吸收进入血液。这些氨随血液循环进入肝脏，在肝脏中被合成尿素，一部分尿素通过肾脏随尿液排出体外，尿液中的液态氨部分转成气态氨，以 $NH_3$ 的形式释放到大气中；一部分尿素通过血液循环到唾液腺和瘤胃上皮，随唾液分泌和通过瘤胃上皮进入瘤胃，再次被瘤胃中微生物作用。如果饲料中蛋白质过量，瘤胃微生物则将无法及时有效地利用所有的氨基酸，由过量的蛋白质引起较多尿素的排泄，这是反刍动物散发到环境中 $NH_3$ 的最大来源。

饲料种类及饲料加工处理方式，直接影响瘤胃中含氮化合物的降解转化率，如对精料进行加热、膨化及粉碎处理，均可使饲料蛋白质在瘤胃中的降解转化率下降。

**3. 反刍动物体内甲烷生成和排放**　反刍动物由于饲料在瘤胃中发酵，因此每单位饲料产生相对较高的 $CH_4$ 排放；非反刍动物由于不具备反刍动物饲料发酵的水平，$CH_4$ 的排放量相对较低。在反刍动物中，牛的 $CH_4$ 排放量最高。据统计，一头奶牛每年可产生 112 kg $CH_4$。

反刍动物瘤胃微生物发酵过程中 $CH_4$ 的产生，主要是以甲基化合物和 VFAs 为底物，合成 $CH_4$，其产物除 $CH_4$ 外，还会产生大量 $CO_2$。瘤胃中的厌氧状态，有助于 $CH_4$ 的生成。反刍动物瘤胃中的大量瘤胃微生物（瘤胃细菌、瘤胃原虫和厌氧真菌等）将碳水化合物及其他植物纤维分解成 VFAs、$CO_2$ 和 $H_2$ 等。$CO_2$、甲酸、乙酸、甲胺等在产甲烷菌的作用下生成 $CH_4$。在厌氧消化前期，主要通过 $CO_2$ 和 $H_2$ 还原反应生成 $CH_4$；厌氧消化后期，通过 VFAs 裂解和分解甲醇、乙醇等发酵产物产生 $CH_4$。

甲烷产生的途径有以下三种：

（1）$CO_2$ 和 $H_2$ 反应，被 $H_2$ 还原生成 $CH_4$　$CO_2$ 先在一系列酶和辅酶的作用下，与甲基呋喃化合，再经过一系列反应，被 $H_2$ 还原，生成 $CH_4$。

$$4H_2 + HCO_3^- + H^+ \longrightarrow CH_4 + 3H_2O$$

（2）由甲酸、乙酸等 VFAs 生成 $CH_4$

$$HCOOH + H_2O \longrightarrow CH_4 + HCO_3^-$$

（3）由甲醇、乙醇等发酵产物分解生成 $CH_4$

$$4CH_3OH \longrightarrow 3CH_4 + HCO_3^-$$

反刍动物采食的饲料能量中有 $6\% \sim 10\%$ 在瘤胃发酵过程中被转化为 $CH_4$，而后被排出损失。目前已知的反刍动物瘤胃中的产甲烷菌主要有甲烷短杆菌、甲烷杆菌、甲烷微菌和甲烷八叠球菌等。产甲烷菌每分钟可产生约 500 倍于其体积的气体。

反刍动物肠道产生 $CH_4$ 的机理与瘤胃类似。肠道产生的 $CH_4$ 占 $CH_4$ 总产量的 $2\% \sim 11\%$。反刍动物瘤胃和肠道产生的 $CH_4$ 通过嗳气、肺部、后肠道三个途径排出。前两种排放途径占总 $CH_4$ 排放量的 $98\%$。

奶牛的 $CH_4$ 排放量与其产奶量有关。一头产奶量为 4 000 kg 的奶牛能产生约 94 kg 的 $CH_4$。不过奶牛的产奶量与 $CH_4$ 产量并不是线性关系，当奶牛产奶量为 8 000 kg 时，$CH_4$ 的排放量比 4 000 kg 产奶量时增加 $30\%$；当奶牛产量为 12 000 kg 时，$CH_4$ 的排放量比 8 000 kg 产奶量时增加 $20\%$。这也是提高奶牛产奶量有助于 $CH_4$ 减排的原因。据报道，每生产 1 kg 羊肉所释放的温室气体相当于 17.4 kg $CO_2$ - eq，每生产 1 kg 牛肉所释放的温室气体相当于 13.0 kg $CO_2$ - eq，每生产 1 L 牛奶所释放的温室气体相当于 1.32 kg $CO_2$ - eq。

### （二）反刍动物污染物排放特征

**1. 牛舍空气污染物排放特性**　牛舍结构按开放性可分为封闭式、半开放式和开放式。

封闭式牛舍：接近全封闭状态，牛舍由四面围墙、地面和屋顶组成。这种牛舍的保温性能良好，但通风换气能力较差。封闭式牛舍又分为有窗式封闭牛舍和无窗式封闭牛舍，有窗式封闭牛舍的通风换气和采光主要依靠窗，无窗式封闭牛舍通风换气全依靠机械通风设备。封闭式牛舍适合建在寒冷地区。

半开放式牛舍：一般是向阳一侧半截墙，其他三面均是围墙。这种牛舍在冬季可将敞开的部分遮盖住，以提高保温能力。向阳一侧的半截墙体有较好的换气通风能力，且阳光充足，一般不需要安装额外的通风换气和光照设备。这种牛舍建设投资较小，运维费用较低，适用于冬季不太寒冷的地区。

开放式牛舍：也称为敞棚式牛舍。一般是一面无墙或四面无墙，四周有立柱支撑顶棚，这种结构的牛舍结构简单，造价低廉，通风采光性好，但保温性差。此种牛舍不同于传统拴系式养牛，牛不拴系，无固定床，活动区域较大。这种牛舍适用于四季温度较高地区。

季节不同，三种牛舍中空气污染物的分布特征也不同。

夏季，半开放式牛舍中的空气污染物浓度最大，封闭式牛舍其次，开放式牛舍空气污染物浓度最小。通风对舍内环境质量的改善至关重要。在夏季，半开放式牛舍的建筑结构容易在舍内形成涡流，进入舍内的风在舍内的停留时间加长，舍内的有害气体不能及时排出，因此空气污染物的浓度最大。夏季风在开放式牛舍的舍内形成对流，空气污染物能够及时排出，污染物浓度最小。封闭式牛舍在夏季可以打开两侧窗户或使用机械通风，污染物也易于排出。

冬季，封闭式牛舍空气污染物浓度最大，半开放式牛舍其次，开放式牛舍空气污染物浓度最小。无论是半开放式牛舍和开放式牛舍都会选择在冬季采取适当保温措施，如保温卷帘等，封闭式牛舍的保温性能和密封性能更好，因此冬季牛舍内污染物浓度最大，半开放式牛舍其次。

肉牛舍和奶牛舍内建筑结构也有所区别。一般肉牛舍内设有牛床，供牛躺卧休息。奶牛舍按建筑形式可分为拴系式牛舍和散栏式牛舍。拴系式牛舍有固定牛床，牛只被用颈枷拴住，牛的挤奶和采食在舍内进行，舍外设有运动场供牛活动。散栏式牛舍舍内设置隔栏，栏内为自由牛床，并设有散放道，牛只可在散放道上活动，挤奶在挤奶厅进行。有研究表明，奶牛舍中，与散栏式牛舍相比，拴系式牛舍的 $H_2S$ 排放量更低。

养牛场内除了牛舍，还包括饲料加工区、粪污处理区、隔离区、消毒区、运动场、生活区等。除牛舍外，粪污处理区是 $NH_3$ 等有害气体集中的区域，饲料加工区是粉尘等 PM 集中的区域。粪污处理区一般分为粪便堆肥区和污水沉淀池。饲料中未被分解的含氮化合物最终 80% 会以尿酸的形式随粪便排出牛体外，10% 以 $NH_3$ 的形式排出，而粪尿中的大部分微生物能产生尿酸酶，进而将尿酸转化成 $NH_3$，牛舍和污水沉淀池有充足的粪尿混合物，同时有保证微生物分解代谢的水分，而粪便堆肥区的粪便经过粪尿分离，含水率很低，湿度很低的情况下不利于微生物的滋生，因此，粪便堆肥区的 $NH_3$ 浓度较牛舍和污水沉淀池的低。在堆肥的最初几天，$CH_4$ 的排放会急剧上升，达到顶峰之后不断下降；而 $N_2O$ 的排放则会呈现出不断上升的趋势，直至堆肥结束。

不同生长阶段的牛舍污染物分布也不同。秦俪文（2019）的研究表明，泌乳牛舍、奶牛病房、犊牛舍中，奶牛病房的 $PM_{2.5}$ 和 $PM_{10}$ 浓度最高。

不同时间段舍内污染物浓度也不同。以奶牛场的 $NH_3$ 排放为例，泌乳牛舍、氧化塘、堆肥场及场界，14:00—15:00 $NH_3$ 的浓度出现高峰，周边敏感点会在 14:00 浓度值达到最高。一天中呈现中午高、早晚低的变化规律。这可能是由于中午气温高，$NH_3$ 释放快的原因。温度和风速对 $NH_3$ 污染物扩散都有影响。温度 20 ℃、风速 3 m/s 时，养殖场下风向 50 m 范围内，$NH_3$ 浓度呈明显下降趋势；50 m 以外，$NH_3$ 浓度基本保持不变。

牛舍设施有牛床、饲槽和水槽、粪尿沟等，从牛舍内空气污染物的垂直分布特征来看，在粪污清除时段，离粪尿越近，$NH_3$ 浓度越大；在非粪污清除时段，随着高度上升，$NH_3$ 浓度越大，原因是 $NH_3$ 密度比空气小，离地面距离越高，$NH_3$浓度越大。有研究表明，1.8 m处的$NH_3$含量最高可达0.1 m处的6.2倍。$CO_2$浓度分布则根据牛头的位置有关，自然状态下，牛躺卧和站立主要处于0.3～1.2 m的高度空间，但$CO_2$的密度比空气大，会下沉到地面，因此地面以上都会有$CO_2$分布。

不同清粪方式会造成牛舍内$NH_3$等空气污染物的浓度变化，清粪过程会促进$NH_3$的释放。机械清粪速度较快，在此过程中会加速$NH_3$的释放，因此机械清粪的过程中，$NH_3$浓度会瞬间升高，在刮粪后1 h内回落到刮粪前水平的80%～85%。人工清粪速度慢，$NH_3$等空气污染物释放速度也慢，但清粪前后$NH_3$浓度差别不大。

**2. 羊舍空气污染物排放特征**　与牛舍结构类似，羊舍按开放性可分为封闭式、半开放式和开放式。羊舍按屋顶形式可分为单坡式和双坡式。按羊舍结构可分房式、楼式和棚舍式。

封闭式羊舍内，一天之中，$NH_3$和$CO_2$浓度呈现从早到晚逐渐升高的趋势，这是由于白天温度升高，粪污中含氮有机物加速分解，到晚间舍内有害气体累积，所以晚间$NH_3$浓度高。一天之中，PM呈现先下降、后升高的趋势，这是因为白天羊群被赶出羊舍到运动场活动，因此舍内PM浓度下降，夜间羊群回到舍内，活动量增加，PM浓度增加。

羊舍内$NH_3$浓度，采用漏缝地板的羊舍低于采用水泥地面的羊舍。育肥舍$NH_3$大于基础母羊舍。Sevi等（2003）研究表明，对羊舍内垫料进行管理，可以优化母羊产奶量及提升舍内空气质量。对舍内垫料更新和用膨润土进行处理，可以有效减少舍内空气污染和维持母羊的生产性能。

## 三、禽场污染物排放特征

禽类与畜类相比，饲养密度大，导致舍内污染物浓度大，向舍外排放污染物总量也大。禽舍内污染物主要来源有粪污、垫料等，其中粪污占比最大。据测算，一个万羽的蛋鸡场，可产粪便365～550 t/年。

禽舍中以鸡舍为例，鸡舍内的$NH_3$主要来自鸡粪、腐败饲料残渣与垫料等含氮有机物的分解。$H_2S$主要来自鸡粪、腐败饲料残渣和垫料等含硫有机物的厌氧分解，鸡肠胃功能不良时的排气，以及大量破损蛋。$CO_2$主要来自鸡的呼吸。

禽舍中污染物浓度与禽舍类型、饲养密度、饲料组成、禽舍管理和通风管理有关。

禽群活动能力会影响禽舍内PM浓度的变化。以鸡舍为例，在喂料期间，舍内PM浓度有升高趋势，TSP的浓度受鸡群活动的影响最大，鸡群的频繁活动使本来受重力沉降的粗颗粒物重新漂浮到空气中，造成TSP浓度升高。

但鸡群活动对 $PM_{2.5}$ 的影响很小，因为 $PM_{2.5}$ 的粒径太小，本身就较长时间悬浮在空气中。

鸡的日龄不同，鸡舍内 PM 中所包含的成分也不同。有研究表明，鸡在7 日龄和 28 日龄时，鸡舍内 PM 中粪污的成分分别为 60% 和 95%。而鸡舍内 PM 中垫料和饲料的比例则随着日龄的增加而减少，羽毛的含量始终较低。

禽场除饲舍外，还有饲料加工间、淋浴消毒室、兽医室、死禽处理设施、暂存蛋库、垫料库、粪污处理设施、孵化场等。除了舍内空气污染物浓度过高外，饲料加工间有很高的 PM 含量。死禽处理设施、存蛋库、粪污处理设施、孵化场等都会随着死禽、破壳蛋、粪尿等的腐败分解而产生大量恶臭气体。

## （一）肉鸡舍内污染物排放特征

肉鸡饲舍养殖的饲养方式主要分为平养和笼养。平养分为地面平养和网上平养。网上平养使鸡群脱离了地面，避免与地面粪污的接触，优于地面平养。平养鸡舍内可放置垫料，鸡可在垫料上活动排泄，防止潮湿板结。笼养鸡适合于集约化养殖，自动化程度高，占地面积小，生产效率也有所提高。

肉鸡在生产过程中会产生大量的粪污，以 $NH_3$ 形式排放的氮占粪污中排放总氮的 50% 以上，约占饲料总氮投入的 21%。肉鸡生产过程中所产生的温室气体主要有 $CH_4$ 和 $N_2O$。肉鸡的 $CH_4$ 主要来自两个方面：一方面是肉鸡肠道内的微生物厌氧发酵；另一方面是粪污中的有机物厌氧消化。

肉鸡舍的垫料因地域资源不同而异，材料可以包括稻壳、锯末、花生壳、沙子、秸秆、稻草等。多数垫料清除结块后可在鸡群中重复使用。肉鸡舍中，垫料种类厚度不同，污染物排放量也不同。厚垫料鸡舍中 $NH_3$ 排放量较高，$PM_{2.5}$ 浓度不受垫料的影响，但却会随着鸡龄的增加而增加。有研究表明，肉鸡日龄从第 16 天增加到第 33 天，肉鸡舍内部 $PM_{2.5}$ 浓度从 25 $\mu g/m^3$ 增加到 80 $\mu g/m^3$。此外，肉鸡舍中 PM 浓度高于蛋鸡舍。

## （二）蛋鸡舍内污染物排放特征

蛋鸡饲舍内饲养方式主要有平养、栖架式饲养和笼养。平养又分为地面平养和高床（网上）平养。高床平养一般采用金属垫网，蛋鸡在网上生活，便于与粪污分离。栖架式饲养即在舍内搭建栖架，鸡在栖架上栖息，远离潮湿地面。笼养分为传统笼养和装配型笼养。传统笼养采用室内搭建叠层笼舍的方式饲养蛋鸡，其饲养密度大，生产效率高。传统笼养蛋鸡按笼型又可分为深笼型、浅笼型、全阶梯式和半阶梯式。传统笼养模式虽然饲养密度大，但笼养环境易引发疾病，也不利于蛋鸡福利。装配型笼养（也称富集型笼养）是在传统鸡笼基础上进行改良，通过环境丰容（如蛋巢、垫草、栖木、磨棒等）来满足蛋鸡的一些基本行为。

蛋鸡饲养中，与平养和栖架式饲养相比，笼养系统（传统笼养和装配型笼养）中 $NH_3$ 浓度较低。在挪威的一个案例中，冬天笼养系统的平均 $NH_3$ 浓度为 $2.8\ mg/m^3$，栖架式饲养系统的平均 $NH_3$ 浓度为 $28\ mg/m^3$；而平养系统中，由于粪污储存在舍内，平均 $NH_3$ 浓度为 $59\ mg/m^3$，日均峰值超过了 $70\ mg/m^3$。Shepherd 等（2015）对传统笼养、装配型笼养、栖架式饲养三种饲养模式的蛋鸡舍中 $NH_3$、$CH_4$、$CO_2$、$PM_{10}$、$PM_{2.5}$ 的排放速率进行监测。结果表明，栖架式饲养的 $NH_3$ 和 $PM_{10}$、$PM_{2.5}$ 排放速率显著高于装配型笼养和传统笼养。装配型笼养的 $NH_3$ 排放速率最低，$PM_{10}$ 和 $PM_{2.5}$ 排放速率与传统笼养相似。传统笼养的 $CO_2$ 排放速率最低。Shepherd 等（2015）还发现，养鸡场中，粪污存储产生的 $NH_3$ 排放量占整个鸡场 $NH_3$ 排放量的 $60\%\sim70\%$。

值得注意的是，不同研究的结果存在着较大差异，这与鸡舍类型、鸡舍管理、当地气候条件及检测方法的差异有关。而且在对鸡舍的环境监测中（温度、湿度、空气质量），传感器一般安装在笼子之间的过道中间，因此测量结果代表的是鸡舍的环境质量，而不是鸡所经历的环境质量。

有研究表明，水平方向，冬季高床平养鸡舍内靠近排气风机端 $NH_3$ 浓度较高，靠近入气风机端的浓度较低；在垂直方向，邻近粪沟的位置 $NH_3$ 浓度最高。笼养鸡舍中间区域的 $NH_3$ 浓度较其他区域高。笼养鸡舍进风口、出风口 $PM_{2.5}$ 浓度均高于舍内。Wang 等（2022）研究了采用隧道通风模式的输送带式蛋鸡舍内 PM 的粒径分布特征，发现 PM 随舍内气流的增加而积累，排风机处的 PM 浓度约是舍内中心处的 1.5 倍。

清粪方式会对 $NH_3$ 浓度有较大影响。有研究指出，高床饲养蛋鸡舍 $NH_3$ 排放通量是传送带系统蛋鸡舍的 3.5 倍。高床饲养蛋鸡舍 TSP 和 $PM_{10}$ 排放通量是传送带系统蛋鸡舍的 4.5 和 8.4 倍。Fabbri 等（2007）的研究与之类似，与高床饲养蛋鸡舍相比，传送带系统 $NH_3$ 排放因子降低了 $61\%$。Ni 等（2012）的研究中，高床饲养蛋鸡舍内的 $NH_3$ 浓度比传送带系统高，$CO_2$、$H_2S$ 和 $PM_{10}$ 浓度比传送带系统低。

### （三）鸭舍内污染物排放特征

鸭舍类型可分为开放式鸭舍和封闭式鸭舍。开放式鸭舍利用自然通风调节舍内空气，封闭式鸭舍通过机械通风对舍内空气进行控制。鸭子按饲养方式分为平养、笼养和网上饲养。平养即在地面上铺上约 20 cm 厚的垫料进行饲养，网上饲养即在离地 $50\sim60$ cm 高处铺设金属网或条板，笼养即笼内养殖。有研究表明，网上饲养鸭舍内鸭子的饲料利用率显著高于开放式平养鸭舍内鸭子的饲料利用率，且在饲养前期，开放式平养鸭舍内 $CO_2$ 和 $NH_3$ 的浓度高于网上饲养鸭舍。Abdel - Hamid 等（2020）研究表明，使用垫料饲养的鸭子的饲料转化率更高，可以提高鸭子的福利和生产性能。Han 等（2022）对冬季种鸭的垫料测试发现，温度和相对湿度分别增加 3.48 ℃ 和 5.54，$H_2S$、$NH_3$、

$CO_2$、$PM_{2.5}$、$PM_{10}$ 和 TSP 的排放分别提高 29.92%、47.21%、13.69%、25.90%、23.43% 和 25.94%。有学者提出进行稻鸭一体化生态养殖，与传统水稻轮作系统相比，稻鸭一体化生态养殖可显著降低 GWP。

## 四、污染物浓度空间分布

### （一）养殖场不同功能区污染物排放特征

畜禽养殖场内，较多的空气污染物主要分布在畜禽舍内、粪污储存和处理区和饲料加工区三个区域。

畜禽舍内是由于动物呼吸、排泄等造成污染物浓度过高。畜禽舍是个通风且气体不完全混合的空间，存在温度和气体浓度的梯度。室温和建筑物通风的变化通常遵循昼夜和季节性模式。在畜禽舍内，气体浓度存在不均匀分布。如 Ni 等（2000）研究显示，在一机械通风的猪舍内，粪坑顶部、粪坑风扇处和墙壁风扇处之间的日均值和周期性均值 $NH_3$ 浓度存在显著差异。

粪污储存处理区还可分为粪污储存和堆放区、堆肥区、沼气池、氧化塘、沤肥区等。粪污的储存和利用途径不同，气体的排放特征存在一定的差异。研究表明，固体粪便储存高度越高，气体排放量越大。这是由于储存高度较高时，内部粪便形成了一定的厌氧环境，促进厌氧菌分解粪便，产生大量 $CH_4$、$CO_2$ 等气体。

堆肥过程中的气体排放特征已经被广泛研究。堆肥过程中，通风率越高，气体排放量越高。不同畜禽粪便堆肥时有害气体的排放量也不同，如鸡粪堆肥过程中 $NH_3$ 的排放通量高于猪粪和牛粪。有学者对 5 个养猪场和 5 个养鸡场的粪便储存和堆肥设施中的 $NH_3$ 和 $H_2S$ 排放进行研究，发现所选取的场所中，猪场堆肥场所的 $NH_3$ 浓度远比猪场和鸡场其他粪便处理场所高，且在粪便搅拌和混合过程中均存在高浓度的 $H_2S$。

氧化塘贮存。畜禽养殖过程中会产生大量的养殖废水，与厌氧消化过程中产生的沼液一起贮存在氧化塘。污水在贮存过程中同样会产生大量的 $NH_3$ 和温室气体等空气污染物。

饲料加工区是在加工饲料期间粉尘过多造成的 PM 含量过高。

### （二）不同建筑高度污染物排放特征

传统的畜禽舍多为平层建筑，便于畜群的饲养和转运。近年，符合养猪生物安全条件的可用设施农业用地越来越少。在土地资源日益紧张的背景下，为提高养殖业土地利用率，楼房养猪、楼房养鸡等多、高层畜禽舍平地而起，占据了畜禽养殖业的一席之地。

以养猪为例，2019 年，自然资源部会同农业农村部印发的《关于设施农业用地管理有关问题的通知》明确，养殖设施允许建设多层建筑。这是国家层面首次明确允许楼房养猪。多地纷纷建立楼房猪舍，我国排名前 20 的养猪企业里，有约一半企业涉足楼房养猪。牧原食品股份有限公司、新希望集团有限公司、温氏食品集团股份有限公司等畜牧业龙头企业的楼房猪舍项目在 2020 年呈爆发式增长。截至 2021 年 9 月，据不完全统计，全国楼房养猪项目已有近 200 个（在建和投产）。

在楼房养殖兴起的同时，随之也产生一些问题，目前楼房养殖建设更多的只是平层畜禽舍的垂直方向叠加，并未分层设计建设和环境控制。平层畜禽舍的空气污染物呈水平扩散趋势，而楼房畜禽舍的污染物扩散存在以下特点：①污染物浓度比平层大。由于楼房畜禽舍单位面积上的养殖密度比平层更大，排放的污染物会更多，污染物聚集性更高，影响范围更广；②空气污染物层间扩散易引起疫病传播。微生物气溶胶等污染物的层间扩散，比平层畜禽舍更易引起疫病传播；③楼房畜禽舍环境存在层间差异，造成舍内环境条件的不一致，从而影响畜禽繁殖和生产性能的均一性。

目前对于楼房畜禽舍的研究很少。有学者对多层猪舍的热环境和有害气体进行监测，结果显示各层的有害气体环境存在显著差异，且通风对各层猪舍空气污染物的排放至关重要。Wang 等（2021）采用计算流体力学（CFD）对楼房猪舍的通风进行模拟。随着楼房养殖的兴起，对楼房养殖畜禽舍内空气质量的研究有待深入。

# 第三章 畜牧业空气质量监测技术

## |第一节| 气体和颗粒物采样技术

### 一、采样点布置

研究畜牧业空气污染物排放特征，需在养殖场内各主要空气污染排放源、场界及环境敏感点采集气体样品，采样点的布置尤为重要，采样点的数量和位置关系到能否反映养殖场整体空气质量水平。对养殖场进行气体和 PM 采样，应在养殖场正常生产运行条件下进行。对采样点位置的选择，要根据检测目的来确定。采样区域主要分为畜禽舍采样、场区采样和场界采样。

#### （一）畜禽舍采样点布置

**1. 内部采样点** 在畜禽舍内的气体采样点，应该在不影响舍内畜禽生活的前提下尽量靠近畜禽，且要保证畜禽不会破坏采样设备和仪器。采样点设置应避开舍内气流的涡流区。

畜禽舍内的采样点可按水平向和垂直向两个方向布置。水平向在舍内部两条对角线的四分点处布置采样点，气体采样点应距离墙壁 0.5 m 以上，距离门窗距离应大于 2 m（图 3-1）。垂直向应在粪坑上方、人或畜禽呼吸高度及笼养禽类上层笼的禽高度位置布置采样点。猪舍气体采集高度为离地面 $30\sim$ 50 cm；牛舍气体采集高度为离地面 $80\sim100$ cm；多层笼养鸡舍，以最上层笼中部高度为准。水平采样点数量以 5 个及以上为宜。垂直向以舍内背脊高度为准，垂直采样点数量以 2 个及以上为宜。

对于 PM 采样点布置，当需要设置多个气体采样点时，为防止其他气体采样点干扰 PM 样品采集，PM 采样点与气体采样点之间的直线距离应大于 1 m。若使用大流量 TSP 采样装置，其他采样点与 PM 采样点的直线距离应大于 2 m。

**2. 外部采样点** 畜禽舍外部采样点水平位置应距畜禽舍围墙 $1.5\sim2.0h$ [$h$ 为围墙高度（m）]、垂直位置距地面 1.5 m。可根据采样需要，在四面围墙外或在两面长轴围墙外设立。

**3. 背景对照点** 应在畜禽舍外，养殖场监测时段上风向位置，距养殖场边界 $2\sim50$ m 半径范围内设立 1 个采样点，高度 1.5 m。

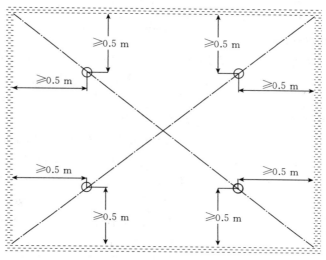

图 3-1　畜禽舍内部气体采样水平方向采样点布置

**4. 进排风口采样点**　对于采用机械通风的畜禽舍，需在进风口和排风口分别设置采样点。

（1）进风口采样点　对于气态污染物，应在进风装置外部断面中心点设置1个采样点。对于 PM，应在进风口附近布点。

（2）排风口采样点　气态污染物布点位置如下：

① 排风口断面面积小于 0.1 m²，流速分布比较均匀、对称的，可取断面中心作为测点。

② 排风口断面面积大于 0.1 m²，可排风口断面分成适当数量的等面积小块，各块中心即测点。小块的数量按表 3-1 的规定选取，原则上测点不超过20 个。

表 3-1　排风口的分块和测点数

| 排风口断面积（m²） | 等面积小块边长长度（m） | 测点总数 |
| --- | --- | --- |
| <0.1 | <0.32 | 1 |
| 0.1～0.5 | <0.35 | 1～4 |
| 0.5～1.0 | <0.50 | 4～6 |
| 1.0～4.0 | <0.67 | 6～9 |
| 4.0～9.0 | <0.75 | 9～16 |
| >9.0 | ≤1.0 | 16～20 |

③ 在评价通风设备对改善舍内空气质量的效果时，应在通风设备开启前

后分别采样，必要时在排风口不同高度设置采样点。

对于 PM 采样，应在排风口附近布点。

**（二）场区采样点布置**

**1. 场区采样点布置** 在养殖场（小区、专业户）中心位置布置采样点，并在下风向处场区最外端设置采样点。对于贮粪场、氧化塘、堆肥场等高污染场所，需在上述场所中心位置设置采样点。

对于手工采样，场区采样点的高度设定为 1.5 m；对于自动监测，采样口或监测光束离地面高度应为 3～20 m。当养殖场上有多个类似排放源时，可选择具有代表性、受周围其他排放源干扰较小的污染源作为测试源。

进行无组织排放源气体监测采样时，应对风向和风速进行监测。监测恶臭气体时，两个或两个以上无组织排放源相邻时，应选择被测无组织排放源处于上风向时进行臭气浓度监测。此外，雨雪天气不宜进行场区气体采样。

**2. 场区采样点数量** 对于面积低于 200 m² 的粪污露天存放场所，可根据排放源的形状，采用系统随机布点法，选择 3～6 个监测点，可根据测试目的适当增减监测点数量。面积小且形状规则的排放源测定点位布置见图 3-2。

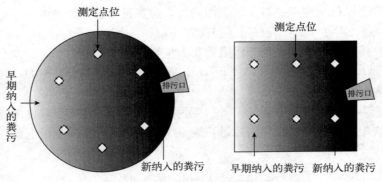

图 3-2 面积小且形状规则的排放源布点位置

[来源：《养殖场粪污露天存放场氨挥发强度测定技术指南》（T/ACEF 019—2020）]

对于面积超过 200 m² 的粪污露天存放场所（自然堆肥、沼液存贮池、氧化塘等），可根据排放源的形状，采用系统随机布点法，选择 9～12 个监测点，同时可根据测试目的适当增减监测点数量（图 3-3）。

**（三）场界采样点布置**

当围墙通透性好时，可紧靠围墙外侧设置采样点；当围墙通透性不好时，也可紧靠围墙设置采样点，但需把采样点的位置设置高出围墙 20～30 cm。当通透性不好的围墙采样点的位置不便抬高时，采样点水平位置应距围墙 1.5～

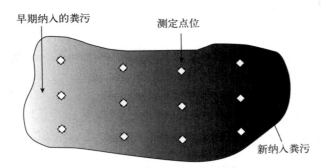

图 3-3　大面积排放源布点位置及数量

[图片来源：《养殖场粪污露天存放场氨挥发强度测定技术指南》(T/ACEF 019—2020)]

2.0$h$［$h$ 为围墙高度（m）］，垂直距离距地面 1.5 m。场界布置采样点，应在场界上风向布置 1 个采样点，场界下风向或臭气方位边界线上布置采样点 2～3 个。

## 二、采样点时间和采样频率

**1. 采样时间**　应选择在畜禽养殖生产正常进行的情况下采样，避免人为因素的影响，采样时应尽量减少采样工作造成的舍内空气流动。畜禽舍内的采样应在饲前进行。可根据采样方法、气体样品种类等自行选择采样时长。一般来说，手动采样时，采样时间应保持在连续 1 h 以上。

**2. 采样频率**　根据需要确定采样频率。对畜禽养殖环境空气质量应定期采样监测，至少春、夏、秋、冬每季监测 1 次，每次采样应至少连续 3 d。

连续有组织排放源，采样间隔不小于 4 h，日均采集 6 次，取其最大测定值。监测时，实行连续 1 h 的采样，或实行在 1 h 内以等间隔采集 4 个样品计平均值。

连续无组织排放源，每 2 h 采集 1 次，日采集 4 次，取其最大测定值。监测时，实行连续 1 h 的采样，或实行在 1 h 内以等间隔采集 4 个样品计平均值。

对于间歇排放源，选择在气味最大时间段内采样，样品采集次数不少于 3 次，取其最大测定值。

对于环境空气敏感点的监测，根据现场踏勘、调查确定的时段采样，样品采集次数不少于 3 次，取其最大测定值。

## 三、采样体积计算

采样体积计算公式如下：

$$V = Q \times t \times \frac{P \times 273.15}{101.325 \times T} \tag{3-1}$$

式中：

    $V$——标准状况下采样体积，L；

    $Q$——实际采样流量，L/min；

    $t$——采样时间，min；

    $P$——采样时的环境大气压，kPa；

    $T$——采样时环境的温度，K。

## 四、养殖场气态污染物现场采样方式

畜禽养殖场中，$NH_3$ 和 $H_2S$ 等气体按采样设备覆盖空间的大小，可分为密闭式取样、点式取样和开路式取样三种采样方式。密闭式取样是在封闭空间进行气体样品的收集；点式取样是对三维空间内一特定点光路中的气体进行取集；开路式取样是针对三维空间内两点式光路中的气体进行取样。

按采用装置是否提供动力，采样方式可分为被动采样和主动采样两种。被动采样即不需要采样装置提供动力，携带使用方便；主动采样需要动力装置进行抽取。

### （一）密闭式取样

通常密闭式取样需要借助取样箱，将密封性良好的取样箱覆盖在监测点位的上方，从而形成一个密闭取样室，目的是消除外界环境对气体样品的影响。密闭式取样箱分为静态箱和动态箱。静态箱内外没有空气交换，主要应用于土壤中释放气体的采样。动态箱内外有空气交换，动态取样箱的底部是敞开的，四周会配有一个或多个空气出入口，便于气体检测和装置内部空气环境的控制。动态取样箱可用于畜禽舍的地面、固体粪污和氧化塘表面。

密闭式取样法（图3-4）的原理是利用空气置换密闭式内的气体，挥发出来的气体随抽气气流进入吸收瓶，被瓶中的气体吸收液吸收，再按照标准规定的测定方法测定气体浓度。密闭式取样实验装置结构简单，可以直接捕获粪污堆体等污染源表面挥发的气体，此方法因其在密闭状态下的气体挥发过程不同于自然状态，并且该方法需要配备供电设备，因此在供电不方便的野外不适用。

密闭式取样法设备成本较低，且该方法提供了一个小尺度的取样空间，可以调整取样箱内的气流速度和温度，用来研究相关参数对气体浓度的影响，同时隔绝外界环境对污染源环境的干扰。但取样箱的放置会干扰周围环境及箱内气体浓度的分布，具有入侵性。如果调整箱内气流模式或采用自然模式，则可能会造成气体释放浓度显著差异。

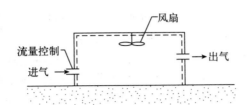

图 3-4　密闭式取样示意图

## （二）点式取样

点式取样（图 3-5）是在养殖场内的一个或多个点进行气体采集。与密闭式取样不同，该方法可以采集到畜禽舍内的不同高度、进出风口，以及场区上风向和下风向的气体。根据取样设备的不同，点式取样分为主动取样和被动取样。

点式主动取样又称抽取法，利用一个或多个抽气装置将检测点的气体抽入容器中（如取样袋或取样瓶）。点式主动取样分为原位式和集中式，原位式主动取样的气泵和检测设备在同一位置；集中式主动取样是一种相对复杂的多点采集系统，由气管、气泵及自动控制设备组成。监测点的气体由自动系统控制通过气管输送至检测设备，能实现多点位、长距离的气体采集和监测，但系统中输送气管需要进行隔热或加热处理，以防止气体传输过程中温度差异造成的管内局部冷凝。多点式采样系统通常需要计算机控制，也需要调节采样时间和采样位置。

点式被动取样也称为暴露法，通常采用传感器设备，不需要取样气泵。气体通过扩散方式进入设备中，同时完成气体浓度的检测工作，如被动式气体检测管，就是通过待测气体扩散至管内进行采集和测定。

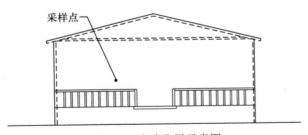

图 3-5　点式取样示意图

点式取样中采用的取样器和传感器很容易放置在动物的活动区域，该方法使用区域灵活，从小的排放源到大的养殖场都可以使用，且点式取样法不会干扰气体排放源及周围环境，是畜禽舍中被广泛采用的采样方法。

### （三）开路式取样

开路式取样（图3-6）主要由光源发射器、接收器/传感器组成的光学探测装置进行气体采集检测。光源发射器将紫外或红外光束向远距离发射，从而形成一条开放式的光路径，将气体传输至光源接收器/传感器进行浓度检测。光源和接收器位于开放路径的两端，检测路径位于源和接收器之间（图3-6）。由于光学探测设备性能差异，光源发射器和接收器之间的开放路径长度为100～750 m。

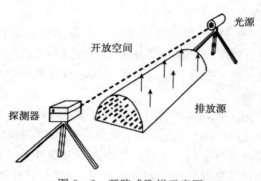

图3-6 开路式取样示意图

（图片来源：NI，1998）

在三种取样方法（表3-2）中，采用开路式取样的历史时间较短。它既不会像密闭式取样一样对周围环境具有入侵性，也不会像点式取样一样，被测气体在样品输送过程中有吸附在输送管道上的可能。开路式取样的研究面积大，检测限低。不过，开路式取样也存在缺点，在采用反向色散模型确定气体排放速率时，需要了解测量期间的天气状况，若两个污染源相互靠近的情况下，采用开路式取样不易区分气体排放速率。

表3-2 三种取样方法比较

| 项目 | 密闭式 | 点式 | 开路式 |
|---|---|---|---|
| 仪器成本 | 较低 | 暴露式取样较低，现场分析中等，集中取样法较高 | 中至高 |
| 仪器安装 | 中 | 暴露式取样较低，现场分析中等，集中取样法较高 | 低至中 |
| 适用范围 | 固体粪便、氧化塘表面气体挥发量，挥发速率 | 舍内外浓度，本底浓度，不同处理对照，排放速率，扩散模型 | 舍外浓度，本底浓度，扩散速率，不同处理对照，扩散模型 |

（续）

| 项目 | 密闭式 | 点式 | 开路式 |
|------|--------|------|--------|
| 取样范围 | 较小 | 可大可小 | 大 |
| 对自然状况影响 | 较大 | 较小 | 很小 |
| 可控性 | 可以控制排放源表面空气流速 | 可控制样品流动 | 无可控性 |
| 仪器重复利用 | 可重复 | 集中取样可重复 | 扫描系统可重复 |

# |第二节| 氨气现场采样技术

## 一、氨气采样方式

$NH_3$ 按采样方式可分为直接采样（主动采样）和间接采样（被动采样）。直接采样有密闭式间歇抽气取样法、风洞法、微气象学法，间接采样法有通气法。

### （一）密闭式间歇抽气法

密闭式采样一般采用间歇式抽气。测定畜禽养殖场的氧化塘、沼气池等液面的 $NH_3$ 挥发强度的装置，主要包括碱、酸吸收瓶、采气罩（PVC 或有机玻璃，直径 20 cm，高 15 cm，底部开放，顶部有两个通气孔，底部两侧安装有浮块以维持采气罩能够漂浮在液面之上）、大型气泡吸收管、调节阀、流量计、抽气采样泵及连接各部件的乳胶管（图 3-7）。

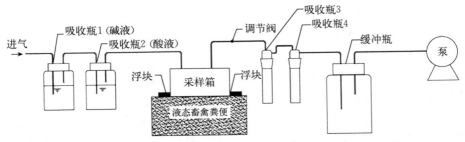

图 3-7 密闭式间歇抽气法装置示意图（氧化塘等粪尿贮存场所）

采用密闭间歇式抽气法测定畜禽粪便固态堆体 $NH_3$ 挥发的装置与测定液面的装置相同，只是采气罩两侧设有浮块（图 3-8）。

密闭间歇式抽气法的工作原理：在气体采样泵的作用下，外界空气经碱、酸吸收瓶去除干扰气体后，进入采样箱，并使 $NH_3$ 进入吸收瓶，通过吸收瓶中的吸收液将 $NH_3$ 吸收，然后通过测定吸收液中氨的总量计算出氨的浓度。

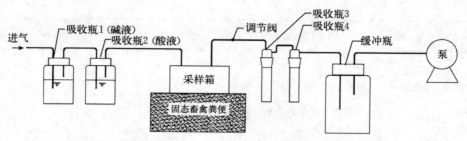

图3-8 密闭式间歇抽气法装置示意图（畜禽粪便固态堆体）

采样前，需将$NH_3$吸收液注入吸收瓶中，依次连接各组件。若测量表面为固态堆体，则底部需插入堆体2 cm，控制调节阀，保证采气罩内的抽气速率为15～20次/min，测定时间不低于30 min。样品需每次连续监测5～7 d。测定时间段的选择可依据不同时段$NH_3$的挥发强度值计算出全天的$NH_3$挥发量，再与各时段$NH_3$挥发的加权平均值比较，找出最接近平均值的时段，作为适宜$NH_3$挥发强度监测采样的时间。有研究表明，在不影响实际操作且避开高温时段的最佳采样时间是7:00—9:00和15:00—17:00两个时间段。

$NH_3$浓度测试可通过吸收液中氨氮含量计算。测定完吸收液中铵态氮的浓度后，可根据下式计算采样时间段内$NH_3$排放的平均浓度：

$$C = \frac{17 \times a \times V}{14 \times Q \times t} \tag{3-2}$$

式中：

$C$——$NH_3$浓度，$mg/m^3$；

$a$——样品液中铵态氮的浓度，$mg/L$；

$V$——吸收液体积，$mL$；

$Q$——气体采样流量，$L/min$；

$t$——采样时间，$min$。

密闭间歇式抽气法常用的测定方法有密闭式间歇抽气-酸碱滴定法、密闭式间歇抽气-分光光度法。

**1. 密闭式间歇抽气-酸碱滴定法** 采用含有混合指示剂的2%硼酸溶液作为$NH_3$的吸收液，用标准稀硫酸溶液滴定来测算$NH_3$挥发强度。该方法的优点是不需要精密仪器，能够快速测定。但由于酸碱滴定法的灵敏度低，且易受空气中酸性颗粒干扰，当空气中酸性颗粒含量较高时，将导致测试结果偏低。若在室外高温环境下，长时间曝气过程也会导致混合指示剂灵敏度较低。此种方法适用于$NH_3$挥发量较高时的浓度测定，当$NH_3$挥发量较低时，测量结果准确性较低。

**2. 密闭式间歇抽气-分光光度法** 采用0.05 mol/L的稀释硫酸溶液作为

$NH_3$ 吸收液，在实验室内利用靛酚蓝比色法直接测定溶液中的铵浓度。此方法干扰物质少、灵敏度高，但受 pH 影响很大，常用于 $NH_3$ 浓度的实验室自动分析。此方法需要配备分光光度计。

## （二）风洞法

风洞法测定过程中根据自然风速大小给定抽气泵流量，即在风洞系统中，需要通过调节箱内的气流以匹配外部的风，可以部分地将微气候条件调节到外部条件。试验时分别测定流入和流出风洞空气中的 $NH_3$ 浓度，计算 $NH_3$ 的挥发通量。另外，风洞无法模拟静态和下雨状态，会高估降雨期间和之后的 $NH_3$ 排放量。

风洞法能够使箱内的气象条件、土壤条件等与外界条件类似，测量结果具有代表性，而且风洞能够实现 24 h 连续监测，测量结果准确性高。由于风洞系统设备昂贵，因此，可用的风洞数量限制了可以同时测量的污染源面积，风洞测试适合小范围测量。同时，风洞法需要精密仪器测定风速、温度及大气中 $NH_3$ 浓度变化，以及调节流量，试验费用较高。此方法在欧洲应用比较广泛。风洞法 $NH_3$ 挥发量的计算方法如下：

流经风洞进出口 $NH_3$ 的总质量按公式（3-3）计算：

$$M = C \times V \times N \qquad (3-3)$$

式中：

$M$——流经风洞进出口 $NH_3$ 的总质量，mg；

$C$——代表某一时间段进出口采集到的吸收液氨氮浓度，mg/L；

$V$——吸收液的体积，L；

$N$——流经风洞的气体体积除以抽气体积所得的倍数。

$$其中，N = \frac{v \times t \times a}{f \times t} = \frac{v \times a}{f} \qquad (3-4)$$

$v$——风洞内风速，m/s；

$t$——测定时间，s；

$a$——风洞进气口截面积，$m^2$；

$f$——抽气总流量，$m^3/s$。

若 $C$ 为 24 h 内采集到的吸收液的氨氮浓度，则日 $NH_3$ 挥发速率的计算式为：

$$Q_{NH_3\text{-}N} = \frac{(M_出 - M_进)/S}{10^2} \qquad (3-5)$$

式中：

$Q_{NH_3\text{-}N}$——$NH_3$ 挥发速率，kg/($hm^2 \cdot$ d)；

$M_出$，$M_进$——流经风洞出气口、进气口 $NH_3$ 的总质量，mg；

$S$——风洞测试区面积，$m^2$。

### （三）微气象学法

除了以上方法，还可以用微气象学法技术测量 $NH_3$ 的挥发速率。微气象学是大气科学的分支，主要是研究较小尺度（包括微尺度、小尺度和局地尺度）上的发生在近地面层的大气现象和大气过程。微气象学法是在近地称重，通过测量近地面层的湍流状况和被测气体的浓度来获得该气体的通量值。

近地面层条件是微气象学法（质量平衡法除外）测量气体通量值的最基本条件。在测量期间大气状况基本不变的情况下，在近地面层中某一高度上测得的气体通量可以被认为能代表地表的气体排放（吸收）通量。经验表明，近地面层的高度一般在测点上风向水平均匀尺度的 $0.5\% \sim 1\%$。

利用微气象学法对 $NH_3$ 挥发速率进行测量与温室气体测量方法类似，将在本章第六节对该方法进行详细阐述。

### （四）通气法

通气法（图 3-9）的实验原理与密闭间歇式采样类似，首先通过通气式 $NH_3$ 捕获装置将 $NH_3$ 固态排放源表面罩住，然后利用装置内含 $NH_3$ 吸收液的海绵吸收排放源表面挥发出来的 $NH_3$，通过测定海绵内 $NH_3$ 的含量，估算出排放源表面的 $NH_3$ 排放量及累积量。该方法在气体采集过程中可以保证装置内的固态粪便堆体经海绵与外界空气流通。但由于海绵易受降雨影响，因此在多雨的季节和地区，该方法的应用受到一定限制。

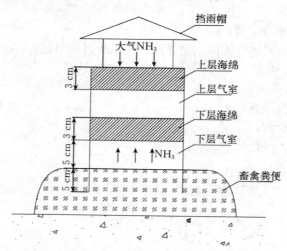

图 3-9　通气式 $NH_3$ 捕获装置示意图

该方法的实验装置包括圆柱形气室（材质为聚氯乙烯或聚甲基丙烯酸甲酯）、2 块圆片形海绵（直径 15 cm、厚 3 cm）和挡雨帽。

采样前记录下层海绵的重量，然后分别将两块海绵用注射器注入 20 mL 的磷酸甘油溶液（50 mL 磷酸与 40 mL 丙三醇混合，定容至 1 000 mL）。将两块海绵分别放置到气室的上下层，下层海绵距离挥发面 5 cm，用于捕获挥发的 $NH_3$，上层海绵用于消除外界空气中的 $NH_3$ 对下层吸收海绵的干扰。最后将圆柱形气室垂直插入固态堆体中，插入深度为 5 cm，遮雨板固定在圆柱形支柱顶端，与圆柱形气室的间距为 5 cm。

每次采集完成后，将下层海绵装入密封袋取回，带回实验室后，将下层海绵分别装入 500 mL 的塑料瓶中，加 2 mol/L 氯化钾（KCl）溶液 150 mL，使海绵完全浸于其中，在转速为 160 r/min 的振荡仪上振荡 1 h 后，对提取液进行测定。样品需连续采样 5～7 d，每次样品的采集时间为 24 h。

## 二、氨气采样器

$NH_3$ 采样所用的采样器中，被动采样器是收集沉积 $NH_3$ 的理想选择，它比主动采样器价格便宜，易于使用，且不需要电力。被动采样器允许在单个站点上设置多个采样器。其中，$NH_3$ 被动采样器是基于扩散吸附原理被用于空气中 $NH_3$ 浓度的测量，操作简单，价格低廉。目前被广泛使用的被动采样器品牌有 ALPHA（英国生态和水文中心，成本低，吸收性高）、Analyst（意大利国家大气污染研究所）、Ogawa（美国 Ogawa & Co. 公司）和 Radiello（意大利 Salvatore Maugieri 基金会）等。被广泛使用的主动采样器品牌有 DELTA（英国长期大气采样中心）。ALPHA 采样器采用圆形聚乙烯瓶，瓶中包含一个 25 mm 厚的过滤器和一个四聚氟乙烯膜。其检测限为 $0.18～0.26~\mu g/m^3$，收集的 $NH_3$ 浓度为 2.4%～37%。Ogawa 采样器是双面被动扩散采样器，配备有一个扩散端盖，屏幕为不锈钢材质，采用 14 mm 厚石英过滤器。DELTA 采样器包括一个酸涂层的过滤器。该采样器在气相和气溶胶相采样能力好。

# |第三节| 气体检测技术

畜牧业气体成分检测方法主要分为化学法、光学法、传感器法三大类。其中，化学法可分为湿化学法、电化学法、气体检测管法、化学发光法、气相色谱法、质谱法。本节将电化学法归类到传感器法中介绍。光学法可分为光谱法和非光谱法。光谱法是物质内部发生量子化的能级跃迁，非光谱法不涉及光谱的测定和物质内部能级的跃迁。目前气体检测采用的光学法主要是光谱法，典型的光谱法有傅立叶变换红外光谱法、差分光学吸收光谱法等。传感器法主要包括电化学气体传感器、半导体气体传感器、压电气体传感器及电子鼻（表 3-3）。

表 3-3　气体成分检测方法

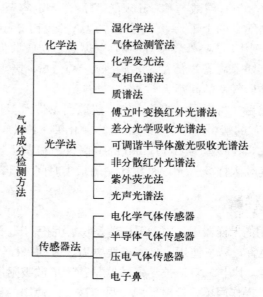

## 一、化学法

化学法是利用化学反应中颜色变化或沉淀生成等现象测定气体的成分和浓度。传统检测空气污染的化学方法诸如 pH 试纸法、滴定法、比色法等，这些方法使用水作为介质，又称湿化学法。pH 试纸法是采用中性蒸馏水作为气体吸收液，将 pH 试纸浸入吸收液中，通过比对颜色标准表来确定气体的浓度，这种方法简单廉价，但灵敏度和精确度较差。滴定法是非比色湿化学法，主要包括标准滴定法和电导滴定法。滴定法相对于比色法来说，灵敏度差，易受干扰。比色法是以生成有色化合物的显色反应为基础，通过比较和测量有色物质溶液的颜色来确定气体样品的浓度，其中典型的应用是纳氏比色法和靛酚蓝比色法。

湿化学法在以前气体检测仪器比较少的情况下被广泛采用，但该方法的灵敏度较低，检测限较高，且必须将气体样品带到实验室进行分析，难以实现在线检测。气体检测管法是根据气体吸附原理对特定气体进行检测，检测方便、快捷，但灵敏度和检测限不高。随着科技进步，逐渐使用检测仪器设备代替传统化学法，如化学发光法、气相色谱法、质谱法等。此类仪器设备灵敏度高，检出结果较为准确。

### （一）湿化学法

**1. 滴定法**　滴定法中，通常应用碘量法进行 $H_2S$ 气体检测。

碘量法测定 $H_2S$ 的原理：首先用过量的乙酸锌（$ZnAc_2$）溶液吸收气样中的 $H_2S$，生成硫化锌（$ZnS$）黄色沉淀。然后加入过量的碘溶液，在弱酸性条件下，$ZnS$ 沉淀与碘（$I_2$）发生反应，生成碘化锌（$ZnI_2$）和单质硫（$S$），剩余的碘用硫代硫酸钠（$Na_2S_2O_3$）标准溶液滴定，由此可以测定 $H_2S$ 的含量。

碘量法是一种氧化还原滴定法，用碘作氧化剂或碘化物作还原剂，测定物质含量，主要反应方程式如下：

$$H_2S + ZnAc_2 \longrightarrow ZnS + 2HAc$$
$$ZnS + I_2 \longrightarrow ZnI_2 + S$$
$$I_2 + 2Na_2S_2O_3 \longrightarrow Na_2S_4O_6 + 2NaI$$

该方法精度不高，测量浓度范围大于 $3\ mg/m^3$。碘量法的实验步骤为人工操作，测量过程中可能会存在一定误差，但碘量法不需要贵重仪器，仍具有重要的使用价值。

**2. 比色法**  以生成有色化合物的显色反应为基础，通过比较或测量有色物质溶液颜色深度来确定待测组分含量。比色法主要包括纳氏试剂比色法、硫酸银比色法和靛酚蓝试剂比色法。

（1）纳氏试剂比色法  是一种测定水中铵的方法，也可用于测定畜禽养殖场空气中的 $NH_3$，可与分光光度法联用。该方法的测定原理是用大型气泡吸收管采集气体，$NH_3$ 在碱性溶液中与纳氏试剂反应生成黄棕色络合物，于 420 nm 波长下测量吸光度，根据吸光度计算空气中 $NH_3$ 浓度。

反应方程式如下：

$$2K_2[HgI_4] + 3KOH + NH_3 \longrightarrow OHg_2NH_2I + 7KI + 2H_2O$$

试验的仪器设备有大型气泡吸收管、空气采样器（流量 $0 \sim 3\ L/min$）、具塞比色管（10 mL）、分光光度计（420 nm）。试验试剂为无氨水（蒸馏水制备）、吸收液（硫酸溶液，0.005 mol/L）、纳氏试剂、标准溶液。

纳氏试剂制备：将 17 g 氯化汞溶解于 300 mL 水中，另将 35 g 碘化钾溶解于 100 mL 水中，将前液缓慢加入后液，至生成红色沉淀为止。向溶液中加入 600 mL 强氧化钠溶液（200 g/L）和剩余的氯化汞溶液，混合均匀。置于棕色瓶中，于暗处放置数日后，取出上清液贮存于另一棕色瓶中，用瓶塞塞紧，避光保存。

标准溶液制备：准确称取 0.387 9 g 硫酸铵（优级纯，于 80 ℃ 干燥 1 h），溶于吸收液中，定量转移入 100 mL 容量瓶中，用吸收液稀释至刻度。使用前，用吸收液稀释成 20.0 $\mu g/mL$ 氨标准溶液。

在采样点串联 2 只各装有 5.0 mL 吸收液的大型气泡吸收管，以 0.5 L/min 流量采集气体样品，气体采样后，立即封闭吸收管进出气口，样品应当前测定。对样品进行处理后，绘制标准曲线，由标准曲线测得氨含量。

氨含量计算公式如下：

$$\rho = \frac{(A - A_0 - a) \times V_{总} \times D}{b \times V_{标} \times V} \qquad (3-6)$$

式中：

$\rho$——氨含量，$mg/m^3$；

$A$——样品溶液的吸光度；

$A_0$——与样品同批配制的吸收液空白的吸光度；

$a$——标准曲线截距；

$b$——标准曲线斜率；

$V_{总}$——样品吸收液总体积，mL；

$V$——分析时所取吸收液体积，mL；

$V_{标}$——所采气体标准体积（101.325 kPa，273 K），L；

$D$——稀释因子。

$$其中，V_{标} = \frac{V \times P \times 273}{101.325 \times (273 + t)} \qquad (3-7)$$

$V_{标}$——采样体积，L；

$P$——采样时大气压，kPa；

$t$——采样温度，℃。

（2）硫酸银比色法　测定原理：空气中的 $H_2S$ 用多孔玻板吸收管采集，与硫酸银反应生成黄褐色硫化银胶体物质，比色定量。可用于测定养殖场中 $H_2S$ 气体。

反应方程式如下：

$$2Ag_2SO_4 + H_2S \longrightarrow Ag_2S\downarrow + 2H_2SO_4$$

该方法的检出限为 0.4 mg/L，最低检出浓度为 0.53 $mg/m^3$，测定范围为 0.4~4 mg/L，平均相对标准偏差为 3.4%。

（3）靛酚蓝试剂比色法　测定 $NH_3$ 较纳氏试剂比色法灵敏，但操作更复杂，对实验水平要求严格。

**（二）气体检测管法**

气体检测管法原理：将待测气体吸附于装有指示剂的检测管内，根据被测气体指示剂的显色反应检测气体浓度。该方法可以检测超过 300 种气体和有机挥发物。气体检测管法的优点是可以实时获取有害气体浓度，使用方便且成本较低，但其难以检测低浓度气体。

气体检测管分为主动取样和被动取样两种。主动取样的气体检测管采用手泵将气体吸入，通过指示剂颜色的变化可以测得被测气体的浓度。被动取样的气体检测管在使用时需充分暴露在待测气体下，等待待测气体逐渐扩散到气体检测管中。

主动取样管可用于畜禽舍 $NH_3$ 和 $H_2S$ 气体检测。主动检测管使用方便、检测速度快，但只有当主动取样管空气输送的技术特性与敏感的试剂系统的反应动力学相匹配时，仪器才会产生精确的读数。因此，取样泵的容积及速率参数至关重要。

在 $NH_3$ 浓度检测方面，被动取样的气体检测管检测准确性较传感器法准确性差，但其检测成本较低，使用方便。两种气体检测管比较见表 3-4，主动取样的气体检测管检测速度更快，但被动取样的气体检测管检测限更低，在低浓度气体检测方面有更好的效果。总而言之，采用气体检测管法检测畜禽舍有害气体的检测精度较低，不适用于低浓度有害气体的精准检测。但是因为其成本低廉，使用方便，故应用较广。

表 3-4  主动、被动气体检测管法比较

| 气体检测管种类 | 准确性 | 检测限 | 反应时间 | 采样成本 |
| --- | --- | --- | --- | --- |
| 主动式 | 较差 | 较高 | 以 s 计 | 较低 |
| 被动式 | 较好 | 较低 | 以 h 计 | 较高 |

气体检测管法检测 $H_2S$ 的原理：将海绵条放到对 $H_2S$ 显色剂浸泡后，装于检测管中，两端加盖密封保存。检测时，检测管取掉密封，吊于不同 $H_2S$ 气体标准质量浓度的玻璃瓶中，当 $H_2S$ 与显色剂发生反应，会产生明显的颜色变化，呈棕黑色。检测管显色长度的平方与 $H_2S$ 浓度和采样时间的乘积在一定范围（$50 \sim 1\,500$ $mg/m^3$）内呈线性关系，从而快速检测出 $H_2S$ 的时间加权平均质量浓度。该方法灵敏度为 1.5 $mg/m^3$，测定范围 $0 \sim 230$ $mg/m^3$。

气体检测管法集采样、分析为一体，与传统方法相比，简单快捷，受被测环境、条件的影响较小，且灵敏度较高，携带方便，有利于室外测定和大面积环境监测。

Parbst 等（2000）采用德尔格（Dragerwerk）气体检测管分别在冬季和夏季对猪舍中 $NH_3$ 和 $H_2S$ 进行检测，试验结果与化学荧光法测定结果对比并无显著差异，可以准确测量水泡粪模式下的育肥猪舍 $NH_3$ 和 $H_2S$ 浓度；许稳等（2018）采用主动气体取样管对不同季节 4 个饲养阶段猪舍内 $NH_3$ 浓度进行监测。Cheng 等（2017）采用 Drager X—AM 7000 便携式被动气体检测管评估饲料中添加某种新鲜发酵豆粕对保育猪舍环境 $NH_3$ 排放的影响，结果表明，饲料中添加该豆粕可显著降低舍内 $NH_3$ 浓度。Skewes 等（1995）结合被动取样的气体检测管和主动取样的气体检测管检测禽舍内的 $NH_3$，结果发现，

主动检测管仅在一定的 $NH_3$ 浓度范围内结果较为准确，而被动检测管检测时间较长，但可提供准确的时间加权结果。

### （三）化学发光法

化学发光法（CL）是指利用化学发光现象分析测定物质成分和浓度。某些物质分子吸收化学能后，被激发到激发态，当由激发态返回基态时，释放能量，可以通过测量发光强度来获得该物质的浓度。CL 灵敏度高、精度高、选择性好，可有效地测定多种污染物质共存的气体。CL 测定 $NH_3$ 是基于将 $NH_3$ 转为 NO 间接测定。因此，化学发光法氨分析仪主要包括氨转换器和一个 $NO_x$ 分析仪。在开展畜禽养殖场有害气体相关科学研究和影响评估选择化学发光法进行气体检测时，建议采用精度高的光化学分析仪，以获得准确数据。

### （四）气相色谱法

气相色谱法（GC）指用气体作为流动相，根据气相携带混合物中不同物质在固定相中移动速度不同对物质进行分离，分离后的混合物中每个组分通过其柱上的保留时间进行识别，并由检测器进行定量的一种色谱法。气相色谱仪结构简单，反应灵敏度高，性能比较稳定，对大多数物质都有检测反应，适用于大气中气体成分及浓度的检测分析，在畜禽场气体检测领域得到广泛应用。GC 能够检测 $NH_3$、$H_2S$、$CO_2$ 和 $CH_4$ 等多种气体。

气相色谱仪可使用定量阀、注射器、采气袋等进气。检测器是气相色谱仪的关键部件，可以单独连接到气相色谱系统中，也可组合连接，从而同时分析多种气体。GC 测定 $NH_3$ 可使用热导检测器（TCD），测定 $H_2S$ 气体可使用 TCD、火焰光度检测器（FPD）、微氩离子检测器等。GC 测定温室气体时，采用三种类型的检测器。TCD 主要用于测定 $CO_2$，火焰电离检测器（FID）一般用于检测 $CH_4$，电子捕获检测器（ECD）通常用于检测 $N_2O$。

Labrada 等（2020）采用气相色谱法测定猪粪中的 $NH_3$ 和 $H_2S$，研究空气过滤系统对 $NH_3$ 和 $H_2S$ 的去除作用。Louhelainen 等（2001）采用气相色谱法测得堆肥场所中 $H_2S$ 的浓度，研究不同堆肥场工作人员对 $NH_3$ 和 $H_2S$ 的接触程度。Yoon 等（2015）采用安捷伦 GC789－0A 型气相色谱仪对畜禽粪污处理设施中 $H_2S$ 浓度进行检测，从而研究其与设施复合气味浓度的相关性。结果表明，复合气味浓度（稀释比）与 $H_2S$ 浓度呈显著正相关（$P<0.05$）。Zhang 等（2011）采用气相色谱仪研究过磷酸钙处理猪粪对堆肥区有害气体排放的影响。结果表明，该方法在增加氮氧化物排放的同时会显著降低 $NH_3$ 与 $H_2S$ 的排放。Hao 等（2001）采用 GC 研究畜禽养殖场主动与被动两种粪便堆肥方式对温室气体排放的影响。试验结果表明，被动堆肥下气体排放量较少，这主要是因为被动堆肥情况下肥料的不完全分解和气体扩散速率较低。Wang

等（2014）采用赛默飞 55i 型 $CH_4$ 分析仪对猪场沼液中 $CH_4$ 浓度进行动态检测研究。XU 等（2017）使用装配有火焰点燃探测器（FID）和热传导探测器（TCD）的气相色谱仪准确检测牛舍堆肥过程中 $CO_2$ 和 $CH_4$ 浓度变化。Gautam 等（2017）运用 GC 检测堆粪间 $CH_4$ 与 $CO_2$ 浓度研究纳米氧化锌对猪粪温室气体的减排作用，结果表明，纳米氧化锌可对上述两种温室气体在粪肥厌氧条件的排放有显著抑制作用。Sarker 等（2019）采用配备火焰电离检测器（FID）、电子捕获检测器（ECD）的气相色谱仪检测温室气体（$CH_4$、$CO_2$）浓度，以研究纳米粒子对粪污温室气体排放的影响。

### （五）质谱法

仪器分析法在污染气体的检测分析方面具有重要地位。质谱、气相色谱等仪器分析方法已经成为许多污染气体检测的标准方法，在实际中应用广泛。气相色谱法多用于鉴别臭气物质，但却不能反映臭气的气味特征，常要配以嗅觉才能评价气体浓度。质谱法在定性分析污染气体类型与排放情况方面运用广泛，其原理为利用电场和磁场将运动的离子按带电离子的质量与所带电荷的比值（质荷比）进行分离，分离后通过测量离子准确质量确定离子的化合物组成。

Norman 等（2007）运用质子转移反应质谱仪（PTR—MS），以 $O_2^+$ 离子为试剂，对大气中 $NH_3$ 浓度进行监测。该方法可在快速、高灵敏度地检测 $NH_3$ 浓度的同时记录 $NH_3$ 浓度 30 s 内的变化；Feilberg 等（2017）采用质子转移反应质谱法对集约化猪场和牛场 $H_2S$ 浓度进行测量。Zhang 等（2010）采用热脱附-多维-气相色谱-质谱联用技术评估畜禽舍 VFAs 和酚类化合物的浓度。

## 二、光学法

光学法主要采用光谱法进行气体检测。光谱法是利用气体对光线的选择性吸收特性对气体种类和浓度进行检测的一种方法，属于连续测量法。当气体受到光照射时，分子会与光发生碰撞，光子的能量传递给分子，分子内部电子发生能级跃迁，从处于稳定状态的基态分子跃迁到不稳定状态的高能态，即激发态。为了短时间内达到稳定状态，电子向较近轨道发生跃迁，分子内能减少，减少的内能以辐射电磁波的形式释放能量（光子），即产生光谱。产生的光谱强度被仪器检测，确定气体的浓度。

气体吸收光谱满足朗伯-比尔定律，其数学表达式为：

$$I_1 = I_0 (\lambda) \times \exp [-\alpha (v) \times C \times L] \qquad (3-8)$$

式中：

$I_1$——透射光强；

$I_0$——入射光强;

$\alpha$($v$)——在频率 $v$ 处的吸光系数;

$C$——气体浓度,每体积单位分子数;

$L$——光程长度。

其中,吸光系数 $\alpha$($v$)可表示为:

$$\alpha\ (v)=S\ (T)\times g\ (v,\ v_0)\times P \tag{3-9}$$

当介质为气体时,式中:

$S$($T$)——温度 $T$ 下的谱线强度;

$g$($v$,$v_0$)——气体吸收谱线线型函数;

$P$——气体压强;

$v$——气体吸收谱线频率;

$v_0$——气体吸收谱线中心频率。

当外界条件恒定时,吸收气体对激光光强的吸收强度和气体浓度成正比。因此,在入射光强不变条件下,利用光电探测器可以检测出出射光强,由朗伯-比尔定律得出气体浓度。基于光谱法的光学器件可以满足严格的传感器要求,如抗电磁噪声、高稳定性、低能耗等。光谱范围见图 3-10。

图 3-10　光谱范围

典型的光谱技术有红外波段的傅立叶变换红外光谱法(FTIR)、紫外/可见波段的差分光学吸收光谱法(DOAS)、可调谐半导体激光吸收光谱法(TD-LAS)、非分散红外光谱法(NDIR)、紫外荧光法(UVF)以及光声光谱法(PAS)等(表 3-5)。其中,FTIR、DOAS 和 TDLAS 可实现开放光程检测。

## (一)傅立叶变换红外光谱法(FTIR)

FTIR(图 3-11)是通过对测量到的光学干涉图进行傅立叶变换而得到光谱的方法。该方法的工作原理是采用特定频率的红外光照射被分析试样,如果分子中有某个基团的振动频率与照射的红外线频率一致,便会产生共振并吸收一定量的红外光,仪器记录仪就会记录这个分子的吸收情况,从而得到试样成分的特征光谱。第一台 FTIR 光谱仪由美国约翰·霍普斯金大学于 20 世纪 50 年代研制。FTIR 光谱仪是根据光的相干性原理设计的,大多数采用迈克尔逊干涉仪。实验测量的原始光谱图是光源的干涉图,然后通过计算机对干涉图进行快速傅立叶变换计算,从而得到以波长或波数为函数的光谱图,该谱图称为傅立叶变换红外光谱。FTIR 光谱仪具有测量精度高、分辨率高、响应速度快、辐射通量大、工作波段宽、信噪比高、全频段内分辨率一致等优点，已发展成为气体检测领域的核心力量。

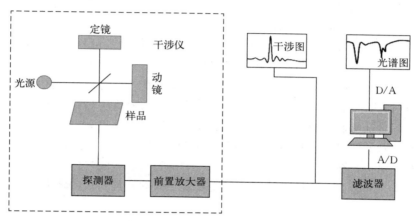

图 3-11　FTIR 光谱仪原理图

　　常用的 FTIR 光谱仪的品牌有 MIRAN（美国赛默飞公司）和 ULTRA-MAT（德国西门子公司）等。MIRAN SapphIRe 型便携式红外谱气体分析仪采用单光束红外分光光度计，使用独特的红外分光镜在单一单元里逐一检测多种气体，而且分析仪波长发生器可根据检测的气体快速精确地进行波长的选择。ULTRAMAT23 型双光路的微流量红外气体分析器也是根据 FTIR 光谱法光学原理设计的商用气体检测分析仪。

　　Childers 等（2002）采用 FTIR 光谱法检测畜禽舍 $NH_3$ 及 $H_2S$ 浓度，并采用非线性光谱法进行数据处理，提高了系统检测精度。Harris 等（2001）还采用开路傅立叶变换红外光谱气体分析仪（OP-FTIR）对不同地区猪舍全年 $NH_3$ 排放进行测定，试验结果表明，$NH_3$ 排放的季节效应十分明显。

　　开路式傅立叶红外光谱（OP-FTIR）技术是在 FTIR 技术基础上发展起来的新型气体检测技术。该技术不仅包含 FTIR 技术的传统优势，同时还具有非接触式测量、能同时检测多种气体成分、能实时获取数据等优势。OP-FTIR 技术已被应用到畜牧业 $NH_3$ 和温室气体等气体的测量。

　　采用 OP-FTIR 技术和近红外光谱传感系统可以实现反刍动物在舍饲条件下及自然放牧状态下 $CH_4$ 排放动态、排放量的精确监测。Bjomeberg 等（2009）用 OP-FTIR 技术在畜禽舍、贮粪池及堆肥区域检测包括温室气体在内的各种气体含量。Naylor 等（2016）采用 OP-FTIR 技术量化蛋鸡粪污中 $N_2O$ 和 $CH_4$ 的排放量，进而评估使用防渗盖对污染气体排放的影响，结果表明防渗盖的使用可显著降低蛋鸡粪污温室气体的排放量。Shao 等（2010）采用 OP‑FTIR 技术对大型奶牛场的 $CH_4$、$N_2O$ 等温室气体进行检测，并对采用偏最小二乘（PLS）法与经典最小二乘（CLS）法对数据定量的结果进行了比较，发现 PLS 回归所得的结果更佳。

### （二）差分光学吸收光谱法（DOAS）

DOAS 的原理是以气体中的痕量气体成分对紫外及可见光波段的特征吸收光谱特征为基础，通过特征吸收光谱鉴别气体的类型和浓度。由于每种气体具有自己独特的吸收光谱，因此通过测量气体在紫外、可见光谱区的透射、反射和散射光，得到气体的特征吸收光谱，通过光谱分析仪和计算机可分离出每种气体的特征吸收光谱，对气体的特征吸收光谱用计算机进行数据处理，可快速实时得到监测结果。DOAS 是一种弱光谱检测技术，需要根据吸收光谱的变化对光谱进行分解，因此只适用于具有窄带吸收结构的气体，系统对外部环境的要求相对较高，不同气体检测需要安装不同的光程和接收装置，操作比较烦琐。

差分紫外吸收光谱（UV‑DOAS）是派生自 DOAS 的一种物质吸收光谱的方法。它将吸收光谱界定在 220～270 nm 的紫外线区域，污染气体中各种氮化物、硫化物等在该波段均有明显的吸收峰，通过测量透射光的紫外吸收光谱，经过推导，可检测出被测气体浓度。

瑞典 Opsis 公司生产的 System 300 UV‑DOAS‑AR500 空气质量自动监测系统及美国 AIM 公司生产的 AIM9060 开路式气体分析仪，均是采用 DOAS 技术开发的气体检测分析仪。

SECREST 等（2001）分别采用 UV‑DOAS 及 FTIR 测量猪场周围的 $NH_3$ 浓度，结果表明两者均有较好的检测效果。Mount 等（2002）采用 UV‑DOAS 方法测量奶牛场区及氧化塘 $NH_3$ 浓度，检测精度可达 $1\mu L/L$。

### （三）可调谐半导体激光吸收光谱法（TDLAS）

TDLAS 是利用激光强度被待测气体吸收形成吸收光谱的原理进行气体检测的一种技术。TDLAS 利用半导体激光器的可调谐和窄线宽特性，通过选择待测气体的吸收线排除气体干扰，实现待测气体浓度的快速在线检测。由于半导体激光器具有高单色性，因此可以利用气体分子的一条孤立的吸收谱线对气体的吸收光谱进行测量，避免其他光谱的干扰。该技术具有高灵敏度、高谱线分辨率、高特异性、动态快速（毫秒量级）等特点，尤其是在现场痕量气体检测和多组分同时测量方面具有优势。但该技术的缺点是调谐范围限制了可探测气体的种类。

TDLAS 采用单色可调制的分布式反馈半导体激光器（DFB）作为光源，通过三角波或锯齿波与正弦波的叠加对 DFB 发出的波长进行调制，同时因为温度能够改变 DFB 发出的波长，所以用半导体制冷器恒定 DFB 的温度。DFB 激光器发出的经调制的单色光通过待测气体后由探测器接收，其中的谐波信号被提取，根据朗伯-比尔定律，利用谐波信号的强度推导待测气体的浓度。由于 TDLAS 采用单色光调制，TDLAS 测量待测气体时可以有效抑制其他气体的干扰，具有高信噪比，同时能够实现开放光程的痕量气体检测。开路可调谐半导体激光吸收光谱法（OP-TDLAS）是在 TDLAS 基础上实现开路光程测量。常见的 OP-TDLAS 气体检测系统见图 3-12。

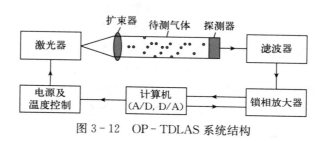

图 3-12    OP-TDLAS 系统结构

加拿大 Boreal Laser 公司利用 TDLAS 技术生产的 GasFinder 开路气体探测仪，可检测 $NH_3$、$CO_2$ 和 $H_2S$ 等污染气体。

Sokolov 等（2019）采用 TDLAS 法测量奶牛粪污中温室气体排放，发现经酸化处理后奶牛粪污中温室气体的排放大幅减少。Kyoung 等（2007）用 OP-TDLS 法对集约化畜禽场的 $CH_4$ 和 $NH_3$ 浓度进行测定。高星星等（2017）采用基于 TDLAS 光谱的自标定式吸收方式对猪舍进行连续 2 周的 $NH_3$ 浓度检测，结果表明该方法长期检测精度及稳定性均显著优于电化学传感器法。何莹等（2016）采用 OP-TDLS 技术设计了开放式 $NH_3$ 监测系统，对秋冬季奶牛养殖场 $NH_3$ 排放浓度进行在线监测，结果表明 OP-TDLS 技术可快速、高灵敏度地获得大范围气体排放特征结果。

### （四）非分散红外光谱法（NDIR）

NDIR 是一种基于气体吸收理论的方法。红外光源发出的红外辐射经过待测气体时，将吸收各自特征波长的红外光，引起分子振动能级和转动能级的跃迁，产生红外吸收光谱，吸收光谱的峰值与气体浓度之间的关系符合朗伯-比尔定律，因此求出光谱强度的变化量就可以反演出待测气体的浓度。

基于该原理商业化生产的分析仪，如美国 Rosemount 公司 Binos4b 型非分散红外光谱气体分析仪、中国台湾泰仕公司 TES-1370 型非色散式 $CO_2$ 测试计和武汉四方光电科技有限公司 GASBOARD 红外气体分析仪。

Mendes 等（2015）采用 NDIR 传感器对自然通风奶牛舍内 $CO_2$ 浓度进行检测，将结果与 PAS 法和 OP-TDLAS 法的测量结果比较，得出 NDIR 传感器适

用于畜禽舍内 $CO_2$ 的多点监测，而光 PAS 法和 OP‒TDLAS 法适合舍内 $CO_2$ 浓度的单点或平均空间监测的结论。Rey 等（2019）通过 NDIR 和手持式 $CH_4$ 激光探测器（LMD）获得 $CH_4$ 浓度，发现两种仪器得出的 $CH_4$ 浓度存在差异。

### （五）紫外荧光法（UVF）

荧光分析法是根据某些物质受到紫外或可见光照射激发后能发出比激发光波更长的光，然后利用物质的荧光光谱进行定性、定量分析的光谱分析方法。荧光分析法按分析对象可分为原子荧光分析和分子荧光分析，按激发光波长范围可分为紫外-可见荧光分析、红外荧光分析和 X 射线荧光分析。

美国 Teledyne‒API 公司的 T101 型 $H_2S/SO_2$ 分析仪、美国赛默飞公司的 450i 型 $H_2S/SO_2$ 分析仪等都是采用紫外荧光原理设计的气体分析仪。

畜禽养殖场常利用 UVF 检测 $H_2S$ 气体浓度。如普渡大学将 $H_2S$ 在温度为 400 ℃ 的转炉中转化为 $SO_2$，再通过脉冲紫外荧光 $SO_2$ 分析仪测得 $SO_2$ 浓度，从而获得 $H_2S$ 的浓度。Ni 等（2002）利用紫外荧光 $H_2S/SO_2$ 分析仪进行养殖场 $H_2S$ 和 $SO_2$ 的浓度检测。Jin 等（2010）利用赛默飞公司的 450i 型 $H_2S/SO_2$ 分析仪对牛场的 $H_2S$ 和 $SO_2$ 浓度进行检测。

### （六）光声光谱法（PAS）

PAS 是一种基于光声效应发展起来的光谱技术，可用于测定传统光谱法难以测定的光散射强或不透明的样品，如凝胶、溶胶、粉末、生物试样等，目前广泛应用于物理、化学、生物医学和环境保护等领域。PAS 原理的实现主要是通过光声转换效应与微弱信号探测技术相结合来进行的。在光声池中的待测气体被脉冲单色光照射，吸收光中的能量，气体内一部分能级会被激发，激发的能级随即会产生无辐射弛豫现象，由此产生热效应。这种周期性光激励会使气体周围产生周期性热流，周期性热流又导致待测气体晶格的周期性振动，这种振动在气体界面上产生声压扰动，传声器就能检测到由此引起的声信号。声信号的强度与气体吸收光的能量成正比，进而检测出气体浓度（图 3‒13）。

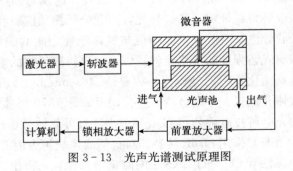

图 3‒13　光声光谱测试原理图

    PAS凭借其灵敏度高、检测范围广及多气体检测等优势，在大气质量环境监测领域得到广泛应用。采用PAS技术可快速连续检测畜禽舍有害气体，其灵敏度高，仪器性能稳定，但是仪器设备昂贵，常用于科研和环境监测。

    Chiumenti等（2015）采用1302型PAS多气体监测仪对猪舍堆粪中的排放气体进行检测，从而验证硝化与反硝化处理对减少堆粪排放气体中N元素的作用。结果表明，硝化和完全反硝化反应可以有效地降低堆粪中N元素的排放。Steven等（2016）采用PAS多气体取样仪对实施不同饲料方案的猪舍环境$NH_3$与$H_2S$浓度进行监测。结果表明，调整饲料配比可有效降低猪舍内有害气体浓度。Ngwabie等（2009）使用1412型PAS多气体分析仪对自然通风奶牛舍的温室气体进行多点取样分析，$N_2O$、$CH_4$和$CO_2$的检测限分别为0.03 mL/L、0.4 mL/L和1.5 mL/L。Shiraishi等（2006）在夏天和冬天使用红外声光探测器对肉牛粪便堆肥的温室气体进行检测，研究粪便含水率对温室气体排放的影响。Ransbeeck等（2013）采用CBISS多通道采样器和1314型红外光声气体分析仪对育肥舍内$NH_3$、$CH_4$、$N_2O$和$CO_2$浓度进行监测，研究全漏缝地板和半漏缝地板对育肥舍内气体浓度的影响。Maialen等（2015）采用1302型多功能光声气体分析仪评估管理模式和环境参数对春季和秋季堆粪处温室气体排放的影响。结果表明，气温、降水情况以及堆粪管理方式对温室气体排放均有一定影响。

表3-5　光谱法典型气体分析仪

| 检测方法 | 代表仪器 | 检测成分 | 精确度及响应时间 |
|---|---|---|---|
| 傅立叶变换红外光谱法 | 美国 Thermo 公司 MIRAN SapphIRe 型便携式红外光谱气体分析仪 | $CO$、$CO_2$、$NH_3$、甲醛、有机挥发物质 | ±1 nL/L；18 s |
| | 德国西门子公司 ULTRAMAT 23 型双光路红外气体分析仪 | $CO$、$CO_2$、$NO$、$SO_2$、$CH_4$ | ±1%；取决于样气室长度、样气线路和可编程衰减 |
| | 美国 TELAIRE 公司 Telaire - 7001 系列 $CO_2$ 气体测量仪 | $CO_2$ | ±0.005%；20～30 min |
| 差分光学吸收光谱法 | 瑞典 Opsis 公司 BO300 System 300 空气质量自动监测系统 | $NH_3$、$NO$、$SO_2$、$O_3$ | 1～10 s |
| | 美国 AIM 公司 AIM9060 开路式气体分析仪 | $NH_3$、$SO_2$、$NO_x$ | ±2%；10 ms |

（续）

| 检测方法 | 代表仪器 | 检测成分 | 精确度及响应时间 |
|---|---|---|---|
| 可调谐半导体激光吸收光谱法 | 加拿大 Boreal Laser 公司 GasFinder 开路气体分析仪 | $NH_3$、$CO_2$、$H_2S$、$CH_4$ | $\pm 2 \times 10^{-6}\%$；1 s |
| 非分散红外光谱法 | 美国 Rosemount 公司 NGA2000 型气体分析仪 | $NH_3$、$CO_2$ | $\pm 1\ \mu m/L$；T90<（2～60）s |
| | 英国 SIGNAL 公司 7000FM 气体分析仪 | CO、$CO_2$、NO、$SO_2$、$CH_4$ | $\pm 1\%$；1.5 s |
| 紫外荧光法 | 美国赛默飞公司 450i 型 $H_2S/SO_2$ 分析仪 | $H_2S$、$SO_2$ | $\pm 1 \times 10^{-7}\%$；60 s |
| | 美国 Teledyne - API 公司 T101 型 $H_2S/SO_2$ 分析仪 | $H_2S$、$SO_2$ | $\pm 5 \times 10^{-6}\%$；140 s |
| | 加拿大 Galvanic 公司 943 - TGX 型 $H_2S/SO_2$ 多组分紫外在线分析仪 | $H_2S$、$SO_2$ | $\pm 1\%$；10 s |
| 光声光谱法 | 美国 Luma Sense 公司 INNOVA 1512 型红外光声光谱气体检测仪 | $NH_3$、$N_2O$、$CH_4$、$CO_2$ 和 $C_2H_5OH$ | $\pm 1\ nL/L$；一种气体 27 s，5 种气体 60 s |

## 三、传感器法

### （一）电化学气体传感器

电化学法是利用物质的电化学性质，根据化学反应所引起的离子量变化或电流变化来测量气体成分和浓度。电化学法采用电化学气体传感器进行气体检测。电化学气体传感器一般由酸性电解液槽、测量电极、传感器电极及参比电极组成。典型的电化学传感器由传感电极和反电极组成，并由一个薄电解层隔开。部分气体具有化学活性，气体首先通过微小的毛管型开孔，经过疏水屏障层，最终到达电极表面，传感电极利用氧化或还原机理，在催化剂的作用下与待测气体发生电化学反应，通过电极间连接的电阻器，与待测气体浓度成正比的电流会在正极与负极间流动。测量该电流即可确定气体浓度。由于反应过程会产生电流，电化学气体传感器又被称为电流气体传感器或微型燃料电池。

以 $NH_3$ 为例，电化学气体传感器在两个电极发生的反应可表示为：

$$2NH_3 \longrightarrow N_2 + 6H^+ + 6e^-$$

$$\frac{3}{2}O_2 + 6H^+ + 6e^- \longrightarrow 3H_2O$$

电化学传感器依据测量物理量（电流、电位）不同，可分为电流型、电位型和电导型。电流型电化学传感器通过被测气体氧化或还原的电流与被测气体浓度成正比的线性关系，将电流作为传感器输出，得到气体浓度。电位型电化学传感器利用电位与被测气体的线性关系测量被测气体。电导型电化学传感器利用电解液的电导与被测气体浓度的线性关系测量被测气体。

电解质在传感器中起着非常重要的作用，基于电解质不同，电化学传感器可分为液体电解质传感器、固体电解质传感器和凝胶电解质传感器。液体电解质传感器每次检测会消耗大量的电解质，传感器的寿命会随着液体电解质的减少而减少。固体电解质传感器需要相对较高的操作温度。凝胶电解质传感器由固液两相构成，待测气体通过接触凝胶电解质发生电化学反应，利用气体在电极、凝胶和气体三相中的浓度不同而测量气体浓度。

电化学传感器的使用限制主要来自电解质，因此已研究出使用新型材料替代传统电解质。如使用室温离子液体（RTILs）作为电解质，RTILs是由大的有机阳离子和小的有机或无机阴离子组成的液态盐，并仅具有离子特性，可在100 ℃以下保持液态。该类传感器具有高离子电导率、高热稳定性及高极性。此外，还可采用其他材料作为基质或电极，如使用纸张作为基底，可加快设备的响应时间和降低检测限。应用稀有材料制备电极，具有高灵敏度。

电化学气体传感器体积小，功耗低，线性度好，价格适中，使用方便，常被用于畜禽舍内有害气体的实时抽样监测。但这种传感器易老化，寿命短，易受其他气体的交叉干扰，分辨率较低，且由于长期使用容易漂移，传感器的探头需要定期更换及校准，限制了电化学传感器的使用寿命（使用寿命通常为2年）。电化学传感器在检测过程中易受其他气体干扰，且需要化学催化剂，因此应用受到了限制。

XIN 等（2003）采用开发改进的便携式检测仪器（PMU）对禽舍中 $NH_3$ 浓度进行实时监测，测量结果与化学发光分析仪测量结果有较高的一致性。JI 等（2016）采用一种新型电化学 $NH_3$ 传感器对传统 PMU 系统进行改进，使用该检测仪器（iPMU）测定蛋鸡场内 $NH_3$ 浓度，结果表明该方法可用于准确监测畜禽场多点空气质量，检测仪器分辨率及测量精度可达 1 mL/L。Wheeler 等（2006）采用 PMU 检测肉鸡养殖场 $NH_3$ 污染气体浓度，试验结果表明，PMU 中两个电化学传感器的差值在 $1 \times 10^{-6}$ 以内，PMU 的误差小于 $3 \times 10^{-6}$。郎利影等（2012）根据三电极电化学气体传感器的工作原理，设计了养殖场空气污染监测系统，在线监测 $NH_3$ 和 $H_2S$ 的浓度。Chénard 等（2003）采用德国 Drager XS EC 型电化学传感器测试 4 个养猪场中 $H_2S$ 的浓度。BICU-

DO 等（2000）采用美国 Jerome 631 - X 型电化学 $H_2S$ 分析仪对养猪场 $H_2S$ 进行检测研究。WHEELER 等（2017）采用便携式电化学分析仪对石膏垫层上牛粪堆积物搅拌过程所释放的挥发性气体进行检测，结果表明采用石膏垫层的农场在搅拌堆肥过程中产生的 $H_2S$ 浓度显著高于采用传统垫层的农场。ZENG 等（2016）开发了一套基于电化学传感器的低成本、环保的鸡舍 $H_2S$ 浓度在线监测传感系统，试验结果表明气体浓度在 3 mL/L、5 mL/L 与 7 mL/L 时，系统检测误差均在 ±10% 以内，检测稳定性好，灵敏度高。Muhlbauer 等（2008）基于现有传感器（Pemtrch PT 295）和无线技术设计开发了适用于猪舍的 $H_2S$ 检测设备，该设备检测范围内误差小于 5%，响应时间小于 1 min。

## （二）半导体气体传感器

半导体气体传感器是利用半导体材料作为气敏元件的气体传感器。其基本工作原理是当半导体器件被加热到稳定状态（加热温度 400 ℃），在气体接触半导体表面而被吸附时，通过催化剂的作用使待测气体在气敏元件表面发生氧化反应，产生的热量变化会导致电阻变化进而得到浓度信息。半导体气体传感器的检测对象一般是可燃性气体。可作为气敏材料的金属氧化物有 $SnO_2$、$ZnO$、$TiO_2$、$WO_3$、$MoO_3$ 等。一般来说，金属氧化物的电子结构是选择合适的金属氧化物来检测特定气体的关键。

半导体式气体传感器可分为电阻型和非电阻型。

电阻型是利用器件电阻变化来检测气体，分为 n 型和 p 型。n 型半导体气体传感器对还原性的气体有响应，而 p 型半导体气体传感器对氧化性气体有响应。目前电阻型半导体传感器的气敏材料主要有 $ZnO$、$SnO_2$、$Fe_2O_3$、$WO_3$ 等。此外，根据半导体与待测气体发生相互作用是位于表面还是体内，电阻型半导体气体传感器又可分为表面控制型和体控制型。表面控制型电阻式传感器的气敏材料主要有 $SnO_2$、$ZnO$、$WO_3$ 等，体控制型电阻式传感器的气敏材料主要有 $Fe_2O_3$、$ABO_3$（钙钛矿型金属氧化物）等。

非电阻型是利用气体吸附和反应时引起的功函数的变化来测定气体浓度，它的气敏材料主要有 $ZnO$、$PdO$、$TiO_2$ 等。非电阻型半导体气体传感器可分为金属-半导体结二极管型传感器、金属-氧化物-半导体（MOS）二极管型传感器和金属-氧化物-半导体场效应晶体管（MOS FET）型传感器。金属-半导体结二极管型传感器是利用金属与半导体截面上吸附气体的整流特性的变化来测定气体浓度；MOS 二极管型传感器是采用 MOS 结构，通过电容-电压（C-V）特性的漂移检测气体浓度；MOS FET 型传感器通过 MOS FET 的阈值电压变化检测气体浓度。

半导体传感器成本低、反应速度快、灵敏度高，但半导体传感器稳定性较差，受环境影响较大，气体选择性差，且其必须在高温（200～400 ℃）下工作，因此必须进行几小时的预热，导致其使用受限。

Hussain 等（2003）在硼硅玻璃基板上制备了 $M_oO_3$ 半导体膜气体传感器，可检测浓度小于 10 mL/L 的 $NH_3$。Kawashima 等（2001）利用 $Sn_2O_3$ 半导体气体传感器对畜舍周围的 $NH_3$ 浓度进行检测。试验结果表明，即使在气温较低的环境，该系统也可较准确地检测 $NH_3$ 浓度。但该传感器测量结果及响应时间受环境水蒸气气压影响，长时间的现场测量可能会出现零电平漂移现象，导致结果出现偏差。Li 等（2010）采用德国和美国进口的半导体气体传感器，可准确监测禽舍内 0～30 mL/L 范围的 $NH_3$ 和 $H_2S$ 浓度。

## （三）压电气体传感器

压电气体传感器的工作原理是基于某些介质材料（石英晶体、压电陶瓷等）的压电效应。当某些电介质在一定方向上受外力作用发生变形，它的表面产生相应的电压，其大小与所施加的外力成正比。当外力去掉后，它又恢复到不带电状态，这种现象成为正压电效应。同时压电效应可逆，将电压加到某些电介质上时，介质也会发生变形，当电压去掉后，电介质的变形随之消失，这种现象称之为逆压电效应。依据压电效应原理研制出的一类传感器成为压电传感器。

根据工作原理不同，压电传感器分为石英晶体微量天平（QCM）传感器和声表面波（SAW）传感器两种类型。

QCM 传感器也称为体声波（BAW）传感器或厚度剪切模式（TSM）传感器，由一个直径几毫米的石英共振片构成，两边有金属电极与导线连接。共振片上敷有聚合物材料，当共振片被一个振荡信号激励后，在特征频率（10～30 MHz）上发生共振。当待测气体被聚合物吸附，沉积在共振片上时，共振片质量增加，振动频率下降，其数值与沉积的气体质量成反比。因此，可以通过测量频率变化来确定样品的浓度。

SAW 传感器主要由压电材料、叉指换能器和振荡电路构成。SAW 以压电材料为衬底，在压电晶体表面涂覆一层选择性吸附某一气体的气敏薄膜，衬底上的叉指换能器将输入信号转换成声波信号，当待测气体沉积到气敏薄膜后，改变原有的振荡频率，且频率的变化量与沉积的气体分子质量呈正比关系，最终通过测量频率的变化确定待测气体的浓度。SAW 传感器是众多传感器中最为复杂、涉及面较广的传感器类型，优势在于高选择性、强抗干扰能力和低成本。与 QCM 传感器的区别主要在于 SAW 的声波通过表面而不是透过实体，且 SAW 的振动频率比 QCM 高，因此 SAW 可以在高的振动频率下工作。

压电气体传感器具有体积小、响应时间短、灵敏度高、可靠性好等特点，在气体检测方面得到应用。在养殖场单独使用压电传感器进行气体检测的应用较少，一般采用传感器阵列的形式，即采用包含压电传感器在内的多种传感器对养殖场气体进行检测。

### (四) 电子鼻

电子鼻是一种仿造人类嗅觉系统的人造嗅觉仪器，主要由气敏传感器阵列、模式识别、电子和计算机等技术结合而成。其中，气敏传感器是电子鼻的基础。电子鼻所采用的传感器阵列具有检测多种气体成分的能力，一般由半导体气体传感器、电化学气体传感器、压电组件、导电聚合物、场效应管等多种类型的传感器组成。电子鼻技术的工作原理是待测气体首先通过传感器阵列与各传感器发生反应，传感器将化学输入转化为电信号，然后由数据采集单元实现该电信号数据采集，将采集到的数据传输到计算机。多个传感器的响应构成了传感器阵列对待测气体的响应谱，为了实现对气体成分的定性和定量分析，必须对传感器信号进行适当的预处理（噪声消除、信号放大等），最终实现气体成分分析（图 3-14）。

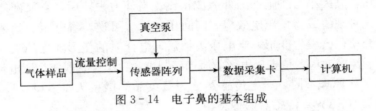

图 3-14 电子鼻的基本组成

不同于检测单一气体成分，电子鼻可获得多种气体成分。近年来，电子鼻技术在诸多领域得到了广泛应用。在养殖场气体检测方面，电子鼻的应用也在增多，电子鼻检测气体可不受人为因素影响，且比嗅觉法更准确和稳定。但由于养殖场恶臭气体成分复杂，所以在养殖场恶臭气体检测中所使用的电子鼻价格昂贵，设备复杂，因此目前该技术仍处于实验室研究阶段，实际生产中难以推广使用。

Pan 等（2007）设计了一种新型便携式电子鼻，用于检测和分析畜禽养殖场的臭味。该电子鼻由 14 个气体传感器和湿度及温度传感器组成。Weng 等（2021）采用电子鼻技术对猪舍和鸡舍气体进行检测分析，分析结果表明猪舍的恶臭成分比鸡舍更为复杂，但鸡舍中 $NH_3$ 和 $H_2S$ 的比例大于猪舍。Ard 等（2021）采用由 8 个气体传感器组成的电子鼻测量养殖场的挥发性化合物，结果表明电子鼻能够识别异味来源、对不同气味进行分类和实时监测。

畜禽场气体检测方法汇总见表 3-6。

表 3-6 畜禽场气体检测方法汇总

| 方法 | 原理 | 检测物质 | 优点 | 缺点 |
| --- | --- | --- | --- | --- |
| **化学法** | | | | |
| 湿化学法 | 利用被测气体成分与示剂的化学反应来测定气体浓度 | $NH_3$、$H_2S$、$SO_2$、硫醇类物质等 | 方法成熟，检测精度较高 | 检测时间较长 |

（续）

| 方法 | 原理 | 检测物质 | 优点 | 缺点 |
| --- | --- | --- | --- | --- |
| 气体检测管法 | 利用被测气体成分附着在固体指示剂表面的显色反应来测定气体浓度 | $NH_3$、$H_2S$、二甲基硫醚 | 使用方便 | 检测精度较低 |
| 化学发光法 | 利用化学发光现象分析测定物质成分和浓度 | $NH_3$、$NO$、$N_2O$ | 灵敏度高、选择性好 | 可供检测气体少 |
| 气相色谱法 | 利用不同组分在流动相（载气）和固定相间的分配差异进行分离 | $H_2S$、$CS_2$、甲苯、二甲苯、吲哚类物质等 | 分析速度快，灵敏度高 | 无法反映恶臭的气味特征，取样容器易造成样品污染和损失 |
| 质谱法 | 将样品离子化，变为气态离子混合物，并按质荷比（m/z）分离，从而测定物质的质量与含量及其结构 | 甲苯、二甲苯等 | 分析对象范围广泛、检测灵敏度高 | 仪器使用、维护成本高 |
| 色谱-质谱联用法 | 结合气相色谱法对混合物的高效分离能力与质谱法对纯化合物的准确定性能力对恶臭进行分析 | $SO_2$、甲苯、二甲苯等多种恶臭物质 | 结合色谱法与质谱法优点 | 仪器使用、维护成本高 |
| **光学法** | | | | |
| 傅立叶变换红外光谱法 | 利用干涉仪对光源发出的光进行调制，通过傅立叶变换将接收到的干涉图变换成光谱图，经光谱分析后得到待测气体浓度 | $NH_3$、$N_2O$、$CO$、$CH_4$ | 能够实现分布式监测 | 价格贵，体积大 |
| 差分光学吸收光谱法 | 以气体中的痕量气体成分对紫外及可见光波段的特征吸收光谱特征为基础，通过特征吸收光谱鉴别气体的类型和浓度 | $NH_3$、氮氧化物、碳氧化物 | 检测精度高 | 气体选择性不高 |
| 可调谐半导体激光吸收光谱法 | 利用激光强度被待测气体吸收形成吸收光谱的原理进行气体检测 | $NH_3$、$N_2O$、$CH_4$ | 体积小、操作简单 | 单次只能检测一种气体 |

(续)

| 方法 | 原理 | 检测物质 | 优点 | 缺点 |
|---|---|---|---|---|
| 非分散红外光谱法 | 利用化合物分子对红外光具有吸收作用,通过在红外光谱上形成的吸收谱线来鉴别气体浓度 | $NH_3$、$H_2S$、$N_2O$、$CO$、$CH_4$ | 检测精度高 | 信噪比较低 |
| 紫外荧光法 | 根据某些物质受到紫外光照射激发后能发出比紫外光波更长的光,然后利用物质的荧光光谱进行定性、定量分析的分析方法 | $H_2S$、$SO_2$ | 检测精度高 | 可供检测气体少 |
| 光声光谱法 | 通过光声转换效应与微弱信号探测技术相结合来进行 | $NH_3$、$H_2S$、$CH_4$、$N_2O$、$CO_2$ | 检测精度高、灵敏度高,设备性能稳定 | 设备昂贵 |
| **传感器法** | | | | |
| 电化学气体传感器 | 利用物质的氧化还原特性,通过测量待测物质与电极的电化学反应所释放的电流,测量气体的浓度 | $NH_3$、$H_2S$ | 体积小、能耗低、灵敏度高,具有良好的气体选择性,检测精度高 | 不宜长时间使用,使用寿命短、易老化,易受其他气体交叉干扰,价格偏高 |
| 半导体气体传感器 | 以半导体材料与气体接触后所产生的性质变化检测待测气体浓度与成分 | $NH_3$、$H_2S$ | 操作简单、反应速度快、灵敏度高、湿度影响小、成本低 | 需要高温工作、气体选择性差、稳定性差 |
| 压电气体传感器 | 依据压电效应原理研制出的一类传感器 | $NH_3$、$H_2S$、$SO_2$、$CO$、芳香烃、硝基甲苯、甲醛 | 选择性好、抗干扰能力强、体积小、能耗低 | 市场应用少 |
| 电子鼻 | 主要由气敏传感器阵列、模式识别、电子和计算机等技术结合而成,具有检测多种气体成分的能力 | $NH_3$、$H_2S$、二甲基硫醚、$VOCs$ | 比人工嗅觉法更稳定 | 所用传感器阵列数目多且复杂,成本高 |

# |第四节| 颗粒物理化特征检测技术

畜牧业排放的 PM 对人畜及环境危害的严重性已经逐渐被人所认识，但由于其复杂性和多样性，对畜牧业排放的 PM 浓度及排放进行限制存在一定的难度。开展畜禽养殖场 PM 的检测、了解掌握 PM 的构成是研究畜牧业 PM 排放的前提，可以为 PM 的有效治理提供数据支撑。PM 检测的内容很多，包括 PM 的浓度及粒径形态、PM 所含的化学成分、PM 中的微生物组成等。对于一般空气环境中的 PM 只需了解其浓度即可，但由于畜牧业 PM 成分复杂，需从物理、化学和生物三大特征入手进行全面检测，了解其结构、成分，才能更好地对 PM 进行监控。本节将介绍畜牧业 PM 的物理、化学特征检测。本章第五节将介绍畜牧业 PM 的生物特征检测。

## 一、物理特征检测

PM 的物理特征主要包括 PM 的浓度及形态粒径等。PM 浓度检测主要分为个数浓度检测和质量浓度检测。PM 个数浓度是指以单位体积空气中含有的 PM 个数表示的浓度值，单位为粒/$cm^3$、粒/L。PM 质量浓度是指以单位体积空气中含有的 PM 的质量表示的浓度，单位为 $mg/m^3$ 或 $\mu g/m^3$。质量浓度在 PM 研究中较为常用，个数浓度可结合 PM 的密度及其粒径等信息转化为质量浓度。

### （一）颗粒物个数浓度检测

目前对 PM 个数浓度的检测方法主要有化学微孔滤膜显微镜计数法、光散射式粒子计数器、气溶胶静电计、电子低压冲击器、凝聚核粒子计数器。

**1. 化学微孔滤膜显微镜计数法**　是将捕集到 PM 的滤膜放在显微镜下，观察计数。该方法适用于洁净环境中 PM 的计数，是 PM 计数的基本方法。该方法由于是人为计数，所以测量时间长且存在一定误差。

**2. 光散射式粒子计数器**　工作原理是将光照射到被测粒子上，粒子将引起入射光的散射。将被测粒子的散射光强度与含各种粒径的聚苯乙烯标准粒子的散射光强度相比较，得出不同粒子的个数浓度。该方法可以直接得出粒子个数浓度，但由于粒子重叠、带电荷，以及被测粒子与标准粒子的折射率不同，都会造成误差，因此该方法的准确性不高。

**3. 气溶胶静电计**　工作原理是带同性电荷的粒子随气流进入静电计的法拉第杯（金属容器，内置滤膜）中，在空间电荷的作用下形成电流回路。利用回路中的电流与 PM 数量的关系，对 PM 进行个数浓度测量。该方法准确可靠，是目前国际公认的 PM 个数浓度测量的最高标准。商用气溶胶静电计的主要生产商为德国 GRIMM 公司和美国 TSI 公司，其测量范围为 1 000～20 000 粒/cm³。

**4. 电子低压冲击器** 工作原理是通过气泵将 PM 导入电晕放电室，电晕放电产生的离子使 PM 带电，PM 的表面积与其表面电荷电量成正比，根据 PM 表面电荷电量的信号幅值检测 PM 的个数浓度。该方法不仅可以检测 PM 的个数浓度，还可以检测其质量浓度和粒径分布，是目前检测 PM 粒径分布的主要设备之一，但设备造价较高。

**5. 凝聚核粒子计数器** 工作原理是通过饱和蒸汽冷凝法使 PM 表面附着一层蒸汽，从而增大 PM 体积，使光学设备可以测量其尺寸范围，利用光散射原理检测 PM 的个数浓度。该方法适用于对细颗粒物的测量。

**（二）颗粒物质量浓度检测**

目前 PM 质量浓度的检测方法主要包括称重法和光学法两种。称重法可以得到 PM 的质量浓度，即 PM 质量与空气体积之比；而光学法可以得到 PM 的数量浓度，即 PM 数量与空气体积之比。

畜禽场 PM 的测量方法很多，不同方法所使用的测量仪器各不相同，目前国内外 PM 测量大致分为取样法和非取样法两种。

取样法的原理是从待测区域采集一定体积的含尘试样，分离其中所含颗粒，再根据集尘质量和取样体积算出 PM 浓度。取样法的关键在于所取的样本是否具有代表性。在使用良好的情况下，取样法可以得到比较可靠的结果；但是该方法的缺点是操作程序繁杂，取样时间长，花费成本高，很难实现在线监测等。为了弥补这些缺陷，国外发明了自动等速取样的装置，并且有商品化的仪器面世。取样法主要包括滤膜称重法、β 射线法、压电晶体法和微量振荡天平法。

PM 的取样方法分为手工取样法和自动监测取样法。其中，滤膜称重法为手动取样法，β 射线法、压电振动法和微量振荡天平法为自动监测取样法（表 3 - 7）。

**表 3 - 7  PM 的质量浓度检测方法**

| 检测方法 | 原理 | 方法 | 灵敏度（mg/m³） | 特点 |
| --- | --- | --- | --- | --- |
| 滤膜称重法 | 重力 | 取样法（手动） | 与天平有关 | 准确性较高，但操作复杂 |
| β 射线法 | 光学 | 取样法（自动） | 0.01 | 操作简单，适合连续在线监测，结果受环境因素影响较大 |
| 压电晶体法 | 力学 | 取样法（自动） | 0.005 | 准确性较高，但操作复杂，石英谐振器需要定期清洁 |
| 微量振荡天平法 | 力学 | 取样法（自动） | 0.000 1 | 准确性较高，但受环境温度、湿度影响较大 |

（续）

| 检测方法 | 原理 | 方法 | 灵敏度（mg/m³） | 特点 |
|---|---|---|---|---|
| 光散射法 | 光学 | 非取样法 | 0.01 | 操作简单，可实现连续在线监测 |
| 光透射法 | 光学 | 非取样法 | 0.01 | 仅适用于高浓度 PM 监测 |

对于取样法，其特点是测量原理简单，且可以得到可靠的结果，在很多国家其一直被作为测尘的标准方法。而且取样法能获得 PM 的实际样本，对于 PM 的进一步理化分析能起到帮助作用。取样法对于取样的操作要求高，需要取样仪能定流量取样，因此取样结果在计算后更为准确。另外，由于取样时间的限制，很难对某区域的 PM 浓度进行在线的监测。因此，目前对其的研究还是需要利用其测量原理简单的特征，开发出定流量取样的装置，并且利用高新技术提高取样法测量的实效性，以期克服费时费力的缺点，使取样法得到更为广泛的应用。

非取样法不需要采取 PM 样本，而是利用 PM 的物理、光学特性直接测量 PM 的浓度及粒径的方法。非取样法最大的优点是能够实现 PM 浓度的在线监测。因此，国外对非取样法进行了大量的研究，并研制出了相应的测量仪器。然而，由于 PM 微粒的性质和分散度的变化，非取样法的测量误差会相对较大，且现今国内外研制而成的仪器大多需要进行标定。非取样法主要包括光散射法和光透射法。

**1. 滤膜称重法**

（1）工作原理　在 PM 质量浓度测量方法中，滤膜称重法是最基本的测量方法。该方法的工作原理是采样器以恒定采样流量抽取环境空气，使环境空气中的 PM 被截留在已知质量的滤膜上，根据采样前后滤膜的质量变化和累计采样体积，计算出 PM 的质量浓度。

（2）仪器设备　滤膜称重法使用的主要仪器有采样器、滤膜、分析天平、恒温恒湿箱（室）、干燥器等。

采样器由切割器、滤膜夹、流量测量及控制部件、抽气泵等组成。其中，切割器的主要作用是分离（或切除）空气动力学直径大于所要采集标准的 PM，应根据所测 PM 粒径大小选择合适的切割器。一般来说，$PM_{10}$ 切割器的切割粒径（$Da_{50}$）为（$10\pm0.5$）$\mu m$（$Da_{50}$ 表示切割器对 PM 的捕集效率为 50% 时所对应的粒子的空气动力学当量直径），$PM_{2.5}$ 的切割粒径（$Da_{50}$）为（$2.5\pm0.2$）$\mu m$。

滤膜称重法可测量 TSP 和 IPM。TSP 适合采用大流量或中流量采样器（大、中、小采样器的工作点流量分别为 1.05、0.100、0.017 $m^3/min$），检测限为 0.001 $mg/m^3$。TSP 含量过高或雾天采样使滤膜阻力大于 10 kPa 时，该方法不适用。IPM 适合采用大、中、小流量计采样器，检测限为 0.01 mg/m³。对于 IPM 的测定，根据采样流量的不同分为大流量法和小流量法。大流量法使用带有 PM$_{10}$ 切割器的大流量采样器采样。小流量法使用小流量采样器（我国推荐使用 13 L/min）。

滤膜可根据监测目的选用玻璃纤维滤膜、石英滤膜等无机滤膜，或聚四氟乙烯、聚氯乙烯、聚丙乙烯、混合纤维素等有机滤膜。分析天平为感重 0.1 mg 或 0.01 mg。恒温恒湿箱（室）内的空气温度应在 15～30 ℃ 范围内可调，控温精度 ±1 ℃。箱（室）内的空气相对湿度应控制在（50±5）%。恒温恒湿箱（室）可连续工作。干燥器内盛变色硅胶。

（3）采样过程

1）滤膜称重　采样前应进行滤膜检查，滤膜应边缘平整、厚薄均匀、无毛刺、无污染，不得有针孔或任何破损。将滤膜放在恒温恒湿设备中平衡至少 24 h 后称重，平衡温度取 15～30 ℃ 中任意一点，相对湿度控制在 45%～55%，记录平衡温度和湿度。上述平衡条件下，用分析天平称重滤膜，记录滤膜重量。同一滤膜在恒温恒湿箱（室）中相同条件下再平衡 1 h 后称重。对于 IPM，两次重量差不得大于 0.4 mg。滤膜采样前后平衡条件应一致，记录称量环境条件和滤膜重量。

2）仪器和环境校准　对采样器的采样流量进行检测校准，定期做气密性检查。对切割器定期清洗，一般情况下，累计采样 168 h 应清洗一次切割器，如遇扬尘、沙尘暴等恶劣天气，应及时清洗。采样前应对环境温度、环境大气压进行检查和校准。

3）采样时长　可根据需要设置采样时长，但采样时长不宜过短（测定 PM 平均浓度，日均采样时间为 24 h，测定 PM$_{2.5}$ 日均浓度，每日采样时长不应小于 20 h）。采样时间应保证滤膜上的 PM 负载量不少于称重天平检定分度值的 100 倍。

4）采样过程　将滤膜放入滤膜夹，应使其不漏气；安装采样器顶盖和设置采样时间后，即可启动采样。采样时，采样器通过流量测量及控制抽气泵以恒定流量（工作点流量）抽取环境空气样品，环境空气样品以恒定的流量依次经过采样器入口、切割器，PM 被捕集在滤膜上，气体经流量计、抽气泵由排气口排出。采样器实时测量流量计前压力、计前温度、环境大气压、环境温度等参数对采样流量进行控制。

采样完成后，打开采样器，用镊子取下滤膜，采样面向内，将滤膜对准后放入标记好的滤膜袋中。取滤膜时，如发现滤膜破损、边缘不清晰、安装歪斜，则本次采样作废，需重新采样。采样后滤膜应尽快平衡称重，如不能及时平衡称重，应将滤膜放置在 4 ℃ 条件下密封冷藏保存，最长不超过 30 d。

5）颗粒物浓度计算公式　采样时间段内空气 PM 排放的平均质量浓度按式（3-10）计算：

$$C_{PM}=1000\times\frac{m_2-m_1}{Q\times t} \qquad (3-10)$$

式中：

$C_{PM}$——空气 PM 浓度，mg/m³；

$m_1$——采样前滤膜的质量，mg；

$m_2$——采样后滤膜和 PM 的质量，mg；

$Q$——采样流量，L/min；

$t$——采样时间，min。

滤膜称重法检测结果准确性较高，但所需时间较长，操作烦琐。

**2. β射线法**　是利用 PM 对 β 射线的吸收原理来测定 PM 的质量浓度。环境空气通过切割器以恒定流量通过进样管，PM 被截留在滤膜上。当低能 β 射线通过滤膜时，β 粒子和滤膜的原子发生相互作用，β 粒子能量被吸收，能量发生衰减，通过对能量衰减率的测定计算出 PM 的质量。β 射线衰减量与 PM 的质量遵循以下吸收定律：

$$N=N_0\times e^{-km} \qquad (3-11)$$

式中：

$N$——单位时间内通过滤膜的 β 射线量；

$N_0$——单位时间内发射的 β 射线量；

$k$——单位质量吸收系数，cm²/mg；

$m$——PM 单位面积质量，mg/cm²。

空白滤膜测定按下列公式计算：

$$N_1=N_0\times e^{-km_0} \qquad (3-12)$$

式中：

$N_1$——单位时间内通过空白滤膜的 β 射线量；

$m_0$——空白滤膜 PM 单位面积质量，mg/cm²。

PM 截留后滤膜的测定按下列公式计算：

$$N_2=N_0\times e^{-k(m_0+\Delta m)} \qquad (3-13)$$

式中：

$N_2$——单位时间内通过 PM 截留后的 β 射线量；

$\Delta m$——截留在滤膜的 PM 单位面积质量，mg/cm²。

合并（3-12）（3-13）两公式，得：

$$N_1=N_2\times e^{k\Delta m} \qquad (3-14)$$

或

$$\Delta m = \frac{1}{k} \times \ln \left[ \frac{N_1}{N_2} \right] \qquad (3-15)$$

β 射线法使用 β 射线测尘仪对 PM 进行检测。采样前对仪器进行安装调试，仪器校准时，泵应停止工作，避免空气和 PM 进入采样装置。应选择适当的采样时间，使所测 PM 质量尽可能大，但 β 射线穿过滤膜的衰减量不能超过总量的 75%。

进气前，需测定空白滤膜的 β 射线量，然后按照选择的采样时间，采集一定量的样品空气，再次测定 β 射线量，根据 β 射线衰减量计算 PM 质量。由于使用低能 β 射线时，其质量吸收系数为一常数，因此其衰减规律表达式与 $N_1$ 和 $N_2$ 有关，按（3-16）式可计算出 PM 浓度：

$$\rho = \frac{\Delta m \times S}{t \times 16.67} \times 10^6 \qquad (3-16)$$

式中：

$\rho$——实际状态下环境空气中 PM 的浓度，$\mu g/m^3$；

$\Delta m$——截留在滤膜的 PM 单位面积质量，$mg/cm^2$；

$S$——滤膜面积，$cm^2$；

$t$——采样时间，$min$；

16.67——实际情况下的采样流量，$L/min$。

β 射线法使用的检测仪器操作简单，适合于在线连续监测，但无法检测 PM 的尺寸等其他参数，且测量结果易受采样环境及 PM 组成等因素的影响。

**3. 压电晶体法** 工作原理是环境空气以恒定流量通过粒子切割器，PM 进入测量气室。测量气室是由高压放电针、石英谐振器及电极构成的静电采样器。在高压电晕放电的作用下，PM 带上负电荷，然后在带正电的石英谐振器电极表面放电并沉积，除尘后的气体经参比室内的石英谐振器排出。当没有气体进入仪器时，两个石英谐振器固有振荡频率相同（$f_{\mathrm{I}} = f_{\mathrm{II}}$），其差值为零。当有气体进入仪器时，测量石英测振器由于质量增加而振荡频率（$f_{\mathrm{II}}$）降低，两振荡器的频率之差：

$$\Delta f = K \times \Delta M \qquad (3-17)$$

式中：

$K$——由石英晶体特性和温度等因素决定的常数；

$\Delta M$——测量石英谐振器质量增值，即采集的 PM 质量，$mg$。

$$\text{由于} \quad \Delta M = \rho \times Q \times t \qquad (3-18)$$

式中：

$\rho$——空气中 PM 的浓度，$mg/m^3$；

$Q$——采气流量，$m^3/min$；

$t$——采样时间，min。

代入（3-17），得

$$\rho = \frac{1}{K} \times \frac{\Delta f}{Q \times t} \qquad (3-19)$$

由于 $Q$、$t$ 已知，用 $A$ 表示常数项 $\dfrac{1}{K \times Q \times t}$，因此（3-19）可改为：

$$\rho = A \times \Delta f \qquad (3-20)$$

可见，通过测量采样后两石英谐振器频率之差（$\Delta f$）可以得到 PM 的浓度。

压电晶体法检测结果准确性较高，但操作过程复杂，且因石英谐振器对其表面质量变化十分敏感，为保证测量准确度，需要定期清洗石英谐振器。

**4. 微量振荡天平法** 工作原理与压电晶体法类似，是基于锥形元件振荡微量天平原理。微振荡天平由美国 R&P 公司研制。锥形元件在自然频率下振荡，振荡频率由锥形元件的物理特性、滤膜质量和沉积在滤膜上的 PM 质量决定。当气流通过锥形管时，PM 被截留在滤膜上，振荡天平传感器的振荡频率随着 PM 的质量变化而改变，从而可以计算出 PM 的质量浓度。该方法的检测准确度较高，但易受环境温湿度等因素的影响。

**5. 光散射法** 工作原理与光散射式粒子计数器的工作原理类似，当光照射在空气中悬浮的 PM 上时，会与 PM 发生相互作用，发生光散射。在 PM 性质一定的条件下，PM 的散射光强度与其质量浓度成正比。可以通过测量散射光强度，将散射光强度转换成脉冲计数，从而测出 PM 的相对质量浓度 CPM（每分钟脉冲数），应用质量浓度转换系数 $K$，求得 PM 的质量浓度。

其中，$K$ 值需要应用滤膜称重法和光散射粉尘测定仪两者比较确定。将光散射粉尘测定仪和滤膜称重采样器置于同一测定点、同一高度，平行采样。两仪器的吸气口中心距离应在 10 cm 以内。通过下式计算出 $K$ 值：

$$K = C/(R-B) \qquad (3-21)$$

式中：

$K$——质量浓度转换系数，$mg/(m^3 \cdot CPM)$；

$C$——滤膜称重法测得的质量浓度值，$mg/m^3$；

$R$——光散射粉尘测定仪测量值，CPM；

$B$——光散射粉尘测定仪基底值，CPM。

同一现场，需要采集 12 个以上有效样品进行数据统计分析，确认质量浓度和相对质量浓度的线性回归关系，取质量转换系数 $K$ 平均值。

已知 $K$ 值，PM 质量浓度可按下式计算：

$$C = (R-B) \times K \qquad (3-22)$$

式中：

$C$——PM 质量浓度值，mg/m³；

$R$——仪器测量值，CPM；

$B$——仪器基地值，CPM；

$K$——质量浓度转换系数，mg/(m³·CPM)。

光散射粉尘测定仪可以实时在线监测空气中 PM 的浓度，体积小、重量轻，操作简便。

**6. 光透射法**　是利用当光线通过 PM 时，PM 会对光线进行散射和吸收，使光线强度减弱，可以通过光线强度变化来确定 PM 浓度。光透射法按光学系统不同分为单光程测尘仪和双光程测尘仪，按光源不同分为钨灯、石英卤素灯和激光光源测尘仪。该方法使用范围较为小，仅限于较高浓度的 PM 检测。

### （三）颗粒物粒径分布的检测

PM 粒径分布决定着 PM 在空气中的气动特性。PM 粒径分布检测方法主要包括空气动力学检测与光学检测。

目前主要采用级联撞击器或者气动粒度仪进行 PM 空气动力学检测。级联撞击器可以对不同粒径范围的 PM 进行收集并最终计算其分布，其原理是在不同的撞击阶段利用惯性将不同粒径的 PM 分离。但由于惯性与颗粒质量呈正相关，难以分离小微粒，因此该方法大多被用于微米（μm）级 PM 中较大粒径的分布检测。空气动力学粒径谱仪（APS）操作简便，便于携带，可实时测量颗粒污染物种类、粒径及其分布。微孔均匀沉积式多级碰撞取样器（MOUDI）是一种常用的 8 级串联撞击式 PM 测量仪，测量结果准确，但无法实时获得空气 PM 污染数据。而气动粒度仪则是能够提供实时、高分辨率的 PSD 测量，测量的范围为 $0.5\sim20\ \mu m$。

PM 的光学检测主要利用光通过颗粒的散射及衍射现象，并结合 PM 的密度和形状信息对 PM 的空气动力学直径进行分析。前文所述的光散射式粒子计数器和光散射粉尘测定仪都可以进行粒径分布的检测。光学检测法的测量粒径范围较广，重复性较好，但需要在 PM 采集完成后才能进行粒径分析。

## 二、化学特征检测

PM 的化学特征主要指 PM 的化学成分，是开展畜禽养殖场 PM 来源分析的重要参数。畜禽养殖场 PM 化学成分主要为元素（铝、硅、铁等）、离子（$SO_4^{2-}$、$NO_3^-$、$NH_4^+$ 等），以及有机碳（OC）和元素碳（EC）。PM 的化学特征检测方法主要包括离子色谱法、X 射线光谱法和热光学分析法等。

离子色谱法主要用于测定各种离子的含量，原理是将改进后的电导检测器安装在离子交换树脂柱的后面，通过离子交换的方法分离出样品离子，再用检测器对样品离子进行检测响应。目前离子色谱可以测定的离子包括碱金属、有机阴离子、重金属、碱土金属、有机酸和稀土离子，以及胺和铵盐等。MASIOL 等在威尼斯 3 个取样点对 $PM_{2.5}$ 进行分季度取样，用离子色谱法定量分析样品的元素组成、无机离子和多环芳烃浓度，并建立了基于元素和无机离子数据的多部位 PMF 受体模型。

X 射线光谱分析法根据试样发出的 X 射线波长和强度，测定试样所含的元素与元素的相对含量。该方法精密度高，成本低，无污染。

热光学分析法通过加热分离样品中的 OC 和 EC，之后采用光学的方法分别测定两者的含量。目前上述三种 PM 化学成分分析方法均需要现场取样后送实验室分析，详见表 3-8。

**表 3-8　畜禽场 PM 的化学成分分析方法**

| 分析内容 | 取样方法 | 分析方法 |
|---|---|---|
| 离子 | 带尼龙滤膜的 PM 取样器 | 离子色谱法 |
| 元素 | 带特氟龙滤膜的 PM 取样器 | 能量色散 X 射线光谱分析法 |
| 有机碳、元素碳 | 带石英滤膜的 PM 取样器 | 热光学分析法 |

# |第五节| 颗粒物生物特征检测技术

PM 的生物特征主要是指 PM 内包括细菌、真菌、病毒等微生物气溶胶的种类、数量等信息。PM 中的微生物样品通过采集空气样本导入吸收液进行采集，之后取定量吸收液进行培养，再对微生物的种属、浓度等进行鉴别。

## 一、微生物气溶胶采样

### (一) 采样方法

畜牧业微生物气溶胶的粒径、浓度、活性等具有不稳定性和不确定性。微生物气溶胶中不同微生物成分对采样过程的耐受力差异很大，分析方法也不同。因此，需要根据养殖场微生物气溶胶成分、采样环境和目的，决定微生物气溶胶采样器的性能和种类。

不同微生物气溶胶采样器的采样效率不同，在选择微生物气溶胶采样器时，应充分考虑采样器的采样效率。采样效率包括总采样效率、生物采样效率、采样流量、采样介质。此外，采集大气 PM 的采样器不适用于微生物气溶胶采样。大气 PM 采样过程中，剪切力、静电力及脱水作用会造成微生物活性的损伤。

微生物气溶胶的采样可分为被动采样和主动采样。被动采样不采用动力装置，依赖粒子通过重力沉降到收集微生物粒子的基板上。收集到的颗粒通常根据指定时间段内在沉降基板区域内的菌落数量进行量化。被动采样由于不需要动力设备，因此不会干扰周围空气。不过，由于被动采样粒子的沉降速度是粒子在静止空气中下降的速度，取决于粒子的大小和密度，导致小粒子在空气中悬浮时间更长，且如果空气速度大于沉降速度，粒子可能会无限悬浮，使被动采样的采样结果不准确。主动取样是依靠粒子的惯性，较大粒子比较小粒子更容易发生惯性碰撞，因此较小的粒子被采集装置采集，而较大粒子则不会被采集。

采集微生物气溶胶的方法主要有撞击式采样、冲击式采样、过滤采样、旋风采样、静电吸附采样、自然沉降采样 6 种。

**1. 撞击式采样** 一般采用琼脂培养基或其他黏性介质作为采样介质，通过采样泵的抽气动力，使含有微生物粒子的空气通过采样器上的喷嘴，形成高速喷射气流，当高速喷射气流撞击到介质表面时，气流沿介质表面转弯而去，微生物粒子因惯性继续前进，直至与介质表面相撞击而被黏着其上（图 3-15）。

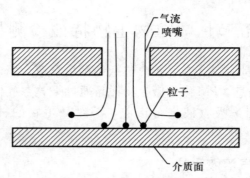

图 3-15　惯性撞击式采样器原理示意图

目前使用最广泛的撞击式采样器是安德森 6 级（Andersen-6）采样器（图 3-16、图 3-17）。Andersen 采样器具有采样效率高、生物失活率低等优点。Andersen-6 采样器模拟人类呼吸道解剖结构和空气动力学生理特性设计而成。采样器有 6 个粒径等级（表 3-9）：1~3 级模拟人上呼吸道，捕获大颗粒；4~6 级模拟人下呼吸道，捕获小颗粒。Andersen-6 采样器有 6 级圆形金属筛盘，每级筛盘上均匀分布有 400 个微细圆形孔（喷嘴）。筛盘孔径由上至下减小，筛盘之间有密封胶圈，通过弹簧卡子将筛盘串联。采样流量为 28.3 L/min。近年 Westech 公司新推出的 Andersen-8 采样器具有 8 个孔径等级，比

Andersen-6更为细致，并且使用石英膜代替培养基作为采集介质，具有更好的细菌、真菌捕获效果，方便进行 PM 质量计算及后续的高通量测序等。

表 3-9　Andersen-6 采样器每级开孔直径和粒径分布

| 级 | 开孔直接（mm） | 粒径范围（μm） |
|---|---|---|
| 1 | 1.18 | ≥7.0 |
| 2 | 0.91 | 4.7~7.0 |
| 3 | 0.71 | 3.3~4.7 |
| 4 | 0.53 | 2.1~3.3 |
| 5 | 0.34 | 1.1~2.1 |
| 6 | 0.25 | 0.65~1.1 |

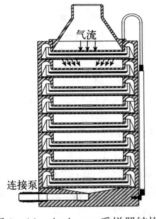

图 3-16　Andersen 采样器结构

图 3-17　Andersen 采样器

**2. 冲击式采样**　原理与撞击式采样器相似，区别在于后者采用琼脂培养基作为采样介质，而冲击式采样采用液体（如营养液、缓冲生理盐水、灭菌水等）作为采样介质。当携带微生物粒子的气流进入采样器后，经过高速通道冲入缓冲液，其中惯性较大的微生物粒子被液体介质捕获，惯性较小的随气流逃逸。液体采样介质与固体变比，采集到的样品方便转移和稀释，避免了固体介质采样器因浓度过高菌落重叠而无法计数的缺陷，也便于采用非培养法对样品进行分析（图 3-18）。

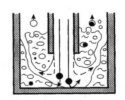

图 3-18　冲击式采样器原理
（图片来源：WILLEKE，1998）

冲击式采样目前被广泛使用的采样器类型有全玻璃采样器（美国 AGI 公司，图 3-19）、生物采样器（美国 SKC 公司，图

3-20）和多级液体冲击器（英国 Burkard 公司）。以应用最广泛的 AGI-30 采样器为例，该采样器价格低廉、采样瓶方便消毒、短时间内可重复使用。但不适合在低温环境或长时间采样时使用，因为采样液易发生冻结或蒸发。AGI-30 采样器流量为 12.5 L/min，局部冲击速度可达 265 m/s。由于冲击会对微生物造成损伤，且采样过程中会造成液体蒸发以致部分微生物逃逸，因此冲击式采样的采样效率不高，不适合空气微生物浓度低时使用。

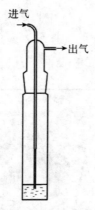

图 3-19　AGI-30 采样器

图 3-20　SKC 采样器

**3. 过滤采样**　是通过抽气泵使携带微生物粒子的空气穿过多孔滤材，而将微生物粒子阻留在滤材上的一种采样方法。滤材对微生物粒子的拦截力与微生物粒子的大小、滤网材料、采样流速等有关。过滤采样器可在低温下采样，采集效率高，但干燥环境可能会影响该过滤器的采样效率，因为耐干燥能力低的微生物会被气流吹干致死。采样器滤膜孔径易堵塞，难以维持稳定的气体流量（图 3-21）。

根据滤材不同，滤膜采样器可分为深层过滤采样器和膜式过滤采样器。深层过滤采样器由纤维型或颗粒型滤材制成，采样效率高，不可直接培养。

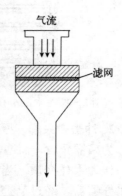

图 3-21　过滤式采样原理

膜式过滤采样器使用可溶性过滤膜（如明胶膜）和不可溶滤膜（如硝酸纤维素酯），可溶性滤膜采样后可溶于水中进行后续分析，不可溶性滤膜可直接贴在培养基表面培养。一般滤膜材料主要有玻璃纤维、明胶膜、纤维素酯膜、聚四氟乙烯膜、聚氯乙烯膜等。目前被广泛使用的过滤采样器有 PAS-6 采样头（深层过滤器，法国 Millipore 公司）、可吸入 GSP 采样器（美国 CIS 公司）和 Button 过滤器（明胶膜，美国 SKC 公司）。

**4. 旋风采样** 是根据旋风分离的原理，当携带微生物气溶胶的空气进入收集室后，微生物粒子被旋涡气流甩向器壁并与空气分离，随后进入采样器底部液体中（图 3-22）。

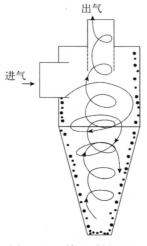

旋风采样器结构简单，体积小，重量轻，使用灵活方便。该采样器采用液体收集微生物粒子，可保持其微生物活性，但气流中的剪切力、液体的蒸发等因素仍会降低收集效率。旋风分离器也常被用作预分离器，在微生物气溶胶被其他采样器进一步分类之前，从气流中去除大颗粒。目前被广泛使用的旋风分离采样器包括 Coriolis $\mu$ 采样器（法国 Bertin 公司）、SASS 2300 采样器（美国国际研究公司）和 Burkard 气旋采样器（英国 Burkard 公司）。

图 3-22　旋风采样原理

**5. 静电吸附采样** 是利用高压静电场，使空气中的微生物粒子带有一定量的电荷，之后被带相反电荷的采集面所吸附，从而将微生物粒子采集。静电采样器具有结构简单、收集效率高、微生物粒子和空气分离效果好、对小微粒采集率高等优点，但静电采集器在放电过程中所产生的紫外线、臭氧等会影响微生物存活，且设备体积较大，使用不方便（图 3-23）。

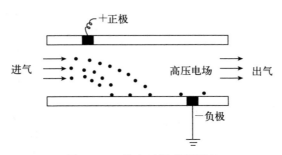

图 3-23　静电吸附采样原理

**6. 自然沉降采样** 微生物粒子在重力作用下自然沉降落到采样介质（琼脂培养基）表面的采集方式。自然沉降采样法是微生物气溶胶采样中最为简单的一种方法，但因为粒径 $1\sim5\ \mu m$ 的粒子不易沉降，因此很难采集到粒径小的微生物粒子，且采样过程易受采样环境影响，结果的准确性和稳定性较差。

除以上 6 种微生物气溶胶粒子采集方法外，还有大流量采集法、温差迫降法、生物类采样等，这里不做详述。选择微生物气溶胶采样器时，应考虑所采集微生物的类型和大小，以及取样环境及设备使用成本等（表 3-10、表 3-11）。

表 3 - 10　采样方法选择

| 类别 | | 采样方法 | | | | | |
|---|---|---|---|---|---|---|---|
| | | 撞击式 | 冲击式 | 过滤 | 旋风 | 静电吸附 | 自然沉降 |
| 定性分析 | 细菌气溶胶 | √ | √ | √ | √ | √ | |
| | 真菌气溶胶 | √ | √ | √ | √ | | |
| | 病毒气溶胶 | √ | √ | √ | √ | √ | |
| | 毒素气溶胶 | √ | √ | √ | √ | | |
| 定量分析 | 细菌气溶胶 | √ | √ | √ | √ | | |
| | 真菌气溶胶 | √ | √ | √ | √ | | √ |
| | 病毒气溶胶 | √ | √ | √ | √ | | |
| | 毒素气溶胶 | √ | √ | √ | √ | | |

表 3 - 11　微生物气溶胶采样技术比较

| 采样技术 | 优点 | 缺点 |
|---|---|---|
| 撞击式采样 | 直接将微生物收集到培养基中，不需要后续取样过程；能对微生物粒子进行分级采样，采样粒谱范围广；采样效率高；微生物存活率高；操作简便 | 对污染浓度高的空气采样时，菌落重叠使计数困难；只能用培养法计数 |
| 冲击式采样 | 避免菌落重叠；对后续微生物计数和检测方法要求低；采样液对脆弱微生物有保护作用；操作方便，价格低廉 | 不适宜低温或长时间采样，液体蒸发会引起微生物损失，采样空气流量小；不能进行分级采样 |
| 过滤采样 | 可进行分级采样；对后续微生物计数和检测方法要求低；操作方便，价格低廉 | 对污染浓度高的空气采样时，微生物粒子数量可能超过过滤器承载量；过滤器过于干燥时，可能会引起微生物回收效率低；滤膜孔径易堵塞，使气体流量不稳定 |
| 旋风采样 | 结构简单，体积小，使用灵活方便；微生物粒子捕获率高 | 气流流量不稳定；对小粒径粒子采集效率低 |
| 静电吸附采样 | 微生物不易受外界干扰；收集效率高；对小粒径采集效率高 | 电荷可能会影响细菌活性；设备体积大 |
| 自然沉降采样 | 操作简单，价格低廉 | 对小粒径采集效率低；与其他定量检测方法关联性差；采样时间长；结果准确性和稳定性较差 |

**（二）采样器组成**

除自然沉降采样器外，采样器应至少由采样单元、气体流量控制单元、时间控制单元和采样信息记录存储单元等部分构成（自然沉降采样器仅由采样单元构成）。

**1. 采样单元** 主要包括采样头、采样介质和采样介质载体。采样介质有固体介质和液体介质。固体介质包括固体营养琼脂、半固体营养琼脂和各种滤膜，液体采样介质包括营养液、生理盐水、磷酸缓冲液等。采样介质需在采样开始前配置，采样介质应保证无菌。营养琼脂和液体的采样介质载体一般为玻璃器皿或塑料器皿。支撑滤膜的采样介质载体一般为刚性结构，应保持滤膜表面平整，支撑面受力均匀，边缘不漏气。

**2. 控制单元和信息存储单元** 包括气体流量控制单元和时间控制单元。气体流量控制单元包括抽气泵、流量控制和连接气路。流量控制单元在采样时可对气体流量进行调节。当采样器测量的流量与设定的工作流量偏差超过±10%，且持续时间超过 10 s 时，应能自动停止采样。时间控制单元应包括时长设置、自动控制采样启动和停止等功能，同时可将采样时间信息存储到采样信息记录存储单元。

采样信息记录存储单元包括储存采样时间、采样日期、环境温度、环境大气压、采样流量及采样体积等。

**（三）采样流程**

**1. 采样前准备** 采样前，根据采样目的和计划确定采样器类型、配件、辅助器材及其相应的数量。微生物气溶胶采样所使用的所有器材应是无菌状态。采样前根据使用说明书对采样器进行检漏和校准，保证采样器能正常运行，保证采样流量在运行的误差范围内。采样切割器应按时清洁，冲击式切割头应按说明书要求至少每周清洗并涂硅脂，滤膜应不折叠。采样前应考虑环境湿度、环境温度及所采菌落类型等影响因素，并确定采样时间。微生物气溶胶采样应设置分析空白对照样本和现场空白对照样本。

**2. 采样点布置** 目前我国畜禽养殖场微生物气溶胶采样点设置没有专门的标准。参照《颗粒 生物气溶胶采样和分析 通则》（GB/T 38517—2020），舍外环境普通微生物气溶胶采样，应根据微生物气溶胶的来源、位置、风向、风速和周边环境特点设置相应的采样点和采样数量。采集病原微生物的微生物气溶胶时，应根据采样目的和现场环境特点设置采样点位置和数量。一般环境监测时，微生物气溶胶采样器的采样入口安装高度宜为 1.2～1.6 m。

**3. 采样时间** 应根据微生物气溶胶类型、采样方法、采样器类型、采样介质类型、采样环境及后续的分析方法等，合理设定采样时间（表 3-12）。

表 3-12  不同类型采样器采样时间设定

| 采样器类型 | 采样时间（min） |
|---|---|
| 撞击式采样器 | ≤15 |
| 离心式采样器 | ≤8 |
| 冲击式采样器 | ≤30（干燥环境≤20） |
| 过滤式采样器 | ≤10（若样本采用酸分析，采用时间不限） |
| 自然沉降采样 | ≤30（室内）、≤24 h（洁净环境） |

除根据采样器类型设定采样时间外，还可根据要采集的微生物气溶胶类型设定采样时间，通常细菌气溶胶的一次采样时间为 5～15 min，病毒气溶胶的一次采样时间为 15～30 min，真菌及孢子气溶胶的一次采样时间为 0.5～24 h。

**4. 采样过程**  将采样介质装入采样器，操作过程中应注意避免污染。采样过程中，应避免采样器周围有人为因素造成气流干扰。采样完毕，取出采样介质时，应检查其是否完整，然后将其密封，避免二次污染。

采集到的样品应在 0～10 ℃条件下保存，样品应在 10 h 内送到分析实验室，样品运输过程中应避免受外界环境干扰，运输过程中一次性平皿样品应保持采样面朝下，液体样品应保持采样面朝上。

## 二、微生物气溶胶分析方法

微生物气溶胶的检测方法可分为培养法和非培养法。

### （一）培养法

培养法是微生物气溶胶检测的一种传统方法。主要用于微生物气溶胶中微生物的定性检测和计数。该方法采用液体或固体培养基来生长、分离、计数目标微生物，同时防止其他可能存在的微生物的生长。在适当的培养条件下，收集到的微生物可以在培养基上形成菌落（CFU），CFU 可以表示样品中单一微生物的数量。

采用培养法对菌落计数可以用平板菌落计数法、显微镜直接计数法、比浊计数法、膜过滤法等。活菌计数法目前应用最广泛的是平板菌落计数法，即提取一定量的稀释后的样品涂到平板上，经 48 h 培养后形成菌落。以平板上出现的菌落数和稀释浓度统计出样品中的细菌浓度。显微镜直接计数法是直接计算显微镜下样品的微生物数量。比浊计数法是让光线通过菌悬液，根据微生物细胞浓度与透光度成反比、与光密度成正比的特性测出微生物细胞浓度。膜过滤法是将样品通过薄膜过滤，菌体被阻留在滤膜上，取下滤膜进行培养，计算出菌落数。

用固体或半固体培养基作为采样介质，主要适用于可培养的细菌、真菌直接计数或鉴定。可把采集的样本直接放入恒温培养箱中，按细菌和真菌的培养温度、湿度、培养时间等进行培养、观察、计数。

用滤膜作为采样介质，可直接将滤膜采样面朝下贴在固体培养基或半固体培养基上，放入恒温培养箱中培养，按细菌和真菌的培养温度、湿度、培养时间等进行培养、观察、计数。也可先把滤膜上附着的微生物洗脱下来，进行预处理，除去杂质，然后将悬液进行梯度稀释，每一个稀释度接种到固体或半固体培养基上，放入恒温培养箱中培养，按细菌和真菌的培养温度、湿度、培养时间等进行培养、观察、计数。

用液体作为采样介质的样本，开展细菌真菌培养检测时，在涂布平皿培养前，应对采集的样本进行预处理，除去杂质，再对菌悬液进行梯度稀释，每一个稀释接种到固体和半固体培养基上，放入恒温培养箱中培养，按细菌和真菌的培养温度、湿度、培养时间等进行培养、观察、计数。开展病毒培养检测时，将采集的液体样本进行预处理，除去干扰培养的杂质，再接种到敏感细胞或敏感实验动物体内进行病毒分离、培养，进行定量分析。

培养法采样结束后应选用菌落分散良好、分辨型好且菌落大小清晰可数的培养皿进行结果计算。

对于固体介质撞击式采样的空气样品中微生物浓度的计算公式（3-23）：

$$C_F = \frac{n_{CFU}}{V \times t} \times 1000 \qquad (3-23)$$

式中：

$C_F$——空气样品中的微生物浓度，$CFU/m^3$；

$n_{CFU}$——采样平皿菌落生长总数，CFU；

$V$——采样流量，L/min；

$t$——采样时间，min。

对于用液体介质冲击式采样、滤膜采样采集的空气样本中的微生物浓度的计算，通常只有某一个稀释梯度的平皿能够进行有效计算，有时也可以计算两个稀释梯度（特别是稀释倍数为1∶2时）。

空气微生物浓度计算，即原菌液浓度的计算从平皿菌落数换算而来，如公式（3-24）：

$$C = \frac{n_{CFU}}{V} \times 1000 \qquad (3-24)$$

式中：

$C$——原菌液浓度，CFU/mL；

$n_{CFU}$——某稀释梯度下的菌落生长总数，CFU；

$V$——计算的总体积，指该稀释梯度下的原样品含量，mL。

$V$ 是指该稀释梯度下的原样品含量，其公式如下：

$$V = n \times V_0 \times f \qquad (3-25)$$

式中：

$n$——用于计数的平皿数量；

$V_0$——涂布平皿上的菌液的体积，mL；

$f$——该稀释梯度的倍数（原代菌液 $f=1$；当稀释倍数 1：10 时，$f=0.1$，以此类推）。

病毒噬斑形成单位数按照公式（3-23）（3-24）进行计算。

### （二）非培养法

培养法简单经济，易操作，但对分析微生物气溶胶的多样性有一定局限。非培养法是用微生物的基因组为研究对象。与传统培养法相比，非培养法能够较全面地反映畜禽舍内微生物气溶胶的多样性、种群关系及种群结构等。该法已被广泛用于微生物气溶胶的检测分析。非培养法主要有荧光显微镜技术、PCR 技术、高通量测序技术、微阵列技术和生物传感器。

**1. 荧光显微镜技术**　是以紫外光或蓝紫光作为光源的显微镜。荧光显微镜技术是通过将微生物 DNA 用特定材料染色后，通过荧光显微镜观察微生物的一种方法。可以对微生物定性和计数。

**2. 聚合酶链式反应（PCR）技术**　是一种用于放大扩增特定 DNA 片段的分子生物学技术。PCR 技术对病原微生物气溶胶的检测，是将采集到的微生物样品，经过 DNA 或 RNA 提取、PCR 扩增和凝胶电泳图谱分析等进行检测分析。该技术仅需要少量的目标 DNA 就能够扩增，使检测限显著降低。此外，该技术还可以获得充足微生物气溶胶样品所需的采样时间。近年来，PCR 技术被广泛用于微生物气溶胶的检测。

PCR 技术中实时定量荧光 PCR（qPCR）技术是能够准确检测空气样品中微生物气溶胶总浓度的新技术。qPCR 技术不像常规 PCR 技术那样需要通过凝胶电泳进行扩增结果分析，该技术是通过荧光信号对 PCR 进行连续实时检测和定量。与常规 PCR 相比，qPCR 技术检测速度更快，灵敏度更高。

**3. 高通量测序技术**　又称"下一代"测序技术，可同时对几十万到几百万条 DNA 分子进行序列测定来对微生物样品进行量化处理。该技术已在微生物气溶胶领域得到应用。有学者利用该技术对猪舍内气溶胶样本进行分析，发现猪舍内变形菌门、厚壁菌门、拟杆菌门、放线菌门为主要优势菌。

Roche 公司推出的 454 测序技术、Illumina 公司推出的 Solexa 测序技术和 ABI 公司推出的 SOLiD 测序技术是目前高通量 DNA 测序的主要测序技术。454 测序技术是第一个高通量大规模平行测序的平台，其最大的特点在于能够获得较长的测序读长，可以达到百万以上通量，准确率可达 99%。Solexa 测序技术是目前应用最广泛、通量最高的 DNA 测序技术。SOLiD 测序技术的测序准确率可达 99.94%。

此外，16S rRNA 测序技术是通过对某段高变区序列进行 PCR 扩增来测序，研究微生物群落的物种组成和物种间进化关系及生物多样性。有学者利用 16S rRNA 技术分析猪舍气溶胶微生物，共鉴定出 16 个菌门、115 个菌科、217 个菌属，并发现 6 种病原微生物。宏基因组测序技术是利用高通量测序技术以特性环境下微生物群体基因组为研究对象，在分析微生物多样性和种群结构的基础上，深入探究微生物群体功能活性及与环境关系等。

**4. 微阵列技术** 是在固体表面上集成已知序列的基因探针，被测生物细胞或组织中大量标记的核酸序列与基因探针阵列杂交，通过检测相应位置的探针，实现基因信息的快速检测。该方法可用于检测微生物菌株、种、属或是更高的分支。该技术能够将强大的核酸杂交扩增技术与大规模筛选能力相结合，具有高灵敏度、特异性和高通量。该技术可用于环境样本中的基因检测。

**5. 生物传感器** 以生物学组件为主要功能单元，是一种能将生物质浓度转换为电信号并对其进行检测的仪器。生物传感器根据其识别元件不同，可分为酶传感器、微生物传感器、免疫传感器、组织传感器、细胞传感器、DNA 生物传感器等。生物传感器具有高选择性、高灵敏度、低成本等优点，可用于检测多个信号识别位点的病原体。此外，生物传感器可对病原微生物气溶胶进行快速检测。

# |第六节| 畜牧业温室气体检测技术

畜牧业是农业活动温室气体主要排放源之一，家畜肠道发酵、畜禽粪污处理、畜禽饲养过程与饲料生产过程都会直接或间接产生大量温室气体。在全球面临气候变暖的背景下，获得准确的畜牧业温室气体排放清单，可以用以评估畜牧业温室气体排放，为减缓全球变暖提供科学依据。本节首先分别从家畜肠道发酵和畜牧业温室气体检测两个方面讲解畜牧业温室气体的采样、检测技术，然后结合 IPCC 指南，简述温室气体排放清单编制。

## 一、家畜肠道发酵温室气体检测

反刍动物通过肠胃发酵产生的 $CO_2$ 和 $CH_4$ 难以被畜体消化吸收，绝大部分都通过呼吸和嗳气排出体外。其生成过程由特定的生物学机制调控且排放机制较复杂，受影响的因素也较多，因此对反刍动物温室气体排放的精确监测是一个科学难题。目前呼吸代谢箱法、头罩法和面罩法、体内示踪法、自动头室系统和反向拉格朗日随机色散技术等在反刍动物温室气体监测中较为常用（表 3-13）。

### （一）呼吸代谢箱

呼吸代谢箱技术发展至今已有 120 多年的历史。呼吸代谢箱按结构可分为密闭式、开闭式、开路式三种。目前常用的是开路式呼吸代谢箱。

开路式呼吸代谢箱的工作原理：将事先驯化的动物放进呼吸代谢箱内，向箱内注入新鲜空气，空气会将箱内动物排出的 $CH_4$ 混合（图 3-24）。通过泵从箱内抽出空气，抽气速度应与进气速度一致。分别在呼吸代谢箱的进气口和出气口采样并测定样品的 $CH_4$ 浓度，并测量代谢箱的气体流量。试验期间反刍动物的 $CH_4$ 平均排放通量的计算公式为：

$$Q_{CH_4} = F \times (C_{出} - C_{进})/N \tag{3-26}$$

式中：

$Q_{CH_4}$——每头反刍动物的 $CH_4$ 排放通量，$mg/(h \cdot 头)$；

$F$——呼吸代谢箱的气体流量，$m^3/h$；

$C_{进}$——进气口样品的 $CH_4$ 浓度，$mg/m^3$；

$C_{出}$——出气口样品的 $CH_4$ 浓度，$mg/m^3$；

$N$——动物数量，头。

图 3-24　开放式呼吸代谢箱

采用呼吸代谢箱时，每次测定应严格校准进、出气口流量，保证进气、出气流量相等；气体采集时，应定时定量采样并保证有足够的气体样本量，以尽量减小试验误差；在测量过程中应控制箱内温度、湿度；有条件的呼吸代谢箱可安装空调设备及正压、负压系统。

呼吸代谢箱能够收集箱内动物排放的所有 $CH_4$ 气体并精确地测量 $CH_4$ 的排放通量。然而，该方法仍存在一定缺陷：①呼吸代谢箱相当于创造了一个人工环境，在一定程度上影响和限制了动物的行为，如影响了动物干物质（DMI）的摄入量，而 DMI 是反刍动物 $CH_4$ 排放的主要驱动因素之一；②呼吸代谢箱内反刍动物的活动量会减少，也会对 $CH_4$ 产生造成一定影响；③无法体现反刍动物体外环境中 $CH_4$ 的浓度；④建立呼吸代谢箱及相关仪器的费用较高。

## （二）头罩法和面罩法

**1. 头罩法** 是采用一种环绕在试验动物整个头部的呼吸密封箱，呼吸密封箱一般带有进出排气阀用于气体进出。该方法通过测量一定时间内进出气体的体积和 $CH_4$ 气体的浓度而计算出试验动物的 $CH_4$ 排放量。但此种方法只能测量动物口鼻排出的 $CH_4$ 浓度，无法测得动物后肠道排出的 $CH_4$。

**2. 面罩法** 即将动物的口鼻罩住，测定过程与头罩法基本相同。面罩法成本低廉，但是测量结果误差较大，且将动物头部罩住容易引起动物的应激反应，对动物饮食等活动造成不利影响。使用面罩法过程中，面罩必须紧紧罩在动物脸上，会引起动物不适，也不易收集气体。有学者开发了带通风系统的面罩，改善了面罩对动物的影响。

## （三）体内六氟化硫示踪法

示踪气体技术主要包括六氟化硫（$SF_6$）示踪技术、$CO_2$ 示踪技术和 $N_2O$ 示踪技术。示踪气体技术根据质量守恒原理假设示踪气体质量没有变化且示踪气体与空气迅速混合均匀。示踪气体技术的基本原理是用一定浓度的示踪气体标识某一气流，并假定在这一气流中示踪气体浓度均匀，当这一气流与其他气流混合时，示踪气体浓度变化即标识各气流所占比例。对于示踪气体检测 $CH_4$，示踪气体与 $CH_4$ 的物理性质具有相似性，已知示踪气体的释放速率，当得到 $CH_4$ 气体和示踪气体的浓度后，即可计算出 $CH_4$ 的释放速率。

示踪气体检测方法分为体内示踪法和体外示踪法。体内示踪法主要用于反刍动物肠胃产生 $CH_4$ 的测量，体外示踪法可用于测量畜禽舍内 $CH_4$ 的释放。

气体示踪剂中，$SF_6$ 作为绝缘性气体，性能稳定，难溶于水，被作为示踪剂广泛应用。体内 $SF_6$ 示踪技术最早是被 Zimmerman 和 Johnson 等分别在 1993 年和 1994 年提出的。

该方法的工作原理是将装有 $SF_6$ 的渗透管插入反刍动物的瘤胃中，$SF_6$ 的释放速率由多孔不锈钢孔板和 Teflon™ 膜控制。瘤胃中产生的 $CH_4$ 和渗透管渗出的 $SF_6$ 随反刍动物的呼吸一起排出体外。收集和测定反刍动物呼出的气体样品中的 $CH_4$ 和 $SF_6$ 浓度，根据渗透管的 $SF_6$ 渗透速率，计算出反刍动物呼出 $CH_4$ 的排放量。反刍动物 $CH_4$ 排放速率，计算公式如下：

$$R_{CH_4} = \frac{R_{SF_6}}{6.518} \times \frac{C_{CH_4}}{C_{SF_6}} \times 10^3 \qquad (3-27)$$

式中：

$R_{CH_4}$——反刍动物 $CH_4$ 排放速率，$L/(d \cdot 头)$；

$R_{SF_6}$——$SF_6$ 的渗透速率，$mg/(d \cdot 头)$；

6.158——$SF_6$ 的密度，$g/L$；

$C_{CH_4}$——样品中 $CH_4$ 的浓度，$mg/m^3$；

$C_{SF_6}$——样品中 $SF_6$ 的浓度，$mg/m^3$。

以两次平行测定结果的算术平均值作为分析结果。两次测定值绝对差值不得超过算术平均值的 10%。

反刍动物 $CH_4$ 的排放量，按式（3-28）计算：

$$Q_{CH_4} = R_{CH_4} \times T \times n \qquad (3-28)$$

式中：

$Q_{CH_4}$——反刍动物 $CH_4$ 的排放量，L；

$R_{CH_4}$——反刍动物 $CH_4$ 排放速率，$L/(d \cdot 头)$；

$T$——时间，d；

$n$——动物数量，头。

采样前，采用投药枪、胃管或瘤胃瘘管将 $SF_6$ 渗透管投入试验反刍动物的瘤胃中，5~7 d 后开始收集气体。采气装置使用前，需用氮气冲洗 3~4 次后抽真空，用真空表测其压力接近 -0.1 MPa，第 2 天检查压力没有变化，方可使用。气体收集前 3 d，需将采集系统置于反刍动物的头颈部，气体采集入口置于反刍动物的鼻孔和口部之间。收集样品时，打开采气装置的阀门，开始收集气体样品。气体收集结束后，关闭采气装置阀门，断开尼龙管与阀门的连接，从反刍动物头颈部取下采气装置，同时更换新的采气装置（图 3-25、图 3-26）。

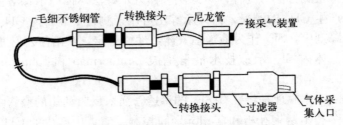

图 3-25 体内 $SF_6$ 示踪法采气管路

试验动物不少于 8 头，每头动物连续收集样品时间不少于 7 d，样品收集的间隔时间通常为 24 h，需要记录采样时的温度和气压等数据。样品收集后，需 48 h 内测定 $SF_6$ 和 $CH_4$ 浓度。

对于 $SF_6$ 示踪法，环境浓度很重要，环境中 $SF_6$、$CH_4$ 的浓度需小于动物气体样本中 $SF_6$、$CH_4$ 的浓度。有研究表明，当 $SF_6$ 的环境浓度大于动物气

图 3-26 体内 $SF_6$ 示踪法示意图

体样品中 $SF_6$ 浓度的 10% 时，得到的 $CH_4$ 排放量不准确，建议 $SF_6$ 环境浓度不超过 10 ng/L。$SF_6$、$CH_4$ 的环境浓度对测试结果相当重要，因此试验区域的畜禽舍应持续通风。

$SF_6$ 示踪法成本较低，能够在一定生产条件下同时对大量动物进行测定，有较好的应用潜力，但也存在一定的局限性，该方法只能测定反刍动物呼吸过程中释放的 $CH_4$，不能测定后肠道排出的 $CH_4$。体内 $SF_6$ 示踪法如果频繁对动物瘤胃中的渗透管进行处理，动物会产生应激性，影响 $CH_4$ 的产生量。体内 $SF_6$ 示踪法的测试仪器设备也有进一步改进的空间。$SF_6$ 本身也是一种温室气体，其 GWP 值是 $CO_2$ 的 23 900 倍，大气寿命为 3 200 年。$SF_6$ 会残留在动物体内，导致肉类和奶制品中存在残留。

### （四）其他示踪法

除使用 $SF_6$ 作为示踪剂外，也可以使用 $CO_2$ 和 $N_2O$ 作为示踪剂。使用 $CO_2$ 作为示踪剂时，定期测量动物在空气中产生的 $CH_4/CO_2$，并根据动物的能量代谢、呼吸熵和碳平衡原理，估计出动物每日产生的 $CO_2$ 总量。

$$Q_{CH_4} = Q_{CO_2} \times \frac{C_{CH_4,2} - C_{CH_4,1}}{C_{CO_2,2} - C_{CO_2,1}} \qquad (3-29)$$

式中：

$Q_{CO_2}$ ——动物产生 $CO_2$ 速率的估计值，g/d；

$C_{CH_4,2}$、$C_{CO_2,2}$ ——动物呼出气体样本中的 $CH_4$、$CO_2$ 浓度；

$C_{CH_4,1}$、$C_{CO_2,1}$ ——背景气体中的 $CH_4$、$CO_2$ 浓度。

对于动物每日产生 $CO_2$ 的估计值，饲养的动物每释放 21.5~22 kJ 的热量即释放 1 L 的 $CO_2$。此外，$CO_2$ 的产量与动物产热的关系也与脂肪量有关，在高产奶牛中，由于大量的碳水化合物转化为脂肪，因此每释放 20 kJ 的热量即释放 1 L 的 $CO_2$。

使用 $N_2O$ 作为示踪剂时，将压缩的 $N_2O$ 装入圆柱体小瓶中，挂在动物身上，$N_2O$ 以恒定速率释放到动物口鼻附近。该方法适合小型牧群，在放牧过程中可以使用 OP-FTIR 测量 $CH_4$ 和 $N_2O$ 的浓度。有研究表明，在放牧条件下，20~25 头奶牛平均每小时的 $CH_4$ 排放变化量为 15%，其中 10% 来自测量误差，5% 来自动物排放 $CH_4$ 的变化。

### （五）自动系统

自动系统又称为自动头室系统（AHCS）。该系统结合了动态外壳技术、腔室系统和示踪技术，用于测量 $CH_4$ 和 $CO_2$ 的质量通量。它通过从单个动物中收集多个样本来确定每日总气体质量通量。AHCS 将射频识别系统整合到整个系统中，用于识别单个动物。当动物头部进入饲料槽时，射频识别标签会被读取，以便确定该动物是否能用于试验采样。诱饵饲料通常为颗粒状，含有草、谷物浓缩物、糖蜜、植物油等。当动物访问 AHCS 时，风扇抽出气体（气流速度 26 L/min），将排放出的 $CH_4$ 和 $CO_2$ 收集到集气管中，空气收集器中间的热膜风速仪可连续测量气流速度。提取到的空气样本被传送到二次样本过滤器中，然后进入装有 $CO_2$ 传感器和 $CH_4$ 传感器的两个非色散红外分析仪进行浓度测定。AHCS 还包括温度、湿度、气压、系统电压等传感器。所有传感器数据存储到一个数据记录卡和计算机上，保证 AHCS 能够独立工作（图 3-27）。

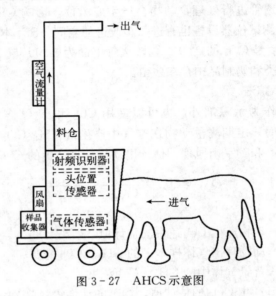

图 3-27 AHCS 示意图

和 $SF_6$ 示踪法相比，AHCS 操作简单，设备成本不高，但 AHCS 需要动物主动靠近仪器设备，因此只有采样周期数足够或重复次数较多时，数据才具有代表性。

动物 $CH_4$ 排放速率计算公式如下：

$$Q_{CH_4} = [P \times (C_2 - C_1) \times Q]/10^6 \qquad (3-30)$$

式中：

$Q_{CH_4}$——反刍动物 $CH_4$ 排放速率，L/min；

$P$——试验期间任何时间对空气的采样率，无风条件下为 1.0；

$C_2$——采集气体的 $CH_4$ 浓度，mg/L；

$C_1$——$CH_4$ 的环境浓度，mg/L；

$Q$——以干燥气体为基础测得的气流量，L/min。

在试验开始前 1 周内，需要进行仪器校准和 $CO_2$ 回收测试。准备测试前，先打开仪器预热 30 min。放置 AHCS，以便来自风扇的气流能进入进料槽，2 min 后，按下进料输送按钮，输送大约 50 g 饲料，观察饲料是否进入进料槽。在反刍动物面前启动 AHCS，记录时间，该装置将读取动物的射频识别标签。在 5 min 的采样周期内提供约 6 次饲料，确保反刍动物头部保持在饲料槽内。饲料输送时间间隔为 50 s，共 300 g。AHCS 配有红外传感器，以便连续监测动物头部相对于排气管的距离。采样结束后，将 AHCS 远离动物，2 min 后系统冲洗空气并收集背景空气。对其他动物重复操作，24 h 内同一动物重复采样 8 次，在 3 d 时间内交错取样。Alexander 等（2015）采用 AHCS 测量食用添加腰果壳饲料奶牛的 $CO_2$ 和 $CH_4$ 通量。

### （六）反向拉格朗日随机色散技术

在畜牧业温室气体的监测上，利用微气象学法可以监测反刍动物肠道发酵的 $CH_4$ 排放或者直接从畜禽的粪污中计算 $CH_4$ 的排放。此方法需要精密仪器作为监测工具，目前在国外应用较多，国内应用较少。应用微气象学法进行气体监测，对表面均匀度要求很高，需要表面均匀，且需要一个较大的测量范围，这样才能够产生排放源空间的平均值，但测量粪污贮存设施、反刍动物圈栏时，面积并不大，尤其是测量反刍动物时，范围更小。对于反刍动物肠道 $CH_4$ 排放的测量，可采用微气象学法中的综合水平通量法（IHF）、反向拉格朗日随机（BLS）色散技术等。

BLS 色散技术是使用色散模型来计算排放源排放速率（如农田、养殖场）和顺风向浓度之间的理论关系。该技术需要相对简单的现场测量，且对排放源的面积尺寸没有限制。

McGinn 等（2009）采用体内 $SF_6$ 示踪法和 BLS 色散技术分别计算牛肠道中 $CH_4$ 的排放量，并进行比较。结果表明，采用 BLS 色散技术每日 $CH_4$ 排放量比体内 $SF_6$ 示踪法低约 7%。此外，BLS 色散技术具有能够检测到饮食引起的差异（$P < 0.05$），并在 24 h 内测量 $CH_4$ 产生模式的优势。

采用 BLS 色散技术获得每个隔离围栏内牛群的总排放量，这种方法需要测量 $CH_4$ 浓度、风速、风向、表面粗糙度（$z_0$）、靠近地面的大气稳定性（稳定性参数，L）等统计数据，及每个动物在围栏内的平均位置。可以使用开路激光器测量 $CH_4$ 浓度，三维声波风速仪测量风的相关参数，用于 BLS 模拟。此外，需要为每个动物安装 GPS 定位系统，将 GPS 定位仪放在动物身上，将动物作为点源监测。最后利用 BLS 色散模拟软件（WindTrax 软件）推导每个周期的 $CH_4$ 排放量。

BLS 色散技术被用于 WindTrax 色散模拟中。WindTrax 模拟了来自每 10 个点源（牛）的每一个羽流中的空气包裹的大量轨迹，其中每个点源的平均位置即来自隔离围栏内的 GPS 定位系统记录的轨迹。

WindTrax 采用风参数计算羽流中任意点源的排放量 $Q_0$ 和羽流浓度 $C_0$ 的比值，实际 $CH_4$ 排放量 $Q$ 为开路激光器所测得的 $CH_4$ 浓度 $C$ 与 $C_0/Q_0$ 的比值。公式如下：

$$Q=\frac{C}{C_0/Q_0} \tag{3-31}$$

式中：

　　$Q$——CH₄ 排放量，g/d；

　　$C$——测得的 CH₄ 浓度，g/m³；

　　$Q_0$——羽流中 CH₄ 排放量，g/d；

　　$C_0$——羽流中 CH₄ 浓度，g/m³。

与反刍动物肠道发酵温室气体体内检测技术（如 SF₆ 示踪法、呼吸代谢箱法）相比，BLS 色散技术这类体外检测技术不会改变动物及周围环境，理论上来说不会影响动物肠道的气体排放。但该技术也存在一些问题：①不能测量单个动物。②需要有明确的区域排放源或点源位置。③需要准确测量背景浓度。BLS 色散技术通常需要与一些测量气体浓度的测量仪联用，如开路激光器，同时风的相关参数在试验结果的准确性上起着至关重要的作用。

表 3 - 13　家畜肠道发酵温室气体检测方法的优缺点

| 检测方法 | 优点 | 缺点 |
| --- | --- | --- |
| 呼吸代谢箱法 | 发展较为成熟，应用广泛；可精确地测量肠道发酵产生的 CH₄ | 不能真实反映家畜体外的自然环境；对于放养动物的 CH₄ 排放测量结果不准确；构造和维修费用昂贵 |
| 体内 SF₆ 及其他示踪法 | 投资和运行费用低；可进行群体检测；减少了对动物的封闭和束缚 | 发展不够成熟；仪器设备有待改进；SF₆ 对动物和环境有损害 |
| 头罩法和面罩法 | 成本低 | 低估 CH₄ 产量；准确度不高；使用具有局限性，需要动物配合 |
| 自动系统 | 无侵入性 | 需要提前训练动物 |
| BLS 色散技术 | 无入侵性 | 只能测量群体动物，无法测量单个动物的甲烷排放量；同时要有风速等相关参数，才能准确计算甲烷排放量；设备昂贵 |

## 二、畜牧业温室气体检测

畜牧业排放的温室气体检测方法主要有取样箱法、体外示踪法、微气象学法等。

### （一）取样箱法

目前，取样箱法是畜牧业温室气体检测中常见的方法，在研究和发展上比较成熟。取样箱的材质一般采用不锈钢或有机玻璃，密封无底。根据箱内气体是否与外界交换分为静态和动态两种。

**1. 静态箱法** 又称密闭箱法。其工作原理是用静态箱定量测定箱内空气中被测气体浓度随时间的变化量，并由此计算出被测气体排放通量。静态箱法被测界面上方的箱内空气与外界没有任何交换。静态箱法主要用于农田、堆肥区的气体采样，当静态箱置于污水池上时，污水池上需加泡沫板使其漂浮。由于箱体材料、容积、土壤状况及地理位置等的差异，其密闭时间会影响温室气体的排放。静态箱采样法是将一个密封无底的箱子罩在被测界面表面，每隔一段时间抽取一次箱中的气体，测定气体浓度，求出浓度随时间的变化率，计算交换通量（图 3-28）。

温室气体的排放通量计算公式：

$$F = \frac{M}{V_0} \times \frac{P}{P_0} \times \frac{T_0}{T} \times H \times \frac{dc}{dt} \qquad (3-32)$$

式中：

$F$——被测气体排放通量，$mg/(m^2 \cdot h)$；

$M$——气体的摩尔质量，$g/mol$；

$V_0$——标准状态下气体的摩尔体积，$22.4\ L/mol$；

$P$——采气箱内实际大气压，$Pa$；

$P_0$——标准状态下气体的压强，$1.01 \times 10^5\ Pa$；

$T_0$——标准状态下气体的温度，$273.15K$；

$T$——箱内实际温度，$K$；

$H$——箱体高度，$m$；

$dc/dt$——气体浓度变化率，$\mu L/(L \cdot h)$。

累加气体的计算公式为：

$$f = \Big( \sum_{i=1}^{n} \frac{F_i + F_{i+1}}{2} \times 24 \times D + \sum_{i=1}^{n} F_i \times 24 \Big)/100 \qquad (3-33)$$

式中：

$f$——被测气体排放总量，$kg/(m^2 \cdot h)$；

$F_i$——第 $i$ 次采样的温室气体排放通量，$mg/(m^2 \cdot h)$；

$F_{i+1}$——第 $i+1$ 次采样的温室气体排放通量，$mg/(m^2 \cdot h)$；

$D$——连续两次采样间隔天数。

全球增温潜势（GWP）是描述充分混合温室气体辐射特性的一个指数，反映了这些气体于不同时间内在大气中的混合效应及它们吸收外逸红外辐射的相对作用。该指数相当于各种温室气体的温室效应对应于相同效应的 $CO_2$ 的质量。

GWP 计算公式：

$$GWP = f_{CO_2} + 25 \times f_{CH_4} + 298 \times f_{N_2O} \tag{3-34}$$

式中：

$f_{CO_2}$——$CO_2$ 的排放总量，$kg/(m^2 \cdot h)$；

$f_{CH_4}$——$CH_4$ 的排放总量，$kg/(m^2 \cdot h)$；

$f_{N_2O}$——$N_2O$ 的排放总量，$kg/(m^2 \cdot h)$。

静态箱法操作简单、价格低廉、拆卸方便，被广泛应用于农田、堆肥区温室的气体检测。国内多数采用静态箱法采集畜舍、堆肥表面、污水池温室气体样品。

静态箱一般分为固定式和移动式两种。固定式静态箱上盖为活盖，箱体底部在试验过程中一直固定嵌入土壤中，试验时箱盖关闭，采样结束后再将箱盖打开。移动式静态箱上盖不能打开，试验时箱体罩在待测土壤上，采样结束后将整个箱体取走。

静态箱每个采样点应平行设置 3 个以上。箱体相对距离不宜太远，太远操作不方便，也不宜太近，太近相互干扰，平均代表性差。静态箱用于堆肥采样时，通常在堆肥第 1 周开始采气，采样频率为每天或每 2~3 天采样一次。盖上采样箱后，箱体周围应覆盖 2~3 cm 厚的干土，整个堆肥过程不扰动堆体。采气时间为 2 h，试验开始前用注射器抽取箱内空气作为对照，试验开始后采气 2~3 次。

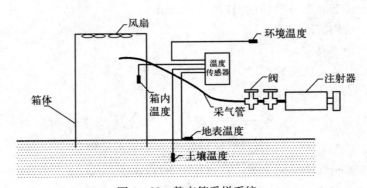

图 3-28　静态箱采样系统

**2. 动态箱法**　又称开放箱法。其工作原理是让一定量的空气通过箱体，通过测量箱体入口和出口处空气中被测气体的浓度来确定被测气体的交换通量。该方法可以实现气体的连续监测，且减少了箱体对被测区域自然环境的影响，试验灵敏度高。排放通量较大的待测表面可采用动态箱法。

动态箱法试验过程中，单位质量被测样品的排放通量公式为：

$$Q=(C_1-C_0)\times 10^{-3}\times F\times 60/W \qquad (3-35)$$

式中：

$Q$——单位质量被测样品的气体排放通量，mg/(kg·h)；

$C_0$——进气口浓度，mg/m³；

$C_1$——出气口浓度，mg/m³；

$F$——空气流量，L/min；

$W$——被测样品质量，kg。

动态箱可与多通道气体采集系统联用，实现多种气体实时在线监测。采用动态箱测量畜禽粪污时，畜禽粪污置于箱内样品槽内，箱内装有热电偶，温度探头置于堆体中心位置，监测箱内温度，同时需监测室温，箱内外监测频率同步。试验过程中动态箱需保持密封不透气。箱顶盖处分别设置进气口和出气口，进气口处安装气体分流管，利用压缩机将室外空气经分流管输入动态箱内，模拟自然堆放过程中粪污表面风速。箱体顶部出气口与多通道气体采集系统相连（图3-29）。

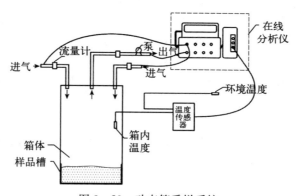

图3-29 动态箱采样系统

动态箱主要用于开放型畜舍、粪污处理场、污水区的温室气体取样。Nazim等（2004）用动态罩式不锈钢取样箱测量稻草覆盖粪污储存池对温室气体和臭气排放的影响，整个装置由活性炭过滤器、风扇、气罩组成，风扇卷入的空气经过滤后通过聚氯乙烯管进入不锈钢箱；Woodbury等（2006）研制了价廉的实验室和现场都适用的用于粪污处理中挥发性气体取样的罩式不锈钢气体取样箱。但是动态取样方法受箱内气体流速的影响，不能反映自然状态下的气流模式，不同容积和气体流速的取样箱所得到的结果差别较大。

**（二）体外示踪法**

体外 $SF_6$ 示踪法与体内 $SF_6$ 示踪法基本原理相同，应用在畜舍内时，可在畜舍进气口处放出 $SF_6$ 示踪气体，然后排气口处收集含有 $SF_6$ 和 $CH_4$ 的混合气体。分别对 $CH_4$ 和 $SF_6$ 的气体浓度进行测定，已知 $SF_6$ 的释放速率，即可求出 $CH_4$ 的释放速率。该方法也可应用在野外。在野外应用时，即在上风口处释放 $SF_6$，在下风口处收集 $SF_6$ 和 $CH_4$ 的混合气体。体外 $SF_6$ 示踪法使用时，环境中的 $SF_6$ 和 $CH_4$ 浓度应小于动物的气体样本浓度。

$$Q_{CH_4} = Q_{SF_6} \times C_{CH_4}/C_{SF_6} \qquad (3-36)$$

式中：

$Q_{CH_4}$——畜禽舍 $CH_4$ 释放速率，$mg/h$；

$Q_{SF_6}$——畜禽舍 $SF_6$ 释放速率，$mg/h$；

$C_{CH_4}$——排气口 $CH_4$ 的浓度，$mg/m^3$；

$C_{SF_6}$——排气口 $SF_6$ 的浓度，$mg/m^3$。

Samuel 等（2000）用 $SF_6$ 示踪法测量奶牛畜舍 $CH_4$ 排放，在畜舍内找到 16 个释放点，以稳定速率释放 $SF_6$ 来模拟动物的温室气体排放，在每个取样点放置小型真空泵进行取样，然后利用矫正过的 $SF_6$ 探测器和气相测谱仪分别对 $SF_6$ 和 $CH_4$ 进行分析。Leuning 等（1999）使用 $SF_6$ 示踪法检测放牧羊群的 $CH_4$ 排放情况，动物呼出的气体使用小巧便携的管子取样，取样管通过毛细管连接到事先真空处理的聚氯乙烯容器里，取样气体用气相色谱法分析。

这种方法的优点是计算过程中不需要考虑风和湍流扩散等问题，但方法的难点在于示踪气体能否和空气进行很好的混合，尤其是对于野外放养的牛羊来说是个挑战，示踪气体混合效果将直接影响结果的精确性。用于畜禽舍内时，每个畜舍一般通风口的排布不同，影响了这种检测系统的适用性。

### （三）微气象学法

微气象学法可以通过测定湍流运动所产生的风速脉动和物理量脉动，直接计算物质的通量。微气象学法是一种开放式的测量方法。根据涡流通量和雷诺平均的基本定义可得下列公式：

$$F_c = \overline{w' \times \rho'_c} + m \qquad (3-37)$$

式中：

$F_c$——标量 c 的密度通量；

$w'$——变化的垂直风速；

$\rho'_c$——变化的标量 c 的浓度；

$m$——修正项。

从（3-37）式可以看出，通过计算气体的浓度和垂直风速的协方差可获得其通量。气体浓度和风的统计数据可以通过灵敏度高的气体传感器（如开路激光器）和快速响应的风速仪（如超声风速仪）获得。

微气象学法的特点：①被测区域环境不易被干扰。因为测量装置一般位于被测区域的下风向，因此被测区域的自然环境不会被测量装置和试验过程干扰。

②测量结果具有代表性。所测气体通量值是较大范围内（一般为 $100\sim1\,000$ m）的平均值，可减少取样箱法采样的误差。③对测试环境和设备要求高。因为气体通量值的测量是在常通量层的上风向水平均匀尺度上，所以对地表均匀度、大气状态及传感器技术等要求更高。

按照测量参数的不同，微气象学法分为很多种，如涡度相关法、空气动力学法、能量平衡法、质量平衡法、涡度积累法等。这里主要介绍质量平衡法。

质量平衡法是通过测量穿过某一垂直平面的水平通量来推算该气体的垂直输送通量。在畜牧业温室气体排放方面，质量平衡法通过测量一个或多个动物的一定范围内的输入和输出气体排放，然后通过减去输出和输入通量的方式来计算动物的发射速率。

质量平衡法分为综合水平通量（IHF）和质量差分法（MMD）。

除质量平衡法外，微气象学法中的垂直通量技术和反色散分析技术都能用于畜牧业温室气体排放强度的测量，这里就不做过多的介绍，感兴趣的读者可自行查阅相关书籍。

（1）综合水平通量法　是质量平衡法中一种现场测量的简化方法，相当于计算气体通过排放源（如粪污储存池）的进出通量。气体的水平通量是风速和气体浓度的乘积。气体的排放速率是相对于高度 $z$ 处从地面到气体羽流顶部的高度的积分。气体的排放通量公式如下：

$$Q = \frac{1}{X} \times \int_0^z \overline{[u \times (C_z - C_0)]} \times \mathrm{d}z \qquad (3-38)$$

式中：

$Q$——气体的排放通量，g/(m$^2$ · s)；

$X$——风经过的距离，m；

$u$——风速，m/s；

$z$——羽流高度，m；

$C_z$——高度 $z$ 处气体浓度，g/m$^3$；

$C_0$——气体背景浓度，g/m$^3$。

IHF 方法存在一些问题：①它忽略了水平气体传输的湍流通量分量，这将导致排放量高 5%～15%。通常，IHF 的计算结果可以减少 10%，以保证结果的准确率在 5% 以内；②当测量浓度时，通常假设每 10 m 羽流就会上升1 m，那么如果要获得范围在 100 m 的排放源就要测量 10 m 的高度，这一点限制了 IHF 的应用范围；③IHF 法同样需要被测污染源表面水平均匀，对于如粪便处理池或堆肥区这类污染源，保证水平均匀是得到测量结果准确性的关键。

图 3-30 为 Sommer 等（2004）在养殖场粪便堆肥区进行的温室气体排放的测量试验。粪污堆肥区呈圆锥形，顶部呈扁平圆形。气体采集装置和风速计

分别安装在两根杆上，两根杆子被安装在转向杆上，转向杆可 360°调整方向。转向杆上方 1 m 处装有大的风向标，用于控制气体采集口和风速仪的位置。气体样品采用红外分析仪在线分析。用注射器手动采集样品，用气相色谱仪分析 $N_2O$、$CH_4$ 和 $CO_2$ 的浓度。Sommer 等（2004）分别采用 BLS 法和 IHF 法对试验结果进行分析。结果表明，使用 BLS 技术和 IHF 技术计算出的 $CO_2$ 和 $N_2O$ 浓度相差 20% 以内（风速 0.5 m/s），$CH_4$ 的计算结果差别更大。由此看来，对于采用 IHF 法和 BLS 法计算养殖场粪污处理区的温室气体排放量还需要更深入的研究。

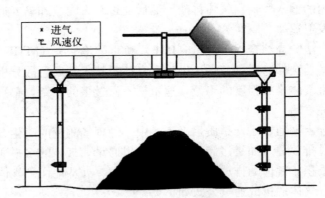

图 3-30　堆肥区温室气体测量示意图

（图片来源：SOMMER，2004）

（2）质量差分法　与 IHF 技术相似。两种方法的不同之处在于，MMD 法需要基于对排放源周边的气体通量计算更为详细的数据。该方法假设气体排放源具有明确边界，气体强度可根据排放源上下风向的通量差获得，即把排放源看作一个立方体，需要严格地测量四周（四个垂直面）的气体通量（假设没有地面通量和顶部通量，并保证下风向测量值足够高），每个垂直面的通量由垂直面的平均风速和同水平上的平均气体浓度的乘积表示：

$$Q = \int_0^z \int_0^x [\overline{U}_z \times (\rho_{g4,z} - \rho_{g2,z}) + \overline{V}_z \times (\rho_{g3,z} - \rho_{g1,z})] \times dx \times dz$$

$$(3-39)$$

式中：

$Q$——气体的排放通量；

$z$——测定的高度；

$x$——测定的水平长度；

$n$——排放源的边界（1、2 代表上风向的 2 个边界，3、4 代表下风向的 2 个边界）；

$U$——垂直于边界 2 和 4 的风速，$U=u\cos(\theta)$，$u$ 代表瞬时风速；

$V$——垂直于边界 1 和 3 的风速，$V=u\sin(\theta)$。

计算某一高度下的水平气体通量如下式：

$$q=\overline{u\times\rho_g} \tag{3-40}$$

式中：

$u$——瞬时风速；

$\rho_g$——某高度水平区域气体浓度。

如果 $u$ 用平均值和偏差来表示，则上式表示为：

$$q=\overline{u\times\rho_g}+\overline{u'\times\rho'_g} \tag{3-41}$$

式中：

$\overline{u\times\rho_g}$——表示通常测定的表观水平对流通量；

$\overline{u'\times\rho'_g}$——表示沿浓度梯度的涡流通量。

与 IHF 技术相比，MMD 技术不需要有一个表面均匀的面源。相比于其他的微气象技术，采用 MMD 计算一般没有关于大气传输方面的假设（除了涡流通量）。应用 MMD 技术的困难之处在于现场测量，需要多点测量气体浓度。

## 三、畜牧业温室气体排放清单编制

畜牧业温室气体排放清单编制主要分为动物肠道发酵温室气体（$CH_4$）和动物粪污管理系统排放的温室气体（$CH_4$ 和 $N_2O$）两部分。计算步骤分为活动数据选择、排放因子选择和温室气体总量计算三步。

对于畜牧业温室气体排放的统计信息，可以采用 FAOSTAT 生产数据库和 FAO 提供的农业普查数据。除 FAO 提供的编制温室气体排放分析工具外，另一个全球畜牧业温室气体排放的统计工具是全球畜牧环境会计模型（GLEAM），该模型是基于地理信息系统的所有国家畜禽生产活动和相关资源流动的模型。此外，畜牧业温室气体排放的数据信息还可以选择国家统计部门数据、行业部门数据、文献数据等。

### （一）活动数据选择

**1. 畜禽特征数据** 根据 IPCC 指南，估计畜牧业温室气体排放量，首先要收集畜禽特征数据。

（1）动物品种和类别 畜牧业估算温室气体排放的物种（奶牛、其他牛、水牛、绵羊、山羊、骆驼、羊驼、鹿、马、兔、骡、驴、猪和家禽）。类别是指生产系统中根据性别、年龄或生产目的等属性进行分类（如成熟的公牛和母牛、后备小母牛、小牛等）。如果有数据可用，则可以划分更详细的类别（如蛋鸡、肉鸡等）。由于不同种群之间的排放特征存在显著差异，因此越详细的划分得出的数据越准确。

（2）年平均数量 是指国家或地区内每个类别的畜禽种类的数量。对于静态种群（如奶牛、种猪），估算某一特定动物种群的数量可通过获取动物库存数据获得。但对于动态种群（如肉鸡、肉牛、商品猪），由于这些动物可能只存活不到一年，因此估算起来较为复杂。动物种群数量估算公式如下：

$$N = 存活天数 \times \frac{NAPA}{365} \tag{3-42}$$

式中：

$N$——国家某种畜禽的数量（头）；

$NAPA$——每年生产的动物数量。

动物种群数量也可以简化为动物的存栏量。我国动物的存栏量数据可从《中国统计年鉴》《中国农业年鉴》获得。可以将动物种群数量划分为规模化饲养、农户饲养和放养，其数据可从《中国畜牧业年鉴》获得。

（3）生产力水平 根据 IPCC 指南，在畜禽数量估算中，需要将生产力进行区分，分为高生产力系统和低生产力系统。

奶牛生产力系统的定义如下：

高生产力系统：以高产奶牛为基础。这些奶牛集中在圈养生产系统或有补充剂的优质牧场中。高生产力系统的产出 100% 商品化。

低生产力系统：以低产奶牛、未经改良的牧场、使用当地生产的粗饲料和农副产品为基础。本地品种或杂交奶牛在当地饲养，无密集型牛奶生产。牛奶生产主要用于当地市场。

其他牛生产力系统的定义如下：

高生产力系统：基于使用草料（如优质草）的动物饲养系统，并在圈养生产系统中，或使用补充剂放牧，或有改良牧场，从而产生较高的日增重率。动物可以是纯种或杂交的，并通过选择性育种进行遗传改良，以改善商业肉类生产。生长的牛可以在有补充剂的密集放牧或饲养场系统中完成，并且为国内市场或出口生产肉类。

低生产力系统：以动物饲养系统为基础，所用饲料以当地生产的粗饲料或低质量饲料为主要来源。动物每日体重增加率较低。动物有其他用途。

其他畜禽生产力系统的定义如下：

高生产力系统：100% 以市场为导向，具有高水平资本投入要求和高水平整体畜群绩效。动物通过商业生产的育种实践得到改善。高生产力系统在猪、家禽、绵羊和山羊生产中很常见。

低生产力系统：主要是由当地市场和自我消费驱动，资本投入要求低，整体畜群表现水平低。通常使用很大的生产面积。当地生产的饲料是所用饲料的主要来源，或动物在其大部分或全部生产周期中都处于放养装填，动物产量与土地的自然肥力和牧场的季节有关。低生产力系统在猪、家禽、绵羊和山羊生产中很常见。

**2. 采食量估算** 采食量通常以总能量（如每天，MJ）或每天消耗的干物质（DM，kg）来衡量。DM 是指根据整个饮食中的含水量进行校正后的饲料消耗量。

（1）总能量计算

1）总能量（GE） 牛、水牛、绵羊和山羊的公式如下：

$$GE=\dfrac{\dfrac{NE_m+NE_a+NE_l+NE_{work}+NE_p}{REM}+\dfrac{NE_g+NE_{wool}}{REG}}{DE}$$

$$(3-43)$$

式中：

$GE$——总能量，MJ/d；

$NE_m$——维持动物所需的净能量，MJ/d；

$NE_a$——动物活动的净能量，MJ/d；

$NE_l$——泌乳期的净能量，MJ/d；

$NE_{work}$——工作净能量，MJ/d；

$NE_p$——怀孕所需的净能量，MJ/d；

$NE_g$——生长净能量，MJ/d；

$NE_{wool}$——生产羊毛所需的净能量，MJ/d；

$REM$——饲料中维持可用的净能量与可消化能量的比例；

$REG$——日粮中可供生长的净能量与所消耗的可消化能量的比例；

$DE$——饲料的消化率（消化能量/总能量），％。

2）$NE_m$

$$NE_m=Cf_i\times Weight^{0.75} \qquad (3-44)$$

式中：

$Cf_i$——动物类别系数，MJ/(d·kg)，见表 3-14；

$Weight$——动物活重，kg。

表 3-14 用于计算维持生命的净能量的动物类别系数（$Cf_i$）

| 动物类别 | $Cf_i$ [MJ/(d·kg)] | 内容 |
| --- | --- | --- |
| 牛/水牛 | 0.322 | 所有非哺乳期的奶牛、公牛（阉割）、小母牛和小牛 |
| 牛/水牛（哺乳期奶牛） | 0.386 | 哺乳期维持能量需求要高出 20％ |
| 牛/水牛（公牛） | 0.370 | 未阉割公牛维持能量需求比非哺乳期雌性高 15％ |
| 绵羊（羔羊至 1 岁） | 0.236 | 对于未阉割的公羊，这个值可以增加 15％ |
| 绵羊（大于 1 岁） | 0.217 | 对于未阉割的公羊，这个值可以增加 15％ |
| 山羊 | 0.315 | |

3）$NE_a$　牛和水牛的活动净能量公式：

$$NE_a = C_a \times NE_m \qquad (3-45)$$

式中：

$C_a$——与饲养情况对应的系数，MJ/(d·kg)，见表 3-15。

绵羊和山羊活动净能量公式：

$$NE_a = C_a \times Weight \qquad (3-46)$$

**表 3-15　与动物饲养情况对应的系数（$C_a$）**

| 饲养情况 | 定　　义 | $C_a$ [MJ/(d·kg)] |
|---|---|---|
| **牛和水牛** | | |
| 限位 | 动物被限制在一个小区域（拴绳、围栏、谷仓），因此他们很少或不消耗能量来获取饲料 | 0 |
| 牧场 | 动物被限制在足够的草料区域，需要适度的能量消耗才能获得饲料 | 0.17 |
| 大面积放牧 | 动物在开阔的地面或丘陵地带吃草，需要消耗大量的能量来获取饲料 | 0.36 |
| **绵羊和山羊** | | |
| 圈养母羊 | 动物在最后 3 个月因怀孕而受到限制（50 d） | 0.009 6 |
| 平地牧场 | 动物每天步行 1 000 m，消耗的能量很少 | 0.010 7 |
| 丘陵牧场 | 动物每天步行 5 000 m，并需要消耗大量的能量来获取食物 | 0.024 |
| 育肥羔羊 | 专为育肥饲养 | 0.006 7 |
| 低地山羊 | 动物在低地的牧场行走或吃草 | 0.019 |
| 山地山羊 | 动物在开阔的土地或丘陵地带吃草，消耗大量的能量来获取饲料 | 0.024 |

注：如果一年中混合出现这些饲养情况，$NE_a$ 必须相应地加权。

4）$NE_l$　对于牛和水牛，泌乳期的净能量表示为产奶量的函数，其脂肪含量表示为百分比。

肉牛、奶牛和水牛的泌乳期净能量公式为：

$$NE_l = Milk \times (1.47 + 0.40 \times Fat) \qquad (3-47)$$

式中：

$Milk$——产奶量，kg/d；

$Fat$——奶中脂肪含量，%。

绵羊和山羊的泌乳期净能量（产奶量已知）公式为：

$$NE_l = Milk \times EV_{milk} \qquad (3-48)$$

式中：

$Milk$——产奶量，kg/d；

$EV_{milk}$——生产 1 kg 奶所需的净能量。

绵羊和山羊的泌乳期净能量（产奶量未知）公式为：

$$NE_l = \frac{5 \times WG_{mean}}{365} \times EV_{milk} \qquad (3-49)$$

式中：

$WG_{mean}$——羔羊从出生到断奶之间的体重增加，kg；

$EV_{milk}$——生产 1 kg 奶所需的能量，MJ/kg，默认值为 4.6 MJ/kg。

5）$NE_{work}$  用于估算牛和水牛的畜力所需的能量，公式如下：

$$NE_{work} = 0.10 \times NE_m \times Hours \qquad (3-50)$$

式中：

$NE_m$——动物维持生活所需的净能量，MJ/d，见公式（3-44）；

$Hours$——每天的工作时间数，h。

6）$NE_p$

$$NE_p = C_{pergnancy} \times NE_m \qquad (3-51)$$

式中：

$C_{pregnancy}$——妊娠系数，见表 3-16；

$NE_m$——动物维持生活所需的净能量，MJ/d，见公式（3-44）。

表 3-16  不同动物类别的妊娠系数（$C_{pregnancy}$）

| 动物类别 | $C_{pregnancy}$ |
| --- | --- |
| 牛和水牛 | 0.10 |
| 绵羊/山羊 | |
| 单产 | 0.077 |
| 双产 | 0.126 |
| 三产及以上 | 0.150 |

当使用 $NE_p$ 计算牛、绵羊和山羊的 $GE$ 时，$NE_p$ 估算数必须根据一年内实际经历妊娠的成熟雌性的比例进行加权。例如，如果动物类别中 80% 的成熟雌性在一年内分娩，那么 $NE_p$ 值的 80% 被用于 $GE$ 方程中。为了确定绵羊/山羊的适当系数，需要根据母羊单胎、双胎和三胎的比例来估计连续妊娠的平均值。如果没有这些数据，则系数计算如下：

如果一年内出生的羔羊或小羊数除以一年内怀孕的母羊数小于或等于 1.0，则可以使用单胎系数；

如果一年出生的羔羊或小羊数除以一年怀孕的母羊数超过 1.0 且小于

2.0，计算系数如下：

$$C_{pregnancy} = 0.126 \times 双胎部分 + 0.077 \times 单胎部分 \qquad (3-52)$$

式中：

双胎部分——出生羔羊/怀孕母羊－1；

单胎部分——1－双胎部分。

7）$NE_g$　牛和水牛的生长净能量公式：

$$NE_g = 22.02 \times \left(\frac{BW}{C \times MW}\right)^{0.75} \times WG^{1.097} \qquad (3-53)$$

式中：

$BW$——种群中动物的平均活体重，kg；

$C$——系数，母牛 0.8，阉割公牛 1.0，公牛 1.2；

$MW$——中等体况下成年母牛、公牛的体重，kg；

$WG$——种群中牛的日增重，kg/d。

绵羊和山羊的生长净能量公式：

$$NE_g = \frac{WG_{lamb/kid} \times [a + 0.5b \times (BW_0 + BW_1)]}{365} \qquad (3-54)$$

式中：

$WG_{lamb/kid}$——体重增重，（$BW_1 - BW_0$），kg/年；

$BW_0$——断奶时的活体重，kg；

$BW_1$——1 岁（含 1 岁前）屠宰时的活体重，kg；

a、b——常数，见表 3-17。

表 3-17　绵羊和山羊的常数

| 动物物种/类别 | a（MJ/kg） | b（MJ/kg） |
| --- | --- | --- |
| 公羊（绵羊） | 2.5 | 0.35 |
| 阉割羊（绵羊） | 4.4 | 0.32 |
| 母羊（绵羊） | 2.1 | 0.45 |
| 山羊 | 5.0 | 0.33 |

8）$NE_{wool}$

$$NE_{wool} = \frac{EV_{wool} \times Pr_{wool}}{365} \qquad (3-55)$$

式中：

$EV_{wool}$——生产的每千克羊毛的能量值（干燥后洗涤前称重），MJ/kg；

$Pr_{wool}$——每年每只绵羊/山羊的羊毛产量，kg/年。

9）REM

$$REM=1.123-4.092\times10^{-3}\times DE+1.126\times10^{-5}\times DE^2-\frac{25.4}{DE}$$

（3-56）

10）REG

$$REG=1.164-5.16\times10^{-3}\times DE+1.308\times10^{-5}\times DE^2-\frac{37.4}{DE}$$

（3-57）

计算出每类动物的 GE 后，还应计算出每天以干物质（kg/d）为单位的采食量。将能量单位中的 GE 转化为干物质摄入量（DMI，GE 除以能量密度）。如果没有饲料特定信息，可以使用默认值 18.45 MJ/kg。

（2）干物质摄入量（DMI）估算

1）犊牛的 DMI　公式如下：

$$DMI=BW^{0.75}\times\frac{0.0582\times NE_{mf}-0.00266\times NE_{mf}^2-0.1128}{0.239\times NE_{mf}}$$

（3-58）

式中：

$DMI$——干物质摄入量，kg/d；

$BW$——动物活重，kg；

$NE_{mf}$——估算的日粮净能量密度或默认值，MJ/kg，见表 3-18。

表 3-18　牛典型日粮的 $NE_{mf}$

| 饲料类型 | $NE_{mf}$（MJ，每千克干物质中） |
| --- | --- |
| 高谷物饲料＞90％ | 7.5～8.5 |
| 高品质饲料（如营养豆类、草） | 6.5～7.5 |
| 中品质饲料（如中等豆类、草） | 5.5～6.5 |
| 低品质饲料（如稻草、成熟的草） | 3.5～5.5 |

除上述外，$NE_{mf}$也可用（3-59）式估算：

$$NE_{mf}=REM\times18.45\times DE\%$$

（3-59）

2）生长中的牛的 DMI　公式如下：

$$DMI=BW^{0.75}\times\frac{0.0582\times NE_{mf}-0.00266\times NE_{mf}^2-0.0869}{0.239\times NE_{mf}}$$

（3-60）

式中：

$NE_{mf}$——估算的日粮净能量密度或默认值，MJ/kg，见表 3-18。

3）饲养场中食用高谷物日粮牛的 DMI   公式如下：

阉割牛和公牛 DMI 公式：

$$DMI=3.83+0.0143\times BW\times0.96 \tag{3-61}$$

小母牛 DMI 公式：

$$DMI=3.184+0.01536\times BW\times0.96 \tag{3-62}$$

4）泌乳奶牛的 DMI   公式如下：

$$DMI=0.0185\times BW+0.305\times FCM \tag{3-63}$$

式中：

$BW$——动物活重，kg；

$FCM$——脂肪修正值，kg/d，3.5%×0.4324×牛奶（kg）+16.216×脂肪（kg）。

5）成熟非奶牛的 DMI   见表 3-19。

表 3-19   基于饲料质量的成熟的非奶牛所需的 DMI

| 饲料类型 | 消化率（DE，%） | 饲料 DMI（kg/d） | |
|---|---|---|---|
| | | 非泌乳期 | 泌乳期 |
| 低质量 | <52 | 1.8 | 2.2 |
| 平均质量 | 52~59 | 2.2 | 2.5 |
| 高质量 | >59 | 2.5 | 2.7 |

## （二）排放因子估算

**1. 肠道发酵产生的甲烷排放因子**   $CH_4$ 是动物肠道发酵的副产物。$CH_4$ 的释放取决于动物消化道的类型、动物的年龄和体重，以及所消耗饲料的质量和数量。反刍动物是 $CH_4$ 产生的主要来源。

畜禽肠道发酵产生的 $CH_4$ 的排放因子估算公式如下：

$$EF=\frac{GE\times\frac{Y_m}{100}\times365}{55.65} \tag{3-64}$$

式中：

$EF$——畜禽肠道发酵 $CH_4$ 排放因子，kg/（头·年）；

$GE$——摄取的总能量，MJ/（头·年）；

$Y_m$——$CH_4$ 转化率，饲料中总能量转化成 $CH_4$ 的比例；

55.65——$CH_4$ 能量转化因子，MJ/kg。

上式也可以简化为：

$$EF=DMI\times\frac{MY}{1000}\times365 \tag{3-65}$$

式中：

$EF$——畜禽肠道发酵 $CH_4$ 排放因子，kg/（头·年）；

$DMI$——干物质摄入量，kg/d；

$MY$——每千克干物质 $CH_4$ 产量，kg；

365——天数；

1000——$CH_4$ 从 g 转化到 kg。

饲料能量转化为 $CH_4$ 的程度取决于几种相互作用的饲料和动物因素，该转化率体现在 $Y_m$，定义为总能量摄入转化为 $CH_4$ 的百分比。影响 $Y_m$ 的因素很多，如饲料类型、饲料质量、动物物种等。当没有牛和水牛的 $Y_m$ 时，可以使用表 3-20 和表 3-21 中提供的值。

表 3-20　牛 $CH_4$ 转化率（$Y_m$）

| 畜禽舍类别 | $MY$ [g（$CH_4$）/kg（$DMI$）] | $Y_m^b$ |
|---|---|---|
| 育肥牛[a] | 13.6 | 0.04±0.005 |
| 其他牛 | 21 | 0.06±0.005 |
| 奶母牛（非水牛和水牛）和它们的幼崽 | 19～21 | 0.06±0.005 |
| 主要饲喂低质量作物残余和副产品的其他非奶牛和水牛 | 23.3 | 0.07±0.005 |
| 放牧牛和水牛 | 21 | 0.06±0.005 |

注：a. 饲喂的日粮中 90% 以上为浓缩料；b. ±值表示范围。

表 3-21　绵羊和山羊 $CH_4$ 转化率（$Y_m$）

| 类别 | $Y_m$ | |
|---|---|---|
| | 日粮消化率小于 65% | 日粮消化率大于 65% |
| 羔羊（小于 1 岁） | 0.09±0.005 | 0.05±0.005 |
| 成年羊 | 0.07 | |

注：±值表示范围。

除应用公式计算外，也可采用 IPCC 给出的 $CH_4$ 肠道排放因子推荐值（表 3-22）。

表 3-22　$CH_4$ 肠道排放因子推荐值 [kg/（头·年）]

| 畜禽 | 高生产力系统 | 低生产力系统 | 活体重量（kg） |
|---|---|---|---|
| 绵羊 | 9 | 5 | 40（高生产力系统）<br>31（低生产力系统） |

（续）

| 畜禽 | 高生产力系统 | 低生产力系统 | 活体重量（kg） |
|---|---|---|---|
| 猪 | 1.5 | 1 | 72（高生产力系统）<br>52（低生产力系统） |
| 山羊 | 9 | 5 | 50（高生产力系统）<br>28（低生产力系统） |
| 马 | 18 | | 550 |
| 骆驼 | 46 | | 570 |
| 骡和驴 | 10 | | 245 |
| 鹿 | 20 | | 120 |
| 鸵鸟 | 5 | | 120 |
| 家禽 | 可供计算的数据不足 | | |
| 美洲驼和羊驼 | 8 | | 65 |
| 其他（如野牛） | 待定 | | |

注：所有估算的不确定度数值为±（30%～50%）。

**2. 粪污管理产生的甲烷排放因子**　$CH_4$ 粪污管理产生的排放因子公式如下：

$$EF_{(T)} = (VS_T \times 365) \times \left[ B_{0(T)} \times 0.67 \times \sum_{S,k} \frac{MCF_{S,k}}{100} \times AWMS_{(T, S, k)} \right]$$

$$(3-66)$$

式中：

$EF_{(T)}$——$CH_4$ 排放因子，kg/（头·年）；

$VS_{(T)}$——日挥发性固体排泄量，kg/（头·d）；

$T$——畜禽类别；

365——计算 VS 年产量的基础，天数；

$B_{0(T)}$——粪污的 $CH_4$ 最大生产能力，$m^3$/kg；

0.67——转化因子，$CH_4$ 从体积（$m^3$）转化为质量（kg）；

$MCF_{(S,k)}$——$CH_4$ 转化因子，%，见表 3-25。

$AWMS_{(T,S,k)}$——粪污的比例，%；

$S$——粪污管理系统；

$k$——气候区。

（1）粪污的 $CH_4$ 最大生产能力（$B_0$）　$B_0$ 因动物种类和日粮变化而异。获得 $B_0$ 的首选方法是使用来自国家公布的数据，采用标准方法进行测量。如果没有特定的 $B_0$ 测量值，则使用表 3-23 中提供的默认值。

表 3-23　$CH_4$ 最大生产能力的默认值（$B_0$）（$m^3/kg$）

| 动物类别 | 高生产力系统 | 低生产力系统 |
|---|---|---|
| 奶牛 | 0.24 | 0.13 |
| 其他牛 | 0.18 | 0.13 |
| 水牛 | 0.10 | 0.10 |
| 猪 | 0.45 | 0.29 |
| 蛋鸡 | 0.39 | 0.24 |
| 肉鸡 | 0.36 | 0.24 |
| 绵羊 | 0.19 | 0.13 |
| 山羊 | 0.18 | 0.13 |
| 马 | 0.30 | 0.26 |
| 骡/驴 | 0.33 | 0.26 |
| 骆驼 | 0.26 | 0.21 |
| 所有动物 PRP | 0.19 | |

注：不确定度数值为±15%。

（2）粪污管理方式　一般分为放牧、日施肥、固体储存、自然风干、液体贮存、氧化塘、舍内深坑贮存、厌氧消化、燃烧、发酵床、堆肥和沤肥、好氧处理 13 种，不同地区动物粪污的管理方式占比不同（表 3-24）。

表 3-24　粪污管理系统的构成

| 系统 | 定义 |
|---|---|
| 放牧 | 来自牧场和草场放牧动物的粪污存放，未经管理 |
| 日施肥 | 粪污通常从密闭设施汇总取出，并在排泄后 24 h 内用于农田或牧场 |
| 固体储存 | 粪便无限制堆放储存，通常期限为数月。由于存在足量的垫料或因蒸发而失去水分，粪便能够堆放，并可以被覆盖或压实。在某些情况下，会添加填充剂或添加剂 |
| 固体储存-覆盖/压实 | 与固体储存类似，但粪肥堆是：①覆盖塑料膜（以减少暴露在空气中的粪便表面积）；②压实（增加密度或减少材料内的空气） |
| 固体储存-添加膨胀剂 | 将特定材料（膨胀剂）与粪便混合，以提供结构支撑 |
| 固体储存-添加剂 | 在堆中添加特定的物质以减少气体的排放。添加某些化合物，如亚磷酸盐、二氰胺等 |
| 自然风干 | 无任何明显的植被覆盖的铺设或未铺设的开放式区域。不需要添加垫料控制水分，粪便可以定期被清除并施肥到田地 |

（续）

| 系统 | | 定义 |
|---|---|---|
| 液体贮存 | | 粪污以排泄物的形式储存，或在畜禽舍外的水箱或池塘中添加少量水或垫料。一年中一次或多次将粪污移出并施肥到农田。粪污在移出前进行搅拌，以确保大部分挥发性固体（VS）从水箱中移出 |
| 氧化塘 | | 一种液体储存系统。与液体/液浆储存相比，消化池的深度较低，表面积很大。根据气候区域、挥发性固体装载率和其他操作因素，厌氧消化池有不同的储存周期（长达 1 年甚至更长） |
| 畜禽舍内深坑贮存 | | 粪污的收集和储存通常很少加水或不加水，通常在封闭的畜禽舍内漏缝地板下，储存时间少于 1 年。粪污可以在一年内多次从深坑中抽出到二级储存罐，或储存后直接施肥农田。假设罐排空时的 VS 去除率＞90％ |
| 厌氧发酵罐 | 高质量、低泄漏 | 收集有和没有稻草的动物粪便，并在密封罐中进行厌氧消化<br>发酵罐是通过微生物将复杂的有机化合物还原为 $CO_2$ 和 $CH_4$<br>沼气被收集并用作燃料<br>厌氧消化后，消化液要么被开放储存，要么被覆盖或密封 |
| | 高泄漏 | 收集有和没有稻草的动物粪便，并在有盖的厌氧消化池中进行厌氧消化<br>发酵罐是通过微生物将复杂的有机化合物还原为 $CO_2$ 和 $CH_4$<br>沼气被收集并用作燃料<br>厌氧消化后，消化液要么被开放储存，要么被覆盖或密封 |
| 燃烧 | | 这些粪便和尿液排到外部，晒干的粪饼被用作燃料 |
| 发酵床 | | 随着粪污的累积，垫层在一个生产周期中不断添加以吸收水分，周期可长达 6～12 月。这种肥料管理系统也被称为发酵床管理系统，通常与干旱地区或牧场结合 |
| 堆肥 | 容器内 | 堆肥，通常在一个封闭的通道中，有强制通风和连续翻转 |
| | 静态 | 堆肥，强制通风但无翻转，有径流/浸出 |
| | | 堆肥，强制通风但无翻转，无径流/浸出 |
| | 条垛 | 条垛式堆肥，定期（至少每天）翻转和通风，有径流/浸出 |
| | | 条垛式堆肥，定期（至少每天）翻转和通风，无径流/浸出 |
| | 被动式条垛 | 被动式堆肥，很少翻转或通风，有径流/浸出 |
| | | 被动式堆肥，很少翻转或通风，无径流/浸出 |
| 沤肥（有垫料） | | 类似于牛和猪的深层垫料，但通常不与干旱地区和牧场结合使用。适用于所有家禽。在家禽生产周期垫料和粪污留在舍内，并在家禽周期内进行清洗，通常周期为 5～9 周，在生产力较低的系统中周期更长 |

（续）

| 系统 | 定义 |
|---|---|
| 沤肥（无垫料） | 类似于封闭式禽舍中的粪坑，或者层养粪污堆积系统。如果设计得当，它可以看作一种被动式堆肥。一些集约化家禽场设置在笼子下安装粪肥带，粪肥在舍内被干燥 |
| 好氧处理 | 通过强制或自然曝气以液体形式收集粪污的生物氧化过程，自然曝气仅限于需氧和兼性厌氧的池塘和湿地系统。该系统主要依靠光合作用，在没有阳光时，这些系统通常缺氧 |

（3）$CH_4$ 的转化因子（MCF） 定义为某种粪污管理方式的 $CH_4$ 实际产量占最大 $CH_4$ 生产能力的比例，是由一个特定粪污管理系统确定的，并表示 $B_0$ 达到的程度。特定粪污管理系统产生的 $CH_4$ 量受挥发性固体量、厌氧条件的程度、系统温度和有机物在系统中的保留时间的影响（表 3-25）。

表 3-25　粪肥管理系统中的 $CH_4$ 转化因子（MCF，%）

| 系统 | 时间 | 温带 | | 热带 | | | |
|---|---|---|---|---|---|---|---|
| | | 温暖湿润 | 温暖干燥 | 山地 | 潮湿 | 湿润 | 干燥 |
| 氧化塘 | — | 73 | 76 | 76 | 80 | 80 | 80 |
| 液体贮存，以及畜禽舍内深坑存储 | 1 个月 | 13 | 15 | 25 | 38 | 36 | 42 |
| | 3 个月 | 24 | 28 | 43 | 61 | 57 | 62 |
| | 4 个月 | 29 | 32 | 50 | 67 | 64 | 68 |
| | 6 个月 | 37 | 41 | 59 | 76 | 73 | 74 |
| | 12 个月 | 55 | 64 | 73 | 80 | 80 | 80 |
| 牛和猪发酵床 | >1 个月 | 37 | 41 | 59 | 76 | 73 | 74 |
| 牛和猪发酵床 | <1 个月 | 6.50 | 6.50 | 18 | 18 | 18 | 18 |
| 固体储存 | | 4.00 | 4.00 | 5.00 | 5.00 | 5.00 | 5.00 |
| 固体储存-覆盖/压实 | | 4.00 | 4.00 | 5.00 | 5.00 | 5.00 | 5.00 |
| 固体储存-添加膨胀剂 | | 1.00 | 1.00 | 1.50 | 1.50 | 1.50 | 1.50 |
| 固体储存-添加剂 | | 2.00 | 2.00 | 2.50 | 2.50 | 2.50 | 2.50 |
| 自然风干 | | 1.50 | 1.50 | 2.00 | 2.00 | 2.00 | 2.00 |
| 日施肥 | | 0.50 | 0.50 | 1.00 | 1.00 | 1.00 | 1.00 |
| 容器内堆肥 | | 0.50 | 0.50 | 0.50 | 0.50 | 0.50 | 0.50 |
| 静态堆肥（强制通风） | | 2.00 | 2.00 | 2.50 | 2.50 | 2.50 | 2.50 |

（续）

| 系统 时间 | 温带 | | 热带 | | | |
|---|---|---|---|---|---|---|
| | 温暖湿润 | 温暖干燥 | 山地 | 潮湿 | 湿润 | 干燥 |
| 条垛堆肥 | 1.00 | 1.00 | 1.5 | 1.5 | 1.5 | 1.5 |
| 被动式条垛堆肥（很少翻转） | 2.00 | 2.00 | 2.5 | 2.5 | 2.5 | 2.5 |
| 放牧 | 0.47 | 0.47 | 0.47 | 0.47 | 0.47 | 0.47 |
| 沤肥 | 1.5 | 1.5 | 1.5 | 1.5 | 1.5 | 1.5 |
| 好氧处理 | 0.00 | 0.00 | 0.00 | 0.00 | 0.00 | 0.00 |
| 燃烧 | 10.00 | 10.00 | 10.00 | 10.00 | 10.00 | 10.00 |
| 厌氧发酵罐，低泄漏，高气密性，高质量 | 1.00 | 1.00 | 1.00 | 1.00 | 1.00 | 1.00 |
| 厌氧发酵罐，低泄漏，高气密性，低质量 | 1.41 | 1.41 | 1.41 | 1.41 | 1.41 | 1.41 |
| 厌氧发酵罐，低泄漏，开放存储，高质量 | 4.38 | 4.38 | 4.59 | 4.59 | 4.59 | 4.59 |
| 厌氧发酵罐，高泄漏，高气密性，低质量 | 9.59 | 9.59 | 9.59 | 9.59 | 9.59 | 9.59 |
| 厌氧发酵罐，高泄漏，低气密性，低质量 | 10.85 | 10.85 | 10.85 | 10.85 | 10.85 | 10.85 |
| 厌氧发酵罐，高泄漏，开放存储，低质量 | 12.97 | 12.97 | 13.17 | 13.17 | 13.17 | 13.17 |

　　如果粪污在多个系统中管理，默认情况下，粪污排放因子应分配给主要存储系统，但考虑到现场应用前使用的所有储存系统的排放，可以制定国家排放因子。

　　（4）日挥发性固体（VS）排泄量　VS 的排泄量需要根据畜禽种群特征每个畜禽类别确定。数据可从农业文献中查找，或者根据干物质摄入量（DMI）、灰分含量和尿能力计算。如果无法获取数据，可从 IPCC 提供的默认值中获得。

　　年 VS 排泄率可由（3-67）式计算：

$$VS_{(T,P)} = \left[ VS_{rate(T,P)} \times \frac{TAM_{T,P}}{1000} \right] \times 365 \qquad (3-67)$$

式中：

　　$VS_{(T,P)}$——年 VS 排泄量，kg/（头·年）；

　　$VS_{rate(T,P)}$——默认 VS 排泄率，kg/（1000 kg·d），见表 3-26；

T——畜禽类别；

P——生产力系统；

$TAM_{(T,P)}$——T类畜禽的典型动物质量，kg/头，见表3-27。

表3-26 VS排泄率的默认值 [kg/(t·d)]

| 动物类别 | 平均 | 高生产力系统 | 低生产力系统 |
|---|---|---|---|
| 奶牛 | 9.0 | 8.1 | 9.2 |
| 其他牛 | 9.8 | 6.8 | 10.8 |
| 水牛 | 13.5 | NE | |
| 猪 | 5.8 | 4.3 | 7.1 |
| 育成猪 | 6.8 | 5.1 | 8.1 |
| 种猪 | 3.4 | 2.3 | 4.3 |
| 家禽 | 11.2 | 10.6 | 14.3 |
| 蛋鸡（±1年） | 9.3 | 8.5 | 12.8 |
| 小母鸡 | 7.5 | 5.4 | 17.7 |
| 肉鸡 | 15.7 | 15.6 | 17.1 |
| 火鸡 | 10.3 | | |
| 鸭子 | 7.4 | | |
| 绵羊 | 8.3 | | |
| 山羊 | 10.4 | | |
| 马 | 7.2 | | |
| 骡/驴 | 7.2 | | |
| 骆驼 | 11.5 | | |

表3-27 亚洲地区动物类别重量的默认值（TAM，kg）

| 动物类别 | 平均 | 高生产力系统 | 低生产力系统 |
|---|---|---|---|
| 奶牛 | 386 | 485 | 355 |
| 其他牛 | 299 | 310 | 296 |
| 水牛 | 336 | | |
| 猪 | 58 | 69 | 52 |
| 育成猪 | 49 | 56 | 44 |
| 种猪 | 122 | 160 | 102 |
| 家禽 | 1.2 | 1.4 | 1 |
| 母鸡（≥1年） | 1.5 | 1.9 | 1.3 |

（续）

| 动物类别 | 平均 | 高生产力系统 | 低生产力系统 |
|---|---|---|---|
| 小母鸡 | 0.8 | 1.5 | 0.6 |
| 肉鸡 | 0.8 | 1 | 0.7 |
| 火鸡 | 6.8 | | |
| 鸭子 | 2.7 | | |
| 绵羊 | 31 | | |
| 山羊 | 24 | | |
| 马 | 238 | | |
| 骡/驴 | 130 | | |
| 骆驼 | 217 | | |
| 鸵鸟 | 120 | | |
| 鹿 | 120 | | |
| 驯鹿 | 120 | | |

此外，VS 排泄率也可由公式（3-68）估算。挥发性固体（VS）是畜禽粪便中的有机物质，分为可生物降解和不可生物降解组分。公式（3-68）所需的值是每个动物物种排泄的总 VS（可降解和不可生物降解组分），因为从该粪污中能够产生的 $B_0$ 是基于进入系统的总 VS。获得平均每日 VS 排泄率的最佳方法是使用国家层面的数据。如果没有日均 VS 的排泄率，可以根据采食量水平评估特定国家的 VS 排泄率。

粪便中 VS 含量等于所消耗的饮食中未被消化并因此作为粪便排出的部分，当与尿液排泄物结合时，构成粪便。

$$VS = \left[ GE \times \left( 1 - \frac{DE}{100} \right) + UE \times GE \right] \times \frac{1 - ASH}{18.45} \quad (3-68)$$

式中：

$VS$——每日在干性有机物基础上的挥发性固体排泄量，kg/d；

$GE$——进食总能量，MJ/天；

$DE$——饲料消化率，%；

$(UE \cdot GE)$——尿能量，用 $GE$ 的分数表示。例如 $0.04GE$ 可被认为是大多数反刍动物的尿能量排泄（对于饲料中饲喂 85% 或以上谷物的反刍动物或猪的尿能量排泄减少到 0.02），可以使用默认值；

$ASH$——饲料的灰分含量，用干物质采食量的分数表示（如母猪为 0.06），可以使用默认值；

18.45——每千克干物质的膳食 GE 的转化因子。这个值在畜禽常用的各种饲料和谷物饲料中都是相对恒定的，MJ/kg。

除应用以上公式计算外，也可采用 IPCC 给出的粪污管理产生的 $CH_4$ 排放因子的推荐值（表 3-28、表 3-29）。

**表 3-28  按动物类别、粪污管理系统和气候区划分的 $CH_4$ 排放因子**（g/kg）

| 畜禽类型 | 生产力 | 粪污存储方式 | 温带 | | 热带 | | | |
|---|---|---|---|---|---|---|---|---|
| | | | 温暖潮湿 | 温暖干燥 | 山地 | 潮湿 | 湿润 | 干燥 |
| 奶牛 | 高生产力系统 | 未覆盖厌氧消化池 | 117.4 | 122.2 | 122.2 | 128.6 | 128.6 | 128.6 |
| | | 液体/液浆，坑存储＞1 个月 | 59.5 | 65.9 | 94.9 | 122.2 | 117.4 | 119.0 |
| | | 固体存储 | 6.4 | 6.4 | 8.0 | 8.0 | 8.0 | 8.0 |
| | | 饲养场 | 2.4 | 2.4 | 3.2 | 3.2 | 3.2 | 3.2 |
| | | 每日扩散 | 0.8 | 0.8 | 1.6 | 1.6 | 1.6 | 1.6 |
| | | 厌氧消化-沼气 | 3.7 | 3.7 | 3.7 | 3.7 | 3.7 | 3.7 |
| | | 燃料燃烧 | 16.1 | 16.1 | 16.1 | 16.1 | 16.1 | 16.1 |
| | 低生产力系统 | 未覆盖厌氧消化池 | 63.6 | 66.2 | 66.2 | 69.7 | 69.7 | 69.7 |
| | | 液体/液浆，坑存储＞1 个月 | 32.2 | 35.7 | 51.4 | 66.2 | 63.6 | 64.5 |
| | | 固体存储 | 3.5 | 3.5 | 4.4 | 4.4 | 4.4 | 4.4 |
| | | 饲养场 | 1.3 | 1.3 | 1.7 | 1.7 | 1.7 | 1.7 |
| | | 每日扩散 | 0.4 | 0.4 | 0.9 | 0.9 | 0.9 | 0.9 |
| | | 厌氧消化-沼气 | 9.5 | 9.5 | 9.5 | 9.5 | 9.5 | 9.5 |
| | | 燃料燃烧 | 8.7 | 8.7 | 8.7 | 8.7 | 8.7 | 8.7 |
| 其他牛 | 高生产力系统 | 未覆盖厌氧消化池 | 88.0 | 91.7 | 91.7 | 96.5 | 96.5 | 96.5 |
| | | 液体/液浆，坑存储＞1 个月 | 44.6 | 49.4 | 71.2 | 91.7 | 88.0 | 89.2 |
| | | 固体存储 | 4.8 | 4.8 | 6.0 | 6.0 | 6.0 | 6.0 |
| | | 饲养场 | 1.8 | 1.8 | 2.4 | 2.4 | 2.4 | 2.4 |
| | | 每日扩散 | 0.6 | 0.6 | 1.2 | 1.2 | 1.2 | 1.2 |
| | | 厌氧消化-沼气 | 2.7 | 2.7 | 2.8 | 2.8 | 2.8 | 2.8 |
| | | 燃料燃烧 | 12.1 | 12.1 | 12.1 | 12.1 | 12.1 | 12.1 |
| | 低生产力系统 | 未覆盖厌氧消化池 | 63.6 | 66.2 | 66.2 | 69.7 | 69.7 | 69.7 |
| | | 液体/液浆，坑存储＞1 个月 | 32.2 | 35.7 | 51.4 | 66.2 | 63.6 | 64.5 |
| | | 固体存储 | 3.5 | 3.5 | 4.4 | 4.4 | 4.4 | 4.4 |
| | | 饲养场 | 1.3 | 1.3 | 1.7 | 1.7 | 1.7 | 1.7 |
| | | 每日扩散 | 0.4 | 0.4 | 0.9 | 0.9 | 0.9 | 0.9 |
| | | 厌氧消化-沼气 | 9.5 | 9.5 | 9.5 | 9.5 | 9.5 | 9.5 |
| | | 燃料燃烧 | 8.7 | 8.7 | 8.7 | 8.7 | 8.7 | 8.7 |

（续）

| 畜禽类型 | 生产力 | 粪污存储方式 | 温带 | | 热带 | | | |
|---|---|---|---|---|---|---|---|---|
| | | | 温暖潮湿 | 温暖干燥 | 山地 | 潮湿 | 湿润 | 干燥 |
| 育肥猪和种猪 | 高生产力系统 | 未覆盖厌氧消化池 | 220.1 | 229.1 | 229.1 | 241.2 | 241.2 | 241.2 |
| | | 液体/液浆，坑存储>1个月 | 111.6 | 123.6 | 177.9 | 229.1 | 220.1 | 223.1 |
| | | 液体/液浆，坑存储<1个月 | 39.2 | 45.2 | 75.4 | 114.6 | 108.5 | 126.6 |
| | | 固体存储 | 12.1 | 12.1 | 15.1 | 15.1 | 15.1 | 15.1 |
| | | 饲养场 | 4.5 | 4.5 | 6.0 | 6.0 | 6.0 | 6.0 |
| | | 每日扩散 | 1.5 | 1.5 | 3.0 | 3.0 | 3.0 | 3.0 |
| | | 厌氧消化-沼气 | 6.8 | 6.8 | 7.0 | 7.0 | 7.0 | 7.0 |
| | | 燃料燃烧 | 30.2 | 30.2 | 30.2 | 30.2 | 30.2 | 30.2 |
| | 低生产力系统 | 未覆盖厌氧消化池 | 141.8 | 147.7 | 147.7 | 155.4 | 155.4 | 155.4 |
| | | 液体/液浆，坑存储>1个月 | 71.9 | 79.7 | 114.6 | 147.7 | 141.8 | 143.8 |
| | | 液体/液浆，坑存储<1个月 | 25.3 | 29.1 | 48.6 | 73.8 | 69.9 | 81.6 |
| | | 固体存储 | 7.8 | 7.8 | 9.7 | 9.7 | 9.7 | 9.7 |
| | | 饲养场 | 2.9 | 2.9 | 3.9 | 3.9 | 3.9 | 3.9 |
| | | 每日扩散 | 1.0 | 1.0 | 1.9 | 1.9 | 1.9 | 1.9 |
| | | 厌氧消化-沼气 | 21.1 | 21.1 | 21.2 | 21.2 | 21.2 | 21.2 |
| | | 燃料燃烧 | 19.4 | 19.4 | 19.4 | 19.4 | 19.4 | 19.4 |
| 家禽 | 高生产力系统 | 未覆盖厌氧消化池 | 190.7 | 198.6 | 198.6 | 209.0 | 209.0 | 209.0 |
| | | 液体/液浆，坑存储>1个月 | 96.7 | 107.1 | 154.2 | 198.6 | 190.7 | 193.4 |
| | | 固体存储 | 10.5 | 10.5 | 13.1 | 13.1 | 13.1 | 13.1 |
| | | 饲养场 | 3.9 | 3.9 | 5.2 | 5.2 | 5.2 | 5.2 |
| | | 厌氧消化-沼气 | 10.5 | 10.5 | 13.1 | 13.1 | 13.1 | 13.1 |
| | | 燃料燃烧 | 2.6 | 2.6 | 2.6 | 2.6 | 2.6 | 2.6 |
| | 低生产力系统 | 所有系统 | 2.4 | 2.4 | 2.4 | 2.4 | 2.4 | 2.4 |
| 绵羊 | 高生产力系统 | 固体存储 | 5.1 | 5.1 | 6.4 | 6.4 | 6.4 | 6.4 |
| | | 饲养场 | 1.9 | 1.9 | 2.5 | 2.5 | 2.5 | 2.5 |
| | 低生产力系统 | 固体存储 | 3.5 | 3.5 | 4.4 | 4.4 | 4.4 | 4.4 |
| | | 饲养场 | 1.3 | 1.3 | 1.7 | 1.7 | 1.7 | 1.7 |
| 山羊 | 高生产力系统 | 固体存储 | 4.8 | 4.8 | 6.0 | 6.0 | 6.0 | 6.0 |
| | | 饲养场 | 1.8 | 1.8 | 2.4 | 2.4 | 2.4 | 2.4 |

（续）

| 畜禽类型 | 生产力 | 粪污存储方式 | 温带 | | 热带 | | | |
|---|---|---|---|---|---|---|---|---|
| | | | 温暖潮湿 | 温暖干燥 | 山地 | 潮湿 | 湿润 | 干燥 |
| 山羊 | 低生产力系统 | 固体存储 | 3.5 | 3.5 | 4.4 | 4.4 | 4.4 | 4.4 |
| | | 饲养场 | 1.3 | 1.3 | 1.7 | 1.7 | 1.7 | 1.7 |
| 骆驼 | 高生产力系统 | 固体存储 | 7.0 | 7.0 | 8.7 | 8.7 | 8.7 | 8.7 |
| | | 饲养场 | 2.6 | 2.6 | 0.0 | 0.0 | 0.0 | 0.0 |
| | 低生产力系统 | 固体存储 | 5.6 | 5.6 | 7.0 | 7.0 | 7.0 | 7.0 |
| | | 饲养场 | 2.1 | 2.1 | 2.8 | 2.8 | 2.8 | 2.8 |
| 马 | 高生产力系统 | 固体存储 | 8.0 | 8.0 | 10.1 | 10.1 | 10.1 | 10.1 |
| | | 饲养场 | 3.0 | 3.0 | 4.0 | 4.0 | 4.0 | 4.0 |
| | 低生产力系统 | 固体存储 | 7.0 | 7.0 | 8.7 | 8.7 | 8.7 | 8.7 |
| | | 饲养场 | 2.6 | 2.6 | 3.5 | 3.5 | 3.5 | 3.5 |
| 骡/驴 | 高生产力系统 | 固体存储 | 8.8 | 8.8 | 11.1 | 11.1 | 11.1 | 11.1 |
| | | 饲养场 | 3.3 | 3.3 | 4.4 | 4.4 | 4.4 | 4.4 |
| | 低生产力系统 | 固体存储 | 7.0 | 7.0 | 8.7 | 8.7 | 8.7 | 8.7 |
| | | 饲养场 | 2.6 | 2.6 | 3.5 | 3.5 | 3.5 | 3.5 |
| 所有动物 | 高和低生产力系统 | 牧场和围场 | 0.6 | 0.6 | 0.6 | 0.6 | 0.6 | 0.6 |

表3-29 鹿、驯鹿、兔子、鸵鸟和恒温动物粪污管理中的 $CH_4$ 排放因子及衍生参数

| 畜禽种类 | $CH_4$ 排放因子 [kg/(头·年)] | VS（kg/d） | $B_0$（m³/kg） |
|---|---|---|---|
| 鹿 | 0.22 | — | — |
| 驯鹿 | 0.36 | 0.39 | 0.19 |
| 兔子 | 0.08 | 0.10 | 0.32 |
| 带毛动物（如狐狸、水貂） | 0.68 | 0.14 | 0.25 |
| 鸵鸟 | 5.67 | 1.16 | 0.25 |

注：这些排放因子的不确定性为±30%。

### （三）总排放量估算

**1. 肠道发酵产生的甲烷排放量** 将所选的排放因子乘以相关的动物种群并求和，排放估算应以 Gg 为单位。

$$E_T = \sum {}_{(P)} EF_{(T,P)} \times \frac{N_{(T,P)}}{10^6} \qquad (3-69)$$

式中：

$E_T$——畜禽肠道发酵产生的 $CH_4$ 排放量，Gg/年；

$EF_{(T,P)}$——$CH_4$ 肠道排放因子，kg [$CH_4$]/(头·年)；

T——畜禽类别；

P——生产力系统；

$N_{(T,P)}$——被归类为生产力系统 P 的国家的畜禽物种/类别 T 的数量，头。

畜禽肠道发酵的总排放量公式如下：

$$E_{CH_4,肠} = \sum_{i,P} E_{i,P} \qquad (3-70)$$

式中：

$E_{CH_4,肠}$——畜禽肠道发酵产生的 $CH_4$ 排放量，Gg/年；

$E_{i,P}$——i 类畜禽肠道 $CH_4$ 排放量，Gg/年。

i——畜禽类别和子类别；

P——生产力系统。

**2. 粪污管理中产生的甲烷排放量** 粪污管理中产生的 $CH_4$ 排放，可采用下式：

$$E_{CH_4,粪} = N_{(T)} \times EF_{(T)} \qquad (3-71)$$

式中：

$E_{CH_4,粪}$——粪污管理过程中排放的 $CH_4$，kg/年；

$N_{(T)}$——畜禽的数量，头；

$EF_{(T)}$——粪污管理系统中直接 $CH_4$ 排放的排放因子，kg/(头·年)；

T——畜禽类别。

**3. 粪污管理中一氧化二氮排放量**

(1) 粪污管理中 $N_2O$ 的排放量 分为直接排放量和间接排放量。

$$E_{N_2O,粪} = E_{N_2O,1} + E_{N_2O,2} + E_{N_2O,3} \qquad (3-72)$$

式中：

$E_{N_2O,粪}$——粪污管理中 $N_2O$ 的排放量，kg/年；

$E_{N_2O,1}$——粪污管理中 $N_2O$ 的直接排放量，kg/年；

$E_{N_2O,2}$——粪污管理中氮挥发造成的间接排放量，kg/年；

$E_{N_2O,3}$——粪污管理中浸出和径流造成的间接排放量，kg/年。

(2) 粪污管理中直接 $N_2O$ 排放量 计算公式：

$$E_{N_2O,1} = \left[ \sum_S \left( \sum_{T,P} \{ [N_{(T,P)} \times Nex_{(T,P)}] \times AEMS_{(T,S,P)} \} + N_{cdg(s)} \right) \times EF_{3(S)} \right] \times \frac{44}{28}$$

$$(3-73)$$

式中：

$E_{N_2O,1}$——国家粪污管理的直接 $N_2O$ 排放，kg/年；

$N_{(T,P)}$——畜禽的数量，头；

$Nex_{(T,P)}$——畜禽的年平均排泄量，kg/（头·年）；

$N_{cdg(s)}$——每年通过厌氧消化输入的氮量，其中"S"专指厌氧消化，kg/年；

$AWMS_{(T,S,P)}$——在适用的情况下，年度总氮排泄量的比例，无量纲；

$EF_{3(S)}$——直接 $N_2O$ 排放的排放因子，kg/kg；

S——粪污管理系统；

T——畜禽类别；

P——生产力系统。

44/28——将 $N_2O-N$ 排放转化为 $N_2O$。

（3）粪污管理中间接 $N_2O$ 排放量

1）粪污管理中的氮挥发造成的间接氮排放　由于在现场管理粪污，可能会有其他形式氮（如 $NH_3$ 和 $NO_x$）的损失。氨挥发形式的氮可能沉积在粪肥处理区的顺风处，导致间接 $N_2O$ 排放。

粪污管理中氮挥发造成的间接氮排放公式：

$$E_{N_2O,2}=N_{挥发}\times EF_4\times\frac{44}{28} \tag{3-74}$$

式中：

$E_{N_2O,2}$——粪污管理中氮挥发导致的 $N_2O$ 间接排放，kg/年；

$N_{挥发}$——粪污中由于 $NH_3$ 和 $NO_x$ 挥发而损失的氮，kg/年；

$EF_4$——氮在土壤和水面上的大气沉积产生的 $N_2O$ 排放的排放因子，kg/kg，见表 3-30。

**表 3-30　氮在土壤和水表面的大气沉积产生的 $N_2O$ 排放的排放因子（$EF_4$）**

| 气候区不分类 | | 气候区分类 | | |
|---|---|---|---|---|
| 默认值 | 不确定度范围 | 分类 | 默认值 | 不确定度范围 |
| 0.010 | 0.02~0.018 | 湿润气候 | 0.014 | 0.011~0.017 |
| | | 干旱气候 | 0.005 | 0.000~0.011 |

其中，$N_{挥发}$ 的计算公式：

$$N_{挥发}=\sum_S\left\{\sum_{T,P}\left[\left(\left\{\left[N_{(T,P)}\times Nex_{(T,P)}\right]\times AWMS_{(T,S,P)}\right\}+N_{cdg(s)}\right)\times Frac_{GasMs(T,S)}\right]\right\}$$

$$\tag{3-75}$$

式中：

$N_{挥发}$——粪污中由于 $NH_3$ 和 $NO_x$ 挥发而损失的氮，kg/年；

$N_{(T,P)}$——畜禽数量，头；

$Nex_{(T,P)}$——年平均 N 排泄量，kg/（动物·年）；

$N_{cdg(s)}$——每年通过厌氧消化输入的氮量，其中"S"专指厌氧消化，kg/年；

P——生产力系统；

T——畜禽类别；

S——粪污管理系统；

$AWMS_{(T,S)}$——在适用的情况下，年度总氮排泄量的比例，无量纲；

$Frac_{Gas\,MS(T,S)}$——粪污管理系统 S 中挥发的 $NH_3$ 和 $NO_x$ 占粪污管理氮的比例，见表 3-32。

其中年平均氮排泄率

$$Nex_{(T,P)} = N_{rate(T,P)} \times \frac{TAM_{(T,P)}}{1000} \times 365 \qquad (3-76)$$

式中：

$Nex_{(T,P)}$——年平均 N 排泄量，kg/（头·年）；

$N_{rate(T,P)}$——氮排泄率的默认值，kg/（1 t·d 或 kg/（头·年）），表 3-31；

$TAM_{(T,P)}$——典型动物质量，kg/头，见表 3-27；

P——生产力系统。

表 3-31　氮排泄率的默认值

| 动物类别 | 平均 | 高生产力系统 | 低生产力系统 |
|---|---|---|---|
| 奶牛［kg/（t·d）］ | 0.44 | 0.55 | 0.41 |
| 其他牛［kg/（t·d）］ | 0.38 | 0.36 | 0.38 |
| 水牛［kg/（t·d）］ | 0.44 | | |
| 猪［kg/（t·d）］ | 0.61 | 0.54 | 0.67 |
| 育成猪［kg/（t·d）］ | 0.70 | 0.63 | 0.76 |
| 种猪［kg/（t·d）］ | 0.37 | 0.32 | 0.43 |
| 家禽［kg/（t·d）］ | 1.10 | 1.00 | 1.62 |
| 蛋鸡（≥1年）［kg/（t·d）］ | 1.00 | 0.89 | 1.50 |
| 小母鸡［kg/（t·d）］ | 0.83 | 0.60 | 1.91 |
| 肉鸡［kg/（t·d）］ | 1.35 | 1.31 | 1.84 |
| 火鸡［kg/（t·d）］ | 0.74 | | |
| 鸭子［kg/（t·d）］ | 0.83 | | |
| 绵羊［kg/（t·d）］ | 0.32 | | |

（续）

| 动物类别 | 平均 | 高生产力系统 | 低生产力系统 |
|---|---|---|---|
| 山羊 [kg/(t·d)] | 0.34 | | |
| 马/骡/驴 [kg/(t·d)] | 0.46 | | |
| 骆驼 [kg/(t·d)] | 0.46 | | |
| 鸵鸟 [kg/(t·d)] | 0.34 | | |
| 鹿 [kg/(t·d)] | 0.67 | | |
| 驯鹿 [kg/(t·d)] | 0.23 | | |
| 貂 [kg/(头·年)] | 4.59 | | |
| 兔子 [kg/(头·年)] | 8.10 | | |
| 狐狸和浣熊 [kg/(t·d)] | 12.09 | | |

2）粪污管理中的浸出和径流造成的间接氮排放　计算公式：

$$E_{N_2O,3} = (N_{\text{leaching-MMS}} \times EF_5) \times \frac{44}{28} \tag{3-77}$$

式中：

$E_{N_2O,3}$——粪污管理中浸出和径流造成的间接 $N_2O$ 排放，kg/年；

$N_{\text{leaching-MMS}}$——由于浸出而损失的粪肥氮量，kg/年；

$EF_5$——氮浸出和径流排放的 $N_2O$ 的排放因子，默认值 0.011，kg/kg；

其中

$$N_{\text{浸出}} = \sum_S \left[ \sum_{T,P} \left( \left\{ \left[ N_{(T,P)} \times Nex_{(T,P)} \times AWMS_{(T,S,P)} \right] + N_{\text{cdg}(s)} \right\} \times Frac_{\text{Leach-MS}(T,S)} \right) \right]$$
$$\tag{3-78}$$

式中：

$N_{(T,P)}$——畜禽数量，头；

$Nex_{(T,P)}$——年平均 N 排泄量，kg/(头·年)；

$N_{\text{cdg}(s)}$——每年通过厌氧消化输入的氮量，其中"S"专指厌氧消化，kg/年；

P——生产力系统；

T——畜禽类别；

S——粪污管理系统；

$AWMS_{(T,S)}$——在适用的情况下，年度总氮排泄量的比例，无量纲；

$Frac_{\text{Leach-MS}(T,S)}$——粪污管理系统 S 中氮浸出和径流的 $NH_3$ 和 $NO_x$ 占粪污管理氮的比例，见表 3-32。

表3-32 粪便管理中氮挥发和氨浸出径流占粪便管理氮的比例

| 系统 | 猪 $Frac_{Gas\,MS}$ | 猪 $Frac_{Leach\,MS}$ | 奶牛 $Frac_{Gas\,MS}$ | 奶牛 $Frac_{Leach\,MS}$ | 禽类 $Frac_{Gas\,MS}$ | 禽类 $Frac_{Leach\,MS}$ | 其他牛 $Frac_{Gas\,MS}$ | 其他牛 $Frac_{Leach\,MS}$ | 其他动物 $Frac_{Gas\,MS}$ | 其他动物 $Frac_{Leach\,MS}$ |
|---|---|---|---|---|---|---|---|---|---|---|
| 氧化塘 | 0.4 (0.25~0.75) | 0 | 0.35 (0.20~0.80) | 0 | 0.40 (0.25~0.75) | 0 | 0.35 (0.20~0.80) | 0 | 0.35 (0.20~0.80) | 0 |
| 液体贮存 有自然形成的壳 | 0.30 (0.09~0.36) | 0 | 0.30 (0.09~0.36) | 0 | — | 0 | 0.30 (0.09~0.36) | 0 | 0.09 | 0 |
| 液体贮存 无自然形成的壳 | 0.48 (0.15~0.60) | 0 | 0.48 (0.15~0.60) | 0 | 0.48 (0.25~0.75) | 0 | 0.48 (0.15~0.60) | 0 | 0.15 | 0 |
| 覆盖 | 0.10 (0.03~0.12) | 0 | 0.10 (0.03~0.12) | 0 | 0.08 (0.05~0.15) | 0 | 0.10 (0.03~0.12) | 0 | 0.03 | 0 |
| 畜舍内深坑贮存 | 0.25 (0.15~0.30) | 0 | 0.28 (0.10~0.40) | 0 | 0.28 (0.10~0.40) | 0 | 0.25 (0.15~0.30) | 0 | 0.25 (0.15~0.30) | 0 |
| 日扩散 | 0.07 (0.05~0.06) | 0 | 0.07 (0.05~0.06) | 0 | 0.07 (0.05~0.06) | 0 | 0.07 (0.05~0.06) | 0 | 0.07 (0.05~0.06) | 0 |
| 固体贮存 | 0.45 (0.10~0.65) | 0.02 | 0.30 (0.10~0.40) | 0.02 | 0.40 (0.12~0.60) | 0.02 | 0.45 (0.10~0.65) | 0.02 | 0.12 (0.05~0.20) | 0.02 |
| 固体贮存-覆盖/压实 | 0.22 (0.04~0.26) | 0.02 | 0.14 (0.02~0.17) | 0.02 | 0.20 (0.04~0.24) | 0.02 | 0.22 (0.03~0.26) | 0.02 | 0.05 (0~0.07) | 0 |
| 固体贮存-添加膨胀剂 | 0.58 (0.11~0.70) | 0.02 | 0.38 (0.06~0.46) | 0.02 | 0.54 (0.10~0.65) | 0.02 | 0.58 (0.08~0.70) | 0.02 | 0.15 (0.06~0.18) | 0.02 |
| 固体贮存-添加剂 | 0.17 (0.03~0.21) | 0.02 | 0.11 (0.01~0.14) | 0.02 | 0.16 (0.03~0.20) | 0.02 | 0.17 (0.02~0.21) | 0.02 | 0.04 (0.01~0.05) | 0.02 |

（续）

| 系统 | 猪 $Frac_{GasMS}$ | 猪 $Frac_{LeachMS}$ | 奶牛 $Frac_{GasMS}$ | 奶牛 $Frac_{LeachMS}$ | 禽类 $Frac_{GasMS}$ | 禽类 $Frac_{LeachMS}$ | 其他牛 $Frac_{GasMS}$ | 其他牛 $Frac_{LeachMS}$ | 其他动物 $Frac_{GasMS}$ | 其他动物 $Frac_{LeachMS}$ |
|---|---|---|---|---|---|---|---|---|---|---|
| 自然风干 | 0.45 (0.10~0.65) | 0.035 (0~0.07) | 0.30 (0.20~0.50) | 0.035 (0~0.07) | — | 0.035 (0~0.07) | 0.30 (0.20~0.50) | 0.035 (0~0.07) | 0.30 (0.2~0.50) | 0.035 |
| 厌氧消化 | 0.05~0.50 | 0 | 0.05~0.50 | 0 | 0.05~0.50 | 0 | 0.05~0.50 | 0 | 0.05~0.50 | 0 |
| 燃烧 | | | | | | | | | | |
| 发酵床 | 0.40 (0.10~0.60) | 0.035 | 0.25 (0.10~0.30) | 0.035 | 0.30 (0.20~0.40) | — | 0.25 (0.10~0.30) | 0.035 | 0.40 (0.10~0.60) | 0.035 |
| 堆肥-容器内 | 0.60 (0.12~0.65) | 0 | 0.45 (0.07~0.54) | 0 | 0.60 (0.12~0.65) | 0 | 0.60 (0.12~0.65) | 0 | 0.18 (0.04~0.21) | 0 |
| 堆肥-静态 | 0.65 (0.14~0.70) | 0.06 | 0.50 (0.07~0.60) | 0.06 | 0.65 (0.14~0.70) | 0.06 | 0.65 (0.14~0.70) | 0.06 | 0.20 (0.05~0.24) | 0.06 |
| 堆肥-条垛 | 0.65 (0.14~0.70) | 0.06 | 0.50 (0.07~0.60) | 0.06 | 0.65 (0.14~0.70) | 0.06 | 0.65 (0.14~0.70) | 0.06 | 0.20 (0.05~0.24) | 0.06 |
| 堆肥-被动式条垛 | 0.60 (0.12~0.65) | 0.04 | 0.45 (0.07~0.54) | 0.04 | 0.60 (0.12~0.65) | 0.04 | 0.60 (0.12~0.65) | 0.04 | 0.18 (0.04~0.21) | 0.04 |
| 沤肥（有垫料） | — | — | — | — | 0.40 (0.10~0.60) | 0 | — | — | — | — |
| 沤肥（无垫料） | — | — | — | — | 0.48 (0.15~0.60) | 0 | — | — | — | — |
| 好氧处理 自然曝气 | — | 0 | — | 0 | — | 0 | — | 0 | — | 0 |
| 强制曝气 | 0.85 (0.27~1) | 0 | 0.85 (0.27~1) | 0 | — | — | 0.85 (0.27~1) | 0 | 0.27 | 0 |

# |第七节| 恶臭污染物检测技术

畜禽恶臭气体释放源多样，物质组成复杂。恶臭气体的取样方法主要有点源取样法、体源取样法和面源取样法。恶臭物质的检测主要有成分分析和感官分析。成分分析是通过仪器对恶臭成分进行浓度和组分检测的分析方法。感官分析是通过人的嗅觉器官对恶臭气体进行量化分析的嗅觉测定法。随着恶臭物质分析测试技术的发展，新恶臭成分不断被发现，通过气相色谱-质谱联用仪（GC-MS）分析已确定多达 331 种挥发性有机化合物和 $NH_3$、$H_2S$ 等恶臭物质。

## 一、恶臭污染物的采样方法

### （一）采样设备和采样操作

环境恶臭样品采样前需要进行现场勘察来确定潜在恶臭污染源。采样时须考虑地形、气候、采样点等综合因素以保证样品的品质，如采样点、频率、持续时间、采样时间，应能够反映场所的空间及时间上的变化。

采样设备应符合标准，恶臭采样设备内部与恶臭样品接触的部位，须选择合适的材料，如聚四氟乙烯（PTEE）、聚对苯二甲酸乙二醇酯（PET）、乙烯丙烯氟化物（FEP）、聚氟乙烯聚合物（Tedlar™）、玻璃、不锈钢；采样管及接口部分，不可使用铜、硅、天然橡胶。一般情况下，恶臭样品使用采样袋（无臭、不吸附、不漏气、结实且具有一定容量）采集，通常采用 Tedlar™、FEP 或 naoplhan NA™（成本低，一次性使用）。欧盟标准 EN13725 中规定，采样与检测分析间隔时间不得超过 30 h，且期间需要将其保存在黑暗中，温度不得超过 25 ℃。国家标准《空气质量 恶臭的测定 三点比较式臭袋法》（GB/T 14675—1993）中也规定采样后要 24 h 内测定样品，且避光保存。

采样方法按采样容器可分为真空瓶采样法、气袋采样法。

**1. 真空瓶采样操作** 检查真空瓶的压力变化，如果真空瓶的压力变化超过规定负压 $1.0×10^5$ Pa 的 20%，则真空瓶不能使用，需要更换真空瓶。

选定采样点后，需在恶臭气味最大的时段采样。采样时打开真空瓶进气端胶管的止气夹（或进气阀），使瓶内充满样品气体至常压，随即用止气夹封住进气口，避光带回实验室，24 h 内测定（图 3-31）。记录采集的工况及环境参数。

**2. 气袋采样操作** 气袋恶臭样品的采集分为直接和间接两种。直接取样

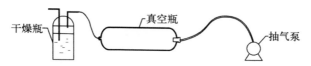

图 3-31 真空瓶采样示意图

法是指借助外压将气体冲入采样袋，间接取样法是指使用恶臭采样装置收集样品。

气袋采样系统由气袋采集箱、采样袋、负压表、气体截止阀等组成（图3-32）。

采样前，需检查并确保采样袋完好无损。采样时，在气袋采样箱中先装上经排空后的采样袋。选定采样点后，需在恶臭气味最

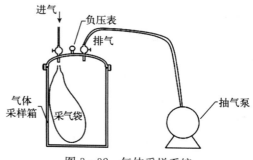

图 3-32 气体采样系统

大的时段采样。采样时打开进气截止阀，使恶臭气体迅速充满采气袋。开盖取出采样袋，将采集的样品妥善保存。记录采集的工况及环境参数。

**（二）采样方法**

根据恶臭源的差异，恶臭的采样方法分为点源、体源和面源。

**1. 点源取样法** 养殖场的典型点源有排气烟囱及机械通风排风口两种。通常采用装有取样探针、输气管道及过滤器的取样器进行采集。

**2. 体源取样法** 畜舍的体源排放时间较短，容易散开。如自然通风畜舍，其排风口较多，因此采集样品时需要在畜舍的各个出口同时取样，与点源取样法相同。

**3. 面源取样法** 该法主要针对堆粪池及氧化塘等固液体表面的恶臭样品采集。可根据需求采用不同方法，主要分为物理表面取样法和下风向取样法。物理取样法分为密闭箱风量取样法和风道取样法。1983 年，EPA 开发了密闭箱式取样装置，它底部开口，置于恶臭排放表面上方检测恶臭排放量。操作时，洁净干空气受压进入箱体，并与挥发产生的恶臭样品在箱内混合，然后将样品从箱内慢速取出。风道取样器是一种便携式底部开口的罩子，取样时同风量取样法类似，需罩在污染源表面上方（图3-33）。

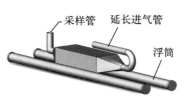

图 3-33 面源采样器

### 二、恶臭污染物检测技术

#### （一）恶臭气体的感官指标

恶臭样品的感官指标主要分为恶臭浓度（恶臭阈值）、恶臭强度、恶臭容忍度、恶臭活性值、恶臭愉悦度、恶臭特征描述 6 类。其分析方法如下：

**1. 恶臭浓度**（OC） 是用无臭空气对某一恶臭样品进行连续稀释时，刚刚达到无臭状态（在人的感觉阈值以下）时的稀释倍数。在我国测定恶臭浓度所采用的"三点比较式臭袋法"中，恶臭浓度是样品稀释到阈值浓度的稀释倍数，臭气浓度单位无量纲，通常也写作恶臭单位 OU。欧洲执行的 EN 13725 标准中，以正丁醇作为标准物质，臭气浓度单位有量纲，为 $OU/m^3$。在测量养殖场恶臭气体排放时，可将恶臭浓度与通风速率相乘，得到恶臭气体的排放系数（单位为 OU/s）。

臭气浓度可用以下公式表示：

$$OC = \frac{某种恶臭样品的实际浓度}{某种恶臭的阈值（浓度）} = \frac{V_1 + V_0}{V_1} \tag{3-79}$$

式中：

$OC$——恶臭浓度，即稀释倍数/阈值；

$V_1$——恶臭样品体积；

$V_0$——洁净空气体积。

**2. 恶臭强度**（OI） 指恶臭样品（确认阈值以上）的相对强度，可通过等级描述法、估量法、参考等级法定性描述。不同国家对恶臭强度的分级也不同，我国和日本对恶臭强度的分级采用 0～5 级（表 3-33），共 6 级，美国采用 8 级制。欧洲采用不同浓度的正丁醇水溶液或稀释气体恶臭程度代表恶臭等级，通过对恶臭样品嗅辨判定，得出相应的恶臭等级（表 3-34）。

表 3-33 恶臭强度分级

| 级别 | 分级内容 |
| --- | --- |
| 0 | 无臭 |
| 1 | 能稍微感觉到极弱的臭味（检知阈值浓度） |
| 2 | 能辨别出何种气体的臭味（确认阈值浓度） |
| 3 | 能明显嗅到臭味 |
| 4 | 强烈臭味 |
| 5 | 强烈恶臭气味，使人赶到恶心、头疼甚至呕吐 |

表 3-34  恶臭强度参考范围（5 级）

| 强度等级 | 正丁醇浓度 |
| --- | --- |
| 0 | 0 |
| 1 | 25 |
| 2 | 75 |
| 3 | 225 |
| 4 | 675 |
| 5 | 2 025 |

德国莱比锡大学物理学家古斯塔夫·费希纳发现可以通过测量气味刺激量的变化来确定人体感觉量的大小（图 3-34），且刺激量呈几何级数增加而感觉量呈算术级数增加，因此他在韦伯定律（$K=\Delta I/I$，刚能引起较强感觉的刺激增加量与原来刺激量的比是个常数）的基础上推导出感觉强度与刺激强度之间的关系，即韦伯-费希纳定律：

$$S=K\times \lg R \qquad (3-80)$$

式中：

$S$——感觉强度；

$K$——常数；

$R$——刺激强度。

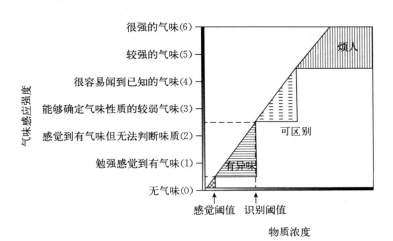

图 3-34  气味感应强度和物质浓度关系

恶臭强度与恶臭气体的种类和浓度有关（表 3-35），其关系符合韦伯-费希纳公式，即恶臭浓度与恶臭强度之间的关系式为：

$$OI = K \times \lg OC \qquad\qquad (3-81)$$

式中：

　　$OI$——恶臭强度；

　　$K$——常数；

　　$OC$——恶臭浓度，无量纲（国标）或 $OU/m^3$（欧标）。

恶臭强度的优点如下：

（1）OI 符合韦伯-费希纳定律，可以更好地反映恶臭的感受度。

（2）任何恶臭都可以用 2 位有效数字表示，便于人们形成恶臭评价的尺度。

（3）OI 与其他感官的环境污染如噪声、振动的表达方式一样，容易进行标准化。

表3-35　臭气强度与臭气浓度关系

| 臭气强度 | 臭气浓度 | 臭气感觉 |
|---|---|---|
| 0 | 10 | 无臭 |
| 1 | 23 | 勉强能感觉到气味（感知嗅阈值） |
| 2 | 51 | 气味微弱，能分辨其性质（认知嗅阈值） |
| 3 | 117 | 很容易感觉到气味 |
| 4 | 265 | 强烈气味 |
| 5 | 600 | 无法忍受的极强气味 |

**3. 恶臭容忍度**（OP）　是一种心理学物理现象。恶臭容忍度是用于描述人感受到的恶臭强度随恶臭浓度被稀释时降低的速率，如恶臭排放源的下风向，随着恶臭的扩散，恶臭强度随恶臭浓度降低的速率。

**4. 恶臭活性值**（OAV）　是某种物质的实测浓度与嗅阈值的比值。对于单一恶臭气体，OAV 可以通过恶臭浓度公式得到；对于多种恶臭物质，可将各测定物质的 OAV 累加得到恶臭活性值之和。恶臭活性值越大，恶臭物质贡献越大，可以通过比较各恶臭物质的 OAV 判断畜禽养殖场恶臭物质对恶臭的贡献。

**5. 恶臭愉悦度**（HT）　是用于评价恶臭样品的令人愉悦程度。通常使用21 点等级，如+10、0、-10。该等级需要由专业嗅辨员确定。

**6. 气味特征描述**　需要嗅辨员描述气味的感官感受特征。气味特征描述可分为蔬菜味、水果味、花朵味、泥土味等。感受特征描述可分为发痒的、发麻的、温暖的等。以上每种气味都可分为 4 个级别，由嗅辨员给出，作为评价恶臭的指标。除此之外，还可以运用电子鼻分析恶臭感官指标。

## （二）恶臭气体测定方法

目前测定恶臭气体的方法可分为嗅觉测定法和成分分析法。嗅觉测定法是对臭气进行量化的测定，而成分分析法是测定臭气的化学组分、物质浓度。

**1. 嗅觉测定法** 恶臭污染会直接通过感官影响人，它的污染程度需要通过人的嗅觉和主观感受来反映，因此恶臭污染的测定也必须采用感官的分析方法，即嗅觉测定法。

嗅觉测定法是以人的鼻子为基础，通过鼻子来测定有无臭气以及臭气的浓度。在养殖场的恶臭气体检测中，嗅觉测定法可分为直接法和空气稀释法两类。

直接法不需要任何仪器检测，直接通过嗅辨员的嗅觉感知恶臭气体，对照恶臭强度分级判别恶臭浓度，是一种定性方法。直接法测试结果可通过臭气强度等级来表示。按恶臭对人嗅觉的刺激程度分为若干等级，日本采用的臭气强度分为 6 级（0～5），目前我国也采用此等级划分恶臭强度。比较简单的测定方法是根据恶臭强度分级表选择 3 人为 1 组，以 10 s 间隔连续测定 5 min。直接法误差较大，且得出的结果是相对的臭气浓度。另外，嗅辨员长期从事该项工作对会对身体造成危害，目前较少采用。

空气稀释法是用清洁空气对恶臭气体样品进行连续稀释，直至达到无臭状态，是一种相对定量的分析方法。空气稀释法又分为静态稀释法和动态稀释法。

静态稀释法是手工向臭气样品中注入气体的稀释方法。静态稀释法有三点比较式臭袋法、无嗅室稀释法、注射器稀释法。静态稀释法中，三点比较式臭袋法为我国国标规定的臭气测定方法，无嗅室稀释法目前很少采用。注射器法源自美国，该方法是用无臭的注射器将试样用无臭气体稀释，目前该方法已被动态稀释法取代。

静态稀释法测量精度相对较高，测量的重复性和再现性好，嗅辨员个体之间的误差小。

动态稀释法是使用仪器设备对臭气样品进行连续稀释后供人嗅辨的方法。动态稀释法使用电脑控制自动完成样品定比稀释，提高了稀释效率，同时提高了稀释精度和重复精度。动态稀释法有嗅觉仪法和现场嗅觉检测法。动态稀释法中，采样容器通常采用低吸附性材料制成，如聚四氟乙烯、聚氟乙烯等。与中国、日本、韩国不同，欧美国家恶臭测定多采用动态稀释法。动态稀释法主要适用嗅觉仪对气体进行收集稀释。其中被广泛使用的有欧盟标准 EN 13725 和美国标准 ASTM E679。

嗅觉测定法中，用清洁空气稀释臭气，当气体恶臭达到检测限时，所用清洁空气体积与臭气体积的比值（DT）即稀释阈值。DT 为无量纲单位，也可写作恶臭单位（OU）。在一些研究中，常用每立方米空气中恶臭浓度的单位（OU/m³）代替 DT。如果要得到单位时间、单位立方米的恶臭浓度，则将每立方米空气中恶臭浓度的单位除以时间（s），即气体排放的单位 OU/(m³·s)。

（1）三点比较式臭袋法 是 20 世纪 70 年代由日本的岩崎好阳等人提出，并于 1996 年被列入日本《恶臭防治法》的标准恶臭嗅觉测试方法。中国于 1993 年制定《空气质量 恶臭的测定 三点比较式臭袋法》（GB/T 14675—1993）。目前中国、日本、韩国均采用这种方法进行臭气测定。

三点比较式臭袋法主要是根据嗅觉器官试验法对臭气浓度以数量化表示。该方法是先将三只无臭袋中的两只充入无臭空气，另一只则按一定稀释比例充入无臭空气和被测恶臭气体供嗅辨员辨嗅，当嗅辨员正确识别有臭气袋后，再逐级进行稀释、嗅辨，直至稀释样品的臭气浓度低于嗅辨员的嗅觉阈值时停止试验。每个样品由若干名嗅辨员同时测定，最后根据嗅辨员的个人阈值和嗅辨小组成员的平均阈值求得臭气浓度。

（2）欧盟标准 EN 13725 动态稀释嗅辨法 基本原则是利用嗅觉仪对恶臭样品从低浓度到高浓度逐级稀释，稀释后的样品经由嗅辨师嗅辨。嗅觉仪是稀释气体，同时收集嗅辨员的嗅觉感受的设备。1848 年，欧洲首次有关于恶臭阈值的报道。1886 年荷兰乌德勒支大学的查德教授发明了世界上第一台嗅觉仪。19 世纪 90 年代各国开始了关于恶臭嗅辨的广泛研究。2003 年，欧盟标准委员会颁布了 EN 13725 标准，并得到了欧盟各国的广泛接受和认可。

EN 13725 中规定 1 EROM（欧洲参考恶臭量）等于 123 $\mu g$ 正丁醇蒸发到 1 m³ 无气味气体中，浓度为 0.040 $\mu mol/mol$。该标准还规定了嗅觉计测定模式可允许强制选择法、yes/no 法、三点比较法、二点比较法。

动态稀释法最初采用转子流量计调节恶臭样品和洁净空气的配比，到 20 世纪 90 年代，采用质量流量计代替转子流量计，配气精度和稀释浓度范围得到很大提升。

图 3-35 是一台典型嗅觉仪的内部结构图，其工作原理是外部空气经过空压机后，经过除水、除油、除臭处理后变为洁净空气。一部分洁净空气进入嗅觉仪内部，以恒定的流量进入两个嗅杯前的混合室，另一部分气体进入装有臭气样品袋的密闭容器，通过加压的方式将袋内臭气挤出，臭气以恒定流量随机进入两个混合室的其中一个与洁净空气混合。清洁空气与臭气流量的比即臭气的稀释倍数。稀释混合后的气体进入一个嗅杯中，另一嗅杯通入洁净空气。嗅辨员比较两个嗅杯中的气体，进行嗅辨。样品的稀释浓度从低到高，直至达到嗅辨员的检知阈值。

（3）三点比较式臭袋法和动态稀释法比较 有如下差别：

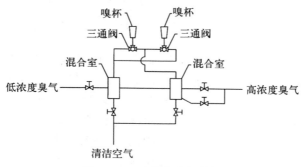

图 3-35　嗅觉仪内部结构

①　稀释方式不同。三点比较式臭袋法人工对臭气样品进行稀释，嗅觉仪法利用仪器对臭气样品进行稀释，相较于仪器而言，人工稀释存在一定的误差；且动态稀释法通过电子流量计或文丘里技术提供了高精度和可重复的气体稀释倍数。EN 13725 中明确规定，嗅觉仪在每个稀释倍数上，每个稀释量的稳定性必须控制在 5％以内；同时规定标准嗅觉仪在每个稀释倍数上的准确性误差不能大于 20％，操作人员需定期校准稀释倍数来达到标准要求。

②　气体流速不同。三点比较式臭袋法在嗅辨员嗅辨时，气体流速无法控制；嗅觉仪法按照欧盟标准 EN 13725 中规定，嗅辨员通过管道出口嗅辨时，管道中气体流速至少为 20 L/min，美国 ASTM E679 标准中，管道气体推荐流速为 8 L/min。

③　稀释倍数不同。三点比较式臭袋法稀释浓度由高到低，稀释倍数是 30、100、300、1 000、3 000……，稀释倍数之比为 3.33 和 3；欧美国家的动态系数法稀释浓度由低到高递增，稀释倍数为 0.5。比较而言，稀释浓度由低到高可以避免嗅辨员工作时产生嗅觉疲劳。

④　动态稀释法易产生交叉感染。三点比较式臭袋法使用的仪器有采样瓶、采样袋，而嗅觉仪用来嗅辨的是嗅杯以及通气管道。采样袋和采样瓶均为一次性，不会产生交叉污染。在嗅觉仪从低浓度到高浓度稀释的过程中，管道、嗅杯表面具有气体吸附性能，容易交叉污染，会对嗅辨结果产生不利影响。

⑤　与三点比较式臭袋法相比，嗅觉仪的两点选择对嗅辨员的嗅辨要求更高。

⑥　三点比较式臭袋法中臭气稀释阈值为无量纲单位。EN 13725 中引入了欧洲标准参照物（EROM），即选取正丁醇为评判别的物质的标准。将恶臭浓度与正丁醇关联。欧标中规定：

$$1 \text{ EROM} = 1 \ \mu g \text{ 正丁醇} = 1 \text{ OU}_E$$

⑦　EN 13725 和 ASTM E679 中有严格的嗅辨质量控制标准。ASTM E679

中，使用已知近阈值浓度的正丁醇气体对嗅辨员进行挑选，然后进行样品嗅辨，测试结果用嗅辨小组个人阈值的几何均值表示，测试效率高，质量控制手段统一。

（4）现场嗅觉检测法　由于动态稀释法采样过程中涉及臭气的采集和稀释，这一过程可能会影响到臭气的测量精度。现场嗅觉检测可以省去臭气的采样过程，减小误差，提高精度。1958年，美国卫生组织开发了世界上第一台现场嗅觉检测仪。目前应用较广泛的便携式现场嗅觉检测设备有美国Nasal Ranger便携式臭气检测仪、日本新宇宙便携式臭气检测仪、美国ECO sensors便携式臭气检测仪。现场嗅觉检测法的优点是可以现场读取数据，检测点选择灵活，减少了采样过程中的误差，成本低。缺点是现场嗅觉检测仪法需要多名嗅辨员参与，且嗅辨员的身体健康、嗅觉疲劳程度和天气情况等都对检测结果有影响。

（5）测定结果判断　嗅觉测定法的嗅辨过程对最终结果影响很大，因此欧美提出了两种标准的嗅辨方法——强制选择和yes/no法，分别出自欧洲EN 13725标准和美国ASTM E679-04标准。

1）强制选择法　是将稀释后的臭气和洁净空气放在不同的嗅杯中，嗅辨员通过嗅辨判别哪个嗅杯中存在臭气，即上文嗅觉仪工作原理中所述的嗅辨方法。嗅辨员还需要输入其选择是猜测、检测或识别，从选择结果组合和稀释水平可以确定他们的反应是否真实。

2）yes/no法　是由多名嗅辨员判断同一嗅杯内的样品是否含有臭气。

**2. 成分分析法**　恶臭检测中，对恶臭气体的定性定量分析，需要采用成分分析法。成分分析法主要依赖先进的分析仪器对恶臭物质的成分和浓度进行定量分析。该方法能够准确分析出恶臭气体的组成成分、各组分浓度，且能够做到连续采集，标准统一。常用的分析方法有检测管法、气敏传感器法、实验室仪器法（包括色谱法、质谱法、色谱质谱联用法）、化学实验室分析法。常用的仪器有气相色谱仪（GC）、气相色谱/质谱联用仪（GC/MS）、紫外-可见分光光度计（UV-VIS）等。

恶臭气体的成分分析法分为单一成分检测和复合成分检测，单一成分检测有实验室仪器法（包括色谱法、质谱法、色谱质谱联用法）、化学实验室分析法；复合成分检测包括气敏传感器法（表3-36）。

表3-36　我国恶臭污染物排放标准中规定的一些恶臭物质的测定方法

| 序号 | 控制项目 | 测定方法 | 标准序号 |
| --- | --- | --- | --- |
| 1 | 三甲胺 | 二乙胺分光光度法 | GB/T 14676 |
| 2 | 氨 | 次氯酸钠-水杨酸分光光度法 | GB/T 14679 |

| 序号 | 控制项目 | 测定方法 | 标准序号 |
|------|----------|----------|----------|
| 3 | 苯乙烯 | 气相色谱法 | GB/T 14677 |
| 4 | 硫化氢 | 气相色谱法 | GB/T 14678 |
| 5 | 甲硫醇 | 气相色谱法 | GB/T 14678 |
| 6 | 甲硫醚 | 气相色谱法 | GB/T 14678 |
| 7 | 二甲二硫醚 | 气相色谱法 | GB/T 14678 |
| 8 | 二硫化碳 | 气相色谱法 | GB/T 14680 |

# |第八节| 畜禽舍有害气体排放实时在线监测技术

20 世纪 50 年代，科学家首次对家畜环境中的空气污染物展开取样和测量试验；60 年代，关注的重点为畜禽舍空气污染物对人和动物的健康影响；70 年代中期，欧美等国对畜禽养殖场内 $NH_3$ 和 $H_2S$ 特征的相关研究开展了大量的工作；80 年代，这类研究的物种扩大到更多的养殖畜类和禽类；到 90 年代，研究范围扩大到国与国的合作，在英国、德国、荷兰、丹麦进行的一个多国项目中，在 329 个畜禽舍内测量了 $NH_3$、$CO_2$、微生物、细菌、温室气体等。20 世纪 70 年代以来，关于畜禽空气质量的实验室研究扩大到包括污染物排放，养殖场内外空气质量，空气污染物对人畜健康、环境及生态的影响。

以上都止于实验室研究，在 20 世纪 70 年代，对畜禽养殖场空气质量的监测开始用于商业。1994—1995 年，比利时的一个商业化养猪场进行了空气质量的连续监测。1997—1998 年，美国监测了 8 个商业化养殖场的空气污染物排放，时间跨度从夏季持续到冬季。2008 年，美国对 8 个州的 14 个养殖场进行连续 2 年的空气污染物排放监测（NAEMS）。

早期的养殖场空气质量监测，通过相关仪器分析单一气体的成分和浓度数据。20 世纪 90 年代以来，开始广泛进行畜禽养殖空气质量的综合监测，这些基于气体浓度、气流和其他环境变量的连续测量产生了大量的数据。比利时 1994—1995 年的空气质量监测期间，共收集 100 万个数据点。美国的一项密闭动物建筑空气污染物排放监测项目，共收集了 2 亿个数据点。在测量数据大幅增加的同时，测量变量的数量也在显著增加，从仅测量 $NH_3$ 浓度、温度、通风气流速率，到测量温度、湿度、通风气流速率、人和动物的活动情况、静压、设备运行情况、粪污冲洗情况等多个参数。

随着测量参数和数据的增加，对测量仪器的联机存储能力的要求也越来越高，更多的养殖场空气质量在线监测系统应运而生。20 世纪 70 年代，测定

$NH_3$、$H_2S$、$CO_2$ 气体浓度的分析仪开始使用；90 年代，测定 $CH_4$、碳氢化合物和 $N_2O$ 浓度的在线测量也开始使用；21 世纪初，在线 PM 测量仪开始使用。在线污染物测量仪的使用使得畜牧业空气污染监测得到发展。

畜禽舍有害气体排放在线实时监测，不但能为畜禽养殖业相关标准的制定提供基础性数据，还能根据监测结果精准调控畜禽舍环境，有利于养殖业的进一步发展。

国外畜禽舍有害气体在线监测起步较早，从 20 世纪 70 年代荷兰最先研制出温室计算机控制系统开始，日本、以色列等国也相继采用微型计算机进行温室环境调控。一系列温室环境控制系统的问世也为畜禽舍环境监测提供了良好的研究基础。2001 年，美国 6 所大学联合开展一项名为"畜禽养殖建筑的空气污染物排放"（APECAB）的项目，旨在测量来自美国不同州的 6 种类型的动物封闭建筑的气味、$NH_3$、$H_2S$、$CO_2$ 和 PM 的排放。该项目采用空气质量在线监测技术，对养殖场污染物进行连续多点采样和数据动态传输。

我国畜禽舍在线监测系统的研制研发起步较晚。2002 年江苏省农业科学院农业资源与环境研究中心研制了"蛋鸡规模化养殖场自动监控系统"。该系统采用分布式智能数据采集与控制网络，可监测鸡舍内温湿度、光照、有害气体浓度等环境参数，并能够自动调节通风、湿帘、照明等。2007 年，中国农业科学院孙忠富研究员带领的课题组开发了一种基于无线通信技术（CDMA/GPRS）和网络无缝对接的"分布式无线远程监控系统"，实现畜禽舍的"分布式无线远程监控"。该系统可对农业生态环境数据进行远距离、多要素、多目标的采集、传输、网络发布及综合应用，适用于温室大棚、沼气池、畜禽养殖场等场所。2010 年，江苏大学设计研发了"基于无线传感网络的养殖场畜禽舍环境监控系统"，可实时监测畜禽舍内温度、湿度、气压、光照强度、$NH_3$ 等指标。

## 一、美国 OSCS 空气质量监测系统

畜牧业空气质量在线监测研究需要计算机辅助数据采集和处理大量采集数据。20 世纪 90 年代，美国普渡大学研发了一种空气质量监测现场计算机系统（OSCS）。

OSCS 的功能是数据采集与统计。OSCS 除了具有常规的数据采集功能（可从 500 个输入通道获取大量数据）外，还提供了动态实时配置、系统监控、测量数据后处理、自动数据和报警传输等功能。

### （一）OSCS 的数据处理功能

**1. 数据采集**　畜牧业空气质量监测的采集数据主要包括污染物浓度、空气流动情况（风机运转、气流速度、大气压等）、气象条件、畜禽舍数据（门

窗洞口、动物和人活动情况等)、测量系统状态(采样装置、控制装置等)等五种。OSCS可以满足以上数据采集的需求(表3-37)。

表3-37　OSCS研究框架

(来源: NI, 2010)

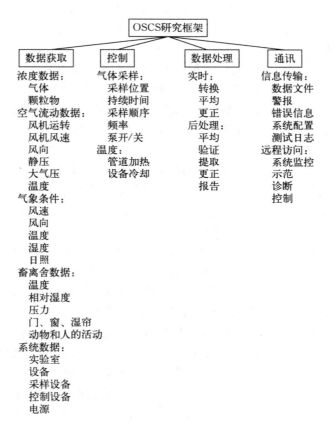

**2. 控制系统**　OSCS可以连接位置共享分析仪和传感器(LSAS),可使用采样系统测量多个空气样本,控制系统允许LSAS逐个测量来自不同位置的空气样本,且在一组位置内选择采样顺序。此外,该控制系统还能密切监控空气采样操作的状态,如采样压力和采样气流速度,同时监控仪器和设备的冷却状态及样品运输管的温度控制。

**3. 数据处理**　OSCS可进行实时和后续数据处理。实时数据处理包括将电信号转换为数字信号,并在一定时间内对数据取平均值。它同时可以对仪器和传感器的校准数据进行修正,使用特殊算法平均数据(如用于风向计算),以及处理LSAS和校准数据。数据后续处理过程可以对当天采集到的数据自动执行数据处理,对测试结果快速反馈。数据后续处理包括每日原始数据和经处理

（提取、验证、平均）的数据的图表，对 LSAS 数据和仪器校准数据需要进行提取和验证。

**4. 其他功能**　除以上的数据采集、控制、数据处理功能外，OSCS 还包括通信、自动化控制、兼容性等功能。OSCS 可以通过互联网向研究人员传递包括数据和配置文件、警报、测试日志等信息，允许研究人员远程访问，且能够远程诊断及实现控制自动化。该系统适用于不同场所的空气质量监测，且能够兼容不同数据采集硬件、测量仪器、传感器和控制设备。OSCS 界面便于操作和使用，可减少对用户的培训时间，减少人工操作造成的错误，提高效率。OSCS 能够集成一些重要仪器设备，由于一些在线仪器和设备对测量数据的存储格式与 OSCS 不同，这些数据会增加后续处理的工作量，OSCS 可以将这些数据形成一个存储文件，降低处理成本。

**（二）OSCS 的硬件和软件**

**1. 硬件**　OSCS 采用的 D/A 转换器主要来自 NI 和 MCC 两个品牌。该系统使用一个或多个 NI 模块组，每组最多可包含 9 个可选模块。NI 和 MCC 公司的硬件设备可通过 USB 端口与计算机连接，它们包括数字信号输入输出、模拟信号输入输出、串行通信等模块。

此外，OSCS 集成了两个在线独立设备：Innova 光声多气体监测仪（Innova Models 1314 或 1412，LumaSense 公司）和 7 端口环境气体稀释器（Model 4040，Environics 公司）。OSCS 将开发出的 Innova 控制器子程序和稀释剂检测器子程序集成到 OSCS 的核心软件 AirDAC 中。

**2. 软件**　除了采用 NI 和 MCC 模块外，OSCS 还采用定制软件 AirDAC。AirDAC 由三个相关联的独立程序组成：AirDAC 启动程序、AirDAC 主程序和项目特定程序。三个程序都由 LabVIEW（NI）（LabVIEW 是一个图形开发环境，由 NI 公司开发，内置用于数据采集、仪器控制、测量分析和数据表示的功能）编写。AirDAC 中采用的数据处理算法是基于测量设备特征，根据每个特定变量的特定要求处理经过信号转换后的数据。此外，AirDAC 还提供了允许用户选择和配置 NI 和 MCC 硬件的功能，可以执行特定的空气质量监测任务。

**（三）OSCS 有待改进的方面**

OSCS 能够实现数据多点采样、实时传输和远程监控。但是，也存在以下有待改进的问题：①缺乏仪器自动保护功能，如当采样气体中水分含量过大时，需要关闭多气体监测器；②集成设备有限。目前只能集成 Innova 光声多气体监测仪和 7 端口环境气体稀释器；③连接端口只能直接与计算机的 USB 端口连接，当使用 USB 扩展器或 USB 设备数量超过 6 个时，采样速度会变慢。

## 二、美国 APECAB 项目在线监测

### （一）项目简介

APECAB 是 2001 美国农业部为解决养殖场恶臭气体、PM 排放问题而开展的"密闭动物建筑的空气质量污染物排放"项目，项目为期 2 年。该项目由来自美国 6 所州立大学的研究小组组成。APECAB 项目研究对象包括养猪场、养鸡场，项目的主要目标是量化来自封闭畜禽舍的长期空气污染物排放，建立实时测量这些空气污染物排放的方法，并建立一个美国畜牧业空气污染物排放的数据库，为畜禽养殖业生产者、监管者及相关研究人员提供畜禽建筑空气质量监测数据。

该项目使用的在线监测系统包括气体采样系统、气体分析仪、环境监测仪表、数据采集系统、微量振荡天平等。每个大学将从每个站点收集到的原始数据输入 CAPECAB 软件中，用于计算每个站点的空气污染物排放率（图 3 - 36）。

图 3 - 36　APECAB 在线监测车实景
（图片来源：JACOBSON，2011）

### （二）气体分析采集系统

APECAB 项目中，每个气体分析仪可以自动切换 12 个采样点进行气体采样（图 3 - 37），每个采样点可进行 10 min 的连续采样，每天按 120 min 的采样周期进行连续采样。气体采样时，气体气流依次流过采样探头、三通电磁阀、歧管、泵、质量流量计、限流器和取样歧管，取样歧管与气体分析仪连接，进行随后的气体分析。

该项目除对 $NH_3$、$H_2S$ 等空气污染物进行采样分析外，还对 PM 进行了采样分析。对 PM 的分析是基于微量振荡天平（TEOM）进行连续测量分析（图 3 - 38）。TEOM 的泵和空气控制单元被保存在一个仪表防护罩中，这样可避免部件受到水分、气体和 PM 的侵蚀。

### （三）数据储存分析

CAPECAB 是该项目专门为处理气体采样分析系统在多点循环采样而设计的用于数据存储和分析的软件，同时用于计算复杂的风扇气流。CAPECAB 随后被用于美国国家项目 NAEMS 中。CAPECAB 可以为每个监测点创建一个可维护数据库，为原始数据和计算数据创建数据文件。该软件与传统电子表格相比，最大的不同就是将数据作为二进制文件存储，这样大大加快了数据处理速度并减少了数据存储空间。

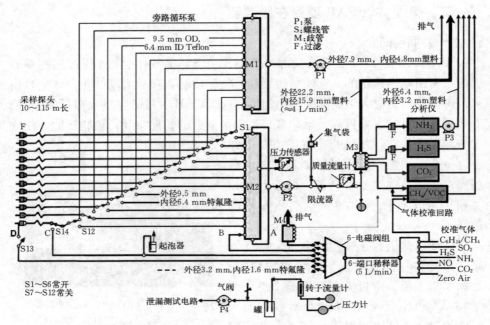

图 3 - 37  APECAB中气体采样系统线路示意图

（图片来源：HEBER，2006）

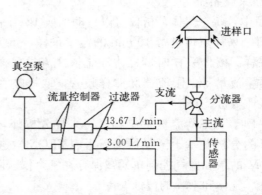

图 3 - 38  APECAB中微量振荡天平流程示意图

（图片来源：HEBER，2006）

## 三、澳大利亚 Base - Q 空气质量监测系统

2009 年，澳大利亚创建了一个用于养猪场空气质量监测的"环境质量建筑评估系统"（Base - Q），该系统的组件主要包括两个包含多个传感器组件密封盒、用于计算机和手机端的软件，以及适用于该监控系统的监控程

序。该系统可以测量空气温度、湿度、$NH_3$ 浓度、$CO_2$ 浓度、$PM_{10}$ 和 $PM_5$ 6 个环境变量。其中，前 4 个变量用传感器测量，后 2 个变量用文丘里管测量（表 3-38）。

表 3-38　在 BASE-Q 系统中所包含的测量技术

| 变量/组件 | 技术 | 优点 | 精确度/范围 |
|---|---|---|---|
| $NH_3$ 浓度 | 电化学传感器 | 易于操作和校准 | $\pm 3\%/1\times10^{-6}\sim1\times10^{-4}$ |
| $CO_2$ 浓度 | 红外传感器 | 操作可靠、不需要经常校准 | $\pm 2\%/1\times10^{-6}\sim3\times10^{-3}$ |
| 空气粉尘浓度 | 简化的重量测量 | 减少了清洁和校准时间 | 标准的重量测量法范围内 |
| 空气温度 | 连接到中央日志记录器的组合传感器 | 简化了编程和下载过程 | $\pm 0.5\,℃/0\sim50\,℃$ |
| 相对湿度 | 连接到中央日志记录器的组合传感器 | 简化了编程和下载过程 | $\pm 3\%/10\%\sim100\%$ |

### （一）气体监测箱

　　该系统三个端口位于气体监测箱一侧，分别标有"净化""进气""排气"。"净化"口用于连接来自畜舍外的管道，将新鲜空气输入气体监测单元；"进气"口用于连接取样管，将样品气体送入内部空气样品输送系统；"净化"和"进气"两个端口都装有除尘过滤器，防止 PM 在取样管内沉积，气体最后通过"排气"口排出（图 3-39）。气体通过泵吸入，用电化学传感器（Polytron 3000，Drager 公司）检测 $NH_3$，用红外传感器（GMM22，Vaisala Oy 公司）检测 $CO_2$，气体样品收集在聚四氟乙烯管中，确保样品不被吸附。箱内有可手动调节定时器的电磁阀。配有保护罩的两个外部传感器探头位于监测箱另一侧，用于测量温度和湿度，并传输到内置的数据存储卡。监测箱内配有流量计，用于采样时调整气体流量（采样率一般为 $3\sim3.5\,L/min$）。内置的数据存储卡主要记录温度、湿度、$NH_3$ 浓度、$CO_2$ 浓度和采样位置 5 个参数，并将数据传输到计算机上。该系统可存储 1 个月左右的监测数据。

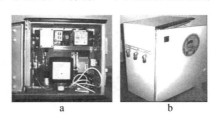

图 3-39　BASE-Q 系统中使用的气体监测箱

a. 内部传感器　b. 外部三个端口

（图片来源：BANHAZI，2009）

澳大利亚的 Base-Q 系统能够实现畜舍的多参数在线监测，并利用开发的软件实现数据存储和模型预测，与传统的畜禽舍空气质量监测相比，可节省养殖场的人工成本，保护工人职业健康，提高动物健康福利和生产效率。

**（二）颗粒物监测箱**

该采样系统由一个大容量的真空泵和文丘里管组成（图 3-40）。当真空泵运行时，有限的气流（文丘里管管径很小）以恒定速率通过管道。该系统最多可同时采集 4 份样品，在文丘里管和除尘过滤器之间，装有在线过滤器，确保非常细的文丘里管的关键孔不会被空气颗粒堵塞，每个文丘里管的一端与过滤器头连接，$PM_{10}$ 和 $PM_5$ 用 2 个旋风过滤头和 2 个 7 孔采样器分别按 19 L/min、2.0 L/min 的流量进行采样。用定时器自动启动采样程序。

a     b

图 3-40　BASE-Q 系统的 PM 监测箱
a. 外部连接器　b. 在线过滤器
（图片来源：BANHAZI，2009）

**（三）数据处理**

**1. Base-Q 软件**　Base-Q 系统开发了取样程序指南、数据存储和分析软件。为了便于数据管理及监测报告的生成，开发了基于计算机和互联网的 BASE-Q 软件，以及一个相关的手机端程序。该系统同时支持对单体畜舍不同空气污染物浓度、通风、排放率的模型预测。

**2. 畜舍环境评估预筛选**　Base-Q 系统开发了手持 Base-Q（PBQ）数据接口，可与计算机和基于互联网的 BASEQ 软件协同工作。PBQ 方便现场数据记录，支持养殖场的环境评估，同时可以预筛选具有较好空气质量的畜禽舍，然后使用 BASE-Q 测量系统进行详细的评估。只需要在程序菜单中选择"新建筑"，就可以将关于新舍区的相关数据添加到数据库中，同时，入录完成的数据会同步自动上传到 BASE-Q 的 PC 端。此外，该系统也可以联网使用。有关部门及专业人士可以根据上传的信息，确定某一养殖场是否需要进行现场环境评估。

# 第四章 畜牧业空气污染控制技术

畜牧业的空气质量控制是个系统工程，从畜禽饲料中的蛋白质含量到畜禽舍内的通风环控和清粪方式，以及排出气体净化、养殖场的粪便和污水的终端处理，都会影响畜牧业空气污染物的排放。因此，畜牧业空气质量控制应根据畜禽的生产过程，从源头、过程、末端三个阶段来控制有害气体的排放。源头减排技术主要包括环保型饲料配方技术、清洁饮水技术和免疫接种技术等。过程控制技术主要包括养殖场设计建设、减排型饲养技术、清粪工艺设备、畜禽舍通风技术、舍内空气净化技术等。末端治理技术主要包括排出空气净化、粪污处理、病死畜禽无害化处理过程中的减臭技术及防护林减臭等。

## |第一节| 畜牧业空气污染源头控制技术

### 一、环保型饲料配方技术

#### （一）"理想蛋白质"饲料配方技术

饲料中的蛋白质含量可以影响畜禽舍内 $NH_3$ 等有害气体和异味的产生。畜禽 1 d 所摄入的饲料蛋白质中，仅有 30% 左右的氮被吸收，约 50% 的氮以尿液的形式排出体外，约 20% 的氮以粪便的形式排出。在脲酶和微生物的作用下，饲料中的蛋白质最终在体内分解产生 $NH_3$ 等有害气体。粪尿中未被完全消化的蛋白质和碳水化合物是粪污产生恶臭的主要原因。

传统畜禽日粮主要采用"粗蛋白"配置。20 世纪 90 年代，研究人员开始配置低蛋白日粮，即在保证日粮中氨基酸能够满足畜禽需要的基础上，降低日粮中粗蛋白水平，这样既可以提高动物对日粮营养的吸收，还可以减少粪污中氮的排泄量。通过配制低粗蛋白质饲粮来降低饲养成本并减少环境污染，已成为欧美等国家动物营养领域的一个研究热点。在配置低粗蛋白饲料时，应考虑动物的种类、性别、消化吸收特点和不同的生理阶段等。

畜禽摄入的氨基酸和蛋白质被运输到细胞中并用于两种不同的功能：合成其他氨基酸和蛋白质，沉积到肌肉组织中；分解代谢及释放生物分子合成所需的能量。以"理想蛋白质氨基酸"模式代替粗蛋白质模式来作为日粮配制的基础，可以提高畜禽蛋白质的利用率和消化率，实现氨基酸平衡，减少粪尿中的氮素含量，从而减少臭气的产生。

理想蛋白质（IP）是指其氨基酸的组成和比例与动物所需一致的蛋白质，包括必需氨基酸之间以及必需氨基酸和非必需氨基酸之间的组成和比例，畜禽可以完全利用这种蛋白质。一般用各种氨基酸与赖氨酸需要量的比值或百分比表示。如今理想蛋白质氨基酸模式已被广泛应用于畜禽的饲料配方中，在节约蛋白质饲料、提高利用率、减少氮排放等方面发挥着重要作用。

研究表明，日粮蛋白质每降低 1％，总氮的排出量可减少 4.5％，排尿量减少 11％。例如，对于育肥猪，当饲料中的天然蛋白质成分从 21％降低至 14％，排泄物中氮含量可由 19％降低至 13％。当同时减少天然蛋白质和合成氨基酸时，排泄物中氮含量可降低 40％，$NH_3$ 减排量可达 47％～59％。McCubbin等（2002）认为，在不干扰禽类生长和产蛋的情况下，降低禽类饲料中整体蛋白质含量，可以降低 10％～25％的 $NH_3$ 总排放量。肉用种鸡日粮中粗蛋白水平每减少 10 g/kg，垫料和粪污中的氨排放量减少 6％，且不影响鸡的饮水或采食量。有报道，如果在低蛋白质日粮加入甘氨酸和谷氨酸，肉鸡的生产性能会得到改善，并且粪污中含氮量会降低。对于蛋鸡，在理想蛋白质模式下减少蛋鸡日粮中粗蛋白含量，平均日排干物质量会随粗蛋白质水平的降低而呈现减少趋势，粪污中氮的排放量会显著减少。产蛋前期和中期饲料中粗蛋白的含量为 16％～16.5％，产蛋后期为 15.5％～16％。由于蛋鸡消化道较短，饲料在消化道停留时间较短，蛋白质不能完全被蛋鸡吸收利用就已经和粪便一起被排出体外。可以根据蛋鸡产蛋不同时期的蛋白质需求量调节饲料中粗蛋白含量。

在反刍动物中，日粮也会对尿素排泄产生显著影响，从而影响粪尿中 $NH_3$ 的损失和日粮氮的总体利用率。一般来说，反刍动物对日粮中氮的利用率相对较低，以奶牛为例，饲料中氮的平均转化效率（MNE，奶牛乳氮效率）为 25％±0.1％，转化效率范围为 14％～40％。剩余的大部分氮通过尿液和粪便流失到环境中。在一定范围内，奶牛中的尿氮损失随日粮粗蛋白水平的降低而呈线性减少，但不会影响牛奶的产量和牛奶中蛋白质的含量。一项研究表明，MNE 为 36％时，粗蛋白含量最低为 13.5％，而饲料中粗蛋白的含量为 15％～18.5％时，奶牛的产奶量相似。减少奶牛尿液中氮的排放主要可以通过减少瘤胃可降解蛋白（RDP）形式的氮的摄入量来实现。喂食过量的 RDP 会导致瘤胃中、牛奶中和尿素中氮的浓度增大，并增加尿素中氮的排放。在奶牛泌乳前期，需要日粮中含有足够的瘤胃不可降解蛋白（RUP），但在泌乳中后期，降低粗蛋白可以降低成本并且减少尿液中的氮。在牛奶和干物质采食量（DMI）达到峰值后，奶牛对粗蛋白尤其是 RUP 的需求量会随着牛奶产量的降低而降低。此外，使用瘤胃保护性氨基酸，产奶量不变，但 MNE 可以从 26% 增加达到 34%，同时日粮中粗蛋白从 18.6% 降低到 14.8%。另一项研究发现，日粮中粗蛋白含量为 17.5%，储存 7 周后的奶牛粪尿中氮的排放大于日粮中粗蛋白含量为 12.5% 的奶牛粪尿中氮的排放。除奶牛外，对于育肥牛，降低日粮中粗蛋白的含量（从 13% 降低到 11.5%），也会使 $NH_3$ 的日排放通量减少 28%。

### （二）减臭型饲料添加剂技术

畜禽粪污的臭气主要是由未完全消化的营养物质在无氧条件下被分解产生的，所以通过提高饲料中营养物质的利用率，改变饲料本身的理化性质来改变粪尿的理化性质，从而减少粪污中的臭气产生是较为有效、经济的手段。

减臭型添加剂主要可以分为物理调控剂、生物调控剂及新兴的纳米添加剂。

**1. 物理调控剂**　主要分吸附型除臭剂和掩蔽型除臭剂两种。吸附型除臭剂主要是指活性炭、沸石粉、膨润土、某些金属氧化物和大孔高分子材料等。它们具有表面积大、孔隙多、吸附和交换能力强的特点，可利用分子间的范德华力吸附肠胃中的细菌及 $NH_4^+$、$H_2S$、$CO_2$、$SO_2$ 等有害物质。同时它们的吸水作用使得畜禽舍内空气湿度和粪污水分降低，$NH_3$ 等有害气体的产生减少。例如，沸石是一种阳离子交换材料，由于其晶体水合特性，对铵离子具有较高的亲和力和选择性。在生猪饲粮中加入适量沸石粉，能够使 $NH_3$ 的排放量降低，并能提高猪的生长性能。Amon 等（1997）在肉鸡的饲料中添加 2% 的沸石，使养殖场 $NH_3$ 的排放量减少了 8%。掩蔽型除臭剂是利用天然芳香油、香料等物质掩蔽恶臭。在饲粮中按比例添加混合茴香、甘草和苍术等有特殊气味的物质，可使畜禽舍臭味降低。

**2. 生物调控剂**　包括微生物菌剂、天然植物提取物、酶制剂和酸化剂等。

（1）微生物菌剂　除臭微生物多为有益微生物，也称益生菌。琉球大学比嘉照夫教授最初研究发现，有益微生物群由乳酸菌、光合菌、酵母菌和放线菌群等 10 个属 80 余种微生物复合培养而成。在利用微生物除臭时，可根据除臭阶段及除臭方式选择不同种类的有益微生物作为除臭微生物，有时采用单一的有益微生物，有时采用多种有益微生物。微生物菌剂又称 EM 菌剂，是一种微生态制剂。微生物菌剂通过增加益生菌酶的活性和饲料的可消化性促进动物消化过程，通过刺激免疫系统和肠黏膜的再生提高动物的免疫力，进而有效地从源头减少臭气的排放。EM 菌剂具有无残留、绿色安全等优点，得到越来越多的关注和研究应用。

EM 菌剂种类繁多，按微生物菌种组成成分可分为单一菌剂和复合菌剂，按菌剂剂型可分为液态剂型和固态剂型。按用途可分为食品、药品、饲料添加剂等。乳酸菌是最早应用于微生物菌剂中的菌种，绝大多数乳酸菌为厌氧或兼性厌氧的化能益生菌，能使肠道菌群的组成发生有益变化，形成抗菌生物屏障，维护动物健康。研究发现，直接用乳酸菌喂养肉鸡能有效减少肉鸡舍内的环境 $NH_3$ 浓度，以及降低其排泄物的 pH 和水分含量，同时使 VOCs 含量降至检测限以下，减少恶臭气体（如丁醇等）的排放。芽孢杆菌可通过提高猪的饲料消化率，减少粪便中氮的含量，提高整体生长性能，并显著降低猪粪中 $NH_3$ 的排放，从而改善猪舍环境。有研究发现增加肉鸡饲料中解淀粉芽孢杆菌的添加量，对粪便的 $NH_3$ 和 $H_2S$ 的排放量有负线性影响，增加量为 20 g/kg 时 48 h 内 $NH_3$ 的减排率可达 90% 以上，添加量为 5 g/kg 时 48 h 内 $H_2S$ 的减排率可达 87% 以上。此外，在猪饲料中添加嗜酸乳杆菌和酵母菌能促进幼猪生长，提高饲料利用率，减少粪便中吲哚和粪臭素浓度。在蛋鸡生产中应用发酵饲料能够减少粪便中营养物质的排出，有利于减排，改善舍内空气质量，并且提高鸡蛋品质；用微生物制剂对牛日粮进行发酵处理后饲用，可以降低牛舍有害气体浓度，也可以提高牛的饲料消化率、生长速度、产奶量和经济效益。有学者通过体外试验发现，啤酒酵母菌、枯草芽孢杆菌和地衣芽孢杆菌在体外可有效抑制大肠杆菌和沙门氏菌的生长，这 3 种微生物制剂虽然单一除臭效果不理想，但将它们与单一水基果酸（AHA）、膨润土按一定比例混合制成饲料添加剂，添加量为 0.15% 时，可显著降低猪舍内的 $NH_3$ 浓度。研究发现，在饲料中添加一种含芽孢杆菌、乳酸菌、酵母菌的微生物菌总数 $\geq$ 20 亿个/g 的复合微生物制剂，不仅能降低猪舍的 $NH_3$、$H_2S$、$CO_2$ 等有害气体浓度，还具有良好的灭蝇效果，能有效改善饲养环境。

EM 菌剂除了可以添加到畜禽饲料中，提高畜禽机体对营养物质的吸收，加快生长速度，提高饲料利用率，减少有害气体排放，还可以在畜禽舍内投放，改善畜禽舍卫生环境。此外，将 EM 菌剂添加到畜禽粪污中，也可抑制恶臭气体的产生，达到除臭效果。

（2）天然植物提取物　是从植物中定向提取和浓缩的一种或多种成分。植物提取物种类繁多，如丝兰提取物、植物油提取物、茶叶提取物等。目前研究最多的是丝兰提取物，其主要成分是皂角苷类和糖类复合物。丝兰原产于北美洲，早期被印第安人用来作食物和饮料，后来用于除臭。丝兰提取物中的活性成分，能够分别与 $NH_3$、$H_2S$、吲哚等有害气体结合，从而控制有害气体排放；同时可与肠道内微生物作用，抑制尿素酶的活性，使尿素不能分解成 $NH_3$ 和 $CO_2$，从而降低畜禽舍中 $NH_3$ 的浓度。研究表明，与基础日粮相比，在断奶仔猪日粮中添加 125 mg/kg 的丝兰提取物，保育舍的 $NH_3$ 浓度显著降低。此外，丝兰提取物还可以改善反刍动物瘤胃发酵，降低 $CH_4$ 产生。研究发现，日粮中添加丝兰提取物，瘤胃中丙酸的比例显著增加，$CH_4$ 排放显著降低。

（3）酶制剂　是指酶经过提纯、加工后具有催化功能的生物制品。在畜禽饲粮中添加酶制剂，可以提高饲料中能量、有机物、蛋白质、氨基酸以及矿物质的利用率，从而达到减少有害气体排放的效果。在动物的新陈代谢中，酶发挥着重要的催化作用，动物体内的各种生化反应都离不开酶，酶制剂具有高效催化性。一种酶针对特定的底物起作用，因此酶制剂具有专一性。比如补充内源酶，可增强动物对饲料养分的消化吸收能力，提高畜禽生产力和饲料转化效率；单胃动物饲料中添加非淀粉多糖分解酶、蛋白酶等，可以使干物质及氮排泄量下降 5%～20%；饲料中添加植物酸酶能够降低排泄物中的水分含量，进而减少排泄物中 $NH_3$、$H_2S$ 和吲哚类等臭味物质的产生。Lala 等（2020）研究发现，在猪饲粮中添加植酸酶可以降低 $CH_4$ 的排放。

（4）酸化剂　主要原料是延胡索酸、柠檬酸、乳酸等有机酸，采用单一酸或复合酸制成，是一种无残留、无抗药性、无毒害的环保型饲料添加剂。它的主要作用是降低饲料在消化道中的 pH，调节动物消化道环境。如柠檬酸、乳酸、甲酸三种酸化剂均能促进肉鸡益生菌生长，减少肉鸡消化道内的致病菌。此外，酸化剂还可以促进蛋白质消化。不过，加酸也会增加粪污中硫的含量，目前关于饲料酸化剂对畜禽空气污染物排放直接影响的研究较少，有待进一步研究。

**3. 纳米添加剂**　纳米技术是指在纳米范围内研究材料（包括原子和分子）的特性和相互作用的技术。因为纳米材料（1～100 nm）与传统材料的物理、化学、生物特性从根本上有所不同，因此具有更高的研发和应用潜力。纳米技术已被用于工业、农业中的诸多领域，如食品、电子设备、生物制药等行业。纳米技术在畜牧业中的应用也越来越广泛。纳米材料具有小尺寸效应、表面效应、量子尺寸效应和量子隧道效应等。

纳米微量元素可通过添加到饲料中而进入动物体内，其利用率远高于普通无机微量元素。有研究表明，纳米微量元素的利用系数接近 100%，无机微量元素的利用系数约 30%。纳米 ZnO 是最常用的锌补充剂，常被加入饲料中，作为饲料添加剂。纳米 ZnO 不仅具有较高的抗菌性和促进生长能力，还能够提高饲料利用率，降低畜禽臭气产生。ZnO 容易被动物肠胃吸收并在动物系统中利用，由于其在体内的比表面积更大，因此能与其他有机物和无机物质更好地相互作用。陈俊才等（2011）研究饲粮中添加纳米 ZnO 的体外试验表明，添加纳米 ZnO 可提高牛瘤胃发酵的能量利用效率。还有研究发现，纳米 ZnO 能够提高饲料转化率，降低仔猪腹泻率。此外，纳米 ZnO 具有良好的抗菌性，对畜禽体内金黄色葡萄球菌、大肠杆菌等多种细菌具有抗菌作用。

纳米材料作为动物饲料添加剂具有很好的市场前景，其使用剂量与传统材料相比更低。不过，对纳米材料在动物体内的使用需要更深入的研究并长期监测食用该添加剂后的动物的毒性影响。同时，纳米饲料添加剂对畜禽臭气排放影响的研究也需要进一步探索。

### （三）减尘型饲料配方技术

PM 本身会吸附粪污腐败分解产生的不饱和醛、粪臭素等挥发性臭气，并且其附着的微生物能够对 PM 中的有机质进行不断分解产生臭气。因此，通过改变饲料的配比来降低舍内 PM 浓度，从而减小臭气浓度是有效的减臭手段。

畜牧业的 PM 源主要是饲料、粪污、皮屑（禽类羽毛）和发酵床等。对于饲料类源头，颗粒类饲料比粉类饲料更能降低粉尘浓度，但会额外增加饲料的成本。饲料中增加动物脂肪可以提高饲料的颗粒产量。有研究表明，通过对猪舍饲料增加 4% 的动物脂肪，可以使猪舍内的 PM 浓度降低 35%～60%。Felix 等（2011）将水、菜油和糖蜜三种液体以不同比例混合，加入燕麦为主的饲料中，降低了空气中的 PM 浓度。此外，将固体饲料改成液体饲料，也能显著降低畜禽舍的 PM 浓度。

## 二、清洁饮水技术

饮水对畜禽生长性能的影响和饲料同样重要。现代畜禽养殖可通过饮水处理技术，从源头减少畜禽臭气的排放。饮水处理技术是指对畜禽饮用水通过氧化或添加益生菌剂等方式进行处理，处理后的水被畜禽饮用后，可降低其粪污中 $NH_3$ 等恶臭气体的排放。该技术是一种新型的畜禽除臭技术，但目前研究较少，作用机制和应用效果还需要进一步验证。

饮水的质量直接关系到动物的生长发育和健康（表 4-1）。水质污染会导致肠道代谢问题，粪污中的非蛋白氮被有害微生物异常发酵后使舍内有害气体含量升高。

表 4-1  畜禽饮用水水质安全指标

| 项　目 | 标准值 | |
|---|---|---|
| | 畜 | 禽 |
| **感官性状及一般化学指标** | | |
| 色 | ≤30° | ≤30° |
| 浑浊度 | ≤20° | ≤20° |
| 臭和味 | 不得有异臭、异味 | 不得有异臭、异味 |
| 总硬度（以 $CaCO_3$ 计），mg/L | ≤1 500 | ≤1 500 |
| pH | 5.5～9.0 | 6.5～8.5 |
| 溶解性总固体，mg/L | ≤4 000 | ≤2 000 |
| 硫酸盐（以 $SO_4^{2-}$ 计），mg/L | ≤500 | ≤250 |
| **细菌学指标** | | |
| 总大肠菌群，MPN/（每 100 mL 中） | 成年畜 100，幼畜和禽 10 | 成年畜 100，幼畜和禽 10 |

（续）

| 项　目 | 标准值 | |
|---|---|---|
| | 畜 | 禽 |
| **毒理学指标** | | |
| 氟化物（以 F⁻ 计），mg/L | ≤2.0 | ≤2.0 |
| 氰化物，mg/L | ≤0.20 | ≤0.05 |
| 砷，mg/L | ≤0.20 | ≤0.20 |
| 汞，mg/L | ≤0.01 | ≤0.001 |
| 铅，mg/L | ≤0.10 | ≤0.10 |
| 铬（六价），mg/L | ≤0.10 | ≤0.05 |
| 镉，mg/L | ≤0.05 | ≤0.01 |
| 硝酸盐（以 N 计），mg/L | ≤10.0 | ≤3.0 |

除保证水质清洁外，在饮用水中加入添加剂也能提升水质清洁度，常用的添加剂有蚁酸和 EM 菌剂。蚁酸本身就具有较强的自身杀菌能力，加入饮水中也具有杀菌效果。含有蚁酸的饮水进入动物内后，能够降低动物体内的 pH，抑制病菌增殖。EM 菌剂除了可以添加到畜禽饲料中，也可以添加到水中，抑制可产生恶臭的细菌活动，减少畜禽粪污的恶臭。在饮水中添加益生菌剂等可以促进动物对营养物质的吸收利用，减少粪便中遗留的营养物质，从而使舍内有害气体含量下降。

### 三、免疫接种

对禽类免疫接种导致 $NH_3$ 形成的酶，可以减少 $NH_3$ 的产生。Pimentel 等（1988）用豆脲酶对母鸡进行免疫接种，母鸡对这种酶产生了抗体，并将这种抗体传给了小鸡，抗体能够阻止肠道细菌将尿素水解为 $NH_3$，减少 $NH_3$ 的排放。Kim 等（2003）的研究表明，对尿酸酶免疫的母鸡产下的鸡蛋具有尿酸酶特异性蛋黄抗体。抗体可以从蛋黄中提取，作为尿酸酶活性的抑制剂。Kim 将抗体添加到尿酸酶中，尿酸酶降解率显著降低。

这些抗体有可能作为粪便改良剂或膳食补充剂来减少尿酸的分解。目前这些抗体并未被广泛使用，需要进一步研究证明免疫接种与禽舍内 $NH_3$ 排放有直接联系，才能用于商业。

## 第二节 畜牧业空气污染过程控制技术

### 一、养殖场设计建设要点

#### （一）养殖场选址和布局

养殖场选址不仅要考虑生产需要、交通运输、居民生活水平等生产生活要素，还需要综合考虑地形地势、周边场所等自然、社会条件对养殖场的影响。养殖场选址和布局要尽量降低周围环境与养殖场空气环境的交互影响。

**1. 养殖场选址的自然条件和社会条件** 养殖场应选在地势高燥平坦、通风良好的地方，便于空气污染物的排出。如果选址地有坡度，养殖场应该背风向阳。坡度应在合理范围内，一般坡度不宜超过 20°。如果选址在低洼之处，不但舍内空气夏日闷热，易滋生病原等，冬日阴冷，畜禽易生病，而且低洼之处不利于养殖场内空气污染物的扩散。

养殖场不能污染周边环境，不但应避免在风景名胜区、自然保护区、水源保护区等地建场，且应与学校、其他畜禽场、无害化处理场等环境敏感场所保持一定的距离。

场址应根据当年主导风向，位于居民区及公共建筑群的下风向或侧风向，避免大气污染物向居民区扩散。一般中小养殖舍距离居民地 500 m 以上，大型养殖场要在 1 000 m 以上，楼房养殖舍距居民区的安全距离应远大于 1 000 m。

避免养殖场污染周边环境的同时，也不能被周边环境所污染，因此养殖场的选址要远离重度污染型企业，如皮革厂、化工厂等，且不能选址在这些企业下风处。

**2. 养殖场布局**

（1）朝向和位置 畜禽舍朝向应兼顾通风和采光，宜采取南北方位。其中，猪舍纵向轴线与常年主导风向 30°～60°为宜；奶牛舍南北向偏东或偏西不宜超过 30°；肉牛舍南偏东或西角度不应超过 15°；种牛舍以长轴南向，或南偏东或偏西 40°为宜；鸡舍以南北向偏东或偏西 10°～30°为宜；鸭舍要建在水源北面，朝向南面。畜禽舍朝向应使每排畜禽舍在夏季具有最佳通风条件。

畜禽舍主导风向能直接影响舍内通风和冬季保温，当风向与建筑物垂直时，风会直接穿过畜禽舍，不利于舍内有害气体和病原微生物的排出，且易在建筑物之间形成涡流，不利于全场通风。

按夏季风主导风向，生活管理区应置于全场上风向和地势较高地段，避免生产区、饲料加工区等处的空气污染物向生活管理区扩散。同理，隔离观察区、兽医室、病死畜禽处理区、粪污处理区、污水处理池应置于生产区的下风向或侧风向，以免影响生产畜群。

猪舍由上风向到下风向的顺序为公猪舍、空怀妊娠母猪舍、哺乳猪舍、保育猪舍、生长育肥猪舍。奶牛舍中，犊牛、产房等抗病能力弱的牛舍应布置在上风向，其他牛舍依据养殖工艺确定位置。种牛舍由上风向到下风向的排列顺序为种母牛舍、分娩牛舍、犊牛舍、后备牛舍、育成牛舍和隔离舍。鸡舍由上风向到下风向的顺序为孵化室、幼雏舍、中雏舍、后备鸡舍、成鸡舍。

（2）畜禽舍间距 舍间距的不同可以影响舍间通风，进而影响空气污染物的扩散。舍间距过小，舍间空气污染物和病原相互传播，不利于防疫和动物健康；舍间距过大，浪费用地。因此，合理选择畜禽舍间距十分必要。

对于猪舍，两排猪舍的前后间距应大于 8 m，左右间距大于 5 m。风机端相对的两栋猪舍间距不低于 20 m。进风口相对的两栋猪舍，当猪舍建筑高度≤24 m 时（不包括中间有连廊的猪舍），两栋猪舍间距应不低于 10 m。当猪舍建筑高度＞24 m 时（包括中间有连廊的猪舍），两栋猪舍间距应不低于 13 m。进风口相对、中间有连廊的猪舍，当猪舍建筑高度≤24 m 时，两栋一层猪舍间距应不低于 4 m，二层猪舍间距应不低于 6 m，三层及以上猪舍间距应不低于 10 m。

对于奶牛舍，每相邻两栋长轴平行的牛舍间距，无舍外运动场时，两平行侧墙的间距应控制在 12～15 m；有舍外运动场时，相邻运动场栏杆的间距控制在 5～8 m。左右相邻两栋牛舍的端墙距离以不小于 15 m 为宜。

对于鸡舍，密闭式鸡舍间距为舍高的 3 倍，开放式鸡舍间距是舍高的 5 倍，即可满足通风换气和防疫要求。另外，鸡舍多为砖混结构，根据防火要求，不需采用最大防火距离，采用 10 m 左右即可满足防火间距要求。

有学者研究不同畜舍间距 [1、2、3 倍屋脊高（H）] 与不同污染物释放位置（上、下风向）对自然通风畜舍气流与污染物分布的影响，结果表明畜舍间距选择 2H 可有效减少舍间污染物扩散。

### （二）畜禽舍规划设计中的减排要点

**1. 猪舍规划设计** 不仅应从猪的饲养阶段、饲养规模、饲养工艺、生猪健康福利等方面考虑，符合生猪的生理特性，还应注重舍内空气污染物的排出，减少舍内粪尿污染。

猪的排泄频率和排泄行为对舍内空气质量影响很大，而隔栏设计可以很大程度上影响猪的排泄，因此隔栏设计的合理性会对猪舍空气质量造成影响。好的隔栏设计可以降低猪在躺卧区的排尿频率和排便行为，降低舍内污染物浓度。若隔栏布置不合理，将导致排泄区域过大，造成舍内环境空气质量较差。不同的隔栏布置方式会改变舍内气流速度、温度分布及微环境等，若功能分区不明显或不合理，还会有其他行为对猪排泄造成干扰。

猪舍内隔栏的材质对舍内通风和空气质量也有影响。猪舍的隔栏一般有砖砌隔栏、金属隔栏和 PVC 隔栏三种。砖砌隔栏造价低、坚固耐用，但不利于舍内空气流通；金属隔栏造价较高，但利于通风和污染物扩散。此外，综合经济成本考虑，也可采用下部砖砌、上部金属隔栏的方式。PVC 隔栏一般用于分娩舍和保育舍，具有保温效果好、安装方便等优点。

开放式猪舍的粪尿沟要设置在前墙外侧；全封闭、半封闭猪舍可设在距南墙约 40 cm 处，并加盖漏缝地板。粪尿沟的宽度应根据舍内面积设计，宽度在

30 cm 以上。

现代化规模养猪场普遍在粪尿沟上铺设漏缝地板。漏缝地板的材质有钢筋混凝土板条、钢筋混凝土板块、塑料板块、陶瓷板块等。漏缝地板的表面需平整、不变形、不滑，材质要坚固耐用、不腐蚀、导热性好、漏粪效果好、易清洗消毒。漏缝截面呈梯形，上宽下窄，便于漏粪。干清粪猪舍的漏缝地板应覆盖于排水沟上方。漏缝地板的缝隙宽度不得大于 1.5 cm，缝隙过小漏粪性差，缝隙过大会损伤猪蹄。漏缝地板的截面形状也会影响漏粪性，截面为倒梯形的漏粪地板性能较截面直线性的性能好；截面做槽口形状与未做槽口形状相比，残留地板上的粪污更少，舍内 $NH_3$ 浓度也会降低。

此外，不同漏缝地板面积比例对舍内空气污染物的影响在第二章第二节作介绍，这里不再复述。

生长育肥猪舍和成年种猪舍宜采用水泥漏缝地板。猪分娩舍内，分娩床两旁小猪活动区可采用全塑漏缝地板，母猪活动区采用铸铁漏缝地板，利于排污和清洁。产床下面应为漏粪斜坡，一旁为清粪沟，有条件可以安装刮粪机。哺乳母猪、哺乳仔猪和保育猪宜采用质地良好的金属丝编制地板。规模猪场的保育猪舍多采用高床网上保育栏，主要由金属编织漏缝地板网、围栏、自动食槽等组成。其中，金属编织漏缝地板网通过支架设在粪尿沟上，网上饲养仔猪，粪尿可随时通过漏缝地板网落入粪尿沟中，保证网床上的干燥清洁，避免粪污污染，减少疾病发生。

**2. 牛舍规划设计**

（1）奶牛舍　分为拴系式牛舍和散栏式牛舍。拴系式牛舍内的牛被颈枷固定到牛床上，奶牛的饲喂、挤奶、休息等活动都在舍内进行，是一种传统的养牛方式。散栏式牛舍按奶牛饲喂、挤奶、休息等饲养活动在牛舍内建立采食区、挤奶区、休息区。

1）拴系式牛舍　牛床地面应结实、防滑、易于冲刷，向粪尿沟倾斜。在牛床与清粪通道之间设有粪尿沟，牛舍内的粪尿沟应通至舍外污水池。通常为明沟，沟宽 30 ~ 35 cm，沟深 5 ~ 15 cm，沟底向下水道方倾斜；也可采用深沟，上面加盖漏缝盖板。牛床应有适当的坡度，并高出清粪通道 5 cm，便于冲洗和保持干燥。

2）散栏式牛舍　走道一般采用水泥地面，带有 2‰ ~ 3‰ 的坡度，便于清洗。走道结构应与清粪方式相适应。对于采用水冲粪的牛舍，走道宽度一般为 2 ~ 4.8 m，走道应采用漏缝地板，牛舍内漏缝地板一般为钢筋水泥条制成，漏缝间距为 3.8 ~ 4.4 cm。漏缝地板下的粪沟应有 30° 的坡度，以便将粪冲到舍外贮粪池。对于机械清粪的牛舍，牛舍走道宽度应宽于机械刮粪机宽度。

（2）肉牛舍　按结构主要分为拴系式牛舍、围栏式牛舍和塑料暖棚牛舍等。目前国内的肉牛饲养主要采用拴系式牛舍。拴系式单列肉牛舍的通风换气孔应设在南墙 1/2 处的下部，排气口应设在顶部背风处，上设防风帽。肉牛舍地面同奶牛舍地面一样，多采用水泥地面，应坚实耐用，易于消毒和清洗。

### 3. 鸡舍规划设计

（1）鸡舍饲养方式　鸡舍按饲养方式分类，分为地面平养鸡舍、网上平养鸡舍和笼养鸡舍。地面平养鸡舍内铺设厚垫料，鸡群的采食、饮水及活动都在舍内进行，多用于肉鸡饲养。网上平养鸡舍的鸡群生活在网上，网比地面高 50～70 cm，网的材质为铁网、木条网、塑料网等。粪污通过网孔漏出。笼养鸡舍让鸡在笼内活动，饲养密度大，喂料和清粪均采用机械化，多用于规模化鸡场。

笼养鸡舍根据鸡笼的组合设计分为平置式笼养、半阶梯式笼养和全阶梯式笼养。平置式笼养是将鸡笼安排在一层，优点是鸡笼内环境好，缺点是饲养密度低。半阶梯式笼养是各层鸡笼有部分重叠，鸡粪通过滑粪板落入笼下粪沟，饲养密度高，但炎热气候时不利于通风，且鸡笼部分重叠区域需要增加承粪板，粪污清理较麻烦。阶梯式笼养各层鸡笼完全错开，通风良好，鸡粪可直接落入粪沟，粪污清理方便，但饲养密度较半阶梯式笼养低。

笼养鸡舍根据笼架离地高度又可分为普通式饲养和高床式饲养。高床饲养的笼架距地 1.7～2.0 m，鸡粪每年换群时清除一次，舍内空气质量差。

（2）鸡舍粪沟设计　鸡舍内粪沟的宽度应按照所使用的鸡笼类型进行设计，最底层笼前沿需要与粪沟线在同一条线，防止鸡粪落地走廊。粪沟一般前高后低，形成微坡。粪沟最低高度以刮出的粪不能溢出地面为原则。

阶梯式笼养和网上平养鸡舍下部的粪沟与笼具和网床方向相同，采用通长设计，宽度略小。粪沟底部低于舍内地面 10～30 cm，用人工清粪和机械清粪均可。人工清粪鸡舍每排支架下方皆有很浅的粪坑，为便于清粪，粪坑向外以一定弧度与舍外地坪相连，人工用刮板从支架下方将粪刮出，铲到运粪车上，送至粪场。机械清粪可采用刮板式清粪机，全行程式刮板清粪机适用于短粪沟；步进式刮板清粪机适用于长距离刮粪。为保证刮粪机正常运行，要求粪沟平直，沟道表面光滑。可根据不同鸡舍形式组成单列式、双列式和三列式。

叠层式笼养舍内鸡粪有笼间的承粪带承接，并由传送带将鸡粪送到鸡笼的一端，由刮粪板将鸡粪刮下，落入横向的粪沟由螺旋弹簧清粪机运出鸡舍。

高床、半高床鸡舍粪沟面积与鸡舍相同，高床笼养鸡舍粪坑高度为 1.5～1.8 m。半高床笼养鸡舍粪坑高度为 1.0～1.3 m。粪坑壁上装有风机，便于鸡粪的干燥。清粪在饲养结束后一次性进行。

## 二、减排型饲养工艺

### （一）猪饲养工艺

**1. 合理供水**　养猪生产中需要给猪提供适量的水。供水不足不利于猪的生长，严重不足还会降低饲料消化率，增加粪便中遗留的营养物质；而供水过量不仅浪费水，还会增加不必要的粪污量。因此，供水不足或者过量都会增加 $NH_3$ 排放量，而采用精准供水技术可以确保猪群适量地饮水。

（1）饮水量　针对不同生长阶段的猪提供不同供水量，有助于猪只健康及污染物减排。猪肾脏的浓缩能力低，不能够充分吸收利用水分，这也可以从猪尿液颜色气味中看出，猪尿液颜色较猫、犬等浅，气味也较弱，即猪尿液的渗透压很低。而仔猪的尿液渗透压比成年猪还低，因此仔猪所需的水较多。哺乳仔猪出生后 1～2 d 内开始饮水，第 1 周饮水量 200 mL/kg，第 2 周 150 mL/kg。断奶仔猪最初几天的液体摄入量显著下降，饮水少导致仔猪的消化日粮能力下降，胃肠道紊乱，不但易发生腹泻等疾病，还会导致粪便中营养成分吸收不完全，$NH_3$ 等污染物排放浓度上升。因此对于断奶仔猪来说，应尽可能使其多饮水。据统计，3～8 周的仔猪饮水量约为 110 mL/kg。正常环境温度下，生长育肥猪采食每千克干饲料的饮水量是 3.9～5 L，体重增加或温度降低，育肥猪每千克干物质采食量的饮水量随之降低。母猪的各阶段饮水量变化也很大，怀孕母猪的日饮水量为 20 L，哺乳母猪 20～30 L。

（2）水温　水温也对猪饮水量有影响。夏季宜给猪提供凉水，寒冷季节提供温水有助于促进猪的采食量和饮水量。特别是仔猪，当水温低于体温时，仔猪体内能量急剧减少，易引发疾病，降低饮水量和采食量。

（3）饮水器　饮水是生猪饲养中的重要环节。合理改善生猪的饮水方式、优化饮水器结构、调整饮水器的安装位置等有助于达到清洁饮水的目的。目前猪场采用的饮水器主要有鸭嘴式、乳头式等。猪在饮水过程中，会漏掉约 1/3 的水，且很多水混进粪尿中，导致粪尿中水分含量增大，加大了粪尿的处理难度。如果改进猪饮水器，改用碗式或限位饮水器，可大幅度节约用水，降低粪尿中水分含量。

除饮水器类型选择外，饮水器材质选择也会影响猪的饮水量。采用铁或亚铝镀金材质的饮水器或塑料饮水器，会影响水的口感，进而降低猪的饮水量，甚至导致猪的食欲下降，降低饲料消化率，使粪污中未消化的营养成分增加，增大粪便中空气污染物的排出量。建议选用不锈钢材质的饮水器。

**2. 科学饲喂**

（1）喂料模式　除日粮本身营养成分不同会影响猪粪污中污染物的排放外，不同的喂料模式和方式也会影响猪只的生长发育状态和消化吸收状况。猪的喂料模式分为人工喂料和自动喂料。人工喂料劳动力消耗大，饲喂精准度比较差。自动喂料设备投入大，但节省饲料，且可避免人工饲喂不当引起的猪过饥或过饱的现象。

（2）喂料方式　根据喂料间隔、喂料量，可将猪的喂料方式大致分为连续喂料、定时定量喂料和间歇喂料3种。连续喂料是不间断喂给猪饲料，猪可以自由采食，但连续喂料会造成饲料浪费。定时定量喂料是通过计算确定每头猪每天所需的饲料，定时供给。与连续喂料相比，定时定量喂料节省饲料，但较费劳动力。间歇喂料是连续喂料和定时定量喂料反复交叉进行，可以防止猪背膘增厚，减少饲料浪费和节省劳动力，有助于猪对饲料的完全消化吸收，降低猪粪便中污染物含量。

此外，猪前期生长快，需要的蛋白质饲料多，后期以长脂肪为主，需要的能量饲料多，可根据猪的生长需要，前期喂营养价值高的饲料，后期不限制能量饲料。提升饲料的利用率，避免日粮中粗蛋白的不完全消化吸收。

（3）喂料方法　养猪常见的三种喂料方法为熟料稀喂法、生料湿喂法和生料干喂法。熟料稀喂法是将饲料煮熟，用水调成粥状喂猪。麦麸类饲料、谷实类饲料及青饲料含有维生素和有助于猪消化的酶，经过煮熟，维生素和酶会遭到破坏，引起蛋白质变性，降低赖氨酸的利用率。生料湿喂法是将粉碎的粗精饲料和其他饲料按比例混合，加入打碎的青饲料和水，搅拌均匀喂猪。给猪喂这种饲料，猪来不及咀嚼稀饲料就进入猪体内，酶没有与饲料充分接触，猪对饲料的利用率低，造成未被消化吸收的蛋白质在粪污中以 $NH_3$ 的形式释放，加重空气污染。生料干喂法是将粉碎的精粗饲料按比例混合喂猪，另可加喂一些青料，然后喂水，这样有助于猪对营养物质的充分吸收，提高氮的转化率。

（4）精细养殖和精准饲喂　精细养殖作为近些年来兴起的规模化猪场管理手段，在提升生产效率和降低生产成本上具有重要的作用。精细养殖技术是在生猪生产全过程中，通过新技术、方法、模式，包括采用科学饲料配方、饲料料槽精准管理等方式，降低能源消耗和饲料成本的同时，实现畜禽粪污的减量化。智能化精细养殖技术是把工业上智能制造的理念应用到养猪业，结合计算机、无线射频识别、网络技术、阶段饲养营养配饲工艺等来实现智能化的猪群管理。采用精细养殖技术，能够降低饲料浪费率及其引发的 PM 污染。

精准饲喂技术在满足猪所需的各项营养物质的同时，可降低猪只生产过程中的环境负荷，促进饲料消化吸收，提高氮的利用率，起到节能减排的作用。

精准饲喂技术应用对象可以是母猪、种公猪、育肥猪等，通过采用智能化手段，融合计算机、通讯、自动控制等多种科技手段，为猪只生长提供精准的数据管理和喂养管理。国外智能化设备起步较早、技术成熟，比较著名的国外智能化饲养设备公司有荷兰睿宝乐公司、加拿大 JYGA 公司、美国 Osboren

公司等。荷兰睿宝乐公司研发的智能化母猪群养管理系统（ESF）将使用对象扩大到大群饲养环境，系统不但包括精准饲喂模块，还有发情鉴定及智能化模块，用智能化设备提升母猪的整体生产水平。加拿大 JYGA 公司研发的 Gestal F2 哺乳母猪管理系统，可以根据母猪泌乳期、胎次、产仔猪数等不同阶段、不同状态的营养需求提供相应的饲料供给，针对性饲喂。

### （二）反刍动物饲养工艺

**1. 科学饲喂** 下面以奶牛为例，介绍反刍动物科学饲喂的方法。

（1）定期平衡日粮 奶牛生产牛奶的过程中会产生大量微生物蛋白质和 VFAs，奶牛瘤胃微生物可以降解日粮中可降解蛋白质，减少氨的产生，如果日粮中蛋白质过量，瘤胃微生物无法及时有效地利用所有的氨，过量的氨最终形成尿素，以尿液的形式排出或通过唾液循环至瘤胃。由饲喂过量的日粮蛋白质引起较多尿素的排泄，是奶牛散发到环境中氨的最大来源。因此，定期平衡日粮可有效降低奶牛向大气中排放 $NH_3$。

（2）定期采集饲草样品，分析营养成分含量 因为需要根据营养成分配给日粮，因此数据的定期更新十分必要。

（3）定期检测乳尿素氮（MUN） 对奶牛来说，尿素除了以尿液或唾液形式产生外，还会扩散到牛乳或血液中。奶牛血液中的尿素氮（BUM）和 MUN 的浓度成正比，MUN 能准确反映出 BUM，而检测 MUN 更简便廉价，所以通常选择检测 MUN 来得出奶牛日粮中蛋白质效率。因为奶牛个体间 MUN 变化非常大，所以 MUN 多用于测定躯体奶牛效率，且 MUN 浓度也随季节变化，夏季最高，因此如果想要得到奶牛场日粮蛋白质利用率，需要定期检测 MUN。

（4）饲喂优质饲草 优质饲草比品质较差的饲草易消化，可提高母牛的饲料转化率。

（5）适宜的瘤胃液环境 瘤胃液是决定微生物种群组成和数量的重要因素。低瘤胃液 pH 能降低瘤胃中 $CH_4$ 浓度。此外，瘤胃中乙酸产量和乙酸与丙酸的比例与 $CH_4$ 的产生量呈正相关。通常情况下，反刍动物采食后瘤胃内正常的 pH 为 5.5～7.5。

（6）全日粮混合（TMR） TMR 是根据奶牛不同生长阶段的营养需求，对日粮进行营养调配而设计的均衡营养的日粮配方。TMR 技术分为人工操作和设备操作。人工操作过程中会存在配料、投料误差较大，饲料配方和采食配方不一致等情况。随着畜牧养殖业智能化设备的发展，TMR 智能化饲喂设备陆续投产使用。具有代表性的智能化饲喂设备有美国 DIGI - STAR 公司开发的 DIGI - STAR TMR Tracker 精准饲喂管理系统、意大利司达特公司的饲喂称重系统和芬兰 PELLON 公司的传送带饲喂系统等。DIGI - STAR TMR

Tracker 是多功能饲料管理系统，将饲料成分、饲料配方、搅拌器信息等集成到电脑中，应用互联网技术，为养殖户提供饲料管理和增产增效的整体解决方案。该系统可实现饲喂车实时跟踪、配料管理、饲料仓库、饲喂过程监管等功能。司达特公司的饲喂称重系统可在极端条件下正常工作、防水防尘，并可利用电脑或手机终端在 1 500 m 半径范围内调控称重监控系统的数据，适合在大型牧场中应用。PELLON 公司的传输带饲喂系统集成了填料设备、精料塔和传送带等单元，通过饲喂管理软件的控制，实现了牛群的 TMR 智能化饲喂。

**2. 使用垫草** 在高寒地区的牛羊舍内使用厚垫草，不但可以减少动物体内热量的流失，保证动物健康，还可以吸收一定量的有害气体。厚垫草吸收有害气体的能力与垫草的种类有关，如稻草、麦秸和树叶等垫草，可吸附一定量的有害气体。需要注意的是，垫草需要定期更换并保持干燥，否则反而会加重舍内的空气污染。

**3. 减少反刍动物甲烷的产生**

（1）调节饲料中粗精料比例 粗料中的碳水化合物主要是由纤维素和半纤维素组成，经瘤胃中微生物发酵的主要产物是乙酸，并产生 $CO_2$ 和氢。精料中的碳水化合物主要是淀粉和糖，经瘤胃中微生物发酵的主要产物是丙酸。瘤胃中的产甲烷菌以 $CO_2$ 和氢为原料合成 $CH_4$，且丙酸与 $CH_4$ 的生成呈负相关，因此，提高日粮中精粗料比可以降低 $CH_4$ 产量。

（2）调整饲喂方式 反刍动物饲喂顺序如果保持先粗后精，可以很好地保证瘤胃食物层结构的正常作用，使更多能量通过瘤胃，减少 $CH_4$ 生成。少量多次的饲喂方式可以降低 pH 和乙酸丙酸比，减少 $CH_4$ 产生。

（3）饲料加工 饲料颗粒的大小和粉碎度可以影响反刍动物 $CH_4$ 的产生。对饲料粉碎或加工成颗粒，可以缩短其在瘤胃中的停留时间，提高饲料的消化率，从而减少 $CH_4$ 产量。此外，饲料中牧草的成熟期、贮存方法和加工方式都会影响 $CH_4$ 的产量。饲料的加工方法有物理、化学和生物方法。物理方法是直接将饲料粉碎、切碎或揉碎。化学方法是对饲料进行碱化、氨化及酸处理。生物方法是利用酵母菌、乳酸菌等益生菌和酶，分解饲料中不易被消化利用的纤维素和木质素。通过物理、化学、生物三种方法对饲料处理，可以提升饲料的利用率，减少 $CH_4$ 的产生。

（4）反刍动物去原虫处理 瘤胃中的产甲烷菌可以附着在原虫表面获得氢，用于合成 $CH_4$，因此瘤胃原虫对甲烷的形成也发挥着重要作用。去除瘤胃内原虫可以降低 $CH_4$ 产量。有研究表明，去原虫可降低 20%～45% 的 $CH_4$ 产量。

（5）甲烷反应抑制剂 减少瘤胃中 $CH_4$ 的产生可以减少温室气体排放。应用 $CH_4$ 反应抑制剂饲喂反刍动物，可以减少反刍动物瘤胃中的 $CH_4$ 产量。现有的甲烷反应抑制剂主要分为长链脂肪酸、有机酸、植物提取物、离子载体类抗生素、卤代化合物和其他物质。

向反刍动物饲料中添加长链脂肪酸可降低 $CH_4$ 生成，但有时也会降低粗纤维的消化率。富含长链不饱和脂肪酸的菜籽油、葵花籽油和富含中链饱和脂肪酸的亚麻籽油、棕榈油等都能够抑制瘤胃原虫和产甲烷菌的活性，从而抑制 $CH_4$ 产生。如向每千克饲料中添加 50 g 椰子油，可降低 $CH_4$ 产量，且对饲料消化率和动物能量沉积量均没有影响。

延胡索酸是丙酸的前体物质，是一种有机酸。延胡索酸能够降低乙酸丙酸比，减少氢的产生，从而抑制瘤胃中 $CH_4$ 生成。

植物提取物可以改变瘤胃发酵类型，抑制瘤胃中 $CH_4$ 产生。如大蒜素、皂苷、蒽醌等。大蒜素可以调节反刍动物瘤胃发酵，抑制甲烷菌生长，降低瘤胃中 $CH_4$ 产量，且无毒副作用。因从植物中提取大蒜素数量有限，目前生产中应用的大蒜素多为合成。皂苷广泛存在于植物体内，能够抑制瘤胃原虫和产甲烷菌的活性，抑制 $CH_4$ 产生，但皂苷对动物有一定毒性。蒽醌广泛存在于自然界的植物、微生物、昆虫、反刍动物体内。蒽醌物质能够直接作用于产甲烷菌，阻止甲基- CoM 被还原成 $CH_4$。

离子载体抗生素如莫能菌素、盐霉素、拉沙里菌素等可以与金属离子形成螯合物，作为载体运送金属离子通过生物膜，通过改变细胞内外的 pH 而改变瘤胃发酵类型，显著抑制细菌产生氢、甲酸，减少 $CH_4$ 产生。有研究表明，向肉牛饲料中添加莫能菌素，在低纤维饲料中 $CH_4$ 产生量下降 16%，高纤维饲料中 $CH_4$ 产生量下降 24%。但瘤胃微生物对莫能菌素会产生适应性，且抗生素残留在动物体内会对人的健康造成威胁，因此不能长期使用。

卤代化合物抑制剂，包括氯化甲烷、溴氯甲烷、三氯乙炔、多氯化酸、多氯化醇等，能够减少瘤胃中甲烷菌，抑制 20%～80% 的 $CH_4$ 产生。但这些物质挥发性强、对动物具有一定毒性，且部分瘤胃微生物对这些化合物具有一定适应性，因此卤代化合物的作用效果还有待研究。

### （三）禽类饲养工艺

**1. 肉鸡饲养工艺**

（1）改良水线  水线漏水可造成地面垫料、鸡粪潮湿，引起垫料、鸡粪发酵，产生有害气体，可通过改良水线，减少漏水，从而达到既省水又能降低鸡舍内污染物浓度的目的。要求冲洗水线和无鸡饮水时，乳头不漏水。水线必须有过滤器，且保证滤芯清洁。

（2）多阶段饲喂  根据鸡的生长特性，实施分阶段饲喂，可以提高饲养效率，减少粪污中空气污染物的排放。肉鸡饲喂可分为三阶段，第一阶段是肉鸡出生后 0～14 日龄，第二阶段是 10～35 日龄，第三阶段是 36 日龄至出栏。

在第一阶段，雏鸡刚从孵化室转至育雏舍，处于适应新环境阶段，且此阶段的鸡胃肠容积小，但生产发育快，这阶段应该供给高质量饮水，选择小颗粒、易消化饲料配给，少喂勤添。这阶段幼鸡不宜多喂蛋白质饲料，过多的蛋白质饲料会加重幼鸡的肠胃负担，不但造成鸡的消化不良，还降低了饲料的利用率，未被消化吸收的蛋白质在粪污中转化成 $NH_3$ 排出。第二阶段，是幼鸡的快速生长期，该阶段要提高鸡群体质和骨骼质量。应根据肉鸡的生长情况，适当加大饲料体积，降低饲料中蛋白质和能量的浓度，同时饲料中维生素、微量元素等的浓度要达到或高于标准供给。该阶段过高的蛋白质浓度也会降低饲料的转化率。第三阶段肉鸡的生长速度最快，应促进鸡的采食和消化吸收，优化蛋白质供给，提高饲料转化率，饲料采用颗粒，同时增加饲喂次数。

（3）精准饲喂　肉鸡精准饲喂系统精确测量输送给肉鸡的饲料量，从而精确计算肉鸡采食量和饲料转化率，然后通过限制摄食量和喂食时间，保持鸡群进食量的一致性和精确的饲粮供给。由于肉鸡生长迅速，精确的饲料供给对肉鸡生产系统有良好的效果，同时可避免饲粮浪费及饲料转化率过低。加拿大阿尔伯塔大学开发的肉鸡精准饲喂系统，通过对肉鸡称重后，根据其与目标体重的差距决定是否喂食，以增加鸡群体重均匀性。You 等（2020）通过建立随机森林分类模型，预测由精准饲喂系统饲养肉鸡和散养肉鸡的产蛋情况。肉鸡精准饲喂系统可以通过限制摄食量和喂食时间，使鸡群的进食量保持一致性。

（4）控制饲养密度　控制鸡群饲养密度可以降低鸡舍内空气污染物的浓度。鸡舍内的饲养密度不宜过大，合理的饲养密度不仅有助于提高鸡群生产效率，还可避免鸡舍过多的有害气体影响鸡的健康。

**2. 蛋鸡饲养工艺**

（1）限制饲喂　即限制采食量。蛋鸡对饲料的有效利用率仅是其自由采食量的 70%～80%。可通过减少采食次数限制采食量，提升饲料利用率。如原来一日喂 3 次，改成一日喂 2 次，总量较自由采食减少 20%。

（2）饲料加工　饲料加工工艺对饲料利用率影响较大，目前饲料加工工艺主要包括粉碎、制粒、破碎、混合、发酵、膨化等。科学合理的饲料制备工艺可以提升蛋鸡对饲料中营养物质的吸收和利用。如采用粉碎工艺将饲料原料从大颗粒变成小颗粒，有利于增加饲料与蛋鸡消化道的接触面积，提高饲料的吸收率。但较小的颗粒会造成鸡舍内 PM 浓度升高。因此，蛋鸡的饲料粒径一般以通过 5～8 mm 的筛网为宜。此外，还可通过饲料的制粒工艺使饲料中蛋白质结构发生改变，促进蛋白质与肠道黏膜和消化酶的接触，提升饲料中蛋白质的利用率。

（3）改进饮水设备　和肉鸡生产工艺类似，蛋鸡饲养中也可通过改进饮水设备、减少漏水的方式，改善鸡舍内的空气质量。

（4）合理的饲养密度　不仅有利于蛋鸡的健康福利，也有利于改善鸡舍内的空气质量。

**3. 鸭类饲养工艺**

（1）限制饲喂　鸭子的饲喂分为分次饲喂、自由采食和限制饲喂。分次饲喂虽然可以保证良好的饮食条件，保证营养供给，但会造成鸭子生长不均且费时费力。自由采食会降低饲料利用率，增加粪污中 $NH_3$ 等臭气的排放量。限制饲喂可以有效控制日粮中的能量及粗蛋白水平，提高蛋白质利用率，减少粪污中臭气产生。

（2）选用合理的饮水设备　鸭子的饮水设备有水槽、水盆、真空饮水器、乳头饮水器等。每条水槽有水龙头供水，水龙头一般连续开放。水槽不利于节约用水，过多废水与鸭舍内粪污混合，增加粪污和空气污染物的产生量。真空饮水器主要供雏鸭使用。全自动乳头饮水器可以避免漏水及戏水，适合规模化养鸭场采用。应根据鸭子体型大小选择适合型号的饮水器，避免饮水器过大而使鸭子在其中戏水，造成水资源浪费和舍内空气污染。

## 三、清粪工艺

畜禽粪污是畜禽舍空气污染物排放的源头之一。不同动物的排泄方式也不同，猪和牛的粪便和尿液是分开排泄的，而家禽的粪便和尿液是一起排出。及时清理畜禽粪污，能够减少舍内粪污与空气的接触时间及面积，控制恶臭气体的释放。因此，清粪方式和清粪频率对畜禽舍内的空气质量影响很大。目前，畜禽舍内的清粪方式主要为水冲洗、刮板清粪、传送带清粪或以上方式组合使用。若要最大限度地控制污染气体的释放，则需要尽量减少粪污与畜禽舍内空气的接触时间及面积。这就需要在排泄物产生后尽快地完成粪污清理。如果粪污不被及时清除，粪污与空气的接触时间将会不断增加，造成更多的恶臭气体排放。因此，清粪频率很大程度上影响着畜禽舍内的空气质量。经常性地清粪可降低 $NH_3$ 排放量的 50% 左右。实际操作中，人工清粪很难保证清粪频率，所以集约化养殖场通常选择机械清粪，且需要定期对清粪设备进行清洗和维护。

### （一）猪舍清粪工艺

规模猪场排放的粪污具有以下特点：①排放量大、处理难度大。据统计1 头育肥猪从出生到出栏，排粪约 500 kg，排尿约 1 250 L。一个万头猪场每年会排放纯粪尿约 3 万 t、磷 20～33 t 和氮 100～160 t。因此规模猪场的排污量特别大，且猪粪相对于牛粪和鸡粪来说，干物质含量少。②粪污中氮磷比失调，不能直接当作肥料施肥，需要发酵处理且与无机肥配合施用。

**1. 清粪工艺**　猪场的清粪方式，按用水方式分为水冲粪、水泡粪（尿泡粪）、干清粪、发酵床等方法。

（1）水冲粪　是每天数次用水冲洗有猪排放的粪、尿和污水混合物的粪沟，粪水顺粪沟流入粪污主干沟或附近的积污池内，用排污泵经管道输送到粪污处理区的清粪工艺。水冲粪节省人工、效率高，保证了畜禽舍的环境卫生，但耗水量大，例如猪舍内，每日每头猪需耗水约 20 L。采用水冲粪工艺的液体部分污染物浓度高，后续处理难度大，同时因为粪中大部分可溶性有机物进入液体中，使得固液分离后的固态肥料营养价值大大降低。目前养猪场极少采用此工艺。

（2）水泡粪　是在水冲粪工艺的基础上改造而来的。工艺流程是在畜舍内的排粪沟中注入一定量的水，粪尿、冲洗和饲养管理用水一并排入漏缝地板下的粪沟中，储存一定时间，待粪沟装满后，打开出口闸门，将沟中粪污排出，流入粪污主干沟或经过虹吸管道，进入地下贮粪池或用泵抽吸到地面贮粪池。水泡粪池一般按深度分为浅水泡粪池（深度 0.5 m）、中等深度泡粪池（深度1～1.5 m）、深水泡粪池（深度 3 m）。浅水泡粪池每周放水一次；中等深度泡粪池 15～30 d 放水一次；深水泡粪池每年用粪车抽取粪水用于直接灌溉。

水泡粪工艺能够定时、彻底清除猪舍内的粪尿，节省人工。但这种工艺的耗水量仍然很大，增加了粪污总量。此外，水泡粪工艺需和地沟风机配合使用。粪污长期停留在猪舍内，会产生大量 $NH_3$ 等有害气体。地沟风机可以将舍内臭气排出，清洁舍内空气。

尿泡粪工艺比水泡粪工艺用水少，工艺流程与水泡粪类似。尿泡粪工艺可保持舍内环境清洁，有利于动物健康，节省人工，提高效率，比水冲粪工艺和水泡粪工艺节约用水，但由于粪污长时间停留在猪舍中，会厌氧消化，产生大量有害气体，恶化舍内空气环境，给猪生长造成不利影响。同时固液分离后的污水处理难度大，固体肥料养分含量低。

尿泡粪工艺和水泡粪工艺一样，适宜和地沟风机配合使用。

（3）干清粪　干粪和尿液及污水在猪舍内经漏缝地板初步固液分离，干粪由机械或人工收集、清扫、运走，尿及冲洗水则从下水道流出进入污水收集系统，分别进行处理。猪舍内直接干湿分离可减少粪污处理成本，便于后续粪尿处理，且粪中含水量低，肥料价值高，同时极大地减少了污水的产生量，生产工艺用水量可减少 40%～50%。干清粪工艺分为机械清粪和人工清粪。人工清粪只需要简单的清扫工具及小推车等，设备简单投资少，但劳动强度大，生产效率低；机械清粪生产率高，但投资较大，且设备故障发生率较高，维护及运行费用较高，清粪机工作时噪声较大。

（4）发酵床　利用有益微生物菌群，将粪尿降解转化为有用的物质和能量。该工艺能够降低清粪设备能耗，满足猪的拱食天性。但粪污需要人工填埋，垫料需定期翻扒，圈舍温度、湿度控制难度较大，必须严格控制饲养密度。发酵床技术将会在本章第四节详细介绍。

**2. 清粪设备**

（1）机械清粪设备　刮板式清粪工艺是以电机为动力牵引，通过刮板将猪舍内漏缝地板下的粪污刮到舍外进行储存或处理的清粪方式（图 4-1）。刮板式清粪可以定期或不定期清除猪舍内粪污，避免粪污在猪舍内长时间留存，污染舍内空气质量。

刮板式清粪通常与漏缝地板、粪沟配合使用，需在畜舍漏缝地板下设置粪沟，刮板在粪沟内运行并将粪污推送至舍外集粪池。清粪装置由电机、减速机、牵引绳和两个（或四个）刮板构成，通过电机驱动牵引绳带动刮板，实现粪污清理。作业时一组刮板向前运行，另一组刮板反向运行；当一组刮板完成一条坑道清粪作业后，驱动电机反转，另一组刮板启动清粪

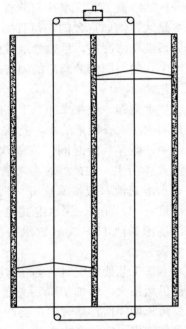

图 4-1　刮板式清粪工艺示意图

作业；在二组刮板完成作业后，整个清粪行程结束。刮板式清粪设备分为平刮式清粪机械清粪和 V 刮式机械清粪。

平刮式机械清粪粪沟底面是平的，施工简单，建设成本相对较低，而且不存在尿管堵塞等问题，设备故障率更低。但平刮式机械清粪粪尿分离效果差，会增加后续粪污处理成本，且舍内空气质量要差于 V 刮式机械清粪。

V 刮式机械清粪粪沟底面呈 V 形，两侧略高，中间埋设有集尿管（收集尿液和污水用），猪排出的尿液或冲洗污水随粪沟坡度流入集尿管，再流向尿液收集池。V 刮式机械清粪由于粪尿分离效果好，因而具有以下优点：①污水有机质含量低，后续的处理压力较小；②由于固体粪污含有更多的有机质，经发酵处理后的有机肥肥效高；③坑道内堆积的粪污含水率低，降低 $NH_3$ 等空气污染物的产生，舍内空气质量相对较好。但 V 刮式机械清粪在坑道施工上要求高，建设成本也要高于平刮坑道，若施工质量管控不好，使用过程易发生尿管堵塞，因此设备的操作维护要求较高。

（2）清粪机器人　目前主要分为两种类型，一种是地面清粪机器人，另一种是坑道清粪机器人。

地面清粪机器人综合运用传感器技术、图像处理技术、路径规划技术等，实现地面智能清粪。通过核心控制器，结合电机控制和传感器技术，从而实现机器人的前进和转弯，以及自动避障。机器人前端配有清粪铲，实现对舍内粪污的清理和收集。

除地面清粪机器人外，猪舍漏缝地板下的坑道清粪机器人可以清除坑道内粪污。针对地下坑道阴暗、潮湿、易腐蚀等特点，可为机器人选取稳定性高、兼顾防水的激光雷达导航系统作为控制装置。当控制装置接收到清粪指令时，启动行走装置，行走装置带动清粪装置自动移动，使清粪装置自动将粪污推送至目标位置，从而实现自动清粪。

### （二）反刍动物的畜舍清粪工艺

**1. 清粪工艺**　牛舍和羊舍的清粪工艺可分为水冲粪和机械清粪工艺。

（1）水清粪　主要通过高压水枪、地设喷管等对畜舍地面进行冲洗。该工艺劳动强度小、清洁度高。有研究表明，每隔 $2 \sim 3$ h 用水冲洗奶牛场地板，比使用漏缝地板 $NH_3$ 排放减少 $14\% \sim 70\%$。增加冲水量和冲水频率都会进一步减少舍内 $NH_3$ 的挥发，但这样会增加污水量，为后续污水处理和固体物质分离提高难度。因此，采用水冲洗方式清理舍内粪污需要在用水量和 $NH_3$ 减排之间做出权衡。

（2）机械清粪　在粪尿一经产生便进行分流，液态粪污经舍内排污系统流入粪污池贮存，固体粪便经机械运载工具运至堆放场。机械清粪自动化程度高，省时、省人工，可以保持畜舍内环境卫生，减少舍内臭味产生。

**2. 牛舍清粪设备**

（1）机械清粪设备　牛舍内的机械清粪设备主要有清粪铲车、滑移装载机、机械刮粪板。

清粪铲车工艺是从人工清粪到机械清粪的一种过渡方式，在我国应用较多。清粪铲车一般由小型装载机改装而成，铲车前端有刮粪斗，工作时将粪污推聚后铲起，铲车一边行驶一边刮粪，将粪污刮至舍内一端的积粪池，再由吸粪车把粪污集中运走。清粪铲车体积大、工作噪声大，对牛群易造成惊吓，不利于动物的生长，且舍内清粪时，需要牛舍内有较大空间。

滑移装载机是一种两侧有车轮滑动，通过轮式底盘控制转向的清粪装置。滑移装载机具有体积小、转向灵活的优点，通过抓斗、货叉、饲料刮送机等实现多种功能的应用。

机械刮粪板清粪工艺操作简便，大大提高了清粪效率。刮粪板能做到全天清粪，保证舍内清洁，有利于减少牛蹄疾病和促进牛群生长。该工艺设备运行噪声低，对牛群影响较小。

机械刮粪板按舍内粪污存放方式的不同分为水泥地面刮粪板、漏缝地板刮粪板和折叠式刮粪板，其中折叠式刮粪板主要是针对通道较宽或牛床使用秸秆垫料的情况。通常来说，刮粪板由一个驱动电机和两个刮板组成，由钢丝绳或链条作为牵引绳。清粪过程中，一块刮粪板前进清粪，另一块刮粪板翘起。刮粪板往返运动。

机械刮粪板按驱动系统分有电缆驱动型、液压驱动型和刮链机驱动型三种。电缆驱动型能耗小，维护成本低。液压驱动型由一个动力单元连接液压缸，该类型比电缆驱动型需要的刮粪时间长，用于大量粪肥的清理。刮链机驱动型只有一个移动部件，不需要经常维护，使用寿命长，可在不同长度的坑道中运行。

牛舍内机械刮粪板按清粪形式可分为牵引式清粪机、环行链式清粪机。

牵引式清粪机由电机、刮粪板、转角轮、牵引绳、限位器等组成。通过电机带动刮粪板往复清粪。刮粪板的行程由限位器上的行程开关控制，电气保护系统可保护牵引绳的正常工作。

环行链式清粪机主要由电机、转角轮及带有刮板的环行链组成。设备工作时，环行链在粪坑底部移动，带动刮板清粪。该设备适用于拴养工艺的牛舍。

除以上几种清粪设备外，对于牛场内粪污的运输，国内外普遍采用罐车运输和渠道运输两种方式。前者耗油量大，日运行成本偏高，运输量小，适合小规模牛场；后者能耗低，运行成本较低，运输量大且能保证场内卫生，适合大规模牛场。渠道运输在牛舍建设时，要配套建设渠道设施及安装输送泵和搅拌泵等设备。

（2）清粪机器人　清粪机器人工艺目前在国内牛舍使用较少，主要在国外牛舍使用。清粪机器人可实现牛舍的自动清粪。采用机器人清粪设备，需要先编制机器人的清扫路线，机器人配有充电电池，可实现自动充电。

牛舍清粪机器人常用的有漏缝地板清粪机器人（图 4-2、图 4-3）和坑道清粪机器人。

图 4-2　JOZ-tech 漏缝地板
　　　　清粪机器人
（图片来源：HOUSE，2016）

图 4-3　Lely Discovery 漏缝地板
　　　　清粪机器人
（图片来源：HOUSE，2016）

漏缝地板清粪机器人在地板上方来回运行，清理残留在地板上的粪污。与刮板机械清粪相比，清粪机器人不需要电缆线和驱动轮，可以在舍内各区域运行，且能够自动避障。同时，漏缝地板清粪机器人噪声小且没有入侵性，对牛无不良影响。

坑道清粪机器人在粪坑中移动，将粪污堆积到坑道一端；同时，它还可以运输粪污，并以反向模式将粪污折叠。

**3. 羊舍清粪设备**　羊舍机械清粪设备主要为机械刮粪板和带式清粪系统。机械刮粪板与漏缝地板配合使用。与牛舍机械刮粪板类似，羊舍内的机械刮粪板由电机、牵引装置、转角轮、刮粪板和限位器等组成。机械刮粪板可设置清粪频率和运行速度，可实现羊舍内一天多次清粪。刮粪板行走方式有单程和往复两种，往复式适合长度较长、宽度较小的坑道。但单程式适合长度较短、宽度较宽的坑道。采用机械刮粪板清粪，需要羊舍内配套的土建施工，坑道表面要求平整无凹坑。带式清粪系统一般采用聚丙烯材质，具有耐清洗、耐腐蚀、表面平整牢固等优点。带式清粪系统可直接将羊粪运至舍外，保持舍内空气质量。

羊舍清粪机器人与牛舍类似，这里不再赘述。

**（三）鸡舍清粪工艺**

**1. 清粪工艺**　鸡舍与其他畜舍不同，舍内饲养设备下的粪槽因饲养方式和清粪方式的不同而异。常用的鸡舍清粪工艺有即时清粪工艺、集中清粪工艺两类。

（1）即时清粪工艺　每日定时清粪 1～2 次，分为人工即时清粪和机械即时清粪。人工即时清粪即借助铁铲、小推车等工具，经人工清扫、收集鸡粪、运输后集中处理。机械清粪采用机械设备完成清粪工作，生产效率高，设备投资大。即时清粪工艺常用于普通网上平养和笼养。

（2）集中清粪工艺　饲养一定时期清一次粪，由于清粪间隔时间较长，鸡舍需要配备较强的通风设备，以控制舍内有害气体浓度不超标。集中清粪工艺主要适用于高床单层笼养和高床网上平养的方式。该工艺机械设备投资较少，但鸡粪在设备堆积发酵产生腐败臭气，污染鸡舍内空气，影响鸡生长发育和产蛋。

**2. 清粪设备**　鸡舍内常用的清粪设备有刮板式清粪机、输送带式清粪机。

（1）刮板式清粪机　适用于网上平养和阶梯式笼养，清粪机安装在鸡笼下的粪沟内，粪沟宽度宽于刮板宽度。系统主要由控制器、电动机、减速器、刮板和钢丝绳等组成。设备开启时，刮板将鸡粪刮到鸡舍粪沟一端的横向粪沟内，横向粪沟内的鸡粪再由螺旋清粪机送至鸡舍外。

（2）输送带式清粪机　适用于叠层笼养，设备运行时，输送带一般安装在每层鸡笼下部，设备工作时由电机驱动传动轴，带动输送带将鸡粪运送到鸡舍一端的横向粪沟，横向粪沟内的螺旋清粪机将鸡粪送至舍外。输送带末端的调节装置负责调节输送带位置，防止跑偏。输送带一般采用乙烯塑料或橡胶制成，防止打滑。

### （四）舍内固液分离

本书第二章第二节中已经介绍了不同清粪模式的污染物排放特征，可以看出，干清粪模式比水泡粪和尿泡粪排放的 $NH_3$ 和臭气少。因此，畜禽舍中尽早实现舍内固液分离是减少空气污染物排放的有效手段。粪污在舍内进行固液分离有助于后续粪污的处理和减少臭气产生。以猪舍为例，有研究表明妊娠猪舍中，干清粪与水泡粪工艺相比，风机口处 $NH_3$、$H_2S$、$PM_{2.5}$ 和 $PM_{10}$ 浓度分别降低 80％、76％、70％、56％。保育猪舍中，与人工清粪相比，水泡粪猪舍内 $NH_3$ 浓度升高 9.97％（猪腹部同高）和 7.54％（地面 1.7 m 高度）。

如果环境因素不变，畜禽粪污中的 $NH_3$ 挥发主要受粪污混合液中未离子化的 $NH_3$ 和离子化的 $NH_4^+$ 浓度的影响。因此，可以通过降低挥发性氮物质的浓度，减少 $NH_3$ 的挥发，如粪尿固液分离、抑制尿素水解、降低 pH 等。

尿液中尿素被尿素酶转化为 $NH_4^+$ 只需要几小时，而粪便中有机氮的分解是个相对缓慢的过程，通常需要数周的时间，甚至是数月或数年。粪尿分离的基本原理是减少粪便中的脲酶与尿液中尿素的接触，从而减少尿素被分解。且一旦粪尿混合，部分粪便会溶于液相中使后续粪污处理中的固液分离十分困难。

粪污在畜禽舍内进行固液分离通常采用两种方式：一是用传送带分离尿液和粪便，尿液流入一个坑中，而留在传送带上的粪便则被输送到集粪坑中；二是采用漏缝地板，同时配合使用 V 刮式机械粪机将粪便刮出。

及时用固液分离设备进行粪尿分离，并将尿液排出畜禽舍进行集中处理，可有效减少 $NH_3$ 和臭气排放量，也可降低粪污的后续处理难度。

## ｜第三节｜ 畜牧业空气污染过程控制技术二 （畜禽舍通风技术）

通风是影响畜禽舍臭气排放的重要因素。畜禽舍通风不但能够在炎热的夏季降低畜禽舍温度，还能将舍内污浊、潮湿的气体排到外界，同时带走大量的 PM、微生物及污染性气体，补充进新鲜的空气，从而优化畜禽生长环境。尤其是在寒冷季节，对畜禽舍来说，如果舍内冬季通风量较小，则无法排出 $NH_3$、$H_2S$、$CO_2$ 等有害气体；若设备通风量过大，则使动物感到不适，影响动物健康和疫病防控。通风系统与畜禽个体及畜禽舍之间的相互作用影响着畜禽舍内的空气质量。通风设计需充分考虑动物健康福利、畜禽舍建筑类型、畜禽舍地理位置、舍间距及季节变化等。

## 一、畜禽舍通风类型

畜禽舍的通风主要分为自然通风和机械通风。自然通风畜禽舍利用自然对流形成的风压和热压差实现通风换气，舍内臭气依靠浮力或风力扩散。机械通风畜禽舍通过风机驱动气流运动，舍内臭气通过排风风机排出。开放式和有窗式畜禽舍通常采用的是自然通风，封闭式畜禽舍则均采用机械通风。

### （一）自然通风

自然通风利用空气的风压或热压，产生空气流动，通过与畜禽舍外的空气交换，使畜禽舍实现通风换气（图 4-4）。合理利用自然通风可以达到经济节能、避免机械噪音的目的。采用自然通风的畜禽舍，应充分利用当地的主导风向，畜禽舍的屋脊线与主导风向夹角应小于 45°。

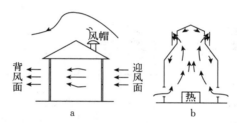

图 4-4　自然通风
a. 风压作用下的自然通风　b. 热压作用下的自然通风

热压是指由于空气温度差造成的空气密度差，从而产生压差。热压通风中，气流由高密度向低密度流动。当舍内温度高于舍外时，舍内空气受热膨胀上升，在畜禽舍上部形成高压区，下部空气形成低压区，从而使得舍外冷空气从底部进入畜禽舍，顶部排出。反之，当舍内温度低于舍外时，舍外空气从顶部进入，底部排出，与舍内空气形成热交换。热压通风的风量受舍内外温度差、通风口面积、畜禽舍进顶部和底部开口高度差的影响。

风压是指大气流动时，作用在建筑物外表面的压力。风压通风是当外界气流吹向畜禽舍时发生环绕，畜禽舍围护结构外表面的不同位置产生压力分布变化，迎面风压大形成正压，背面风压小形成负压，空气从正压区开口处流入，负压区开口处流出。风压通风的风量受舍外风速、风向和通风口面积的影响。

自然通风一般是热压、风压共同作用，但两者的作用并不是简单的线性叠加。通常来说，当舍外风速高于 2 m/s 时，以风压通风为主；当舍外风速低于 0.5 m/s 时，必须考虑热压对自然通风的影响；当舍外风速为 0.5～2 m/s 时，自然通风主要受风压影响，也受一部分热压影响。

自然通风畜禽舍一般通过门窗，进、排气口进行通风换气。对于大跨度的畜禽舍，一般屋顶设有排气管用于排气，排气管位于屋脊正中或其两侧交错排列。风管数量根据通风总面积确定。一般进气口的面积是排气口面积的60%左右。

**（二）机械通风**

机械通风是依靠风机对畜禽舍进行强制空气交换的通风方式。机械通风可以有效地控制封闭畜禽舍内的粉尘浓度，降低空气污染物浓度，净化舍内空气。由于自然通风方式受舍内外温差、外界风速、风向变化等诸多因素的影响，可控性较差。因此，对于规模养殖场来说，目前普遍采用机械通风。机械通风系统中气流运动的驱动力来自风机，整个系统由进气口（或出风口）、风机和控制装置组成。畜禽舍机械通风通常采用轴流风机，离心式风机应用较少。

**1. 按风压分类**  机械通风按风压可分为正压通风、负压通风和等压通风（图4-5、图4-6）。

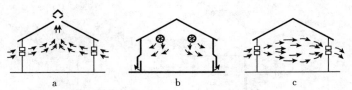

图4-5  正压通风三种形式示意图
a. 两侧壁送风形式  b. 屋顶送风形式  c. 侧壁送风形式

正压通风是风机将新鲜空气从舍外吹进舍内，与舍内空气混合，此时舍内气压略高于舍外大气压，畜禽舍内外的压力差使舍内空气通过排气口排出舍外，实现畜禽舍的通风换气。正压通风的送风方式有两侧壁送风、屋顶送风和侧壁送风三种。目前正压通风多采用屋顶水平管道送风，通过风机将新鲜空气通过风管送入舍内。

负压通风是通过风机将舍内空气抽出，此时舍内空气压力低于舍外大气压，造成舍内负压，舍内外的压力差使外界新鲜空气进入舍内，达到通风换气的目的。负压通风是目前机械通风畜禽舍常用的通风方式。负压通风的排风方式一般分为侧壁排风、屋顶排风和地下管道排风三种。侧壁排风分为单侧壁排风和双侧壁排风。单侧壁排风即将风机安装在一侧纵墙上，进气口设置在另一侧纵墙上，畜禽舍跨度应在12 m以内。双侧壁排风是将风机安装在两侧纵墙上，进风口位于山墙或屋顶，新鲜空气通过管道送入舍内两侧。畜禽舍跨度一般在20 m以内，舍内有五排笼架的鸡舍或两侧有粪沟的双列猪舍适用该通风方式，多风地区不适用。屋顶排风是将风机安装在屋顶，新鲜空气从侧墙风管或风口进入。地下风道排风是将排风管道安装在地下，适用于舍内设施较多的畜禽舍，如有实体围栏的猪舍和有多排笼架的鸡舍。采用地下风道通风的畜禽舍应保证舍内地面隔水效果好，防止积水渗入风道。

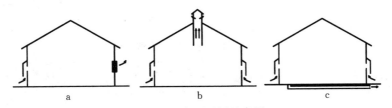

图 4-6　负压通风示意图

a. 侧壁排风形式　b. 屋顶排风形式　c. 地下管道排风形式

等压通风是同时使用正压风机和负压风机，平衡舍内外压力的同时实现通风换气。等压通风进风风机一般安装在纵墙较低位置，排风风机安装在纵墙较高位置。等压通风可以避免舍内门窗漏风现象，使风机发挥最大功率，但由于风机数量增加，投资成本增加。

**2. 按气流方向分类**　机械通风按气流方向分为横向通风、纵向通风和垂直通风。

气流与畜禽舍长轴垂直的通风方式称为横向通风，与之平行的通风方式称为纵向通风。

横向通风工艺与畜禽舍内设备垂直，空气流动阻力较大，易造成通风死区。

纵向通风空气流动阻力较小，通风效率高，可以使气流在舍内均匀分布，消除 $NH_3$ 等有害气体的滞流死角。近年来，纵向通风技术广泛应用于畜禽舍中，一般是将风机安装在农业建筑的山墙上，组织舍内气流流动。纵向通风既可以设计为正压通风，也可以设计为负压通风，并且可以与其他设备配合，达到降温除尘除臭的目的。

垂直通风是指在畜禽舍中施加垂直气流。垂直通风的常见形式是屋顶通风（层养鸡舍常用）。空气从屋顶的一侧进入天花板，通过天花板扩散到房间，并在房间中循环后从屋顶的另一侧排出。此外，还可以在侧壁较低的位置安装风机，配合垂直通风联合使用。对于猪舍来说，常见的一种形式是坑道通风，新鲜空气从屋顶檐口进入猪舍顶部隔间，然后由负压风机使新鲜空气进入舍内。臭气通过漏缝地板到达粪坑的顶部，并被泵抽到外部。这种通风方式可以防止恶臭气体和 PM 在粪坑上漂浮，污染舍内空气。垂直通风的另一种形式是隧道通风，即在地下几米处水平铺设管道，管道一端连接到从地面延伸的垂直管道作为空气入口，并在管道的前端安装风机，使空气被输送进管道。空气在与地面热交换后进入畜禽舍，最终通过屋顶排出，这种通风方式在夏季可使温度降低在冬季达到保暖效果。

## 二、自然通风畜禽舍通风换气量计算

合理的通风换气量是保证畜禽舍内空气质量的基础，各种畜禽舍通风换气的技术参数见表 4-2。

表 4-2　畜禽舍通风换气量技术参数

| 畜禽舍 | 换气量 [m³/(h·kg)] | | | 换气量 [m³/(h·头)] | | | 气流速度 (m/s) | | |
|---|---|---|---|---|---|---|---|---|---|
| | 冬季 | 过渡季 | 夏季 | 冬季 | 过渡季 | 夏季 | 冬季 | 过渡季 | 夏季 |
| **牛舍** | | | | | | | | | |
| 成年乳牛舍 | | | | | | | | | |
| 　拴系或散养 | 0.17 | 0.35 | 0.7 | | | | 0.3~0.4 | 0.5 | 0.8~1.0 |
| 　散养、厚草垫 | 0.17 | 0.35 | 0.7 | | | | 0.3~0.4 | 0.5 | 0.8~1.0 |
| 　产间 | 0.17 | 0.35 | 0.7 | | | | 0.2 | 0.3 | 0.5 |
| 0~20 日龄犊牛预防室 | | | | 20 | 30~40 | 80 | 0.1 | 0.2 | 0.3~0.5 |
| 犊牛舍 | | | | | | | | | |
| 　20~60 日龄 | | | | 20 | 40~50 | 100~120 | 0.1 | 0.2 | 0.3~0.5 |
| 　60~120 日龄 | | | | 20~25 | 40~50 | 100~120 | 0.2 | 0.3 | <1.0 |
| 4~12 月龄幼牛舍 | | | | 60 | 120 | 250 | 0.3 | 0.5 | 1.0~1.2 |
| 1 岁以上青年牛舍 | 0.17 | 0.35 | 0.7 | | | | 0.3 | 0.5 | 0.8~1.0 |
| **猪舍** | | | | | | | | | |
| 空怀及妊娠前期母猪舍 | 0.35 | 0.45 | 0.6 | | | | 0.3 | 0.2 | <1.0 |
| 种公猪舍 | 0.45 | 0.6 | 0.7 | | | | 0.2 | 0.2 | <1.0 |
| 妊娠后期母猪舍 | 0.35 | 0.45 | 0.6 | | | | 0.2 | 0.2 | <1.0 |
| 哺乳母猪舍 | 0.35 | 0.45 | 0.6 | | | | 0.15 | 0.15 | <0.4 |
| 哺乳仔猪舍 | 0.35 | 0.45 | 0.6 | | | | 0.15 | 0.15 | <0.4 |
| 后备猪舍 | 0.45 | 0.55 | 0.65 | | | | 0.3 | 0.2 | <1.0 |
| 断奶仔猪舍 | 0.35 | 0.45 | 0.6 | | | | 0.2 | 0.2 | <0.6 |
| 育肥猪舍 | | | | | | | | | |
| 　165 日龄前 | 0.35 | 0.45 | 0.6 | | | | 0.2 | 0.2 | <1.0 |
| 　165 日龄后 | 0.35 | 0.45 | 0.6 | | | | 0.2 | 0.2 | <1.0 |
| **羊舍** | | | | | | | | | |
| 公羊舍、母羊舍、断奶后 | | | | 15 | 25 | 45 | 0.5 | 0.5 | 0.8 |
| 产间暖棚 | | | | 15 | 30 | 50 | 0.2 | 0.3 | 0.5 |
| 公羊舍内的采精间 | | | | 15 | 25 | 45 | 0.5 | 0.5 | 0.8 |
| **禽舍** | | | | | | | | | |
| 蛋鸡舍（笼养） | | | | | | | | | |
| 　1~9 周龄 | 0.8~1.0 | | 5.0 | | | | | 0.2~0.5 | |

（续）

| 畜禽舍 | 换气量 [m³/(h·kg)] | | | 换气量 [m³/(h·头)] | | | 气流速度（m/s） | | |
|---|---|---|---|---|---|---|---|---|---|
| | 冬季 | 过渡季 | 夏季 | 冬季 | 过渡季 | 夏季 | 冬季 | 过渡季 | 夏季 |
| 10～22 周龄 | 0.75 | | 5.0 | | | | 0.2～0.5 | | |
| 23 周龄以上 | 0.7 | | 4.0 | | | | 0.3～0.6 | | |
| 肉鸡舍（地面平养） | | | | | | | | | |
| 1～8 周龄 | 0.75～1.0 | | 5.5 | | | | 0.2～0.5 | | |
| 火鸡舍 | | | | | | | | | |
| 1～8 周龄 | 0.65～1.0 | | 5.0 | | | | 0.2～0.5 | | |
| 9 周龄以上 | 0.6 | | 4.0 | | | | 0.3～0.6 | | |
| 鸭舍 | | | | | | | | | |
| 1～4 周龄 | 0.65～1.0 | | 5.0 | | | | 0.2～0.5 | | |
| 5 周龄以上 | 0.7 | | 5.0 | | | | 0.5～0.8 | | |
| 鹅舍 | | | | | | | | | |
| 1～9 周龄 | 0.65～1.0 | | 5.0 | | | | 0.2～0.5 | | |
| 9～30 周龄 | 0.6 | | 5.0 | | | | 0.2～0.5 | | |
| 31 周龄以上 | 0.6 | | 5.0 | | | | 0.5～0.8 | | |

通常来说，夏季通风量为畜禽舍最大通风量，以排出舍内多余热量为基础；冬季通风量为畜禽舍最小通风量，以排出畜禽舍内有害气体或多余水汽为基础。对于自然通风畜禽舍通风换气量，目前有直接测量法、热平衡法、水汽平衡法、$CO_2$ 平衡方程法和示踪气体法等几种计算方法。

### （一）直接测量法

采用直接测量法，通过对排风口风速、排风口面积等参数测定，计算出实际的通风量。通风量受通风口位置、形状、面积，风口风速、外界风况等因素影响较大，对于自然通风的畜禽舍，由于其开口率较大，用直接测量法会造成较大误差，因此该方法更适合对采用机械通风的密闭式畜禽舍进行测量。

### （二）热平衡法

猪、牛、羊、鸡等畜禽是恒温动物，因此热量的产生和损失应该是平衡的。动物与周围环境由于之间的温度和湿度不同，因此会发生持续的热交换。动物产生的总热量包括显热（可感热）和潜热。显热是主要来自动物本身，会随着空气中温度变化而发生改变。潜热会随着空气中水分变化而变化。动物的显热和潜热在畜禽舍通风设计中，通常用来计算畜禽舍的通风率。

根据动物产生的显热与畜禽舍通风、水汽蒸发、畜禽舍结构损失的显热之间的热量关系计算畜禽舍通风换气量的方法，称为热平衡法。

基于热平衡原理，畜禽舍通风量计算公式如下：

$$Q = \frac{S - \sum KF \times \Delta t - W}{1.3 \times \Delta t} \qquad (4-1)$$

式中：

$Q$——畜禽舍通风换气量，$m^3/h$。

$S$——家畜产生的可感热，$kJ/h$。

$\sum KF$——通过外围护结构散失的总热量，$kJ/(h \cdot \text{℃})$。其中，$K$ 为外围护结构的总传热系数，$kJ/(m^3 \cdot h \cdot \text{℃})$；$F$ 为外围护结构面积，$m^2$。

$\Delta t$——舍内外空气温差，℃。

$W$——地面及其他潮湿物体表面蒸发水分所消耗的热能，按家畜总产热的10%（猪按25%计算）计算，$kJ/h$。

1.3——空气的热容量，$kJ/(m^3 \cdot \text{℃})$。

该方法计算得出的通风量只能用于排出多余的热量，不能排出多余的水汽和空气污染物，且该方法计算得出的通风量适用于静态条件估算，对于畜禽舍这种动态条件的热平衡计算结果有一定的偏差。该方法适用于对已确定换气量的补充和检验。

### （三）水汽平衡法

畜禽舍内由于动物呼吸、皮肤蒸发、舍内水分蒸发、粪尿蒸发、饲料和垫料的水分蒸发等，会产生大量水汽。通风是水汽排出散失的主要途径，通过已知舍内水汽产生速率和舍内外水汽含量差，可以估算出畜禽舍的通风量，公式如下：

$$Q = \frac{N \times m \times C \times M}{W_内 - W_外} \qquad (4-2)$$

式中：

$Q$——舍外进入的新鲜空气量，$m^3/h$；

$N$——动物的数量，头；

$m$——动物的质量，$m^3/h$；

$C$——空气的比体积，$m^3/kg$ ［干空气］；

$M$——舍内单头动物的水汽产生量，$g/(h \cdot kg)$ ［干空气］；

$W_内$——舍内空气中的含湿量，$g/kg$ ［干空气］；

$W_外$——舍外空气中的含湿量，$g/kg$ ［干空气］。

畜禽舍内水汽的产生量还受饲养方式、清粪方式、所在地地下水、舍内喷淋设备等因素的影响，因此，水汽平衡法估算出的结果会和实际通风量有很大偏差，该方法更多地用在畜禽舍的通风设计中。

### （四）二氧化碳平衡方程法

畜禽舍内，$CO_2$ 是动物呼吸、粪尿和垫料的发酵产物。在忽略畜禽舍内粪便、垫料产生的 $CO_2$ 量（粪污、垫料产生的 $CO_2$ 占总 $CO_2$ 的产生量小于 5％时）条件下，利用畜禽舍内家畜产生的 $CO_2$ 总量，可求出畜舍的通风量，公式如下：

$$Q=\frac{N \times K}{C_内-C_外} \qquad (4-3)$$

式中：

　　$Q$——畜禽舍通风换气量，$m^3/h$；

　　$N$——舍内动物数量，头；

　　$K$——单头动物 $CO_2$ 的产生量，$L/(h \cdot 头)$；

　　$C_内$——舍内 $CO_2$ 浓度，$L/m^3$；

　　$C_外$——舍外 $CO_2$ 浓度，$L/m^3$。

因为动物产生的 $CO_2$ 速率不断变化，因此 $CO_2$ 平衡法估算通风量的结果难以十分准确，且舍内外 $CO_2$ 浓度差很小时，通风量的估算值误差较大。

### （五）示踪法气体法

本书第三章第六节畜牧业温室气体检测技术中已经介绍了体外示踪法，示踪法广泛应用于自然通风建筑的通风量测定。该方法在畜舍内释放示踪气体，示踪气体的释放过程满足质量守恒方程，通过示踪气体释放速率和浓度变化计算出畜禽舍的通风量。

质量守恒方程公式：

$$V\frac{dC\,(t)}{dt}=S\,(t)+Q\,(t) \times C_外-Q\,(t) \times C\,(t) \qquad (4-4)$$

式中：

　　$V$——舍内体积，$m^3$；

　$S\,(t)$——舍内示踪气体的释放率，$mg/h$；

　$C\,(t)$——舍内 $t$ 时刻测试点示踪气体的浓度，$mg/m^3$；

　　$C_外$——舍外示踪气体的浓度，$mg/m^3$；

　$Q\,(t)$——$t$ 时刻舍内外通风量，$m^3/h$。

示踪气体法分为浓度衰减法、浓度恒定法、释放量恒定法。

**1. 浓度衰减法**　是在舍内预先释放一定量的示踪气体，通过畜禽舍和外界的空气交换，示踪气体的浓度逐渐下降，通过浓度的测量和计算，可以得出畜禽舍的通风量。通风量公式如下：

$$Q=V \times \frac{\ln \frac{C_0}{C\,(t)}}{t} \qquad (4-5)$$

式中：

　　$Q$——畜禽舍通风量，$m^3/h$；

　　$V$——舍内体积，$m^3$；

$C_0$——舍内初始示踪气体浓度，$mg/m^3$；

$C(t)$——舍内 $t$ 时刻示踪气体浓度，$mg/m^3$。

浓度衰减法仅适用于气体在舍内均匀混合的情况下，且舍内有障碍物体会影响测量结果。

**2. 浓度恒定法** 是在试验过程中不断向舍内释放示踪气体，监测并控制舍内示踪气体浓度，确保示踪气体浓度恒定，记录气体浓度和释放量，计算通风量。公式如下：

$$Q=\frac{D}{C \times t} \qquad (4-6)$$

式中：

$Q$——畜禽舍通风量，$m^3/h$；

$D$——测试时间内向舍内释放的示踪气体总量，$mg$；

$C$——测试期间舍内测试点的示踪气体浓度值，$mg/m^3$；

$t$——测试持续时间，$h$。

该方法需要舍内示踪气体浓度达到稳定状态才能测量，需要时间较长，但相对于浓度衰减法，该法测试结果较准确。

**3. 释放量恒定法** 是在舍内释放恒定流速和恒定浓度的示踪气体，通过释放点浓度和排气口示踪气体浓度变化差值计算畜禽舍的通风量，公式如下：

$$Q=m/C(t) \qquad (4-7)$$

式中：

$Q$——畜禽舍通风量，$m^3/h$；

$m$——示踪气体释放量，$m^3/h$；

$C(t)$——测试期间舍内测试点的示踪气体浓度值，$mg/m^3$。

该方法与浓度衰减法和浓度恒定法相比，准确性高，可操作性强，但对仪器精密度要求较高。

## 三、CFD 技术在畜禽舍环境质量分析中的应用

### （一）CFD 简介

计算流体力学（CFD）是一门用计算机计算得到流体力学控制方程的近似解的学科。CFD 模型最初由尼尔森在 20 世纪 70 年代首次提出，用于预测通风房间中的空气流动。近年来，由于计算机的快速发展，CFD 的模拟技术也得到快速提升，并且在航天、化工、生物医学工程等领域得到广泛应用。CFD 建模可以控制边界条件，并为计算域上的每个点提供数据，同时可以很好地处理复杂的几何图形。与比例模型测试和风洞实验相比，CFD 模型能够对不同配置和不同条件下的模拟进行分析。

在畜牧业方面，CFD 模拟技术能够进行建筑通风效率计算、建筑内与外部环境之间的污染物扩散和转移分析等。与其他的通风模型相比，CFD 的优势在于能够模拟复杂几何结构的建筑及可以研究地形形状对气流分布和通风率的影响。对于畜禽舍模拟，CFD 可以量化边界层的传热和传质过程。

CFD 软件由三部分组成：网格生成（前处理）、求解器、流动显示（后处理）。常用的 CFD 软件有 Fluent、CFX、Star‐CD 等，软件之间可以进行方便的数据交换。CFD 软件都是以纳维‐斯托克斯（Navier‐Stokes）方程组与各种湍流模型为数学模型的主体，此外还有多相流模型、自由面流模型和非牛顿流体模型等。随着软件的更新和应用范围的扩大，CFD 软件会在主体方程组上补充一些附加源项、附加输运方程与关系式作为附加模型。

### （二）CFD 原理

CFD 遵循流体运动的质量守恒（连续性方程）、动量守恒（Navier‐Stokes 方程）及能量守恒等基本方程。

连续性方程：

$$\frac{\partial \rho}{\partial t} + \nabla(\rho \vec{v}) = S_m \tag{4-8}$$

式中：

$\rho$——流体密度，$kg/m^3$；

$t$——时间，s；

$v$——速度，$m/s$；

$S_m$——质量源，$kg/m^3$。

动量守恒方程：

$$\frac{\partial}{\partial t}(\rho \vec{v}) + \nabla(\rho \vec{v} \vec{v}) = -\nabla P + \nabla(\overline{\tau}) + \rho \vec{g} + \vec{F} \tag{4-9}$$

式中：

$P$——压力，Pa；

$\tau$——应力张量，Pa；

$F$——外力，$N/m^3$；

$g$——重力加速度，$m/s$。

能量守恒方程：

$$\frac{\partial}{\partial t}(\rho E) + \nabla(\rho E + P) = \nabla\left(k_{eff} \nabla T - \sum_j h_j \vec{J}_J + \overline{\tau} \vec{v}\right) + S_h$$

$$\tag{4-10}$$

式中：

$E$——总能量，J；

$k_{eff}$——热传递系数；

$h$——比焓，J/kg；

$J$——扩散通量，kg/(m² · s)；

$S_h$——总熵，J/K；

$T$——环境温度，℃。

CFD 除运用流体运动的基本方程外，还需要选择适合的湍流模型。室内外的流量基本为湍流，在流体力学建模的过程中，应选合适的湍流模型。湍流的数值模拟有直接数值模拟法（DNS）、大涡模拟法（LES）和雷诺平均方程法（RANS）三种方法。

直接数值模拟将 Navier - Stokes 方程直接解到最小的长度和时间尺度，而无需对湍流作任何近似和简化。但该模拟非常耗时，并将应用限制在相对较低的雷诺数。大涡流模拟法是在 Navier - Stokes 方程上使用滤波器，其中大于一定滤波器尺寸的涡被直接解析，而小于滤波器尺寸的涡的影响通过近似建模来考虑。该模拟计算成本耗费巨大，不适用于常规模拟。鉴于前两种方法计算机要求高，不适用于常规模拟，于是雷诺平均方程法应运而生。雷诺平均方程法不是直接求解 Navier - Stokes 方程，而是求解时均化的 Reynolds 方程。不过该法虽然可以模拟边界流动强度，但对于模拟自由剪切流动不够精确。

目前雷诺平均方程法中常用的方法有雷诺应力方程法和涡黏性模型法，其中涡黏性模型法包括零方程模型、一方程模型与两方程模型，是目前流动和数值计算在工程中被应用广泛的方法。目前在农业领域，被广泛采用的是二方程模型中的重整化群 k - ε 模型（RNG k - ε）。与标准的 k - ε 模型相比，RNG k - ε 模型在预测分离流、壁传热、传质等方面有一定的改进。

### （三）CFD 软件模拟过程

CFD 软件的模拟过程：建立控制方程，确定初始条件和边界条件，划分计算网格生成节点，建立离散方程，给定离散方程的初始条件和边界条件，求解控制参数，求解离散方程，判断方程的收敛性，显示输出结果。CFD 软件包括前处理、求解和后处理三个过程。

CFD 软件计算的前处理主要用于模型修正、网格生产、计算域和边界条件的设定等。在前处理阶段，用户需要定义所求问题的几何计算域；将计算域划分为多个互不重叠的子区域，形成由单元组成的网格；选择相应的控制方程；定义流体的属性参数；指定计算域边界条件等。CFD 软件计算的求解主要是通过计算机对模型进行运算处理。后处理是将数据可视化的过程，如计算域和网格显示、等值线图、矢量图等。

为使现有畜禽舍得到适宜的温度场、速度场，同时出于节能的要求，大量研究机构使用 CFD 模拟以改善动物的生长环境。早在 1987 年，Bottcher 和 Willits 使用涡度和流函数技术，对畜舍的自然通风流场进行数值模拟。Lee 等

（2004）、佟国红等（2007）对畜禽舍内气流的速度场、温度场、污染物浓度场等的模拟研究表明，CFD 是一个可靠快捷的计算研究工具。CFD 技术可用于分析畜禽舍内气候因素，也可用于畜禽舍通风、降温保暖与空气污染控制等系统的设计。由于气候特点与地域差别，各国的建筑结构与通风系统形式、畜禽舍环境调控要求差异较大，侧重点也迥然不同。目前，国内外 CFD 研究主要是针对畜禽舍环境质量和通风系统设计等方面的探索。

### （四）CFD 在畜禽舍环境质量方面的应用

CFD 在畜禽舍环境质量的应用主要表现在畜禽舍进出风口的 CFD 模拟、畜禽舍通风形式 CFD 辅助设计、畜禽舍空气质量 CFD 模拟及高层建筑通风系统模拟等几方面。

#### 1. 畜禽舍进出风口的 CFD 模拟

（1）畜禽舍风口形式改良　畜禽舍进出风口的位置、形式及开启面积等直接决定能否有效实现通风性能，尤其是自然通风的畜禽舍，改良进出风口形式意义显著。

饲养过程中，幼崽对于生长环境极为敏感，位于爱尔兰的国立都柏林学院 FRCFT 团队为给牛犊舍创造适宜的环境，并充分利用自然通风，使用 CFD 研发改进畜舍的通风口型式。Tomás Norton 等（2010）使用 STAR－CCM＋软件对屋檐下三种不同开口型式牛舍的自然通风情况进行了三维稳态模拟。计算选用标准 k－ε 湍流模型，基于网格优化分析确定网格的数量和分布。计算结果以多个参数分析通风效果，并改变风口高度，调查其对牛舍内环境的影响。结果发现，通风口以通风板形式所得的通风效率最高，并能为舍内提供最舒适的热环境。该模拟从理论、技术上确保了计算的准确度。首先，在网格方面，作者使用质量好、计算效率高的非结构化网格。其次，由于自然风变化无常，自然通风效果是 CFD 模拟的难点，该模拟计算区域包含一个巨大的舍外区域，以避免人为设置对计算的影响；并研究了 10 个不同风速对通风效果的影响。CFD 还可以模拟不同通风策略下畜禽舍内的热环境，从而改善舍内通风环境，优化通风策略。Wang 等（2021）用 CFD 技术模拟了 H 形笼养蛋鸡舍内开启 2～3 个风机时不同通风策略下的舍内环境分布，研究发现，开启同区域风机或同侧风机（只开上排或下排风机）时，更易集中舍内气流朝一侧排出，即提高蛋鸡舍内热环境质量，当固定开启两个风机时，优先开启同区域风机，其次选择同侧相邻区域风机，应尽量避免跨区域的风机组合。

进风口不同的形状、面积、安装位置等细节均能直接影响舍内环境，而我国地域辽阔，同一风口的结构形式无法适应不同的气候地区，使用 CFD 技术则可契合当地气候特点进行模拟研究，对于大规模养殖则尤为必要。李文良等（2007）为华北地区某大型密闭式鸡舍实现良好的空气质量和热环境条件，对

193

鸡舍进风口开启角度、安装高度和进风风速对舍内气流分布的影响进行模拟；为该鸡舍确定了一个适当的开口形式，并提出鸡舍设计时选择进风口角度与高度的合适组合，有利于进入舍内的冷空气与舍内热空气的混合。张迪然等（2008）研究了南疆地区的羊舍在冬季自然通风条件下的舍内环境。研究使用RNG 模型，近壁面处采用壁面函数法；模拟北窗开启和关闭工况下舍内的温度场和速度场。结果显示，该羊舍若开启北窗，在保证适合羊只生长温度的同时可增大通风量，故建议在冬季可适当地开启北窗。为研究适于北方气候的猪舍结构，陈文娟等（2010）使用 Fluent 软件模拟了同一猪舍 5 种不同窗口形式在自然通风下的效果。结果表明，合理的猪舍窗地比和窗口长宽比决定了通风效果；此外经实验验证，模拟值与测量值有较好的一致性，因此可用 Fluent 软件模拟分析猪舍内气流流场，优化猪舍结构。

上述研究均针对已有畜禽舍风口的改良设计，以改进自然通风效果，且仅研究风压作用下的通风模式。与 Norton 的研究相比，张迪然、陈文娟选取的计算区域相对较小，且未考虑舍外自然风变化的工况，存在一定的局限性。而自然通风作用由风压和热压构成，上述案例均未对热压影响进行研究，这也是未来研究的一个新点。

（2）CFD 模型边界条件设置研究　进出风口对流场影响较大，且模拟成功与否关键取决于边界条件的设定，模拟中常需建立多个模型与实验相比较，以建立一个更接近真实的模型。

Bjerg 等（2002）对畜舍入口的建模进行专门讨论，以研究是否可对模型作适当简化，并由实验室测量作为验证。结果表明，入口二维的假设简化了边界条件及网格结构，此法是可行的。但此研究只调查了一种风口排列方式，因此该简化方式可用范围十分有限。目前，有限的计算资源是多数模拟者的困扰，该模拟对将来的建模简化有较好的启发。V Blanes－Vidal 等（2008）通过对 4 种不同的出入口边界条件研究，分析 CFD 技术在商业化家禽建筑内通风系统的使用。结果表明，CFD 在鸡舍的使用上基本合理，在有实验支撑的情况下，CFD 模拟能够为商业化鸡舍的气流提供实用的信息。由此可见，进出风口边界的设置确对结果存在一定影响。

**2. 畜禽舍通风形式 CFD 辅助设计**　舍内流场除受到风口影响，通风形式也是流场改变的主导因素。机械通风已成为欧美国家的主流形式，主要包括横向与纵向通风两种。通风形式的选取直接影响室内空气流动的均匀性，应选择适宜研究对象的通风方式。

机械通风能按要求较好地控制舍内流场，但由于能耗较高，且一旦停电将带来重大损失，故如何有效地结合自然通风也受到了广泛关注。Ecim－Djuric 等（2010）对猪舍的通风方式进行了实验与 CFD 模拟研究，分析了通风方式的能效优化。该研究主要针对猪舍中的可吸入尘埃微粒，选取若干典型工况进行模拟，分析自然通风的使用情况。结果表明，在某些工况下，自然通风不足以引起足够的空气流动强度，需借助机械通风。能耗分析表明，夏季使用自然通风或可节约 60％的机械通风能耗。经模拟新风分布的情况，间接分析了尘埃控制状况。为给种猪提供更舒适的生长环境，贺城等（2010）对比了纵向和横向通风方式对猪舍的降温效果。模拟比较发现，从空气温度场和气流场可明显看出两种通风方式的异同，横向通风可在舍内形成均匀的气流场，且明显降低公猪栏内的环境温度，取得较好的成效。为寻求适于韩国冬季自然通风鸡舍的通风形式，韩国的 Seo 等（2009）利用 CFD 模拟结合实验，优化鸡舍传统的通风形式；Seo 首先经现场测量，取得室内的流速温度分布，找出鸡舍中不舒适的区域并分析其原因。后经反复设计并使用 CFD 模拟，得到效果最佳的通风模型，并以此为蓝本改造原有鸡舍，最后再次实地测量，考察实际效果；Seo 在模拟中植入示踪气体衰减法计算换气率，并使用 TRNSYS 程序进行建筑能量模拟。实验表明，CFD 模拟与实测结果十分接近，且改造后大大提高了热舒适度及热均匀性。此研究将试验与模拟紧密结合，不仅确保了模拟的可靠性，还将模拟投入实际使用中，使模拟成为通风设计中举足轻重的步骤。其次，该研究采用瞬时模拟，充分考虑了现场的变化因素，更贴合实际情况，有效地指导了畜禽舍的设计改进。王校帅等（2013）采用 CFD 软件对分娩母猪舍内空气质量进行模拟计算，模拟结果显示，该分娩母猪目前采用的通风方式存在弊端，导致舍内气流分布不均匀，需要改进通风方式。在我国，由于缺少相关的理论研究及技术指导，畜禽舍建筑的通风系统设计并未受到应有的重视。小型的畜禽舍建造仅依靠经验判断是否需要通风、如何通风；而大型畜禽舍通风系统的设计与安装也只能参考工民建的设计，通风系统未能在畜禽舍建筑中发挥其应有的作用。

**3. 畜禽舍空气质量 CFD 模拟**　应用 CFD 模拟技术可分析牛舍通风区域气流、实验猪舍和生产猪舍气流分布情况；但多数研究主要是为生产畜禽舍提供舍内气流分布信息，对整个畜禽舍内气流的 CFD 模拟很少，且这些研究中未对不同动物类型进行模拟预测与检验，多数只对机械通风的畜舍内 $CO_2$、PM、$NH_3$ 的单一空气污染物分布做出初步的二维模拟。Sun 等（2002）建立了高密度养殖猪舍二维 CFD 模型，用以预测猪舍内气流和 $NH_3$ 浓度分布，但二维模型不能反映猪舍内实际空气质量状况。当前欧美研究多针对畜舍温度场、气流分布及单一空气污染物的模拟，对综合空气质量（热环境条件和主要空气污染物浓度水平）的模拟和评价鲜有报道。由于欧美各国的畜禽舍热环境（温度、湿度、流速）控制水平较高，动物基本处于一个相对适宜的热环境中，因而针对高温应激或低温应激下畜舍内空气污染物对动物的影响等的研究较少。Sun 等（2004）利用 CFD（计算流体力学）模拟了高床夏季和冬季环境中的气流模式和 $NH_3$ 分布。预测得出夏季高床的 $NH_3$ 浓度远低于对动物健康产生不利影响的水平，冬季 $NH_3$ 浓度与普通深坑猪舍中的 $NH_3$ 浓度相似，超过了 17 $mg/m^3$。Guo 等（2006）建立一个三维 CFD 分散模型，模拟一个 3 000 头母猪的养殖场恶臭扩散，将实测的恶臭排放数据用于 CFD 模型，预测 30 种不同气象条件下的恶臭浓度。

CFD 技术在国内外农业建筑通风设计与环境质量评估领域已成为必然趋势。其作为一种廉价可靠的计算工具，对于大型畜禽舍的建筑设计改进显得尤为重要。

**4. 多层建筑 CFD 模拟**　多层建筑饲养的通风系统与传统畜禽舍的通风系统相似，湿帘和排风扇安装在畜禽舍相对两端，分别作为进气口和排气口。多层畜禽舍的设计中，假设每层的通风系统互相独立，实际上，通风系统应该是一个整体的系统，很难独立。尽管每层通风部件（如湿帘、风扇、挡板）是相同的，但通风性能存在差异，会导致不同楼层的通风率和室内热环境存在差异。每层畜禽舍的通风率除受楼层影响，还受周边环境的影响。通常，研究人员通过实地测量（气温、风速、相对湿度、气体浓度）来进行高层畜禽舍通风系统评估。然而，现场测量耗时费力，需要在众多高层畜禽舍中进行一系列实验，操作难度极大。因此，采用 CFD 模拟能够替代现场实验，模拟高层畜禽舍的通风性能。Wang 等（2021）采用 CFD 模拟楼房猪舍通风性能，模拟结果表明，多层猪舍间的气流模式差异不大，但每层猪舍的通风率因楼层差异而不同，一楼通风率最低，之后逐层增加。Wang 等（2022）模拟了三种楼房猪舍的通风性能，仿真结果表明，猪舍通风位置影响通风性能，在侧墙设有出风口并在竖井顶部安装风机的猪舍，其通风率比两幢每层都设有风机的猪舍低约 25%。

# 第四节 畜牧业空气污染过程控制技术三（舍内空气净化技术）

## 一、喷雾降尘技术

高压喷雾降尘是根据空气动力学原理，利用压缩空气产生的射流与水在雾化喷嘴出口处混合，水破碎成为微小的水滴形成雾团，雾团进入空气后瞬间蒸发，充分与空气混合，加速空气流动，中和空气中过量的正离子，增加负离子在空气中的含量，并且黏附粉尘后受重力作用沉降，从而起到降尘的作用。喷洒的液体一般为水、油、水油混合物或水与各种除臭菌剂的混合物等。

喷雾降尘技术在猪舍、鸡舍内均有应用。每天固定次数在猪舍喷洒一定浓度的含菜籽油的溶液，可以明显降低粉尘的浓度，PM 平均去除效率为 60％～80％。有研究表明，在鸡舍超声雾化喷洒低浓度的菜籽油，可使粉尘颗粒浓度降低 40％以上，并且单位面积的日均喷油量越大，降尘效果越好。任景乐等（2016）采用重量法探讨喷雾前后蛋鸡舍不同位置 PM 的分布与变化，结果表明粉尘在鸡舍的中部浓度最高，喷雾可有效降低 PM 浓度。Zheng 等（2012）在蛋鸡舍内使用中性电解水喷雾，与对照组比较后发现，3 h 即可降低舍内 34％的粉尘水平。Zhu 等（2005）在妊娠母猪舍内喷雾并对 PM 浓度变化进行评估，发现在喂料期间开启喷雾系统，空气中平均粉尘浓度降低了 75％。Mostafa 等（2017）评价了在育肥猪舍内喷淋水油混合物对 PM 的降尘效果，结果表明 PM 平均去除效率为 63％，使用小喷嘴的除尘效率高于大喷嘴。Chai 等（2017）在养鸡场喷洒酸性电解水来降低舍内 PM 水平，设置了 3 组喷施量并与无喷水组对照，结果发现电解水的喷施量越大，PM 的排放率越低。Nonnenmann 等（2004）在养猪场每天喷 5％的油水混合物并设置对照组来评估舍内降尘效果，结果表明平均可减少 52％的舍内粉尘，应用大豆油与菜籽油的除尘效果差异显著。

水滴能够收集 PM 的主要原理是重力沉降、惯性冲撞、扩散和拦截，其中粒子的直径决定了其主要收集原理。重力沉降适用于较大颗粒和易相互聚团的颗粒。畜禽舍中的颗粒往往具有吸湿性，当它们吸水时，往往会聚集并更快沉降。而粒径大于 5 $\mu$m 的粒子主要通过粒子与水滴的惯性撞击来收集。对于小于 5 $\mu$m 的粒子，由于扩散系数和粒径成反比，主要通过水分子的扩散去除。当粒子和水滴不再直接碰撞而是在一个粒子半径内相互通过时，就会发生拦截，导致粒子被液滴表面吸水。此外，目前没有研究显示喷雾除尘对 $PM_{2.5}$ 有效。

喷雾降尘技术除可以收集 PM 外，对 $NH_3$ 也有去除作用，由于 $NH_3$ 在水中溶解度高，因此液滴可以吸收氨。水滴对 $NH_3$ 的吸收会随水滴半径和速度的减小而增加。不过，液滴尺寸应大于 150 $\mu$m，以保证吸收效果。此外，有研究显示，喷油可使 $NH_3$ 减排 19％～30％。喷油的另一个好处是可以覆盖到垫料表面，防止 $NH_3$ 挥发到垫料上方的空气中。

喷雾降尘技术的成本低、除尘效率高，但其运行过程中存在耗水量大、喷头易堵塞、易滋生细菌、易黏附在栅栏上、不利于畜禽健康等问题。值得注意的是，喷洒频率的增加虽然可以减少 PM 排放，但也可能导致被喷洒表面变得油滑，对工作人员和畜禽造成安全隐患。此外，如喷雾溶液中使用化学消毒剂，会刺激畜禽呼吸道，影响畜禽产品质量。因而舍内喷雾降尘，要参照温度、湿度、粉尘等多种环境参数，在满足家畜健康福利要求基础上合理适度施用。

随着纳米技术的发展，喷雾除尘技术和纳米技术相结合，有助于提高除尘效率和灭菌效果。目前主要采用的纳米除尘杀菌技术是水纳米结构（EWNS）除尘杀菌技术。EWNS 可以和电喷雾技术结合，通过电喷雾系统产生纳米流体，纳米流体产生过程中，会产生活性氧（ROS），而 ROS 具有灭菌能力，可以消灭空气和物体表面的微生物。EWNS 的反应原理是通过活性氧（ROS）进行脂质过氧化反应而灭菌。脂质过氧化反应是 ROS 引起的一种氧化损伤，发生在不饱和脂肪酸共价键上的一系列自由基反应，其影响之一就是使质膜的流动性降低，从而改变膜的性质，并显著破坏膜结合蛋白。此外，EWNS 由于静电附着在 PM 表面，使粒子带电，容易沉积在电喷雾设备表面。Si 等（2018）研究了电压、EWNS 不同暴露时间、液体流速、pH 和电导率对禽类养殖场细菌失活率的影响。Yang 等（2022）开发了电喷雾产生的 EWNS 设备，利用高电荷纳米水滴去除实验室环境内畜禽产生的 PM，$PM_{15}$ 的去除效率为 75%。

## 二、静电除尘技术

静电除尘技术（ESP）是养殖场气体除尘方法中的一种。其原理是静电粒子电离（EPI）利用电极连接高压电后产生电晕效果，放出自由电子和离子使 PM 带电，大气中的带电 PM 受到周围电场力的作用向集尘区聚集，从而实现 PM 的收集减排。

ESP 与等离子体技术的不同点在于，ESP 是利用强电场使 PM 带电，带电 PM 被电极板吸附，进而达到除尘目的。而等离子体技术是利用高能电子与污染物发生的物化反应，起到清除污染物的目的。

ESP 按照不同的除尘方式，可分为静电空间电荷系统（ESCS）、干式静电除尘器（DESP）和湿式静电除尘器（WESP）等。

ESCS 一般安装在天花板等不易接触的位置，对人畜无干扰，维护要求低，但除尘效率低。刘滨疆等（2005）采用 ESCS 对仔猪保育舍与笼养蛋鸡舍进行影响评估，结果表明静电空间电荷系统能去除 70%～94% 的粉尘与 50%～93% 的微生物。孙利（2016）研究了 ESCS 对鸡舍内环境改善的作用，并比较了功率对除尘效率的影响，结果表明，与对照鸡舍相比，安装 ESCS 能显著降低鸡舍内粉尘（$P<0.05$），在高功率下空气净化效率较高。李永明等（2017）在保育猪舍内安装 ESCS，结果表明能够显著增加空气中负离子的浓度（$P<0.01$），同时显著降低空气中各种粒径的粉尘含量（$P<0.01$）。Ritz 等（2006）设计了一种 ESCS 用于减少商品肉鸡舍的粉尘排放，设置对照组对比后发现 ESCS 平均降低了空气中 43% 的粉尘。闫怀峰等（2017）在猪舍天花板安装 3DDF‐450 型号 ESCS，与对照猪舍相比，减少了空气中 67.6% 的 TSP。王树华等（2017）在保育猪舍内使用 3DDF‐450 型 ESCS，与对照猪舍对比后发现，该系统最大可降低 72.59% 的舍内 TSP 浓度（$P<0.01$）。徐鑫

等（2010）在试验蛋鸡舍内安装了 10 套 300 型 ESCS，与对照蛋鸡舍比较后发现舍内粉尘的平均质量浓度降低了 35.9%。Nicolai 等（2009）比较了装有 ESCS 与未安装的猪舍内粉尘含量，发现 ESCS 平均减少了 63% 的舍内 PM。张开臣等（2004）利用 8 套 3DDF - 300 型 ESCS 对一平养肉鸡舍的粉尘和微生物进行控制，结果表明其对粉尘与微生物的去除率分别为 97.8% 与 90%。Dolejs 等（2006）使用 ESCS 对奶牛舍进行降尘，结果表明奶牛舍内粉尘浓度降低了 12.7% ~ 26.2%。吴新（2006）利用空气电净化技术构建了一套 ESCS，在封闭式保育猪舍内进行试验，结果表明该系统能够去除 70% 的粉尘。焦洪超等（2017）利用 ESCS 在鸡舍施加人工负离子，设置对照组并研究了其对粉尘的清除效率，结果表明空气负离子可以显著降低舍内粉尘含量，且其对粒径大于 $1~\mu m$ 的粉尘清除效率较高。Mitchell 等（2004）采用 ESCS 在鸡舍内除尘，除尘效率为 60%，细菌去除率为 76%，$NH_3$ 排放量减少 56%。

DESP 系统利用分布板使气流均匀分布，通过高压电场使气流中的 PM 带电，并受电场作用向阳极板运动，吸附于阳极后通过振打的方式使 PM 震落于灰斗中。研究表明，DESP 对直径为 $1~10~\mu m$ 颗粒的收集效率可以高达 99%，但对直径 $0.5~1~\mu m$ 颗粒的收集效率却很低。对于粒径小于 $1~\mu m$ 的 PM 收集效率较低限制了 DESP 的应用。Winkel 等（2015）比较了商用干式过滤器和 DESP 对禽舍粉尘的去除效率，结果表明 DESP 对粉尘的去除效果更好，能平均减少 57% 的 $PM_{10}$ 与 45.3% 的 $PM_{2.5}$。Manuzon 等（2014）运用 CFD 技术优化 DESP，并在试验室以及现场条件下评估优化后的除尘器对禽舍 PM 收集效率，发现优化后除尘器的总收集效率可达 89%（实验室）与 82%（现场）。Chai 等（2009）使用优化后的 DESP 对禽舍除尘，总降尘效率最高可达 79%。

WESP 表面水雾不但可以过滤掉污染物，且可以防止收集器表面形成一 PM 层。WESP 通过水雾在一定程度上提高电场特性，大大提高了对 PM 的收集效率，尤其是对小粒径的 PM 过滤效率更高。Andreev 等（2017）采用 WESP 清除畜禽舍内 PM，提出二级 WESP 具有更好的除尘效果。Lamichhane（2006）用 WESP 去除猪粪中的恶臭气体，结果表明，WESP 在合理电力消耗下，最高可达 73.33% 的 $H_2S$ 去除效率。

Cambra - Lopez 等（2009）在肉鸡舍内采用 ESP 并评估了其对 PM 分布的影响，结果表明电离系统能有效减少畜舍 PM 的排放。Bundy 等（1974）对猪舍内静电除尘的研究表明，猪舍内采用 ESP 的效果与正常通风控制 PM 的效果相当。Baidukin 等（1979）对禽舍内采用小型 ESP（气流速度 $0.5~m^3/s$）的除尘效率进行测试，对于 $8~\mu m$ 的粒径，除尘效率为 90%；对于 $3~\mu m$ 的粒径，除尘效率仅为 50%。此外，有 80% 的细菌被去除。在畜禽舍中使用 ESP 技术不仅能起到降尘的作用，还能杀死悬浮或吸附在 PM 上的微生物。在多数测试中，ESP 仅在舍内单点放置，且粒子计数器靠近除尘装置，因此试验效率可能高于实际效率。此外，众多文献中的 ESP 效率有很大不同，这可能是由于畜禽舍参数（如温湿度、PM 特定等）不同所造成的结果差异。此外，当集尘板上形成 PM 层时，会影响除尘效率。

目前，畜牧养殖业主要应用 ESP，虽然可以将粉尘收集至天花板、地面或其他金属表面上，降低空气中的粉尘浓度，但并没有减少粉尘的总量，存在除尘效率低、二次扬尘等问题。ESP 存在一定的操作风险，因为 ESP 通常在高静电势下工作，房间汇总的高离子浓度会在表面产生高压静电，由此产生的火花可能会对人造成危险或引起火灾。此外，高浓度的带电离子会导致过量的 PM 附着在金属表面，需要频繁清洁和维护。ESP 也可能产生如臭氧、过量离子等室内污染物，此类室内污染物会对人畜健康产生影响。DESP 和 WESP 的除尘效率总体高于 ESCS，但也存在二次扬尘、能耗高、投入与维护成本高等问题。

### 三、微酸性电解水技术

畜禽舍内除含有大量臭气、PM 外，还有大量病原微生物（细菌、真菌、病毒）。它们不仅危害人和动物的健康，还有通过空气传播造成疫病暴发的风险。因此，降低畜禽舍内空气中病原微生物浓度是改善畜禽舍空气质量的关键途径。

向畜禽舍内喷洒微酸性电解水（SLAEW）可以降低空气中病原微生物和 PM 浓度。微生物电解水是通过电解经过稀释的氯化钠（NaCl）或盐酸（HCl）溶液而得到的，因其中含有氯，因此具有良好的杀菌效果。SLAEW 的杀菌效果与有效氯浓度（ACC）和喷洒剂量有关。

SLAEW 的制备方法分为无隔膜法和有隔膜法。目前普遍采用无隔膜法制备 SLAEW。无隔膜法通常将稀释的 NaCl 溶液，或 NaCl、稀 HCl 的混合液加入电解槽中，在外加直流电作用下，阴阳两极发生化学反应而生成。以稀释对的 NaCl 和稀 HCl 混合溶液为例，电解化学反应为：

阳极：

$$H_2O \longrightarrow \frac{1}{2}O_2 + 2H^+ + 2e^-$$

$$2Cl^- \longrightarrow Cl_2 + 2e^-$$

$$Cl_2 + H_2O \longrightarrow HCl + HClO$$

阴极：

$$2H^+ + 2e^- \longrightarrow H_2$$

$$2H_2O + 2e^- \longrightarrow H_2 + 2OH^-$$

$$Na^+ + OH^- \longrightarrow NaOH$$

在电解水中的氯常以 $Cl_2$、$ClO^-$ 和 $HClO$ 三种形式存在，其中 $HClO$ 的杀菌效果最好。在 pH 为 5.0～6.5 时，SLAEW 中的 ACC 几乎均以 $HClO$ 的形式存在。

SLAEW 喷雾可以减少空气中 33%～64% 的微生物。有研究表明，ACC 为 80 mg/L 的电解水（pH 约为 7）的杀菌率可达 80.2%。此外，SLAEW 喷雾过程中，还有一定降尘作用，可用于减少畜禽舍内的粉尘。有学者研究表明，SLAEW 可有效减少散养鸡舍内的粉尘和微生物。

## 四、生物净化技术

微生物空气净化技术具有对环境适应能力强、应用范围广、除臭效果较持久等优势，已经应用于大气污染治理、垃圾填埋场等多个领域，可应用于养殖场各阶段的臭气治理控制。但该技术在有益微生物间、益生菌及土著微生物间的具体关系、作用原理、代谢产物等方面还有待明确。当利用多种有益微生物进行除臭时，根据检测粪便菌落结构筛选和培养高效的除臭微生物也亟待进一步探究。此外，复合菌剂的安全性、菌株组合方式等都有待验证。

畜禽舍内，微生物净化技术主要有生物喷洒法、生物发酵床养殖两种。

### （一）生物喷洒法

在畜禽舍内空气污染过程控制中，可通过微生物喷洒方式除臭。将微生物按一定比例稀释，对畜禽舍或畜禽排泄物喷洒，能降低有害气体浓度，但同时也会增加总细菌数。

有学者用生物添加剂在封闭猪舍内喷洒，结果发现空气中总细菌含量比喷雾前的初始水平更高，这可能是由喷洒的微生物添加剂产生的细菌雾化液滴造成的。Kim 等（2014）利用添加一定浓度解淀粉芽孢杆菌的喷雾对 $NH_3$、$H_2S$ 和 $SO_2$ 进行减排试验，结果表明每天 1 次喷洒 10% 的解淀粉芽孢杆菌喷雾为最佳。将乳酸菌、枯草杆菌及肠球菌属等益生菌，经培养后所得的混合菌液喷洒在猪舍，能够降低舍内臭气浓度。微生物喷洒减排的潜在作用机理，还需要通过评估粪便细菌群落结构和粪便 pH 来进一步探究，目前尚未有更多研究报道。

### （二）生物发酵床养殖

生物发酵床技术是按一定比例将微生物菌种与锯末、碎秸秆、稻壳及辅助材料等混合，通过发酵形成有机垫料，将有机垫料置于特殊设计的畜禽舍内，畜禽长期生活在有机垫料上，排泄物能与垫料充分混合，利用微生物对粪污进行降解、吸氨固氮而形成有机肥，同时促进舍内良性微生态平衡，改善舍内环境。日常管理中不需要对畜禽粪污进行人工清理，实现畜禽粪便减排的目的

（图 4-7）。该技术最初源于日本，后来在日本和荷兰得到推广和应用，20 世纪 90 年代，在世界各国得到应用和推广。

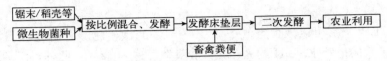

图 4-7　生物发酵床工艺流程图

**1. 猪舍发酵床**　生猪养殖发酵床是直接将干垫料原料与菌剂搅拌混合，不加水，也不提前发酵，直接铺进猪圈内。此外，也可以将垫料与微生物菌剂搅拌混合，加入适量水，提前发酵一定时间，再铺进猪圈的方法。

发酵床原料应选择吸附性好、通透性强的材料作为主要原料。锯末、稻壳、秸秆粉可作为基质原料，同时为加快微生物发酵的进程，保证发酵效果，可选择添加米糠、泥土、麦麸、磷酸氢钙等辅助原料。锯末和稻壳的比例约为 1∶1 或 6∶4，还可以根据当地农作物产出情况，适当配比花生壳、玉米芯、秸粉等其他原料。垫料按比例混合后，加入一定量米糠（2～3 kg/m³）及活性剂，搅拌均匀，搅拌过程中在垫料表面不断喷水，要求垫料最后的含水率为 45%～55%。发酵 5～7 d 后，垫料内部温度可达到 50～70 ℃，即发酵成功。

发酵床菌种的选择至关重要，菌种的配比、活性及适应性等直接影响发酵床的使用效果及有效年限，若菌种选择不当，微生物分解粪便能力差，会减少发酵床使用寿命，甚至将发酵床变为死床。菌种一般由集中菌组合而成，包含抑制大肠杆菌繁殖的乳酸菌、将硝态氮转为氮气的反硝化细菌、对生产过程中多种致病菌有抑制作用的枯草芽孢杆菌、分解糖类的酵母菌、分解蛋白的丝状真菌、固定碳素的光合细菌等。应选择代次低的菌种，菌种代次越高，发生变异的概率越大，降解除臭能力越差。因此发酵床需要定期补充菌种。目前发酵床菌种来源主要三个方面：①日本洛东酵素，在日本已使用 30 多年，占日本养殖总量的 60% 以上，包含纳豆芽孢杆菌、酵母菌、蛋白酶、淀粉酶等成分。②国内 EM 菌。③规模养殖场采集、自行制备的菌种。

将发酵好的垫料均匀平铺在猪圈垫料区，再均匀喷洒菌剂，24 h 后即可放入猪饲养。垫料高度以 60～90 cm 为宜，不能低于 60 cm。保育猪垫料高度比育肥猪低，夏季垫料高度比冬季低。

Philippe 等（2013）研究了生物发酵床养猪的 $NH_3$ 和温室气体排放，与全发酵床相比，在部分发酵床上饲养的母猪其生产性能没有显著差别，且 $CO_2$ 的排放量显著降低。段淇斌等（2011）研究认为，生物发酵床能够有效降低猪舍内 $NH_3$ 和 $H_2S$ 的浓度。Wei 等（2010）对有生物发酵床的猪舍内的空气质量进行了评估。Groenestein 等（1996）连续 112 d 测定生物发酵床育肥舍和传

统育肥舍的 $NH_3$ 排放，$NH_3$ 排放率分别为 0.29 g/（h·头）和 0.36 g/（h·头）。Jeppsson 等（1999）测定不同秸秆生物发酵床的 $NH_3$ 排放，$NH_3$ 平均排放率为 0.54 g/（h·$m^2$）。王福山等（2010）分析测定了猪场发酵床垫料中重金属含量，发现垫料中 Cu、Zn 含量高，且随时间延长，垫料中重金属有累积趋势。

**2. 禽舍发酵床**　家禽养殖可采用原位发酵床（垫料不提前发酵）和网下生物发酵床。以养鸡为例，养鸡分为散养和笼养，散养直接制作原位发酵床即可。笼养需采用异位发酵床，以三层笼养模式为例，中间的空间部分可制作发酵床，使鸡床分开，这样鸡不会直接在发酵床上活动，同时发酵床的功效也能得到最大限度发挥。家禽用生物发酵垫料中稻壳占比不超过 30%，垫料厚度不低于 40 cm，需定期翻耙发酵床，翻耙次数每周至少 1 次，保证垫料和粪污充分混合。发酵床水分要控制在 30%～40%，定期补菌。

**3. 发酵床存在的问题**　生物发酵床养殖能够对畜禽粪便进行无害化处理，减少粪便向空气中排放污染物，作为一种微生物养殖技术，值得推广。但目前生物发酵床养殖技术也存在一些问题：①技术难度要求高。微生物发酵，温度、湿度及通风等条件要求高，养殖过程中如操作不当，极易降低发酵床的使用功效和使用寿命，甚至出现"死床"。②养殖成本高。对于原畜禽舍改建发酵床，需增加改建成本。发酵床密度不宜过高，较同等面积的普通养殖场养殖密度低，从而导致成本增加；而且微生物菌剂的成本价格高，也提高了养殖成本。③垫料供需问题。发酵床垫料以锯末、稻壳、秸秆粉为主，若发酵床技术广泛推广，需考虑锯末等原料的供应及价格问题。④防疫难。由于发酵床不能使用化学消毒剂和抗生素类药物，因此当动物发生疾病时，是否用药成为两难选择。⑤垫料易引发疫病。若水分含量过低，锯末、秸粉等粉状物易在动物进食时进入呼吸道，引发呼吸道疾病；若水分含量过高，宜引发寄生虫病和皮肤病。⑥垫料难以循环利用。使用过的垫料中铜、锌等元素含量过高，难以作为肥料循环利用。

## 五、臭氧氧化技术

臭氧（$O_3$）具有较强的氧化性，与恶臭组分接触时可以将其化学键断裂氧化，破坏内部结构，以达到除臭的目的。常温常压的条件下，$O_3$ 能够快速分解出大量的氧分子和氧原子，与 $H_2S$、$NH_3$、硫醇等臭气组分反应，生成氮气、水等无害物质。此外，$O_3$ 还能起到杀菌消毒作用。

$O_3$ 的剂量取决于污染物的种类和浓度。当污染物浓度很高的时候，$O_3$ 不能完全氧化这些污染物，同时残余的 $O_3$ 本身也是一种污染物，高水平的 $O_3$ 环境会对人畜造成损失。在 $O_3$ 与含硫恶臭气体反应后，会有如 $SO_2$ 等高阈值有臭味气体生成。所以经 $O_3$ 分解后气体臭味可减轻，但需要配合碱吸收等后续工艺才可基本消除臭气。该法适用于处理大气量、中高浓度的臭气。$O_3$ 氧化的运行费用主要是用以生成 $O_3$ 所需的电耗。

$O_3$ 氧化技术也可用于沼液中污染物治理。$O_3$ 主要是降低沼液中 COD 浓度，对于沼液中的氮，能将水中氨氮转化成硝态氮，减少氨氮转变成 $NH_3$ 造成空气污染。

Alkoaik（2009）用 $O_3$ 处理动物粪污中的恶臭，结果表明，$O_3$ 对减少粪污中的臭味有明显效果。

使用 $O_3$ 杀菌的关键问题是 $O_3$ 的毒性非常大，如果人和动物长期暴露在臭氧环境中，会受到伤害甚至死亡。$O_3$ 排放到空气中也会污染环境。此外，高浓度的 $O_3$ 具有腐蚀性。因此，畜禽舍内应用 $O_3$ 氧化技术的适用性还有待进一步探讨。值得一提的是，目前很多采用 $O_3$ 杀菌技术的厂商用等离子体技术作宣传，有"挂羊头卖狗肉"之嫌，对用户形成误导，因此，用户采用此类技术时，应进行仔细鉴别。

舍内空气净化技术见表 4-3。

表 4-3　舍内空气净化技术

| 类别 | 原理 | 去除效率（%） | 主要去除物 | 优点 | 缺点 |
|---|---|---|---|---|---|
| 喷雾降尘 | 根据空气动力学原理，水雾黏附粉尘后受重力作用沉降，从而起到抑尘的作用 | 18~85 | PM、$NH_3$ | 成本低、除尘效率高、设备简单 | 喷雾后油、化学试剂会影响舍内环境 |
| 静电除尘 | 利用电极连接高压电后产生电晕效果，放出自由电子和离子使 PM 带电，大气中的带电 PM 受到周围电场力的作用向集尘区聚集，从而实现 PM 的收集减排 | 12.7~90 | PM | 除尘效率高 | 存在二次扬尘，设备需定期维护 |
| 微酸性电解水 | 通过电解经过稀释的氯化钠（NaCl）或盐酸（HCl）溶液而得到的，因其中含有氯，所以具有良好的杀菌效果 | 33~80.2 | 微生物、PM | 同时具有降尘杀菌效果 | 对臭气处理效果有待研究 |

（续）

| 类别 | 原理 | 去除效率（%） | 主要去除物 | 优点 | 缺点 |
|------|------|-------------|-----------|------|------|
| 生物喷洒 | 将微生物按一定比例稀释，对畜禽舍、畜禽及其排泄物进行喷洒 | — | 臭气 | 成本低、操作简单 | 可能会增加舍内细菌量 |
| 生物发酵床 | 按一定比例将微生物菌种与锯末、碎秸秆、稻壳及辅助材料等混合，利用微生物对畜禽粪污进行降解、吸氨固氮而形成有机肥 | 19.7～54 | $NH_3$、$H_2S$、$CO_2$ | 粪污无害化处理 | 技术要求高、成本高、防疫难 |
| 臭氧氧化 | 臭氧具有较强的氧化性，与恶臭组分接触时可以将其化学键断裂氧化，破坏其内部结构，以达到除臭的目的 | 30 | $NH_3$、$H_2S$、硫醇 | 强氧化剂，除臭的同时有消毒杀菌效果 | 臭氧本身是污染物，且会产生二次污染物 |

# 第五节 畜牧业空气污染末端治理技术一（排出空气净化技术）

## 一、空气洗涤技术（酸性洗涤器）

空气洗涤器分为酸性洗涤器和生物洗涤器两种类型。本节介绍酸性洗涤器，生物洗涤器将在"二、生物除臭技术"中介绍。

对于畜禽舍和堆肥车间等排出空气的污染控制，可采用在畜禽舍和堆肥车间排气口处安装空气洗涤器的方法。空气洗涤器的作用类似于滤网，通过化学、生物或生物化学组合的方法过滤臭气，臭气通过滤床，其中水溶性的成分得以去除。

最初的空气洗涤器仅用水作为介质，清洗过滤空气。气体和液体之间的接触能够使可溶性污染物从气相传递到液相。后来，在循环水中加入酸来减少 $NH_3$ 的排放，即形成了酸性洗涤器。这种洗涤器内填充耐酸的多孔材料，通过这些材料连续或间歇循环酸性水（pH 通常小于 4），并在洗涤器运行过程中添加清水使吸收液浓度保持在一定的范围内。

$NH_3$ 在酸性水中被转化为 $NH_4^+$，酸性洗涤器可将 $NH_3$ 浓度降低 90% 以上，同时可减少空气中的微生物。酸性洗涤器在去除臭味方面效果较差，这可能是由于臭气中含有多种化合物，其中一些化合物不能被酸性水溶液捕获。

空气洗涤器应用于机械通风的畜禽舍和堆肥车间等处，其工作原理如图4-8。舍内的空气通过风机被吸入管道中，并进行逆流或交叉流入空气洗涤器中。空气洗涤器前端需要有一个长度大于3 m的压力室，用以平衡气流和污染物浓度。空气洗涤器应能够满足风机的最大通风量或最大污染物负荷。洗涤液均匀地分布在洗涤器的顶部，填料需均匀、湿润、无干燥点，避免未被清洗的臭气逸出。洗涤水可以循环使用，当洗涤水中积累过高的污染物浓度时，需要排出洗涤水。为维护系统运行的稳定性，需要在缓冲罐或再循环管线中使用pH传感器或EC电导率传感器连续测量，控制溶液中酸的用量。缓冲罐中还装有液位传感器，用于检测淡水量，及时添加淡水。洗涤器后面配置除雾器，以防止小液滴从空气洗涤器中逸出。

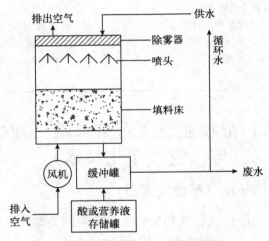

图 4-8　逆流式空气洗涤器示意图

酸性洗涤器中常使用硫酸去除氨，硫酸与氨反应的方程式如下：
$$2NH_4OH + H_2SO_4 \longleftrightarrow (NH_4)_2SO_4 + 2H_2O$$

当溶液中硫酸盐的含量超过其最大溶解度时，硫酸铵会发生沉积，导致洗涤器堵塞。

一般来说，酸性洗涤器在去除$NH_3$和微生物方面更有效，而生物洗涤器在去除臭气方面更有效。在机械通风的猪舍，使用硫酸溶液的酸性洗涤器对$NH_3$的去除效率可达$70\%\sim99\%$，生物洗涤器对$NH_3$的去除效率为$64\%\sim86\%$。

如果使用单级酸性或生物洗涤器效果有限，可选择二级或多级空气洗涤器组合使用，多级空气洗涤器可以去除不同类型的污染物，如$NH_3$、臭气及PM

等。同时可以引入水帘作为空气进入填料前的除尘预处理，防止填料孔被灰尘堵塞，酸性和生物洗涤过程交互使用可以有效地重复使用循环水，如将生物洗涤器放在化学洗涤器后，因为生物洗涤水中含氮量低，可循环到前端化学洗涤器中继续使用。有数据表明，多级空气洗涤器对 $PM_{10}$ 的平均去除率为 62%～93%，对 $PM_{2.5}$ 的平均去除率为 47%～90%。

## 二、生物除臭技术

微生物的过程除臭是指对畜禽舍内恶臭来源物、舍内及舍外的排气、粪污处理间的排气等进行除臭，主要有生物过滤法，微生物喷洒等方式。对于养殖场恶臭气体的去除，采用生物除臭技术成本较低、操作简单、技术清洁、无二次污染。

养殖场恶臭空气污染物成分不同，其分解产物不同，不同种类的微生物分解代谢得到的产物也不一样。对于不含氮物质如苯酚、羧酸、甲醛等，其最终产物是 $CO_2$ 和 $H_2O$；对于含硫的污染物，在好氧条件下被氧化分解为硫酸根离子和硫；对于含氮恶臭污染物，经氨化作用释放出 $NH_3$，可被亚硝化细菌氧化为亚硝酸根离子，再进一步被硝化细菌氧化为硝酸根离子。

### （一）生物洗涤法

生物洗涤法又称生物吸收法，由吸收塔和生化池两部分构成（图 4-9）。

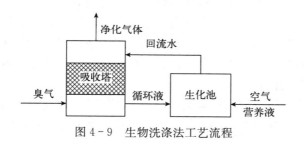

图 4-9  生物洗涤法工艺流程

生物洗涤器结构与酸性洗涤器类似，只是多孔填料内含有微生物，而不是酸。在吸收塔内利用喷淋或曝气的方式使臭气和微生物充分接触，最终污染物被微生物分解。当气相阻力较大时，采用喷淋方式；液相阻力较大时，采用曝气方式。

生物洗涤器去除氨的过程是洗涤水中的氨被缓慢氧化成亚硝酸盐，再氧化成硝酸盐，即通常所说的硝化反应。这些转化分别由氨氧化细菌（AOB）和亚硝酸盐氧化细菌（NOB）进行，微生物悬浮在洗涤液表面或吸附在生物膜上。除硝化反应外，生物洗涤器还包括一个反硝化反应，将硝酸盐转化为氮气。

对于 VOCs 的处理，生物过滤法适用于处理含硫有机物、含氮有机物、单环芳烃、氯代烃、短链烃类、酮、醛、醇及羧酸等。

生物洗涤器的 pH 必须保持在微生物的有利范围内，通常为 6.5～7.5。生物洗涤器去除臭气效果比化学洗涤器好。但该方法用水量大，且启动时间长，占地面积大，耗能高，运行成本较高，因此在畜禽养殖业应用受到限制。

### （二）生物过滤法

生物过滤器中的多孔填料表面覆盖有生物膜，臭气流经填料床时，通过扩散把污染成分传递到生物膜，并与膜内的微生物接触而发生生化反应，从而降解污染物。与生物洗涤法不同的是，生物过滤器中的填料是由有机材料组成。生物过滤器中的微生物可以氧化恶臭气体中的 VOCs 及易氧化的非有机气体成分，形成水、$CO_2$ 和矿物盐等成分。生物过滤的效率取决于温度、微生物所需养分、湿度、气体流速和 pH。除了主要微生物菌群的作用外，一些微生物分泌酶对大分子气体化合物也有着高效的降解作用。

生物过滤器由生物过滤器介质、管道系统、配风室和风机组成。恶臭气体经由畜舍墙面及粪坑的排风口，通过生物过滤器提供的负压从管道排出后，将气体均匀分布于生物过滤器介质上。当气体经过生物过滤器时，与过滤器介质接触并被吸附到生物膜上被好氧微生物降解。

目前养殖场采用生物过滤手段去除臭气的研究是针对猪场，而在禽场中的应用较少，这可能是由于禽舍中粉尘含量高，PM 填充孔隙的速度会超过微生物分解消耗 PM 的速度，生物过滤器使用一段时间后将导致过滤性能下降。生物过滤器也不适合处理直接从畜禽舍排出的臭气，因为高浓度的粉尘和氨浓度会导致游离亚硝酸积累和快速酸化。因此如果要在畜禽舍排气处使用生物过滤器，需要在生物过滤器前端加装预过滤系统，防止大尺寸粉尘堵塞孔隙。

### （三）生物滴滤法

生物滴滤法即填充塔型脱臭法，将溶解的污染物通过微生物分解转化为其他物质，以此达到除臭减排的目的。此法被认为是介于生物过滤法和生物洗涤法之间的处理方式。

生物滴滤法与生物过滤法不同之处在于：①生物滴滤塔填料比表面积大，有利于微生物的大量增殖生长，且使用的填料为惰性填料，如聚丙烯小球、陶瓷、木炭、塑料等不易降解；②滴滤器顶部设有喷淋装置，水从顶部喷淋下来，并逐步流过滴滤塔填料，从而降低了床层阻力，便于控制过滤器内的 pH 和营养液浓度。因此，滴滤塔比生物滤池填料空隙多，而所用的惰性材料不会与恶臭气体发生反应，一般不需要更换。生物滴滤塔喷淋系统的营养液能够满足微生物正常生长，且能够带走代谢产物。

恶臭气体经过或不经过预处理，进入生物滴滤塔，湿润的恶臭气体经过填料层时，水溶性恶臭污染物溶于水，被循环液和填料表面附着的微生物所吸附、吸收、降解，从而达到除臭的目的。生物滴滤法的工艺流程见图4-10。

在生物滴滤塔运行中，气液充分接触，传质效率高，单位体积填料承载的生物量比生物过滤器高，更适合净化流量较大、浓度较低的含氨臭气。

生物滴滤塔中，只有针对某些恶臭物质而降解的微生物附着在填料上，而不会出现生物过滤器中混合微生物群同时消耗滤料有

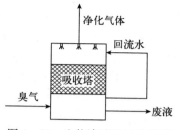

图4-10 生物滴滤法工艺流程

机质的情况，因而池内微生物数量大，惰性滤料可以不用更换，而且它造成的压力损失也较小，同时生物滴滤池的操作极易控制，适合处理低浓度臭气。不过，生物滴滤塔需要不断投加营养物质，使它的应用受到一定限制。

### 三、光催化技术

光催化技术从1972年被首次提出，如今已经得到了几十年的发展，具有节能高效、操作简单、无毒无害、减少二次污染物产生等明显的优势。光催化过程本质上是光诱导的氧化-还原反应过程。光催化与传统技术相比，有以下特点：①光催化技术是低温深度反应技术，可在室温下发生氧化反应，与水、空气和土壤中的有机污染物发生反应，生成 $CO_2$ 和 $H_2O$ 等产物。②光催化可利用紫外线或太阳光作为光源来活化光催化剂，驱动氧化-还原反应，达到净化目的。

光催化材料分为半导体系列光催化剂，固体光催化剂两种。

半导体在光的照射下，能将光能转化为化学能，促使化合物合成或分解的过程称之为半导体光催化。半导体光催化剂有二氧化钛（$TiO_2$）、氧化锌（$ZnO$）、硫化锌（$ZnS$）、硫化镉（$CdS$）、硫化铅（$PbS$）、三氧化二铁（$Fe_2O_3$）等。在众多半导体光催化剂中，考虑到光腐蚀和化学腐蚀的影响，实用性能较好的光催化剂有 $TiO_2$ 和 $ZnO$，其中 $TiO_2$ 的应用最为广泛，它具有化学性质稳定、氧化-还原性强、抗腐蚀、无毒且成本低等特点。$TiO_2$ 等光催化剂在紫外光激发下产生具有强氧化性的价带空穴和强还原性的导带电子，直接与反应物作用，最终将恶臭物分解为 $CO_2$、$H_2O$ 等无机小分子。

除 $TiO_2$、$ZnS$ 这类金属氧化物、金属硫化物作为光催化剂外，还有负载型及掺杂型光催化剂，可以有效提高光催化剂的适用范围、光催化效率和性能，如石墨相氮化碳（$g-C_3N_3$）光催化剂、石墨烯/半导体复合光催化剂等，都是近年被广泛研究的光催化剂种类。

下面以 $TiO_2$ 为例，简述半导体光催化法的催化原理。

TiO₂ 材料在波长小于或等于 387 nm 的光照射下，产生光生电子（e⁻）和光生空穴（h⁺）。将单个 TiO₂ 粒子看成近似小型短路的光电化学电池，则在电场力的作用下，光生电子（e⁻）和光生空穴（h⁺）迁移到 TiO₂ 表面不同的位置。光生电子（e⁻）易被水中溶解氧等氧化物捕获，生成超氧自由基·O₂⁻；光生空穴（h⁺）则可氧化吸附于 TiO₂ 表面的有机物或先把吸附 TiO₂ 表面的 OH⁻ 和 H₂O 分子氧化成羟基自由基·OH；·OH 和·O₂⁻ 的氧化能力极强，几乎能够使各种有机物的化学键断裂，因而能够氧化绝大部分有机物及无机污染物，将其矿化为无机小分子、CO₂ 和 H₂O 等物质。

TiO₂ 催化剂可在空气净化、水净化、抗菌等方面应用，其对 NH₃ 具有很好的去除效果。许多学者用 TiO₂ 的不同掺杂方式研究其对 NH₃ 的脱除影响。例如，将 TiO₂ 和纳米铜颗粒分散在 SiO₂ 微孔中，得到一种 Cu/TiO₂/SiO₂ 复合催化剂材料。铜纳米颗粒表面会富集大量的电子，减少电子和空穴的复合，使更多的电子-空穴对参与催化反应，从而提高催化活性。而 SiO₂ 不仅能作为催化剂的载体，还是一种优秀的吸附材料，能将 NH₃ 吸附在催化剂表面，从而提高光催化效率。

TiO₂ 催化剂也可以有效去除 H₂S。将活性炭吸附与 TiO₂ 光催剂复合，可以得到接近 100% 的 H₂S 净化率。将 TiO₂ 负载在天然海泡石黏土上，能够吸附大量 H₂S，仅需太阳光照射就能进行 H₂S 脱除，而且通过催化剂水洗的方法就可以快捷地恢复其催化性能。

TiO₂ 光催化技术可快速地去除 VOCs，在空气治理方面已经有了大量的研究和应用。但是，光催化脱除 NH₃ 和 H₂S 等恶臭气体时，催化剂活性容易降低，并且容易产生二次污染物，例如氮氧化物和硫氧化物等（表 4-4）。

表 4-4　光催化主要副产物清单

| 去除气体 | 光催化后主要的副产物 |
|---|---|
| NH₃ | $N_2O$、$N_2$ |
| H₂S | $SO_2$、$SO_4^{2-}$ |
| CH₄ | $CH_3OH$、$H$、$C_2H_6$、$C_2H_4$、$CH_2O_2$、$CO_2$ |
| CO₂ | $CH_4$、$CH_3OH$、$HCHO$、$CO$ |
| N₂O | $N_2$、$O_2$ |
| O₃ | $O_2$、$O$ |
| VOCs | 部分氧化物、$CO_2$、$H_2O$ |

光催化反应器除在畜禽舍空气污染物治理方面应用以外，还可以用于厌氧消化产物沼液的净化处理，对沼液进行脱氮脱硫，减少沼液中的氮硫等污染物

空气排放量。

Guarino 等（2008）连续 28 d 监测了母猪分娩室，与未涂有 $TiO_2$ 催化涂料的房间相比，涂有 $TiO_2$ 催化涂料的房间 $NH_3$、$N_2O$、$CO_2$ 和 $CH_4$ 的浓度分别降低了 30.37％、3.92％、10.52％、15％。Yao 等（2015）评估了光催化反应器对与养殖场相关的 4 种还原硫化物、1-丁醇和 4 种 VFAs 的去除效率。结果表明，除 $H_2S$ 外，所有恶臭化合物的去除效率均高于 80％。Lee 等（2021）设计了一个移动实验室，该实验室应用基于 $TiO_2$ 的光催化技术处理臭气，处理后的臭气中 $NH_3$ 和正丁醇浓度分别降低了 9％和 34％。Maurer 等（2019）将 $TiO_2$ 作为光催化涂层和长波紫外线光的光催化反应器安装在猪舍排气管下游。结果表明，该装置可有效减少恶臭气体。处理后的臭气中，甲酚、恶臭气体、$N_2O$ 的排放量分别减少 22％、16％和 9％，但 $CO_2$ 的排放量有所增加。Pu 等（2018）研究表明，基于 $TiO_2$、石墨烯、石墨烯-$TiO_2$ 复合材料的光催化反应对氨的降解率分别为 72.25％、81.66％、93.64％。Lee 等（2020）用 $TiO_2$ 涂层和紫外光灯的光催化反应器放置在家禽粪污收集处。结果表明，光催化对 $NH_3$、$N_2O$、$O_3$、VOCs 和恶臭有降低作用，但对 $H_2S$、$CH_4$、$CO_2$ 无影响。

# |第六节| 畜牧业空气污染末端治理技术二

## 一、粪污处理技术

### （一）粪污预处理

**1. 固液分离**　对猪粪、鸡粪等含水率高的粪污进行固液分离，可降低粪便的含水率，减少粪污存储中 $NH_3$ 的排放。固液分离出的固体物质可制成有机肥，分离后的污水中 COD 的浓度明显下降，有利于后期污水处理。固液分离后，由于可避免液体部分表面形成壳，所以可以降低粪污存储期间 $N_2O$ 和 $NH_3$ 的排放。早在 1998 年，美国出台的《畜禽养殖业发展规划草案》中就提到粪污的贮存需要进行固液分离。我国农业农村部 2018 年印发的《畜禽规模养殖场粪污资源化利用设施建设规范》中也规定，对于采用堆肥、沤肥、生产垫料等固体粪便处理方式的粪污，要进行固液分离（干清粪除外）。

目前常用的固液分离方法有重力沉降、机械分离、蒸发池、絮凝分离及脱水分离。规模奶牛场中，固液分离后的固体粪便经过高温快速发酵和杀菌处理后可作为牛床垫料回收利用。通过对猪粪原浆、固液分离的液体组分、固液分离的固体组分、风干猪粪进行比较研究发现，固液分离后的固体组分气态氮的损失最低，而猪粪原浆的气态氮损失最高。气态氮的损失主要发生在粪污存储和风干阶段，占总气态氮损失的 58.6％～76.3％。

**2. 干燥处理** 高温干燥是采用干燥设备对畜禽粪便进行机械干燥的方法。对粪便进行干燥处理，可达到杀菌作用，减少粪便中致病菌的传播。该方法干燥效率高，灭菌除臭效果好，但投资费用和能耗均较大。

自然干燥一般利用阳光晒干或风干的方式使畜禽粪便干燥，经过自然干燥的畜禽粪便可直接作为肥料。此方法节省成本，但处理效率低、时间长，且自然干燥过程中产生的 $NH_3$ 等污染气体会对环境造成二次污染。

烘干膨化干燥是利用热效应和喷放机械效应共同作用，使畜禽粪便膨化疏松，达到灭菌、杀虫和除臭效果。具体工艺是将已经干燥的畜禽粪便置于压力窗口内，通过一段时间的低中压蒸汽处理，再突然减压使其喷放，所以又称热喷处理。经该技术处理过的畜禽粪便可直接作为饲料，或经过造粒后进行肥料化利用。

### （二）饲料化处理

饲料化处理是综合利用畜禽粪污，减少污染物排放的一种畜禽粪污处理方式。因为畜禽粪便中含有较多粗蛋白质、粗纤维、碳水化合物、矿物质等营养物质，可通过一系列加工转化为饲料。目前主要的饲料化处理方法有干燥法、青贮法、生物法、热喷处理法、膨化处理法等。然而，畜禽粪污中携带一定量的病原、重金属及农药残留等，因此畜禽粪便饲料化处理的安全性问题还需进一步探究。

### （三）表面覆盖

除畜禽粪污外，养殖场污水在处理过程中也会产生大量臭气。养殖场污水量大，有机污染负荷高，污染物浓度大，臭味强度高，难以去除。未经过固液分离的粪污排入污水中，加大了污水处理量。经过固液分离的粪污水，除了含有高浓度的生化需氧量（BOD）和化学需氧量（COD）外，还携带大量的氨氮、VOCs 等，这些物质挥发到大气中，会对养殖场空气质量造成影响。对畜牧业污水过程中工艺的选择也会间接影响空气污染物的排放，如为了降低污水处理池中含氮污染物的浓度，反而使液相中的氮变成挥发性氮，释放到大气中，产生臭味、形成 PM 或增加温室气体浓度。同时，在污水处理的过程中，会排出 $H_2S$、硫醚类、烃类等挥发性物质，如不进行收集处理，会对环境造成危害。

减少粪污和污水上方的空气循环是防止粪污中气态污染物释放扩散的方法之一。池表面覆盖（如塑料薄膜）或上方加盖（如屋顶）的方式，可以降低粪浆表面的太阳辐射和风速，隔绝臭气散发途径，减少 $NH_3$ 和臭气散发。粪污贮存池和污水池表面覆盖以其投资低、操作灵活而在畜禽粪污贮存和污水处理和中得到广泛应用。

常见的覆盖有透水覆盖（如稻草、土工布）和非透水覆盖（如塑料）。透水覆盖简便廉价，可以减少 40%～90% 的臭气排放、40%～80% 的 $NH_3$ 排放，但覆盖层易下沉并在较短时间内分解。在使用过程中，为保证减臭效果，覆盖层厚度不能低于 200 mm。不透水覆盖采用人工合成材料，因塑料材质、厚度等不同，其降低恶臭气体释放量也不同。研究发现，与没有覆盖物的粪污贮存池相比，有覆盖物的粪污贮存池 $NH_3$ 的排放减少了 60%。Karlsson（1996）研究表明，与未做覆盖的粪污贮存池相比，覆盖鹅卵石、碎稻草、塑料膜和泥炭层的粪污贮存池 $NH_3$ 排放量分别减少了 47%、43%、85%、85%。Bicudo 等（2004）用土工布覆盖猪粪，结果表明覆盖后 $H_2S$ 排放量有所降低，但 VOCs 排放没有显著变化。纤维材质的覆盖物在 10 周内可减少 39% 的恶臭排放量。有学者对聚丙烯纤维材料、布、稻草覆盖层的恶臭气体排放进行长达 40 个月的监测。监测结果表明，3 种覆盖层覆盖后，恶臭气体的排放量分别减少 76%、69%、66%，且在开始前 12 个月内，稻草覆盖层迅速分解，从 100 mm 迅速降低到 20 mm。Werner 等（2006）研究发现，常用覆盖材料（稻草和颗粒）对 $NH_3$ 有良好的减排效果，但对温室气体的排放影响较小。

除了对粪污贮存池和污水池表面覆盖稻草等材料外，还可以投放轻质膨胀黏土骨料（LECA）或膨胀蛭石。LECA 和膨胀蛭石是黏土材料，因为其密度较小，可漂浮在液体表面，形成一层覆盖层，减少有害气体的排放。LECA 的寿命一般在 10 年以上。

表面覆盖虽然能够减少恶臭气体的排放，但粪污表面的厌氧或好氧微环境会促进有机物发生硝化和反硝化反应，可能导致大量的 $N_2O$ 排放。

粪污贮存池和污水池上方加盖投资成本较表面覆盖高，不能吸附恶臭气体，但可以隔绝空气，避免粪浆中污染物随风扩散。目前常用的加盖方式为阳光玻璃罩。粪污贮存池上方用透明 PVC 板或有机玻璃封盖，罩体上设有进排气口和低流量排风风机，罩内设有除臭装置，可去除罩内臭味。

此外，减少存储粪污与空气的接触面积，如将固态粪便堆放成锥体，也会降低 $NH_3$ 的排放。

### （四）物理化学处理

**1. 物理法** 向粪污处理区投放物理除臭剂可以减少粪污臭气散发。同向饲料中添加的减臭型物理调控剂一样，在粪污处理区投放的物理除臭剂也分为吸附型和掩蔽型。常用的吸附型除臭剂有沸石、膨润土、锯末以及秸秆、泥炭、丝藻植物提取物等。吸附型除臭剂对 $NH_4^+$ 具有较高的亲和力，可以通过降低 $NH_4^+$ 浓度来减少 $NH_3$ 的排放。也可以吸附其他臭气成分。掩蔽型除臭剂有植物精油（樟脑、桉树油、薄荷油等），能够对臭味进行掩蔽。物理除臭剂无二次污染，成本低，但效果不稳定，随着时间推移和温度升高，可能释放已经吸附的臭气，无法从根本上解决恶臭气体。物理除臭技术也可用于畜禽舍内堆肥过程中的空气净化。

Kithome 等（1999）的研究表明，将堆肥家禽粪污的表面放置一层沸石，能够减少 44% 的 $NH_3$ 排放。Nakaue 等（1981）向肉鸡垫料中添加 5 mg/m² 的沸石，使 $NH_3$ 的排放量减少 35%。与固态粪便相比，沸石对液态粪污中 $NH_3$ 的功效更明显。泥炭藓是世界上分布最广的植物之一，表面具有吸水性和活跃的抗菌性。AlKanani 等（1992）比较了几种粪污减臭添加剂的功效，发现泥炭藓对 $NH_3$ 减排的功效与强酸效果一样。Barrington 等（1995）的研究结果表明，20 mm 厚的泥炭藓覆盖层可以减少 80% 的 $NH_3$ 损失。泥炭藓和沸石一样，对液态粪污的减排效果比固态粪污的减排效果更好。除了以上用于实验室研究的添加剂外，一些商业上的畜禽粪污添加剂为了保护其商业秘密，添加剂的成分不会对外公开。如 Monsato EnbironChem 开发的 Alliance 粪污添加剂、丝兰植物提取剂等。Heber 等（2000）将 Alliance 喷洒在漏缝地板的粪坑中，与未喷洒添加剂的粪坑相比，该添加剂减少了 24% 的 $NH_3$ 排放。Amon 等（1997）比较了肉鸡舍中添加和未添加丝兰植物提取剂的 $NH_3$ 排放，发现添加丝兰植物提取剂的肉鸡舍中 $NH_3$ 排放降低了 50%。

此外，将天然石料加工成粉状，按一定比例与畜禽粪污充分混合，使粪污呈固体状态。该方法成本低，能迅速吸附有害气体、污水，但此方法只能对粪污进行前期处理，粪污仍需进一步净化。

**2. 化学法**　畜禽粪污的化学处理技术是在粪污中加入一些化学试剂达到杀菌消毒的效果，如福尔马林、醋酸、氢氧化钠等。但化学处理投资较大，成本高，难以大规模使用。目前，常见的粪污化学添加试剂是酸化剂。脲酶抑制剂可以抑制脲酶水解尿素生成 $NH_4^+$，不过其尚处于研究阶段，未进行商业化应用。此外，可采用电化学法减少 $H_2S$ 排放。

（1）酸化剂　除可以作为饲料添加剂，调节动物肠道 pH，改善肠道环境外，还可以加入粪污中，调节粪污中 $NH_3$ 和 $NH_4^+$ 的比例。氨在碱性条件下比在酸性条件下更容易挥发。当 pH 为 5 时，粪污中气态氨的挥发基本停止。在粪污中添加酸化剂，能中和粪污的 pH，达到减少 $NH_3$ 挥发的目的。酸化剂不但能减少 $NH_3$ 的排放，还能够减少 $CH_4$ 和 $CO_2$ 等温室气体的排放。研究发现，向奶牛粪污中加入浓度 70% 的硫酸，奶牛粪污 pH 被调节至 6.5 和 6.0 时（与 pH 7 时相比），总温室气体排放量分别减少了 85% 和 88%。调节粪污 pH，最直接的方法是向粪污中加酸，如硫酸、盐酸、硝酸、磷酸、柠檬酸等。但前三种酸具有腐蚀性，磷酸和柠檬酸价格较高，且磷酸会增加粪污中磷含量，不建议使用磷酸。Molloy 等（1983）使用 $H_2SO_4$ 将猪和牛粪尿中的 pH 从 8 酸化到 1.6 的过程中，$NH_3$ 的排放量逐渐减少，且猪和牛的粪尿分别在 pH 5 和 pH 4 时，NH$_3$ 的排放完全停止。类似研究中，Frost 等（1990）将牛粪尿酸化到 pH 为 5.5，NH$_3$ 挥发减少了 85%。AlKanani 等（1992）将硫酸用于猪粪尿，NH$_3$ 挥发减少 75%。Wheeler 等（2009）对鸡舍的垫料进行酸化，发现与未经酸化的垫料相比，经过酸化垫料的 NH$_3$ 排放量减少 14%。

碳酸盐、盐酸盐等也可作为酸化剂添加到畜禽粪污中，但此种酸化剂需要多次添加，以保持粪污中的 pH，使用效果不如直接加酸的好。此外，能够诱导酸产生的底物也可作为酸化剂使用，如铝盐、硫酸氢钠、可溶性碳水化合物等。铝盐在粪污中发生水解，产生 H$^+$，从而降低粪污的 pH。在禽类垫料中添加硫酸铝，可以减少 25%～94% 的 NH$_3$ 排放。Chung 等（2017）向幼鸭垫料中加入硫酸铝，降低了 VFAs 排放。向粪污中添加硫酸氢钠，可以减少 74%～92% 的 NH$_3$ 排放量。

（2）脲酶抑制剂　能够抑制粪污中的脲酶水解尿素生成 NH$_4^+$，并且在一定程度上缓解 NO$_x$ 和 N$_2$O 的排放。Varel（1997）采用环己基磷酰三胺（CHPT）和苯基磷二酰胺（PPDA）控制牛和猪的粪污中尿素水解，结果表明两种脲酶对尿素水解都有抑制作用。两种抑制酶在 10 mg/h 的剂量下，均能在 4～11 d 内使牛和猪粪污中的尿素水解。相比之下，没有添加抑制剂的牛和猪粪污中的尿素的水解则在 1 d 中完成。每周向每升牛粪污（含 5～6 g/L 尿素）中添加 10、40、100 mg 的 PPDA，可以分别抑制 38%、48% 和 70% 的尿素在 28 d 内被水解。对于猪的粪污（含 2～5 g/L 尿素），同计量的 PPDA 分别阻止了 72%、92% 和 92% 的尿素被水解。实验结果表明，将脲酶抑制剂加入粪尿中可以有效抑制尿素的水解，从而达到 NH$_3$ 减排的目的。不过，目前脲酶抑制剂的研究仅停留在实验室阶段，并没有大规模应用或用于商业用途。文献中也没有使用这些抑制剂能够对养殖场中 NH$_3$ 排放产生直接影响的案例。

（3）电化学法　通过利用外加的电场作用，使反应的气体或液体样品通过一系列化学反应、电化学过程或物理过程，达到预期的污染物去除效果（图 4-11）。电化学法常用来处理废水中的重金属离子或有机化合物。近年来也有学者将电化学反应应用到畜禽粪污处理中，去除畜禽粪污中的

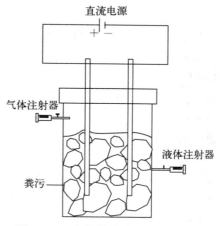

图 4-11　电化学法处理粪污示意图

$H_2S$。电化学反应去除 $H_2S$ 的方法包括阳极硫化氢氧化法、电沉淀法（电絮凝沉淀法和电解浮选法）和合成碱法。

Ding 等（2021）研究不同电极材料对猪粪电化学控制的效果，证明电化学法有助于减少 $H_2S$ 气体的排放，其中使用低碳钢和不锈钢作为电极时，$H_2S$ 去除率较高。Wang 等（2019）利用电化学反应器对稀释后的猪粪进行处理，对 $H_2S$ 的去除率达到 90%。

### （五）生物处理技术

**1. 生物菌剂除臭** 微生物的末端除臭即将菌剂直接喷洒到畜禽粪污上，或作为发酵液添加剂添加到畜禽粪污中，利用微生物之间的共生、繁殖及协同作用分解转化粪污中的有机物质，微生物的代谢产物如乳酸、乙酸等形成酸性环境，抑制腐败类微生物和病原菌的繁殖，从而达到减少恶臭气体释放的目的。将芽孢杆菌菌株 TAT105 以直接混合添加的方法进行猪粪便的实验规模堆肥试验，试验结果表明，该菌株可以有效降低 $NH_3$ 浓度。但由于单一菌株形成的除臭体系较为单一且并不稳定，目前对单一菌株的除臭研究并不多。因此，大多数研究或商业产品都是以复合菌剂为原料，利用有益微生物之间的共生共存原理来分解恶臭物质进行除臭。

采用热带假丝酵母、巨大芽孢杆菌和灰色链霉菌 3 种优势菌种制成的复合菌剂除臭，对畜禽粪污中 $NH_3$ 的去除率达 80% 以上，对 $H_2S$ 的去除率达 65% 以上，对猪舍内和堆肥场 $NH_3$、$H_2S$ 及恶臭浓度的去除率均达 60% 以上，除臭效果良好。此外，复合微生物除臭剂用于堆肥也能高效稳定除臭，同时能减少堆肥肥效损失，促进堆肥腐熟。

复合微生物菌剂还可应用到养殖废水中，将裂殖酵母菌、副干酪乳杆菌、蜡样芽孢杆菌和不动杆菌 4 种微生物组合后接种到猪场养殖废水中后，可以抑制废水中恶臭气体产生。

益生菌还可作为畜禽粪污发酵液，降低 $CH_4$ 等气体的排放。有研究表明，用芽孢杆菌、酵母菌、放线菌等益生菌作为猪粪污发酵液，能降低猪粪污的 pH 和 $CO_2$ 的排放，同时对 $CH_4$ 也有减排作用。另有研究在畜禽粪污除臭发酵液中添加嗜粪乳杆菌、嗜热乳链球菌、酿酒酵母菌、异常汉逊酵母菌、嫌气纤维素分解菌等多种菌种，利用嫌气纤维素分解菌在高温厌氧条件下将纤维素转化为有机酸和醇类，而后再转为 $CH_4$ 和 $CO_2$，解决畜禽粪污的臭味。

目前市场上已出现不少畜禽除臭的微生物菌剂，大部分既可用于喷洒，又可直接作为粪污或堆肥添加剂使用。但养殖企业在选购市场上的微生物添加剂时，需要谨慎选择，有部分微生物添加剂对臭气减排没有影响。

除微生物菌剂外，还可向粪污中添加酶作为添加剂，如大豆过氧化物酶（SBP），该酶是从大豆壳中提取而来，具有高活性。有学者用 SBP 和 CaO 混合添加剂处理猪粪中恶臭气体排放，结果表明，SBP/CaO 添加剂对 VOCs 的减少有显著效果。

**2. 曝气增氧法**　粪污在贮存过程中，会因厌氧消化产生大量恶臭气体，给贮存的粪污增氧可以降低粪污中氮和有机负荷，从而降低温室气体和臭气排放，但曝气过程会加速 $NH_3$ 的排放。常见的曝气增氧工艺有间歇曝气、表面曝气或浅层曝气、连续曝气。实验室研究表明，对牛粪表面下进行曝气增氧，可大大降低恶臭气体的产生和排放量。将固液分离技术与曝气增氧结合，可降低粪污中 VFAs 浓度。研究发现，间歇性曝气比单独储存的粪污产生的温室气体。曝气过程实际上是一个将粪污从缺氧条件改为有氧条件的过程。曝气通常伴随着搅拌，用来避免物质沉降和固态硬壳的形成。研究表明，在连续或间歇曝气反应器中，可以通过硝化和反硝化反应将液体中的氮转化为 $NH_3$，向大气中排放。有报道，对猪粪污贮存池进行低频曝气能够减少 $CH_4$ 的排放，但 $NH_3$ 的排放有所增加。

**3. 好氧堆肥**

（1）堆肥原理　好氧堆肥（好氧发酵）主要在有氧条件下，向畜禽粪污中添加发酵菌剂，利用好氧微生物群达到粪污处理稳定化、无害化的目的。好氧堆肥在发酵过程堆体温度升高并达到腐熟状态，高温使病原微生物死亡。经过好氧堆肥后的有机肥有利于土壤性状改良并对作物生长有益。人工湿地、太阳能大棚发酵等都是采用这种技术原理（表4-5）。

表 4-5　好氧堆肥基本参数

| 序号 | 项目 | 允许范围 |
|------|------|----------|
| 1 | 起始含水率（%） | 40～60 |
| 2 | C/N | （20～30）∶1 |
| 3 | pH | 6.5～8.5 |
| 4 | 发酵温度 | 55～65 ℃，且持续时间 5 d 以上，最高温度不高于 75 ℃ |
| 5 | 氧气浓度（%） | 不低于 10 |

好氧堆肥分为升温阶段、高温阶段、降温阶段和腐熟阶段四个阶段。前三个阶段称作一次堆肥（又称高温发酵），腐熟阶段称作二次堆肥（或陈化）。

堆肥过程中有机物氧化与合成的基本过程是有机物的氧化、微生物细胞物质的合成及细胞物质的氧化。堆肥过程中，微生物的新陈代谢过程如下：

$$有机废物 + O_2 \longrightarrow 稳定的有机残余物 + CO_2 + H_2O + 热量$$

好氧菌在好氧条件下，分泌出胞外酶将有机物分解，同时微生物通过自身代谢活动，使一部分有机物用于合成微生物自身的细胞物质，为微生物的生理活动提供所需能量，另一部分有机物被氧化成简单无机物释放出能量。堆肥工艺流程见图 4-12。

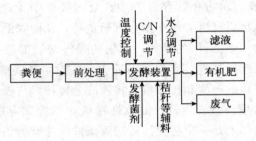

图 4-12　堆肥流程图

（2）堆肥分类　堆肥分为主动堆肥和被动堆肥。主动堆肥是指使用鼓风机或机械旋转向堆体强制通入空气。被动堆肥依赖于堆肥内的温度梯度引起被动曝气。主动堆肥产生肥料的速度比被动堆肥快。

堆肥工艺类型包括自然堆肥、条垛式主动供氧堆肥、机械翻堆堆肥、筒仓堆肥。

1）自然堆肥　是指在自然条件下将粪便拌匀摊晒，降低粪便中的含水率，同时在好氧微生物的作用下发酵腐熟。自然堆肥投资小，容易操作，成本低廉，但是占地大，处理量小，干燥时间长，易受气候环境影响，会产生臭味、渗滤液等污染环境。

2）条垛式主动供氧堆肥　首先将堆肥物料呈条垛式堆放，然后不定期通过人工或机械设备对物料进行翻堆，从而实现供氧。也可在垛底设置穿孔通风管，利用鼓风机强制通风，加快发酵速度。条垛的高度、宽度和形状取决于物料的性质和翻堆设备的类型。该技术成本低，但占地面积大，处理时间长，易受气候环境影响，会对大气及地表水造成污染。

3）机械翻堆堆肥　是利用搅拌机或人工翻堆机对堆肥进行通风排湿，粪污均匀接触到空气，堆肥物料能够迅速被好氧微生物发酵分解，防止臭气的产生。该技术操作简单，有利于空气污染防治，但一次性投资较大，运行费用较高。

4）筒仓堆肥　是将堆肥物料放入仓内，通过控制仓内温度和含水率等，保证仓内最佳环境参数，肥料在重力作用下最后流出反应仓。筒仓堆肥过程中可以有臭气收集系统，处理堆肥过程中的臭气，不过，该方法设备造价和运行费用均较高。

（3）堆肥过程中空气污染物控制　好氧堆肥能够实现粪污的资源化利用，但在处理过程中，会有大量 $NH_3$、$N_2O$、$CH_4$ 等气体的散发。据报道，动物粪便堆肥过程中气体排放可占原始肥料初始氮和碳含量的 46％和 67％。$NH_3$ 和 $N_2O$ 在堆肥过程中排放量占堆肥过程中初始总氮损失的 46.8％～77.4％和 0.1％～2.2％。在整个堆肥过程中，$NH_3$ 和 $N_2O$ 的损失可高达 98％和 9.9％。氮损失不但造成堆肥产品的质量下降，还会产生大量气体污染。碳损失造成了温室气体排放，其中，$CO_2$ 是碳损失的主要排放物，其次是 $CH_4$。

在好氧堆肥过程中，由于堆肥原料成分的差异和过程控制参数的不同，会造成 $NH_3$ 和温室气体的释放量浓度变化很大。其中，碳/氮比（C/N）、可降解有机碳含量、温度、通风状况是影响堆肥过程中氮挥发和碳损失的重要因素。

堆肥过程中，可通过向堆肥粪便投放添加剂来减少氮损失和温室气体排放。向堆肥肥料中添加富含可降解碳的调理剂，可降低 $NH_3$ 的挥发量，还可降低温室气体排放。Mao 等（2018）向猪粪和木屑混合物中加入 5％的竹生物炭，分别降低 $CH_4$、$N_2O$ 和 $NH_3$ 排放 54％、37％和 13％。向堆肥肥料中添加双氰胺，对 $NH_3$ 排放没有显著影响，但可以减少 63.01％的 $N_2O$ 排放。向堆肥中添加褐煤可以减少堆肥过程中 35％～54％的氨损失。有学者研究发现，物理、化学、微生物添加剂分别可在堆肥过程中减少 $NH_3$ 排放 38.5％、51.3％和 33％，减少 $N_2O$ 排放 50.3％、0.67％、21.58％。堆肥添加剂可使堆肥过程中总氮、$NH_3$、$N_2O$、$CH_4$ 排放分别减少 46.4％、44.5％、44.6％、68.5％，GWP 减少 54.2％。此外，添加秸秆或锯末可将 $CH_4$ 和 $N_2O$ 的排放分别减少 66.3％和 44.0％。

对堆肥进行通风处理，会影响氮挥发。通风速率越大，堆肥中所释放的 $NH_3$ 浓度越高，8～10 L/min 通风速率比 0.5～1 L/min 通风速率所释放的 $NH_3$ 浓度高 5 倍以上。除以上几点外，缩短堆肥发酵时间也可以降低 $NH_3$ 等有害气体的释放。

不同的堆肥过程中，碳氮的排放量也不同。通过对四种堆肥方法（静态堆肥、条垛堆肥、翻转堆肥、筒仓堆肥）进行比较分析发现，翻转堆肥方式比其他堆肥方式的碳和氮损失更大，筒仓堆肥能够显著减少 $NH_3$ 和温室气体排放。堆肥的初始总碳和总氮含量是调节堆肥过程中气体排放的关键。较低的总碳和总氮含量可以同时降低 $CH_4$、$CO_2$ 和 $N_2O$ 的排放。

堆肥过程中除了大量氮转化为 $NH_3$ 和 $N_2O$ 排放到空气中外，$H_2S$ 也会在堆肥过程中散发。应用物理、化学及生物除臭技术可以降低堆肥过程中 $H_2S$ 的含量，减少臭味产生，目前比较常用的 $H_2S$ 处理方法是生物除臭法。可在堆肥过程中添加微生物菌剂来减少臭气产生。此外，在堆肥过程中采用自动控制生物堆肥（CTB）工艺，可以显著降低污染气体的产生和释放，且大部分臭气被固定在固体肥料内部，使得释放到外界的恶臭物质大大降低。由于 $O_2$ 浓

度低是造成 $H_2S$ 大量产生的关键原因，因此 CTB 工艺通过优化鼓风频率或通风策略，使固体肥料 $O_2$ 浓度维持在 $10\% \sim 14\%$，能够有效抑制 $H_2S$ 的产生。

### 4. 厌氧消化

（1）厌氧消化原理　对畜禽粪污进行厌氧消化处理产生沼气，是减少畜牧业温室气体排放的最具经济效益的手段之一。厌氧消化是利用厌氧微生物菌群，在无氧条件下，将有机物降解并稳定化的一种生物处理方法。厌氧消化的气体产物沼气，主要成分是 $CH_4$，可作为能源；固体产物沼渣可以回田利用或作为有机复合肥基质，液体产物沼液包含有机、无机盐类，属于高浓度有机废水，需要经过污水处理。

厌氧消化大致分为水解阶段、产酸阶段、产甲烷阶段。水解阶段水解酶将粪污中复杂的固体有机物水解为分子质量较小的可溶性单体或聚合物。产酸阶段将水解阶段的可溶性单体或聚合物如单糖、氨基酸和脂肪酸等通过胞内酶进一步分解，生成 VFAs、醇、醛等简单有机物，以及氢气、$CO_2$ 和水等无机物。产酸阶段乙酸产量约占该阶段产物总量的 70%。产甲烷阶段，大量简单有机物被产甲烷菌转化为 $CH_4$、$CO_2$ 和水。

畜牧养殖业对畜禽粪污进行厌氧消化处理，有利于温室气体减排。对全球温室效应贡献最大的两种气体是 $CO_2$ 和 $CH_4$，农业是 $CH_4$ 的主要来源，畜禽粪污是农业产生 $CH_4$ 的主要排放源。畜禽粪污如果不处理，长期放置，会产生大量的 $CH_4$，加剧温室效应。畜禽粪污通过厌氧消化的方式，将产生的沼气资源化利用，能够有效减少 $CH_4$ 的排放。

（2）厌氧消化分类　常见的厌氧消化技术有连续搅拌罐式反应（CSTR）技术、升流式固体厌氧反应（USR）技术、升流式厌氧污泥床（UASB）技术和氧化塘覆盖技术。这几种技术中，CSTR 技术最复杂，$CH_4$ 产量也最高，氧化塘覆盖技术最简单，但 $CH_4$ 产量和 VS 去除效率都比较差。

CSTR 技术是指在一个密封的厌氧消化池内完成料液的发酵、产沼气的技术。发酵原料的含固率通常为 8% 左右，通过搅拌使微生物和物料处于完全混合状态，搅拌方式一般采用机械搅拌。投料方式可采用连续投料或半连续投料方式，反应器运行温度一般为中温（35 ℃左右），在中温条件下的停留时间为 $20 \sim 30$ d。该项技术通常处理悬浮固体含量高的原料，优点是消化器内物料均匀分布，可避免物料分层状态，增加物料和微生物的接触机会。该工艺处理量大，产气效率高，便于管理。

USR 技术是指原料从底部进入反应器内，与反应器内的厌氧微生物接触，原料得到快速消化，未消化的有机物和厌氧微生物依靠自然沉降滞留在反应器内，消化后的上清液从反应器上部流出，使得固体原料和微生物的停留时间长于水力停留时间，从而提高了厌氧消化的效率。该项技术对布水均匀性要求较高，需要设置布水器（管）。为了防止反应器顶部液位发生结壳现象，可在反应器顶部设置破壳装置。USR 停留时间和运行温度与 CSTR 基本相同，目前国内多采用中温发酵。该工艺处理效率较高，运行成本低，管理简单。

UASB 技术主要用于处理养殖废水。污水从厌氧污泥床底部流入厌氧消化反应区，与反应区内留存的大量厌氧污泥混合接触，污泥中的微生物将有机物转化为沼气。污泥、水和气泡上升进入三相分离器，实现固、液、气三相分离。该反应器由反应区、气液固三相分离器（包括沉淀区）和气室三部分组成。由于畜禽养殖废水中悬浮物含量较高，因此畜禽养殖废水 UASB 的有机负荷不宜过高，采用中温发酵时，通常为 COD 5 kg/（m³·d）左右。该项技术的优点是反应器内污泥浓度高，有机负荷高，水力停留时间长，无需混合搅拌设备。该技术的缺点是进水悬浮物浓度不宜过高，一般在 1 500 mg/L 以下；此外，活性污泥对水质和负荷的突然变化较为敏感，耐冲击力稍差。

除以上几种厌氧消化技术外，畜禽粪污还可采用干发酵技术。畜禽粪污含固率高，可直接作为发酵原料。干发酵技术是利用厌氧微生物直接发酵畜禽粪污产生沼气，反应体系中的固体含量（TS）通常为 20%～40%。干发酵技术较传统湿式发酵的容积产气率高 2～3 倍，且发酵残余物含固率较高，可避免发酵沼液处理处置困难的问题，但由于发酵底物含固率高，接种物与底物混合困难，因此发酵过程会出现传质、传热不均匀的现象。

（3）厌氧消化过程中空气污染物控制  畜禽粪污经调节池调节水质水量后，被提升到厌氧消化池。厌氧消化池产生的沼气中，除含有 $CH_4$ 外，还有 $CO_2$ 等温室气体，$H_2S$、$NH_3$ 等污染性气体。沼气经过净化后再利用，出料经固液分离后，沼渣可制备有机肥后回田利用，沼液除部分回流外，其余部分可作为液体肥料利用或进一步处理。

厌氧消化过程中排放的臭气成分主要有 $NH_3$、$H_2S$、VFAs 和酚类等。厌氧消化过程中的参数控制如温度、pH 和有机负荷都会对恶臭气体排放产生影响。此外，畜禽日粮中碳水化合物会影响 VFAs 的产量，蛋白质会增加 $NH_3$ 的产量。

温度不但会影响微生物的生长速率，还会催化化学反应，进而影响 VFAs 和 $NH_3$ 挥发。偏酸性条件（pH 5～7）能够促进丁酸产生，碱性条件（pH 8）能够促进乙酸和丙酸的形成。此外，碱性条件还促进 $NH_3$ 的生成。Ortiz 等（2014）研究表明，pH 6、温度 55 ℃时，厌氧消化的猪粪通过 VFAs 挥发比 $NH_3$ 排放对臭味的贡献更大。

不同级数的厌氧消化反应也会影响臭气排放。研究表明，连续厌氧消化比单级厌氧消化 $NH_3$ 排放量降低了 72%，同时减少了消化过程中的臭气产生。厌氧消化过程中固体停留时间（SRT）增加，也会减少臭味产生。此外，向活性污泥中添加铁、铝等添加剂会减少含硫化合物和臭气的产生。

（4）沼气利用技术　包括沼气热电联产技术，沼气直燃发电技术，沼渣、沼液土地利用技术。沼气热电联产技术是指采用以沼气为燃料的发电机组及配套的余热回收系统，将沼气转化为电能和热能的技术。一般沼气中 $30\% \sim 40\%$ 可利用的能量以电能形式回收，$1\ Nm^3$ 的沼气发电 $1.5 \sim 2.0\ kW \cdot h$。剩余能量大部分以热能形式回收，一般占沼气 $40\% \sim 50\%$ 可利用的能量。沼气直燃发电技术是指利用沼气直接燃烧产生热能，通常采用锅炉或专用灶具。沼渣、沼液中含有氮、磷、钾、钙、镁、硫等微量元素，以及各种水解酶、有机酸和腐殖酸等生物活性物质，是优质的有机肥料，具有促进作物生长、增强作物抗逆性及改善产品品质的作用，可用于农田、园林绿化、林地、土壤修复和改良等领域。

### （六）低等动物处理技术

低等动物处理技术是利用低等动物（家蝇、蚯蚓、蜗牛）分解畜禽粪污，该技术通过封闭式方式培养蝇蛆、蚯蚓、蜗牛等，从而达到处理畜禽粪污的目的。有学者研究，蚊蝇在粪污中活动可以快速降低恶臭，6 d 能使粪污总重量减少 $53.04\%$，其中干物质减少 $31.14\%$。低等动物处理技术不仅能够采用低等动物分解粪污，而且也能提供优质动物蛋白饲料及有机肥。如用畜禽粪污饲养的黑水虻幼虫干粉中粗蛋白含量高达 $43.2\% \sim 46.9\%$，经过处理后的粪污可作为有机肥原料使用。同时该处理技术也存在前期畜禽粪污需进行脱水处理，后期蝇蛆不易收集，饲喂蚯蚓、蜗牛的难度较高，饲喂环境条件要求较高等问题，目前尚未得到广泛推广。

## 二、病死畜禽无害化处理

养殖场病死畜禽尸体如不及时处理或处理方法不当，不但滋生大量病原，引起疾病传播，还会产生恶臭气体，对周围大气环境造成污染。因此，对所有病死畜禽尸体及其排泄物、污染或可能污染的饲料、垫料和其他物品，都应进行无害化处理。

**1. 采用厌氧消化技术处理畜禽粪污的养殖场**　可以采用高温灭菌方法，将畜禽尸体破碎后投入沼气发酵反应器。

**2. 未采用厌氧消化技术的规模养殖场**　应集中设置焚烧设施，对于焚烧过程中产生的烟气应采取有效的烟气净化措施，防止烟尘、一氧化碳、恶臭等气体污染环境。

**3. 不具备厌氧消化技术及焚烧条件的养殖场**　应设置 2 个以上安全填埋井，填埋井应为混凝土结构，深度大于 2 m，井口加盖密封。掩埋地点应远离公共场所、学校、居民区、屠宰场和饮用水源地等地。每次向井内投入畜禽尸体后，应覆盖一层厚度大于 10 cm 的熟石灰，病死畜禽尸体及污染物上层应距地表 1.5 m 以上。井填满之后，应用黏土填埋压实并封口。

## 三、防护林减臭

在畜禽舍附近及养殖场周围种植植物作为养殖场空气污染物的缓冲带是一种常见的工艺。由于畜禽产生的恶臭污染物沿地面传播，因此防护林带可以拦截并稀释养殖场的空气污染物。随着时间的推移，防护林将变得越发高大和浓密，控制恶臭污染物的效果也将更加明显。此外，防护林带还具有景观效果。

种植防护林主要有如下优点：降低风速，防止臭气传播到更远的地方，控制臭气污染范围，促进 PM 向地面沉积；吸附粉尘，树叶可直接吸收、过滤气体和粉尘，恶臭气体一部分会吸附在固体颗粒上，因此使粉尘凝聚可以减轻空气中的气味。法国梧桐、柏树、椿树、小叶女贞等树木都具有吸附恶臭的功能。

有报道称，防护林带可分别降低 40% 的 PM 和 60% 的恶臭物质。若想提高防护林带的处理效果，需要考虑的设计因素包括防护林带的高度、长度、宽度及密度。

值得注意的是，由于非洲猪瘟的影响，基于动物生物安全方面考虑，根据农业农村部发布的《非洲猪瘟常态化防控技术指南》要求，需对规模猪场生产区、内围墙至外围墙之间的所有树木、植物全部进行清除，定期清理长出的树木、除草，因此养殖场生产区内不建议种植防护林。

# 第五章　畜牧业空气污染扩散与影响评估

## |第一节|　氨排放模型与清单估算

### 一、畜禽舍氨气排放因子的估算

畜禽舍 $NH_3$ 排放因子的估算，一般采用检测分析法和模型估算法。

#### （一）检测分析法

检测分析法首先通过仪器、设备对采集到的样品进行分析，根据畜禽舍进排风口 $NH_3$ 浓度和风速，计算 $NH_3$ 排放因子。该方法需要现场测试，且需要多点连续监测一段时间的数据，通过大量数据分析才能得到可靠有效的排放因子。检测分析法对设备要求高，采样时耗长，但该方法是目前计算 $NH_3$ 排放因子最准确可靠的方法。

#### （二）模型估算

建立 $NH_3$ 排放模型是预测 $NH_3$ 排放系数的有效方法之一。该方法主要包括对养殖场 $NH_3$ 排放总量的估算、畜禽生产阶段 $NH_3$ 排放浓度和排放速率的研究、$NH_3$ 在养殖场周围环境中的扩散模型。该方法既能够节省大量时间和人力，降低成本，同时可弥补现场测试的不足，减小区域限制，是当前 $NH_3$ 排放研究的一个热点。

$NH_3$ 的排放模型主要有两种：①畜禽舍 $NH_3$ 排放机理的研究模型，从物理化学角度定量分析 $NH_3$ 排放的规律变化。该方法欧美等国应用较多，主要从饲料配比、畜禽舍结构、畜禽舍地面类型、清粪方式等方面研究畜禽舍 $NH_3$ 浓度变化，建立 $NH_3$ 排放的机理方程和预测模型。这类方法需要在大量测量数据的基础上完成模型的建立。②经验模型，如回归模型、灰色系统模型、神经网络模型等，利用数据分析等算法建立环境因素与畜禽舍 $NH_3$ 浓度的关系式。该模型所需参数较少，适用性较强。

模型估算方法各有优缺点，机理模型需要参数较多，但较经验模型更为准确。经验模型参数设计相对简单，应用性较强。随着计算机技术的进步，回归模型、神经网络等研究方法也将得到深入发展。

下面以猪场为例，简述对几种 $NH_3$ 排放模型预测。

**1. 机理模型** 粪尿中 $NH_3$ 的释放源于尿液中的含氮物质被尿素分解及粪便中的蛋白质被微生物分解。畜禽舍地面及粪尿沟中 $NH_3$ 的释放取决于粪尿特性、畜禽管理及畜禽舍气候条件等。$NH_3$ 的释放速率可能受粪污和空气中热条件及粪污表面上方气流特性的影响。$NH_3$ 排放机理模型的原理主要用 $NH_3$ 从粪污到空气中对流转移速度描述，众多学者做了 $NH_3$ 释放机理方面的研究，这些研究总结了 $NH_3$ 释放过程与粪污表面上方气流特征的相关性，特别是气流动量和湍流强度对释放速率的影响。大多数模型的建立都以公式（5-1）为基础：

$$q = k \times (C_0 - C_\infty) \qquad (5-1)$$

式中：

$q$——$NH_3$ 的释放通量，$kg/(m^2 \cdot s)$；

$C_0$——粪尿表面气相中的 $NH_3$ 浓度，$kg/m^3$；

$C_\infty$——大气中 $NH_3$ 浓度，$kg/m^3$；

$k$——物质转移系数，$m/s$。

$C_0$ 和 $k$ 是模型中最重要的两个参数。

（1）$k$ 与风速和温度相关，不同的物质转移系数见表 5-1。

表 5-1 物质转移系数 $(k)$

| 作者 | 转移系数模型 | 备注 |
|---|---|---|
| Ruxton G D | $K = 4930V^{0.8}T^{-1.1}$ | $V$：风速；$T$：温度（下同） |
| Aarnink | $K = 50.1 (aQ_v + b)^{0.8}T^{-1.4}$ | a、b：常数；$Q_v$：单位面积通风率 |
| Anderson 等 | $K_气 = 20.2MV^{0.8}T^{-1.4}$<br>$K_液 = 1.22 \times 10^{-4}T^4$ | $K_气$、$K_液$：气相、液相中物质转移系数；M：摩尔质量 |
| Van der Molen | $K = 1/(r_a + r_b + r_c)$ | $r_a$、$r_b$、$r_c$：各部分的阻力 |
| Zhang R | $K = 0.0053 - 0.013V + 0.00085V \cdot T + 0.023V^2$ | |
| Ni | $h_m = aT^{0.8}V^{0.7}$ | $h_m$：对流物质转移系数 $V$：通风率 |

（2）$C_0$ 主要受亨利常数和粪污表面液相中 $NH_3$ 浓度的影响。

亨利常数（表 5-2）是描述化合物在气液两相中分配能力的物理常数，主要与温度相关。当前 $NH_3$ 排放模型中亨利常数需要进一步建立和验证。

表 5-2 亨利常数

| 作者 | 亨利常数表达式 |
|---|---|
| Olesen J E 等 | $\text{Ln } K_{亨}=160.559-8621.06/T-25.6767\ln T+0.035388T$ |
| Zhang R | $K_{亨}=1.156\text{l}e^{4151/T}$ |
| Anderson G A 等 | $K_{亨}=0.865\text{l}e^{4151/T}$ |
| Van der Molen J 等 | $\text{Ln } K_{亨}=-1.69+1477.7/T$ |
| Ruxton G D | $K_{亨}=1.013\times1.053^{293-T}$ |
| Monteny G J 等 | $K_{亨}=1384\times1.053^{293-T}$ |

除亨利常数外，影响 $C_0$ 的另一个参数是粪污表面液相中的 $NH_3$ 浓度。$NH_3$ 的离解常数（$K_d$）（表 5-3）是影响粪污表面液相中 $NH_3$ 浓度的众多因素之一。

表 5-3 $NH_3$ 离解常数（$K_d$）

| 作者 | 离解常数表达式 | 20 ℃时 $K_d$ |
|---|---|---|
| Ni J | $K_d=10^{-0.09018-2729.92/T}$ | $3.915\times10^{-10}$ |
| Zhang R | $K_d=0.2\times10^{-0.0897-2729.92/T}$ | $7.895\times10^{-11}$ |
| Sri | $K_d=\dfrac{1}{-3.398\times10^9\times\ln[0.024\times(T-273)]}$ | $4.032\times10^{-10}$ |
| Olesen 等 | $K_d=e^{-177.95292-\frac{1843.22}{T}+31.4335\ln T-0.0544943\times T}$ | $3.908\times10^{-10}$ |

### 2. 经验模型

（1）适合机械通风、水冲粪猪舍的 $NH_3$ 排放模型　Happer 等（2004）对采用水冲粪的育肥舍和母猪舍内的 $NH_3$ 排放进行研究，并根据不同的影响因素建立了适用于机械通风、水冲粪工艺猪舍的 $NH_3$ 排放模型。

$$F_{NH_3}=-0.6955\times AW+4.42\times10^{-5}\times t-0.1923\times C_{NH_4^+}+$$
$$70.0802\times C+0.7931\times T \tag{5-2}$$

式中：

$F_{NH_3}$——舍内 $NH_3$ 的排放速率，kg/d；

$AW$——平均动物体重（90～300 kg），kg；

$t$——所有风扇每天运行的总时间，min/d；

$C_{NH_4^+}$——冲洗水的铵离子浓度，g/g；

$C$——每天每个动物消耗饲料量，kg/（头·d）；

$T$——排水沟的水温（15～29 ℃），℃。

该预测模型中，需要考虑的因素较多，估算舍内 $NH_3$ 排放量变化的准确性能达到 97%。Harper 等（2004）将上述模型进行简化，只需考虑 $AW$、$C_{NH_4^+}$ 和 $C$，建立模型如下：

$$F_{NH_3} = 0.2065 \times AW + 0.0723 \times C_{NH_4^+} - 24.3307 \times C \quad (5-3)$$

该模型简单方便，但准确性较差，只能反映舍内 $NH_3$ 散发量变化的 64%。

（2）适合不同地面污染的氨气排放模型 Ni 等（2000）对育肥舍内粪污中 $NH_3$ 的排放进行测量和数据采集分析，建立了 $NH_3$ 排放和地面污染关系的线性方程，并分别利用舍内的污染程度、猪体重、温度、通风率等建立了 $NH_3$ 排放的模型。

① 当其他条件稳定时，建立 $NH_3$ 排放速率和地面污染程度的线性方程：

$$Q_A = 54.22 \times F + 12.02 \quad (R^2 = 0.723) \quad (5-4)$$

式中：

$Q_A$——$NH_3$ 排放速率，g/h；

$F$——地面污染程度，无量纲。

其中，$F$ 与舍内温度和猪体重之间的关系为：

$$F = 1.82 \times 10^{-10} \times T_i + 1.97 \times 10^{-19} \times W_p^5 \quad (R^2 = 0.811) \quad (5-5)$$

式中：

$T_i$——舍内温度（2.5～22.7 ℃）；

$W_p$——猪舍内所有猪的总重量（0～5 095 kg）。

② 当地面污染程度不同时，$NH_3$ 排放速率与舍内通风速率之间的关系为：

a. 地面比较洁净时（$F<0.05$）

$$Q_A = 0.1 \times V^{0.65} \quad (R^2 = 0.774) \quad (5-6)$$

b. 地面轻度污染时（$0.05<F<0.2$）

$$Q_A = 6.1 \times 10^{-3} \times V + 4.43 \quad (R^2 = 0.450) \quad (5-7)$$

c. 地面中等程度污染时（$0.2<F<0.3$）

$$Q_A = 8.4 \times 10^{-3} \times V + 3.51 \quad (R^2 = 0.754) \quad (5-8)$$

d. 地面严重污染时（$F>0.3$）

$$Q_A = 10.6 \times 10^{-3} \times V + 3.08 \quad (R^2 = 0.675) \quad (5-9)$$

③ 当地面污染程度相同时，$NH_3$ 散发速率与舍内温度之间的关系为：

a. 当 $F>0.05$ 时

$$Q_A = 1.57 \times e^{0.16T_i} \quad (R^2 = 0.479) \quad (5-10)$$

b. 当 $F<0.05$ 时

$$Q_A = 0.23 \times T_i + 8.92 \quad (R^2 = 0.055) \quad (5-11)$$

（3）适合漏缝地板的氨气排放模型 Bjerg 等（2004）对采用部分漏缝地

227

板和全漏缝地板的育肥猪舍的 $NH_3$ 排放进行研究，建立了 $NH_3$ 排放模型：

$$NH_{3,e}=a+b\times W+c\times(t+20)^e \qquad (5-12)$$

式中：

  a、b、c——回归系数；

    $t$——室外温度，℃；

    $W$——猪体重，kg。

该模型适用机械通风育肥舍。

（4）其他氨气排放模型　除基于畜禽舍环境因素建立的回归模型外，还有根据灰色系统理论、神经网络模型而建立的 $NH_3$ 排放模型。

灰色系统理论是关于信息不完全和不确定的控制理论，1982 年由我国邓聚龙教授首先提出。在控制理论中，常用颜色深浅表示信息的明确程度，如白色表示信息完全明确，黑色表示信息未知，灰色表示信息部分明确、部分不明确。灰色系统理论的研究对象是"部分信息已知，部分信息未知"的不确定系统，通过对部分已知信息的生成、开发、提取，实现对变化规律、系统运行行为的正确描述和有效监控。依据灰色系统理论建立的模型称为灰色模型，简称 GM 模型，其中比较典型的 GM 模型是灰色 GM（1，1）模型、残差 GM（1，1）模型。周苗（2014）构建了基于灰色隐马尔科夫模型的猪舍 $NH_3$ 浓度预测模型。刘莉等（2007）运用灰色系统理论，以北京密云区檀营乡 6 年畜禽粪污猪粪当量产量为依据，构建了灰色 GM（1，1）预测模型。

人工神经网络（简称神经网络）是一种用计算机网络系统模仿动物神经网络行为特征，进行分布式并行信息处理的算法数学模型。这种网络依靠系统的复杂程度，通过调整内部大量节点之间的相互联系来处理信息。在神经网络的发展中，人们提出了各种各样的神经网络模型，其中最具代表性的神经网络模型有感知器、线性神经网络、BP 网络、自组织网络、径向基函数网络、反馈神经网络等。Sun 等（2008）采用反向传播神经网络（BPNN）和广义回归神经网络（GRNN）技术模拟 $NH_3$、$H_2S$ 和 $CO_2$ 等污染气体和 $PM_{10}$ 的浓度和排放率。统计结果显示，BPNN 模型和 GRNN 模型可以成功预测 $NH_3$、$H_2S$、$CO_2$ 等污染气体和 $PM_{10}$ 的每小时浓度和排放率，测定系数（$R^2$）81%～99.46%。结果表明，神经网络技术能准确模拟畜禽舍内外的空气质量。Lidija 等（2015）利用神经网络方法建立 $CH_4$ 排放预测模型。俞守华等（2009）采用误差反向传播（BP）神经网络建立猪舍 $NH_3$ 和 $H_2S$ 定量检测模型。刘春红等（2019）基于 ARIMA-BP 神经网络预测猪舍 $NH_3$ 浓度，为猪舍有害气体监控提供了参考依据。

此外还有根据畜禽日粮成分而建立的经验模型。Canh 等（1998）根据日粮中粗蛋白含量和 $NH_3$ 挥发量建立了猪的 $NH_3$ 排放模型。

## 二、畜牧业氨气排放清单主要模型

NH₃ 排放清单模型的基本结构是活动水平乘以排放因子。Buijsman 于 1987 年开发出畜牧业第一个 NH₃ 排放清单计算方法，是以单头畜禽的 NH₃ 排放因子乘以该种畜禽的养殖数量（活动水平），从而获得区域内该种畜禽的 NH₃ 排放量。这种方法计算简便，但由于不同国家和区域的饲料、氮排泄、粪污管理方式不同，按此种方法会造成 NH₃ 排放核算的巨大差异。随着畜牧业 NH₃ 排放研究的深入，各国陆续开发了各种 NH₃ 排放清单计算模型。目前各类 NH₃ 排放清单计算模型主要分为阶段排放模型和物质流模型两类（表 5-4）。

表 5-4 主要 NH₃ 排放清单计算模型汇总

| 模型名称 | 适用范围 | 模型描述 | 优势 | 不足 |
|---|---|---|---|---|
| MAST | 农场 | 通过 5 个阶段管理子模型计算农场的 NH₃ 排放 | 用粪污不同管理阶段代替单头动物来计算排放因子，强调不同管理阶段 NH₃ 排放量的变化 | 计算过程中各环节相对独立，无法体现粪污管理过程的连续性 |
| FEM | 农场 | 基于粪污管理过程（牧场、圈舍、粪污存储和还田施肥）的 NH₃ 排放计算 | 改进了所有地点和季节的动物排放因子都一致的缺点，解决了地理和时间上的排放因子差异性 | 无法识别上一阶段减排措施对下一阶段 NH₃ 排放的影响 |
| 养殖场氨排放模型（Hutchings 等） | 国家 | 占总氮比例，模型跟踪从动物饲料的氮输入开始，直至氮挥发或沉积到土壤中为止 | 体现了氮元素流转的机制 | 不适于长期的 NH₃ 排放清单编制 |
| DY-NAMO | 国家（瑞士） | 占总氮比例，采用逐级递减的方式修正圈养阶段的排放因子 | 粪污存储阶段的排放因子为常数 | 适用 NH₃ 排放情景较少 |
| RAINS | 欧盟 | 占总氮比例，适用减排效果和成本分析评估 | 对 NH₃、NOₓ、SO₂、VOCs 和 PM 排放的整合评估 | 仅适用于宏观尺度核算 |

（续）

| 模型名称 | 适用范围 | 模型描述 | 优势 | 不足 |
|---|---|---|---|---|
| AEIFA | 国家（美国） | 占总氮比例，根据畜禽养殖方式、粪污管理模式以及活动水平数据，并结合排放因子和氮排泄率，对畜禽养殖的 $NH_3$ 排放进行核算 | 兼顾养殖方式和粪污管理模式对 $NH_3$ 排放的影响 | 主要针对化肥施用 $NH_3$ 排放的核算，而非畜禽养殖业 |
| NARSES | 国家（英国） | 占 TAN 比例，用 TAN 的排放量与各削减因子的乘积计算氨的排放量，评估土壤和环境变量对 $NH_3$ 排放的影响 | 圈养和放牧阶段氮排泄量分配不是直接线性相关；考虑了液态粪污存储期间的矿化 | 流转系数仅反映平均水平消减因子 |
| GAS-EM | 国家（德国） | 占 TAN 比例，对畜禽养殖全过程的平均 $NH_3$ 排放进行核算 | 除计算 $NH_3$ 排放量，还能计算温室气体和 PM 的排放量，并考虑了 NO 和 $N_2$ 的损失；粪污存储过程中考虑了氮固化和矿化作用 | 仅适用于宏观尺度核算 |
| MAM&NEMA | 国家（荷兰） | 占 TAN 比例，计算农场的粪肥过剩或短缺，以及优化全国的粪肥分布 | 反映了季节性差异；圈舍和放牧的牛之间的氮排泄量与挤奶时段和当天剩余时间的排泄活动线性相关；NENA 将挥发氨和淋溶流失的硝酸盐量也纳入核算中 | 缺少粪污回收利用及临时存储阶段的排放因子 |
| DanAm | 国家（丹麦） | 占 TAN 比例，将每种畜禽排泄的氮通过消耗饲料中的氮减去动物生长或产奶的氮得到 | 对反刍动物和非反刍动物的液态粪污进行区分；开发了季节性的排放因子；每年对排放因子进行调整 | 仅适用于宏观尺度核算 |

## （一）阶段排放模型

阶段排放模型是基于农场尺度，在计算 $NH_3$ 排放因子时，将粪污管理分为若干阶段（放牧、圈养、粪污存储、施肥等），评估每一阶段的 $NH_3$ 排放，再将各阶段 $NH_3$ 排放结果汇总获得农场尺度的 $NH_3$ 排放结果。该方法适用于单个养殖场 $NH_3$ 排放的核算。常用的模型有阶段 $NH_3$ 排放核算模型（MAST）和农场排放模型（FEM）等。

**1. MAST 模型**　包括放牧、圈养、粪肥存储、粪肥施用和氮肥 5 个子模块，通过分析各种形态氮的流向，模拟不同粪肥管理方式和管理环节下的 $NH_3$ 排放。由于每个子模型需要输入农场尺寸、氮肥使用、畜禽数量、畜禽年龄、粪污存储、还田技术等信息，在模拟过程中需要大量数据，降低了模拟效率。MAST 可以检验不同的减排技术对减少奶牛场的 $NH_3$ 排放是否有效。MAST 用粪污管理阶段代替单头动物来计算排放因子，强调了不同管理阶段 $NH_3$ 排放量的变化。不过，MAST 计算过程中各环节相对独立，排放总量只是各阶段的线性叠加，无法体现粪污管理过程的连续性。

**2. FEM 模型**　包括牧场、圈舍、粪污存储和还田施肥 4 个模块，通过有限元分析的方法预测温度、降水和风速的时间分布，预测每头奶牛的 $NH_3$ 排放量。与以往模型相比，FEM 模型改进了 $NH_3$ 排放清单计算中所有地点和季节的动物排放因子都一致的缺点，解决了地理和时间上的排放因子差异性。

阶段排放模型以养殖场为基础，根据畜禽养殖过程管理中的 $NH_3$ 排放，最终核算出农场尺度的 $NH_3$ 排放。这种方法能够获得畜禽养殖全过程的关键排污节点，通过获得的 $NH_3$ 排放信息分析不同减排措施对 $NH_3$ 排放的影响。不过诸如 MAST、FEM 这类阶段排放模型无法识别粪污管理上一阶段将 $NH_3$ 转化为 $NH_4^+ - N$ 的减排措施对下一阶段粪污管理 $NH_3$ 排放增加的潜力。因此，各国研究人员开发了基于氮元素流转的 $NH_3$ 排放模型，物质流模型用于成本分析和减排技术对粪污管理影响评估更为准确。

**（二）物质流模型**

Menzi 和 Katz 等（1997）研究的 $NH_3$ 排放模型是较早出现的物质流模型。基于物质流的 $NH_3$ 排放模型后来被用到 COWELL 等开发的基于粪污全过程管理的区域氨排放消减策略费用曲线评估模型（MARACCAS）中。物质流模型的核算方法最初是基于氮元素流核算，后来多是基于以总氨态氮（TAN）为核心的 $NH_3$ 排放核算。

**1. 基于氮元素流的核算**　如 Hutchings 等（1996）建立的养殖场 $NH_3$ 排放模型、瑞士动态 $NH_3$ 排放模型（DY - NAMO）、区域空气污染信息与模拟模型（RAINS）和美国化肥施用 $NH_3$ 排放清单模型（AEIFA）。

（1）Hutchings 等的养殖场 $NH_3$ 排放模型　模拟了放牧或放牧圈养结合饲养模式下养殖场的 $NH_3$ 排放。模型跟踪从动物饲料的氮输入开始，直至氮挥发或沉积到土壤中为止，体现了氮元素流转的机制。因为模型的时间步长为 1 d，需要详细的数据输入，因此该模型不适于长期的 $NH_3$ 排放清单编制。

（2）DY - NAMO 模型　用于计算瑞士的 $NH_3$ 排放清单和减排潜力。DY - NAMO 模型中，放牧和圈养阶段的 $NH_3$ 排放是以总氮的百分比计算的。由于反刍动物在舍内挤奶时，地板表面会被排泄物污染，按全天排放源计算，因此该模型没有因放牧动物（主要是奶牛）在舍内氮排泄量减少而线性减少舍内阶段的氮排放量，而是采用逐级递减的方式修正圈养阶段的排放因子。此外，DY－NAMO调整了粪污储存的排放因子，即放牧季节氮流量减少时，每年单位排放表面积的排放量保持不变。

（3）RAINS模型　是由奥地利国际应用系统分析研究所开发，用于管理跨界污染的排放、影响、减排措施及经济分析的整体评估系统。该模型除提供欧洲范围内排放源的 $NH_3$ 排放评价，还提供了 $NO_x$、$SO_2$、VOCs 和 PM 排放的整合评估。RAINS模型以氮元素流核算为核心，可用于不同减排措施的成本效益分析及多种污染物的综合评价。

（4）AEIFA模型　是美国专门针对化肥施用的 $NH_3$ 排放清单建立的模型。该模型中包含有畜禽养殖 $NH_3$ 排放核算模块。根据畜禽养殖方式、粪污管理模式以及活动水平数据，并结合排放因子和氮排泄率，对畜禽养殖的 $NH_3$ 排放进行核算。

**2. 基于总氨态氮的核算**　是用畜禽生产各个环节（如放牧、畜禽舍、粪污存储和处理、施肥）挥发的 $NH_4^+ - N$ 占进入该环节的 TAN 的比例来表示 $NH_3$ 的排放因子。首先根据某种畜禽的饲料类型和组成的统计数据，利用氮平衡法，计算畜禽氮的摄入量和氮的保留量之间的差值，从而计算出该种畜禽的总氮和 TAN 的排放量。然后根据各个环节的 $NH_3$ 排放因子和活动水平数据，计算该种畜禽在畜禽舍、粪污储存和处理、施肥过程中的 $NH_3$ 排放量。物质流模型的优点是可以考虑到粪肥管理系统的"上游"（如畜禽舍）部分对其"下游"（如粪污存储）部分排放的影响，这样便于评估减排措施对整个粪污管理系统的影响。

TAN 包括游离氨、离子铵、尿酸、尿素在内的一切铵态化合物。与基于总氮相比，基于 TAN 的计算方法更准确。因为 $NH_3$（由 $NH_4^+$ 在碱性条件下转化）与 TAN 的联系比与总氮之间的联系更直接，且饲料组成的变化不仅会改变总氮的排放量，还会改变 TAN 在总氮中的比例。因此，基于 TAN 模型量化畜牧业 $NH_3$ 的排放是一种比较准确的计算方法。

（1）英国国家氨气减排评估系统（NARSES）　由英国环境保护部门开发 NARSES 系统，估算农业 $NH_3$ 排放。该模型使用物质流的方法来估算农业中的 $NH_3$ 排放。NARSES 用 TAN 的排放量与各削减因子的乘积计算 $NH_3$ 的排放量，评估土壤和环境变量对 $NH_3$ 排放的影响。其基本原理是动物排泄的 TAN 中的氨通过气态排放、沥出物损失及在垫料中固化被耗尽。在粪污管理的每一阶段，都有一定比例的 TAN 以 $NH_3$ 的形式损失，未损失的 $NH_3$ 进入下一管理阶段。该模型可以快速估算每一上游粪污管理阶段 $NH_3$ 减排对下游粪污管理阶段的影响，并且支持减排方案和成本曲线的情景分析。NARSE

中，圈舍内和放牧牛的氮排泄量反映了牧草处较大的氮浓度，而与时间长度上无线性关系。一部分液态粪污直接从畜舍中运走施肥，因而不受储存损失的影响；在液态粪污储存过程中，10%的有机氮矿化为 TAN。

（2）德国气态排放模型（GAS－EM） 是以 TAN 为基础，对畜禽养殖全过程的平均 $NH_3$ 排放进行核算。该模型除了可以计算 $NH_3$ 排放量，还能计算温室气体和 PM 的排放量，并考虑了 NO 和 $N_2$ 的损失。该模型还在粪污存储过程中考虑了氮固化和矿化作用。

（3）荷兰粪肥和氨排放模型（MAM&NEMA） MAM 模型主要用于荷兰全国范围内的粪肥管理，计算农场的粪肥过剩或短缺，以及优化全国的粪肥分布。MAM 模型除田间施肥外（以 TAN 的百分比表示），$NH_3$ 的排放量主要是以总氮百分比形式的排放因子计算。该模型反映了反刍动物舍内的氮排泄量和排放因子的季节性差异。此外，MAM 模型的圈舍和放牧牛之间的氮排泄量与时间长度无线性关系，而与挤奶时段和当天剩余时间的排泄活动呈线性相关。NENA 模型在 MAM 的基础上，将挥发氨和淋溶流失的硝酸盐量也纳入核算中，使对 $NH_3$ 排放的核算和评估比 MAM 更加全面。

（4）丹麦氨排放模型（DanAm） 最初是由 Huntch 等（1990）开发，后来在原始模型的基础上做了更新，用于丹麦 $NH_3$ 排放清单的计算。该模型也是以 TAN 为核心，所使用的方法源自统计模型 Alfam，将每种畜禽排泄的氮通过消耗的饲料中的氮减去动物生长或产奶的氮得到。DanAm 对反刍动物和非反刍动物液态粪污的使用选择了两个单独的参数，并考虑了丹麦奶牛和猪液态粪污中的干物质和典型的 TAN 的成分数据。该模型还将丹麦气象条件对 $NH_3$ 排放的影响考虑在内，开发了季节性的排放因子，并根据液态粪污施用的季节性分布，年度排放因子由季节性排放因子的加权平均值得到。DanAm 还根据液态粪污施肥技术的不同（如注射、牵引式软管），每年对 $NH_3$ 排放因子进行调整。

## 三、畜牧业氨排放清单核算方法

### （一）欧美畜牧业氨排放清单核算方法

欧盟《EMEP/EEA 2013 年空气污染物排放清单编制指南》中对污染物排放量的估算一般有三种：行业的活动水平数据乘以污染物的排放因子；基于具体技术方法，通过采用行业的详细数据和资料估算污染物排放；采用比第二种方法更为准确的方法，如本地测量的排放因子、排放过程模型等。

美国采用的 $NH_3$ 排放的计算方法与欧盟的第二种方法类似，根据 EPA 2004 年编制的《畜牧业氨排放清单草案》中提出的计算方法，首先根据不同畜禽养殖方式和粪污管理方式计算出不同阶段的氮排泄总量，再结合不同管理

阶段的 $NH_3$ 排放因子及进入该阶段的氮含量，计算各阶段 $NH_3$ 排放量，最后将各阶段的氮排放结果汇总。

### （二）我国畜牧业氨排放清单核算方法

**1. 畜禽养殖业氨排放量计算**  大气 $NH_3$ 排放的计算采用排放系数的计算方法。$NH_3$ 排放的总量即活动水平和排放系数的乘积，$NH_3$ 排放量计算公式为：

$$E_{i,j,y} = A_{i,j} \times EF_{i,j,y} \times \gamma \qquad (5-13)$$

式中：

$A$——活动水平；

$EF$——排放因子；

$\gamma$——氮-大气转换系数，畜禽养殖业取 1.214；

$i$——地区；

$j$——排放源；

$y$——年份。

根据环保部 2014 年发布的《大气氨源排放清单编制技术指南（试行）》（以下简称《指南》），将畜禽养殖业中畜禽粪污管理阶段分为户外、圈舍内、粪污储存处理和后续施肥 4 个阶段。《指南》中，畜禽粪污释放的 $NH_3$ 包含户外、圈舍-液态、圈舍-固态、存储-液态、存储-固态、施肥-液态、施肥-固态 7 个部分。

对于畜禽养殖业来说，$NH_3$ 排放量的计算公式为：

$$E_{畜禽} = E_{户外} + E_{圈舍-液态} + E_{圈舍-固态} + E_{存储-液态} + E_{存储-固态} + E_{施肥-液态} + E_{施肥-固态}$$

$$(5-14)$$

其中，

$$E_{户外} = A_{户外} \times EF_{户外} \times 1.214$$

$$E_{圈舍-液态} = A_{圈舍-液态} \times EF_{圈舍-液态} \times 1.214$$

$$E_{圈舍-固态} = A_{圈舍-固态} \times EF_{圈舍-固态} \times 1.214$$

$$E_{存储-液态} = A_{存储-液态} \times EF_{存储-液态} \times 1.214$$

$$E_{存储-固态} = A_{存储-固态} \times EF_{存储-固态} \times 1.214$$

$$E_{施肥-液态} = A_{施肥-液态} \times EF_{施肥-液态} \times 1.214$$

$$E_{施肥-固态} = A_{施肥-固态} \times EF_{施肥-固态} \times 1.214$$

**2. 活动水平**

（1）计算不同养殖方式室内、户外的总铵态氮  养殖方式分为散养、集约化养殖和放牧，它们在圈舍和户外排泄铵态氮计算公式为：

$$TAN_{圈舍,户外} = 畜禽年内饲养量 \times 单位畜禽排泄量 \times 含氮量 \times$$

$$铵态氮比例 \times 圈舍户外比 \qquad (5-15)$$

其中，对于饲养周期大于 1 年（365 d）的畜禽，畜禽年饲养量可视为畜禽养殖业统计资料中的动物"年底存栏数"，如黄牛、母猪、蛋鸡等。对于肉用畜禽来说，除牛、羊外，饲养期都小于1年，用统计数据中的"出栏数"表示。单位畜禽排泄量、含氮量、铵态氮比例见表5-5。散养和放牧养殖时畜禽排泄物在舍内、舍外各占50%，集约化养殖条件下畜禽排泄物在舍内、舍外分别占100%和0。

表5-5　畜禽排泄物铵态氮量的估算相关参数

| 畜禽种类 | 饲养周期 (d) | 排泄量 [kg/(d·头)] | | 含氮量（%） | | 铵态氮比例（%） |
|---|---|---|---|---|---|---|
| | | 尿液 | 粪便 | 尿液 | 粪便 | |
| 肉牛<1年 | 365 | 5.0 | 7.0 | 0.90 | 0.38 | 60 |
| 肉牛>1年 | 365 | 10.0 | 20.0 | 0.90 | 0.38 | 60 |
| 奶牛<1年 | 365 | 5.0 | 7.0 | 0.90 | 0.38 | 60 |
| 奶牛>1年 | 365 | 19.0 | 40.0 | 0.90 | 0.38 | 60 |
| 山羊<1年 | 365 | 0.66 | 1.5 | 1.35 | 0.75 | 60 |
| 山羊>1年 | 365 | 0.75 | 2.6 | 1.35 | 0.75 | 50 |
| 绵羊<1年 | 365 | 0.66 | 1.5 | 1.35 | 0.75 | 60 |
| 绵羊>1年 | 365 | 0.75 | 2.6 | 1.35 | 0.75 | 50 |
| 母猪 | 365 | 5.70 | 2.1 | 0.40 | 0.34 | 70 |
| 肉猪<75 d | 75 | 1.20 | 0.5 | 0.40 | 0.34 | 70 |
| 肉猪>75 d | 75 | 3.20 | 1.5 | 0.40 | 0.34 | 70 |
| 马 | 365 | 6.50 | 15.0 | 1.40 | 0.20 | 60 |
| 驴 | 365 | 6.50 | 15.0 | 1.40 | 0.20 | 60 |
| 骡 | 365 | 6.50 | 15.0 | 1.40 | 0.20 | 60 |
| 骆驼 | 365 | 6.50 | 15.0 | 1.40 | 0.20 | 60 |
| 蛋鸡 | 365 | — | 0.12 | — | 1.63 | 70 |
| 蛋鸭 | 365 | — | 0.13 | — | 1.10 | 70 |
| 蛋鹅 | 365 | — | 0.13 | — | 0.55 | 70 |
| 肉鸡 | 50 | — | 0.09 | — | 1.63 | 70 |
| 肉鸭 | 55 | — | 0.10 | — | 1.10 | 70 |
| 肉鹅 | 70 | — | 0.10 | — | 0.55 | 70 |

（2）计算不同粪污管理阶段铵态氮量　粪污管理包括户外、圈舍内、粪污存储处理和后续施肥共4个阶段。户外排泄阶段总铵态氮为 $TAN_{户外}$。圈舍内、粪污存储处理和后续施肥3个阶段与舍内排泄量有关，粪污形态区分为液态和固态。

圈舍内排泄阶段总铵态氮计算方法为：

$$A_{圈舍-液态} = TAN_{室内} \times X_{液} \tag{5-16}$$

$$A_{圈舍-固态} = TAN_{室内} \times (1-X_{液}) \tag{5-17}$$

式中：

$X_{液}$——液态粪肥占总粪肥的质量比重，散养畜禽均取 11%，集约化养殖中畜类取 50%，禽类取 0，放牧畜禽均取 0。

粪污存储处理总铵态氮的计算方法为：

$$A_{存储-液态} = TAN_{室内} \times X_{液} - EN_{圈舍-液态} \tag{5-18}$$

$$A_{存储-固态} = TAN_{室内} \times (1-X_{液}) - EN_{圈舍-固态} \tag{5-19}$$

其中，$EN_{圈舍-液态} = A_{圈舍-液态} \times EF_{圈舍-液态}$

$EN_{圈舍-固态} = A_{圈舍-固态} \times EF_{圈舍-固态}$

施肥过程中液态和固态的总铵态氮计算方法为：

$$A_{施肥-液态} = (TAN_{室内} \times X_{液} - EN_{圈舍-液态} - EN_{存储-液态} - EN_{N损失-液态}) \times (1-R_{饲料}) \tag{5-20}$$

$$A_{施肥-固态} = [TAN_{室内} \times (1-X_{液}) - EN_{圈舍-固态} - EN_{存储-固态} - EN_{N损失-固态}] \times (1-R_{饲料}) \tag{5-21}$$

其中，$EN_{存储-液态} = A_{存储-液态} \times EF_{存储-液态}$

$EN_{存储-固态} = A_{存储-固态} \times EF_{存储-固态}$

$R$ 饲料为粪肥用作生态饲料的比重，通常仅考虑集约化养殖过程（如鸡粪可作为养鱼饲料），推荐值见表 5-6。

表 5-6　集约化养殖中粪肥用作饲料的比重（$R_{饲料}$，%）

| 动物类别 | $R_{饲料}$ |
| --- | --- |
| 肉牛<1 年 | 20 |
| 肉牛>1 年 | 20 |
| 奶牛<1 年 | 20 |
| 奶牛>1 年 | 20 |
| 山羊<1 年 | 20 |
| 绵羊<1 年 | 20 |
| 母猪 | 30 |
| 肉猪<75 d | 30 |
| 肉猪>75 d | 30 |
| 蛋鸡 | 50 |
| 肉鸡 | 50 |

注：没有注明的畜禽类取值为 0。

表 5 - 7 我国畜禽养殖业氨排放系数及参数（单位为%，占总铵态氮的百分比）

| 种类 | $EF_{户外}$ | $EF_{圈舍-液态}$ | | | 散养/集约化养殖/放牧 | | | $EF_{圈舍-固态}$ | | |
|---|---|---|---|---|---|---|---|---|---|---|
| | | T<10℃ | 10~20℃ | T>20℃ | T<10℃ | 10~20℃ | T>20℃ | T<10℃ | 10~20℃ | T>20℃ |
| 肉牛<1年 | 53/53/6 | 4.7/4.7/4.7 | 7/7/7 | 9.3/9.3/9.3 | 4.7/4.7/4.7 | 7/7/7 | 9.3/9.3/9.3 | 4.7/4.7/4.7 | 7/7/7 | 9.3/9.3/9.3 |
| 肉牛>1年 | 53/53/6 | 9.3/9.3/9.3 | 14/14/14 | 18.7/18.7/18.7 | 9.3/9.3/9.3 | 14/14/14 | 18.7/18.7/18.7 | 9.3/9.3/9.3 | 14/14/14 | 18.7/18.7/18.7 |
| 奶牛<1年 | 53/53/6 | 4.7/4.7/4.7 | 7/7/7 | 9.3/9.3/9.3 | 4.7/4.7/4.7 | 7/7/7 | 9.3/9.3/9.3 | 4.7/4.7/4.7 | 7/7/7 | 9.3/9.3/9.3 |
| 奶牛>1年 | 30/30/10 | 9.3/9.3/9.3 | 14/14/14 | 18.7/18.7/18.7 | 9.3/9.3/9.3 | 14/14/14 | 18.7/18.7/18.7 | 9.3/9.3/9.3 | 14/14/14 | 18.7/18.7/18.7 |
| 山羊<1年 | 53/53/6 | 4.7/4.7/4.7 | 7/7/7 | 9.3/9.3/9.3 | 4.7/4.7/4.7 | 7/7/7 | 9.3/9.3/9.3 | 4.7/4.7/4.7 | 7/7/7 | 9.3/9.3/9.3 |
| 山羊>1年 | 75/75/9 | 9.3/9.3/9.3 | 14/14/14 | 18.7/18.7/18.7 | 9.3/9.3/9.3 | 14/14/14 | 18.7/18.7/18.7 | 9.3/9.3/9.3 | 14/14/14 | 18.7/18.7/18.7 |
| 绵羊<1年 | 53/53/6 | 4.7/4.7/4.7 | 7/7/7 | 9.3/9.3/9.3 | 4.7/4.7/4.7 | 7/7/7 | 9.3/9.3/9.3 | 4.7/4.7/4.7 | 7/7/7 | 9.3/9.3/9.3 |
| 绵羊>1年 | 75/75/9 | 9.3/9.3/9.3 | 14/14/14 | 18.7/18.7/18.7 | 9.3/9.3/9.3 | 14/14/14 | 18.7/18.7/18.7 | 9.3/9.3/9.3 | 14/14/14 | 18.7/18.7/18.7 |
| 母猪 | 0/0/- | 9.2/8.9/- | 14.7/14.3/- | 20.2/19.7/- | 9.2/8.9/- | 14.7/14.3/- | 20.2/19.7/- | 9.2/8.9/- | 14.7/14.3/- | 20.2/19.7/- |
| 肉猪<75 d | 0/0/- | 9.5/9.5/- | 15.6/15.6/- | 21.7/21.7/- | 9.5/9.5/- | 15.6/15.6/- | 21.7/21.7/- | 9.5/9.5/- | 15.6/15.6/- | 21.7/21.7/- |
| 肉猪>75 d | 0/0/- | 6.2/11.3/- | 10.2/18.5/- | 14.2/25.7/- | 6.2/11.3/- | 10.2/18.5/- | 14.2/25.7/- | 6.2/11.3/- | 10.2/18.5/- | 14.2/25.7/- |
| 马 | 0/0/35 | 9.3/9.3/9.3 | 14/14/14 | 18.7/18.7/18.7 | 9.3/9.3/9.3 | 14/14/14 | 18.7/18.7/18.7 | 9.3/9.3/9.3 | 14/14/14 | 18.7/18.7/18.7 |
| 驴 | 0/0/35 | 9.3/9.3/9.3 | 14/14/14 | 18.7/18.7/18.7 | 9.3/9.3/9.3 | 14/14/14 | 18.7/18.7/18.7 | 9.3/9.3/9.3 | 14/14/14 | 18.7/18.7/18.7 |
| 骡 | 0/0/35 | 9.3/9.3/9.3 | 14/14/14 | 18.7/18.7/18.7 | 9.3/9.3/9.3 | 14/14/14 | 18.7/18.7/18.7 | 9.3/9.3/9.3 | 14/14/14 | 18.7/18.7/18.7 |
| 骆驼 | 0/0/35 | 9.3/9.3/9.3 | 14/14/14 | 18.7/18.7/18.7 | 9.3/9.3/9.3 | 14/14/14 | 18.7/18.7/18.7 | 9.3/9.3/9.3 | 14/14/14 | 18.7/18.7/18.7 |
| 蛋鸡 | 69/69/- | 24.9/0/- | 45.2/0/- | 56.5/0/- | 24.9/0/- | 45.2/0/- | 56.5/0/- | 24.9/19.7/- | 45.2/35.9/- | 56.5/44.9/- |
| 蛋鸭 | 54/54/- | 24.9/0/- | 45.2/0/- | 56.5/0/- | 24.9/0/- | 45.2/0/- | 56.5/0/- | 24.9/19.7/- | 45.2/35.9/- | 56.5/44.9/- |
| 蛋鹅 | 54/54 | 24.9/0 | 45.2/0 | 56.5/0 | 24.9/0 | 45.2/0 | 56.5/0 | 24.9/19.7 | 45.2/35.9 | 56.5/44.9 |
| 肉鸡 | 66/66 | 22.0/0 | 40.3/0 | 50.4/0 | 22.0/0 | 40.3/0 | 50.4/0 | 22.2/22.2 | 40.3/40.3 | 50.4/50.4 |
| 肉鸭 | 54/54 | 22.0/0 | 40.3/0 | 50.4/0 | 22.0/0 | 40.3/0 | 50.4/0 | 22.2/22.2 | 40.3/40.3 | 50.4/50.4 |
| 肉鹅 | 54/54 | 22.0/0 | 40.3/0 | 50.4/0 | 22.0/0 | 40.3/0 | 50.4/0 | 22.2/22.2 | 40.3/40.3 | 50.4/50.4 |

（续）

| 种类 | $EF_{存储-液态}$ | | | 散养/集约化养殖/放牧 | | $EF_{存栏-固态}$ | | | $EF_{施肥-液态}$ | $EF_{施肥-固态}$ |
|---|---|---|---|---|---|---|---|---|---|---|
| | $NH_3$ | $N_2O$ | NO | $N_2$ | $NH_3$ | $N_2O$ | NO | $N_2$ | | |
| 肉牛<1年 | 20/15.8/20 | 1/1/1 | 0.01/0.01/0.01 | 0.3/0.3/0.3 | 27/4.2/27 | 8/8/8 | 1/1/1 | 30/30/30 | 55/55/55 | 79/79/79 |
| 肉牛>1年 | 20/15.8/20 | 1/1/1 | 0.01/0.01/0.01 | 0.3/0.3/0.3 | 27/4.2/27 | 8/8/8 | 1/1/1 | 30/30/30 | 55/55/55 | 79/79/79 |
| 奶牛<1年 | 20/15.8/20 | 1/1/1 | 0.01/0.01/0.01 | 0.3/0.3/0.3 | 27/4.2/27 | 8/8/8 | 1/1/1 | 30/30/30 | 55/55/55 | 79/79/79 |
| 奶牛>1年 | 20/15.8/20 | 1/1/1 | 0.01/0.01/0.01 | 0.3/0.3/0.3 | 27/4.2/27 | 8/8/8 | 1/1/1 | 30/30/30 | 55/55/55 | 79/79/79 |
| 山羊<1年 | 20/15.8/20 | 1/1/1 | 0.01/0.01/0.01 | 0.3/0.3/0.3 | 27/4.2/27 | 8/8/8 | 1/1/1 | 30/30/30 | 55/55/55 | 79/79/79 |
| 山羊>1年 | 28/15.8/28 | 7/7/7 | 0.01/0.01/0.01 | 0.3/0.3/0.3 | 28/4.2/28 | 7/7/7 | 1/1/1 | 30/30/30 | 90/90/90 | 81/81/90 |
| 绵羊<1年 | 20/15.8/20 | 1/1/1 | 0.01/0.01/0.01 | 0.3/0.3/0.3 | 27/4.2/27 | 8/8/8 | 1/1/1 | 30/30/30 | 55/55/55 | 79/79/79 |
| 绵羊>1年 | 28/15.8/28 | 7/7/7 | 0.01/0.01/0.01 | 0.3/0.3/0.3 | 28/4.2/28 | 7/7/7 | 1/1/1 | 30/30/30 | 90/90/90 | 81/81/90 |
| 母猪 | 14/3.8/- | 0/0/- | 0.01/0.01/- | 0.3/0.3/- | 45/4.6/- | 5/5/- | 1/1/1 | 30/30/- | 40/40/- | 81/81/- |
| 肉猪<75 d | 14/3.8/- | 0/0/- | 0.01/0.01/- | 0.3/0.3/- | 45/4.6/- | 5/5/- | 1/1/1 | 30/30/- | 40/40/- | 81/81/- |
| 肉猪>75 d | 14/3.8/- | 0/0/- | 0.01/0.01/- | 0.3/0.3/- | 45/4.6/- | 5/5/- | 1/1/1 | 30/30/- | 40/40/- | 81/81/- |
| 马 | 35/15.8/35 | 0/0/0 | 0.01/0.01/0.01 | 0.3/0.3/0.3 | 35/4.2/35 | 8/8/8 | 1/1/1 | 30/30/30 | 90/90/90 | 81/81/90 |
| 驴 | 35/15.8/35 | 0/0/0 | 0.01/0.01/0.01 | 0.3/0.3/0.3 | 35/4.2/35 | 8/8/8 | 1/1/1 | 30/30/30 | 90/90/90 | 81/81/90 |
| 骡 | 35/15.8/35 | 0/0/0 | 0.01/0.01/0.01 | 0.3/0.3/0.3 | 35/4.2/35 | 8/8/8 | 1/1/1 | 30/30/30 | 90/90/90 | 81/81/90 |
| 骆驼 | 35/15.8/35 | 0/0/0 | 0.01/0.01/0.01 | 0.3/0.3/0.3 | 35/4.2/35 | 8/8/8 | 1/1/1 | 30/30/30 | 90/90/90 | 81/81/90 |
| 蛋鸡 | 0/0/- | 0/0/- | 0/0/- | 0/0/- | 14/3.7/- | 4/4/- | 1/1/1 | 30/30/- | 0/0/- | 63/63/- |
| 蛋鸭 | 0/0/- | 0/0/- | 0/0/- | 0/0/- | 24/3.7/- | 3/3/- | 1/1/1 | 30/30/- | 0/0/- | 63/63/- |
| 蛋鹅 | 0/0 | 0/0 | 0/0 | 0/0 | 24/3.7 | 3/3 | 1/1 | 30/30 | 0/0 | 63/63 |
| 肉鸡 | 0/0 | 0/0 | 0/0 | 0/0 | 17/0.8 | 3/3 | 1/1 | 30/30 | 0/0 | 63/63 |
| 肉鸭 | 0/0 | 0/0 | 0/0 | 0/0 | 24/0.8 | 3/3 | 1/1 | 30/30 | 0/0 | 63/63 |
| 肉鹅 | 0/0 | 0/0 | 0/0 | 0/0 | 24/0.8 | 3/3 | 1/1 | 30/30 | 0/0 | 63/63 |

$EN_{N损失-液态}$和$EN_{N损失-固态}$分别为存储过程中氮的损失，计算公式如下：

$$EN_{N损失-液态}=(TAN_{室内}×X_{液}-EN_{圈舍-液态})×$$

$$(EF_{存储-液态-N_2O}+EF_{存储-液态-NO}+EF_{存储-液态-N_2})\quad（5-22）$$

$$EN_{N损失-固态}=[TAN_{室内}×(1-X_{液})-EN_{圈舍-固态}]×f×$$

$$(EF_{存储-固态-N_2O}+EF_{存储-固态-NO}+EF_{存储-固态-N_2})\quad（5-23）$$

其中，$f$ 为固态粪便存储过程中总铵态氮向有机氮转化的比例（％），3种养殖过程中各种畜禽均取 10％。考虑到粪污存储中 $N_2O$、NO 和 $N_2$ 的排放为氮损失，因此需要对这些物质的排放进行估算，排放因子见表 5-7。

**3. 排放因子**　《指南》中测定的畜禽种群包含奶牛、肉牛、猪、羊、鸡、鸭、鹅等 21 种。将畜禽养殖方式分为散养、集约化养殖及放牧养殖 3 类。

# |第二节| 恶臭气体扩散模型

畜禽养殖场选址的一个重要原则就是不能对周边居民产生气味影响，在选址前建立有效的恶臭气体扩散模型，模拟气味扩散，能够为畜禽养殖场的选址提供参考。

畜禽养殖场的恶臭成分复杂多样，如酸类、醇类、胺类、脂类、酚类、卤代烃、芳烃类、含氮化合物、含硫化合物、有害气体等。有学者在畜禽舍中鉴定出了 331 种挥发性有机化合物和恶臭气体。气味扩散是一个复杂的过程，养殖场的恶臭气体扩散与臭气本身特性、气象条件、地形条件等因素有关，预测恶臭气体的浓度和排放量也极其困难。

大气扩散模型主要描述污染物在大气中的扩散程度和稀释作用，扩散模型结合风速、风向、温度及混合高度等来模拟大气环境并估算污染物在传播过程中的浓度变化。ISCST3、ADMC3、AUSPLIME、INPIFF、AERMOD、CALPUFF、AUSTAL2000 等多是根据工业污染源设计的大气污染扩散模型，不过近来已被应用到畜禽恶臭气体扩散模型预测。AODM 和 OODIS 两个模型是专门为畜牧业恶臭气体而研发的气味扩散模型。

大气扩散模型主要采用拉格朗日法和欧拉法，即描述流体运动的两种方法。拉格朗日法又称随体法，是研究流体各质点在运动过程中物理量随时间的变化规律，综合所有流体质点运动参数的变化，得到整个流体的运动规律。大气扩散模型中采用的拉格朗日模型是使用移动坐标系描述污染物的传输。欧拉模型是不直接追究质点的运动过程，而是以流场为研究对象，研究各时刻质点在流场中的变化规律。欧拉模型是使用固定的欧拉坐标系描述大气湍流引起的污染物浓度变化。

高斯模型分为高斯烟羽模型（连续扩散，稳态）和高斯烟团模型（瞬时扩散，非稳态）。高斯烟羽模型采用的是欧拉参考系，高斯烟团模型采用拉格朗日参考系。ISCST3、AERMOD 都属于高斯烟羽模型，而 INPIFF、CALPUFF 则属于高斯烟团模型。

# 一、AERMOD 模型

## （一）AERMOD 模型原理

AERMOD 模型是由 EPA 和美国气象学会（AMS）共同开发的大气污染扩散模型。1991 年，EPA 和 AMS 组建法规模式改善委员会（AERMIC），将行星边界层（planetary boundary）理论引入扩散模型的研究中，开发了AERMOD模型。AERMOD 模型也是中国生态环保部发布的《环境影响评价技术导则大气环境》（HJ 2.2—2018）中的推荐模型。

AERMOD 模型是在 ISC 模型算法结构的基础上建立起来的，是基于行星边界层湍流结构的空气扩散模型，采用一种稳态的高斯羽流模式。该模型假设污染物的浓度分布在一定程度上服从高斯分布。AERMOD 模型可用于点源、面源、体积源的排放源；也适用于农村和城市地区，平坦地形和复杂地形、地面和高架源等多种污染源扩散类型的模拟。该模型可模拟短期（小时平均、日平均）和长期（年平均）的浓度分布。该模型常用于 50 km 以下距离的污染物扩散模拟，适合畜禽场周边的 $NH_3$ 和 PM 扩散模拟。

包括 AERMOD 模型在内的第二代空气质量模型根据不同的气象条件将行星边界层处理成稳定边界层和对流边界层。稳定边界层厚度为 100～500 m。稳定边界层的形成机理与边界层内气温的垂直分布有关，在该边界层中，湍流热量交换自上向下输送的热量。对流边界层中存在着由向上的湍流热量通量造成的强烈垂直混合，由于强烈混合作用，对流层主体部分中各气象因素梯度很小，湍流通量随高度近似线性变化。

AERMOD 模型在稳定边界层的应用中，水平方向和垂直方向的浓度分布均可看作是高斯分布；而在对流边界层的应用中，水平方向的浓度分布可看作高斯分布，而垂直方向的浓度分布则使用双高斯概率密度函数来表达。

## （二）AERMOD 模型组成

AERMOD 模型包括大气扩散模型（AERMOD）、气象前处理（AERMET）和地形前处理（AERMAP）三个模块。首先利用 AERMET 对输入的气象参数进行计算，获得 AERMOD 需要的行星边界层参数，然后用 AERMOD 内部的气象数据接口（INTERFACE）将行星边界层参数生成所需的气象参数分布。AERMAP 用于简化 AERMOD 的地形输入数据，它将测量得到的地形数据转换成 AERMOD 能处理的数据。

AERMOD 支持输入的数据类型有地理数据、气象数据和污染源数据。地理数据包括高程数据、地表参数（地表粗糙度、反照率、波恩比）等；气象数据包括地面气象数据和探空气象数据；污染源数据类型有点源、线源、面源、体源、火炬源和建筑物下洗等。其输出的数据为大气浓度分布和干湿沉降通量分布。

### （三）畜牧业 AERMOD 应用

Melo 等（2012）采用 AERMOD 和 CALPUFF 模型模拟养殖场气味，并与风洞试验结果作对比。结果表明，两种模型模拟均能充分预测设施下风向的平均浓度，但仅限于预测简单结构畜禽舍或离复杂结构畜禽舍较远的恶臭浓度，对于预测离复杂结构畜禽舍较近的恶臭浓度预测，结果会产生较大偏差，仍需进行现场浓度测试。Walker 等（2002）比较了 AERMOD、CALPUFF 和 ISCST-3 三种模型对 48 h 内气体浓度变化的预测结果，发现 AERMOD 在短距离（25 km×25 km）范围内的模拟结果较好，CALPUFF 在长距离（400 km×600 km）范围内的模拟结果较好，而 ISCST-3 的模拟结果较差。Koppolu 等（1998）研究发现，AERMOD 适用于风速和风向变化较大的恶臭气体扩散模拟，能够模拟短时间（15、30 min）的恶臭气体扩散。Schulate 等（2007）比较电子鼻和 AEROMD 模型对猪舍散发的恶臭浓度的测量和预测结果，发现对于点源预测，AEROMD 模型结果与测量数据拟合程度差，且模型预测恶臭浓度低于测量恶臭浓度。O'Shaughnessy 等（2011）采用 AERMOD 逆模型，计算大型猪舍的 $H_2S$ 排放因子。

## 二、CALPUFF 模型

### （一）CALPUFF 模型原理

高斯烟团模型已被用来模拟高毒性气体瞬时释放产生的湍流扩散。该模型的理论基础与标准的高斯模型相似，但是这里考虑了纵向色散。CALPUFF 和 INPUFF2 是基于高斯烟团理论而建立的最常用的两个模型。这里只介绍 CALPUFF 模型，INPUFF2 模型感兴趣的读者可自行查阅。

CALPUFF 模型是由美国西格玛研究公司开发的气体扩散模型，为 EPA 的法规导则模型，也是我国《环境影响评价技术导则　大气导则》（修订版）推荐的模式之一。CALPUFF 模型为三维非稳态拉格朗日扩散模型，与传统的稳态高斯烟羽模型相比，该模型可以更好地处理长距离污染物运输（50 km 以上距离范围），同时能模拟不同尺度区域内污染物的扩散模式。

CALPUFF 模型可以处理逐时变化的点源、面源、线源和体源等污染源。对于不同尺度的处理模式，近距离模式可以处理建筑物下洗、动力抬升、浮力抬升、部分烟羽穿透和海陆交互影响等过程，远距离模式可以处理化学转化、干湿沉降、垂直风修剪和水上输送等污染物去除过程。

## （二）CALPUFF 模型组成

CALPUFF 模型包括气象模块（CALMET）、烟团扩散模块（CALPUFF）和后处理模块（CALPOST）三部分。CALMET 负责气象信息预处理，通过质量守恒连续方程对风场进行诊断，在输入所需气象资料后，模型计算出包括逐时风场、混合层高度、大气稳定度等三维风场和微气象场的数据。CALPUFF 是具有传输和扩散两种模拟方式的模型，利用 CALMET 生成的数据文件，传输污染源排放的污染物烟团，模拟污染源排放后的扩散和转化过程。CALPOST 通过处理 CALPUFF 输出的数据，生成所需浓度文件用于后处理。其中，CALPUFF 是整个 CALPUFF 模型的核心部分。

**1. CALMET** 输入的是初始气象场数据，可使用区域地面、高空气象观测资料，通过诊断模式获得，也可使用中尺度气象模式的模拟、预测结果、实测气象资料作为输入资料。

**2. CALPUFF** 模块是整个计算模型的核心。与 AERMOD 不同，CALPUFF 采用的是非稳态三维拉格朗日烟团输送模型。烟团模式较烟羽模式更灵活，可以处理时空变化的不同气象条件和污染源参数。

**3. CALPOST** 对 CALPUFF 模块生成的时变数据文件进行处理，输出污染物浓度及干沉降通量。在 CALPOST 模块中，用户根据自己的需要选择运行周期，输出浓度时的时间间隔，输出的污染物类别、浓度和干湿沉降通量的单位等项进行输出。

## （三）畜牧业 CALPUFF 应用

Henry 等（2007）采用 CALPUFF 模型模拟育肥舍恶臭气体扩散，模拟结果拟合度为 64%。Li 等（2006）将 CFD 和 CALPUFF 模型模拟的养猪场恶臭浓度进行比较。两种模拟结果均表明，大气条件越稳定，风速越低，恶臭浓度越强，传播距离越远。CALPUFF 模型在短距离（小于 300 m）内预测结果低于 CFD 模型。Himmelberger 等（2015）利用 CALPUFF 模型估算养猪场下风处的 $NH_3$ 浓度，得出 2000—2010 年间热点地区的 $NH_3$ 平均浓度比整个区域的平均 $NH_3$ 浓度高 2.5~3 倍的结论。

## 三、AODM 模型

### （一）AODM 模型原理和组成

动态奥地利气味扩散模型（AODM）由三个模块组成，第一个模块是根据感热通量的稳态平衡来计算畜禽舍的恶臭排放，然后计算舍内空气温度和通风系统的相关流量；第二个模块是通过色散模型估计平均环境浓度；第三个模块是根据风速和大气稳定性将色散模型的平均气味转化为瞬时值。

**1. 气体扩散模型** 第一个气体扩散模块是基于感热通量的稳态平衡，用以计算舍内温度和通风系统的相关体积流量。机械通风畜禽舍内的空气温度采用感热平衡方程计算，室内温度（等于出口空气温度）和体积流量作为室外温度的函数计算。

感热通量的平衡方程为：

$$S_A + S_B + S_C = 0 \qquad (5-24)$$

式中：

$S_A$——一种动物的感热释放量；

$S_B$——通过畜禽舍传输引起的感热损失量；

$S_C$——通风系统引起的感热流。

畜禽舍的通风系统主要设计为温控可变体积流量系统。系统以舍内温度作为控制值，通过风机改变通风系统的体积流量。

该模型仅考虑从畜舍内释放出的恶臭，舍外臭味（如污水池或厌氧消化池）不在计算范围内。恶臭浓度可通过嗅觉计测量。畜舍内的恶臭气体流向取决于恶臭气体浓度和通风系统的体积流量公式（5-25）为出口处恶臭气体排放量公式：

$$E_m = C_{OD} \times V \qquad (5-25)$$

式中：

$E_m$——空气出口处恶臭气体排放量；

$C_{OD}$——恶臭气体浓度；

$V$——空气出口处体积流量，为舍内空气温度的函数。

由于气味的产生是一个生物化学过程，因此温度对恶臭产生过程具有重要影响。可通过舍外温度描述恶臭排放量：

$$E_m (T_0) = E_m \times (0.905 + 0.0095\, T_0) \qquad (5-26)$$

恶臭浓度与 $E_m (T_0)$ 的日均值相关，且有 $20\%$ 的相对幅度。假设由动物活动产生的能量释放和臭味释放的时间相同，恶臭浓度为：

$$E(t) = E_m (T_0) \times \left\{ 1 + 0.2 \sin\left[ \frac{2\pi}{\tau} \times (t - 7.25) \right] \right\} \qquad (5-27)$$

则通过模型计算出的出风口处气味浓度为：

$$C = \frac{E(t)}{V} \qquad (5-28)$$

**2. 色散模型求平均环境浓度**  第二个模块是通过色散模型和气象条件参数估计平均环境浓度。恶臭气体扩散可像其他挥发性污染物一样通过色散模型（如高斯分布模型）进行处理。AODM 模型中，羽流中心线的恶臭气体浓度由奥地利分散模型（ARDM）计算，ARDM 适用于单烟囱排放和 15 km 距离的高斯羽流模型。

**3. 求瞬时浓度** 第三模块通过平均浓度算出瞬时浓度。利用前面的模型可以算出平均环境浓度，第三个模块即利用平均环境浓度计算出瞬时浓度：

$$\frac{C_p}{C_m} = \left(\frac{t_m}{t_p}\right)^u \tag{5-29}$$

式中：

$C_m$——平均浓度；

$C_p$——瞬时浓度；

$t_m$——平均浓度 $C_m$ 时的积分时间；

$t_p$——瞬时浓度 $C_p$ 时的积分时间；

$u$——数值取决于大气稳定性，取值为 0.35、0.52、0.65（大气稳定等级分别为 4、3、2）。

根据上述公式求得的结果仅限于恶臭污染源附近有效，但由于湍流混合，峰值和平均值的比值会随着距离的增加而减小。根据羽流浓度变化，上式可由指数衰减函数进行修正，可得到下列公式：

$$\Psi = 1 + (\Psi_0 - 1) \times \exp\left(-0.7317 \times \frac{T}{t_L}\right) \tag{5-30}$$

其中，$T = \frac{x}{u}$

式中：

$x$——气流扩散距离；

$u$——平均风速；

$t_L$——拉格朗日时间尺度的度量，由风速方差和湍流能量耗散率的比值得出；

$\Psi_0$——由 $\frac{C_p}{C_m} = \left(\frac{t_m}{t_p}\right)^u$ 计算出的峰均值系数。

则峰值浓度 $C_p$ 的计算公式如下：

$$C_p = C_m \times \Psi \tag{5-31}$$

### （二）畜牧业 AODM 应用

Schauberger 等（2001）使用 AODM 模型计算了 1 000 头猪的养猪场距居民区的距离，并将其与 5 个国家的经验标准精细比较。结果显示，在大多数标准中，间隔距离小于模型预测的距离。Piringer 等（2016）将 AODM 模型（高斯模型）和 LASAT 模型（拉格朗日模型）对恶臭扩散的模拟进行比较分析，结果表明，LASAT 模型适用于较大距离模拟。

## 四、AUSTAL2000 模型

### （一）AUSTAL2000 模型简介

AUSTAL2000 模型是被列入德国工程师协会（VDI）指南的恶臭气体扩

散模型，该模型是基于拉格朗日粒子追踪模式建立的。AUSTAL2000 模型和
AERMOD 模型一样，都是稳态羽流模型。不同的是，AERMOD 是高斯模型，
而 AUSTAL2000 模型是拉格朗日模型。该模型可模拟点源、面源、线源、体
源，它还包含自身的诊断风场模型，可以考虑地形对风场和污染物扩散的影
响。该模型除了工业冷却塔气体扩散模拟方面的应用，还可用于养殖场区域恶
臭模拟和气味评价。该模型在德国被广泛地应用于恶臭污染影响评估。

与其他气体扩散模型一样，AUSTAL2000 也需要气象信息，如地表粗糙
度、风速、风向和 Klug/Manier 大气稳定度等级。Klug/Manier 大气稳定度将
大气稳定度从极稳定到极不稳定分为 1～6 级，其分类方法与我国采用的
Pasquill 大气稳定度分类类似，方向相反。以上的气象信息都来自地面测量，
没有利用高空测量信息。此外，模型输入文件中需要输入风的测量高度和地表
粗糙度。

气体扩散距离公式如下：

$$S = a \times E^b \tag{5-32}$$

式中：

$E$——气味排放速率，$OU_E/s$；

$a$——取决于气味影响标准的气味超出概率 $P$（%）和风向扇区 $F$（‰）
为 10° 的相对频率，$a = (-0.0137 \times P + 0.689) \times F + 0.251 \times P + 0.0590$；

$b$——取决于气味影响标准的气味超出概率 $P$（%），$b = 1.79 + 0.204 \times P$。

则气体扩散距离可表示为：

$$S = [(-0.0137 \times P + 0.689) \times F + 0.251 \times P + 0.0590] \times E^{\frac{1}{1.79 + 0.204P}}$$

$$\tag{5-33}$$

除计算恶臭气体的扩散距离外，AUSTAL2000 还能够作为经验模型，估
算特定距离恶臭气体的排放速率或计算与特定频率相对应的恶臭气体排放。

### （二）畜牧业 AUSTAL2000 应用

崔克强等（2014）采用 AUSTAL2000 模型对养猪场恶臭排放频率进行预
测。黄丽丽等（2017）采用 AUSTAL2000 模型对工业源周边恶臭污染物浓度
和恶臭发生频率进行了评估。

# 第三节 安全防护距离经验模型

为防止畜禽养殖场的恶臭污染对居民生活及空气质量造成影响，养殖场与
居民区之间需要设置适当的安全防护距离。对于现有的恶臭扩散模型，由于缺
乏足够的现场检测数据，无法对扩散模型进行验证，而且其本身具有限制性，

因此目前主要运用安全防护距离模型来计算合理的防护距离。

养殖场恶臭安全防护距离目前主要采用三种计算方法：①根据当地执行的标准，在臭味排放源和居民区之间设立恶臭安全防护距离。这种方法通常采用经验公式直接计算，即首先通过饲养量和恶臭污染物排放参数估算恶臭排放源强，然后利用经验函数（通常是幂函数）计算隔离距离，最后对隔离距离进行修正。这种方法在欧美国家被普遍采用。②利用气体扩散模型，估算出隔离距离（本章第二节已介绍）。③应用基于大气扩散模型的经验模型进行计算，如加拿大 MDSS－Ⅱ模型、英国 W－T 模型、奥地利模型、美国普渡模型和美国明尼苏达大学的 OFFSET 模型等。

经验模型计算简单，需提供养殖场的基本信息，如污染源类型及数量、畜禽类型、恶臭排放率、恶臭减排控制措施等。

## 一、MDS－Ⅱ模型

加拿大安大略省农业部门于 1970 年颁布的《最小防护间距指南》中介绍了 MDS－Ⅰ和 MDS－Ⅱ。其中，MDS－Ⅰ用于居民区相对于养殖场的选址，MDS－Ⅱ用于养殖场相对于居民区的选址，避免养殖场环境影响周边居民。对于养殖场，防护距离按下式计算：

$$D_{\min} = A \times B \times C \times D \times E \qquad (5-34)$$

式中：

$D_{\min}$——最小防护间距；

$A$——养殖类型因子，取值范围从 0.65（肉鸡）到 1.1（成年貂），猪场取值 1.0；

$B$——现有养殖规模因子，为畜禽单位（LU）的函数，107（5LU）～1 455（10 000 LU）；

$C$——畜禽增加系数，0.7（畜禽数量扩大 0～50％）～1.17（畜禽数量扩大 700％）；

$D$——粪污处理方式因子，粪便为固体时为 0.7，液体时为 0.8；

$E$——土地利用因子，1 为农业用地，2 为城市、商业、居民用地。

该模型以畜禽单位（LU）为基础，没有考虑现有的粪污储存处理设施和臭气过滤系统，且养殖规模扩大因素需要得到验证。对于是否适用于我国养殖场安全防护距离还需验证。

## 二、W－T模型

该模型是由英国 Warren Spring 实验室于 1986 年提出的。Warren Spring 实验室通过将搜集到的恶臭排放数据与恶臭投诉空间幅度整合，得到最大防护距离的经验公式：

$$D_{max} = (2.2 \times E)^{0.6} \tag{5-35}$$

式中：

$D_{max}$——最大防护距离，m；

$E$——恶臭排放速率，OU/s。

通过 W-T 模型计算的最大防护距离的不确定度为 $(0.7E)^{0.6}$ 到 $(7E)^{0.6}$。根据该模型计算出的最大防护距离远远大于用 MDS-Ⅱ 模型计算出的距离。

## 三、奥地利（Austrian）模型

该模型由 Schauberger 和 Piringer 于 1997 年提出，这一模型通过恶臭数量对恶臭安全防护距离进行估算：

$$D_{min} = 25 \times f_D \times f_L \times O^{0.5} \tag{5-36}$$

式中：

$D_{min}$——最小防护距离，m；

$f_D$——考虑到风量分布和地形特征的扩散系数，取值 0.6～1.0；

$f_L$——土地使用系数，取值 0.5～1.0；

$O$——恶臭排放量。

恶臭排放量 $O$ 由畜禽数量、种类、畜禽舍类型、排气口几何特征、气体排放垂直速度、养殖场内粪污存储和处理系统、饲养系统等因素确定，公式如下：

$$O = Z \times F_A \times F_T \tag{5-37}$$

式中：

$O$——恶臭排放量；

$Z$——畜禽数量；

$F_A$——畜禽系数，取决于畜禽种类和畜禽舍建筑类型，取值 0.1～0.33；

$F_T$——减排系数，养殖场技术装备（通风、粪污处理和饲养等）。

$$其中，F_T = f_V + f_M + f_F \tag{5-38}$$

式中：

$f_V$——通风系数，取值 0.10～0.50；

$f_M$——粪污处理系数，取值 0.10～0.30；

$f_F$——饲养系数，取值 0.05～0.20。

## 四、普渡（Purdue）模型

该模型是在奥地利模型和 W-T 模型的基础上，加入建筑设计、管理、恶臭消除及舍外粪污储存等因素设计的，公式如下：

$$D = 6.19 \times F \times L \times T \times V \times (A_E \times E + A_S \times S)^{0.5} \qquad (5-39)$$

式中：

$D$——防护距离，m；

$F$——风频系数，取值 $0.75 \sim 1.00$；

$L$——土地利用系数，取值 $0.75 \sim 1.00$；

$T$——地形系数，取值 $0.8 \sim 1.00$；

$V$——方向与形状系数，取值 $1.00 \sim 1.15$；

$E$——畜舍的恶臭排放率，OU/s；

$S$——舍外粪污储存的恶臭排放率，OU/s；

$A_E$——畜舍的减排系数，取值 $0.30 \sim 1.00$；

$A_S$——舍外粪污储存恶臭减排系数，取值 $0.30 \sim 1.00$。

该模型设计的目的是评价不同类型猪舍的恶臭排放速率，根据猪舍形状等特性因素，制定一个养猪场的安全防护距离模型。

## 五、OFFSET 模型

明尼苏达州的 OFFSET 模型是根据恶臭排放数据、INPUFF-2 模型、明尼苏达州的历史气象数据而开发的。模型根据总的恶臭排放数量和期望的"无恶臭厌恶"频率（91%～99%）计算出恶臭防护距离。

$$D = a \times E^b \qquad (5-40)$$

式中：

$D$——防护距离，m；

$E$——总的恶臭排放数量；

a、b——对于不同恶臭频率的气象因素。

总的恶臭排放数量公式如下：

$$E = \sum_{i=1}^{n} E_i = \sum_{i=1}^{n} (E_{ei} \times A_i \times f_{ci}) \qquad (5-41)$$

式中：

$E_i$——恶臭源 $i$ 的恶臭排放数量为 1 到 $n$，无量纲；

$n$——恶臭源的总数；

$E_{ei}$——每平方英尺（1 ft 为英尺，ft$\approx$30.48 cm）内恶臭源的恶臭排放数量，对于不同的建筑和粪污储存设施，取值 $1 \sim 50$；

$A$——恶臭源 $i$ 的面积，ft$^2$（平方英尺，1 ft$^2$=0.093 m$^2$）；

$f_{ci}$——恶臭源的恶臭控制系数，对于不同的恶臭控制措施，取值 $0.1 \sim$ 0.6，如果无恶臭控制措施，$f_{ci}$=1.0。

其中，$E_i$ 也可以由实际测量的恶臭排放速率来计算：

$$E_i = K \times Q_{od} \qquad\qquad (5-42)$$

式中：

$K$——比例因子，取值 35（畜舍排放）、10（粪污存储）；

$Q_{od}$——恶臭排放速率，$OU/(s \cdot m^2)$。

除了 OFFSET 模型，基于大气扩散模型建立的恶臭气体安全防护距离计算模型还有美国内布拉斯加大学林肯分校研发的气味足迹模型（Odor Foot print）。Odor Foot Print 模型基于 AERMOD 模型，结合当地气象条件、污染源数据及边界条件，用于模拟恶臭扩散轨迹，从而计算不同方向的安全防护距离。

由于参数选择和模型本身的差异，各种模型计算所得的安全防护距离差异很大。将 5 种模型（奥地利模型、MDS - II 模型、普渡模型，W - T 模型和 OFFSET 模型）分别运用于 13 个养猪场后，结果表明各种模型所得的安全防护距离的差异最高达 10 倍。高斯模型最初是针对工业污染源的气体污染物开发的，工业源与农业源的恶臭扩散存在差异性，如农业污染源面积大、靠近地面、烟羽上升不明显、排放强度弱、恶臭排放率检测较难等。应用模型进行农业恶臭污染评估尚处于探索阶段。现有的恶臭扩散模型都有各自的缺点，用于农业源恶臭气体排放特点的扩散模型尚待开发。

# |第四节| 生命周期评价在畜牧业空气质量方面的应用

## 一、生命周期评价的定义和发展过程

根据国际环境毒理学和化学学会（SETAC）的定义，生命周期评价（LCA）是对某种产品系统或行为相关的环境负荷进行量化的评价过程，它首先通过辨识和量化所使用的物质、能量和对环境的排放，然后评价这些使用和排放的影响。评价包括产品或行为的整个生命周期，即包括原材料的采集和加工、产品制造、产品营销、使用、回用、维护、循环利用和最终处理，以及涉及的所有运输过程。

LCA 研究的目的在于评估产品整个生命周期材料和能源消耗及排放的废弃物对环境造成的直接影响和潜在影响，通过对资源消耗、人类健康、生态系统影响的评估，寻求协调和改善产品生产、资源消耗和环境质量的可行措施。

生命周期清单分析开始于 20 世纪 60 年代末美国资源与环境状况分析（REPA）。20 世纪 70 年代，美国开展对包装品的分析和评价，同时欧洲经济合作委员会（EEC）也开始关注生命周期评价的应用。到 20 世纪 80 年代，生命周期评价迅速发展，荷兰于 1989 年首次提出产品全过程评价的环境政策。

到 20 世纪 90 年代，SETAC 首次定义了生命周期评价的概念。随后，国际标准化组织（ISO）定义 LCA 并颁布 ISO 14040 生命周期评价系列标准。ISO 将生命周期评价定义为对一个产品系列的生命周期中输入、输出及其潜在环境影响的汇编和评价。

LCA 可以分析产品的生产和生命周期中原材料、能源、废物的完整库存和流通量。LCA 的基本思想是分析和量化一个产品在一个生命周期中使用的所有输入和输出，将该产品的生命周期中所使用的总能源和总原料进行量化，即通常意义上所说的创建一个产品"从摇篮到坟墓"的分析。

## 二、生命周期评价方法

根据 ISO 中 LCA 方法框架，生命周期评价应包括目的定义与范围确定、清单分析、影响评估和结果释义四个阶段。

### （一）目的定义与范围确定

LCA 研究的第一步是确定目的与范围。目的与范围的确定对后续各阶段分析具有直接作用。

目的应能够明确地阐述进行研究的原因、研究结果潜在的应用和可能的听众。确定了评价目的后，才能够根据评价目的确定研究对象的功能、功能单位、系统边界、环境影响类型等。研究的范围应确保满足研究的广度、深度和详细程度的要求，并能够充分满足研究目的的要求。在确定范围的过程中，可能会不断地对范围进行修正，有时甚至还会修正最初的目的。

在确定研究的范围时，应考虑以下的要素并清楚地进行描述。

**1. 产品系统的功能**　应清楚地确定所研究系统的功能。一个系统可以有多个可能的功能，根据研究目的和范围的不同选择其中一个或多个进行研究。

**2. 功能单位**　用于评定产品系统的环境绩效，为确定输入、输出之间的关系提供参考。功能单位的确定是为了确保研究结果的可比性，因此功能单位应能够明确定义且可以测量。

**3. 产品系统和产品系统的边界**　系统的边界由研究的潜在应用目的、所使用的假设、分割的准则、数据条件、经费的限制及潜在的听众决定。系统在边界处的输入和输出可以通过要素流的形式表达，因为 LCA 中整个系统都采用模式化的表达方式。建立系统边界所使用的准则应明确和公正。

**4. 数据的质量要求**　数据质量应能保证达到研究目的和范围的要求。数据的质量要求应能够明确：相关的时间域；地理区域；技术领域；数据的精确度、完整性和代表性；LCA 所使用方法的连续性和可再现性；数据的来源及其代表性；信息的不确定性。当 LCA 的研究用于比较分析且向公众公开时，应确定上述数据质量的要求。

**5. 系统间的比较**　比较分析中，对研究结果进行释义之前，应评估所比较系统间的相关性。进行比较的系统间应使用相同的功能单位和相似的方法。

**6. 批判性评审的类型**　是否进行批判性评审及如何进行评审，以及由谁来进行评审等，应在研究范围中确定。

### （二）清单分析

LCA 清单分析包括收集数据和通过一些计算给出该产品系统的定量的输入和输出，作为下一步影响评估的依据。输入包括使用的原料和能源，输出包括系统向大气、水和土壤的排放。

### （三）影响评估

影响评估是指运用 LCA 清单分析所辨识出的环境负荷影响作定量或定性的描述和评价。一般来说，影响评估应包括下列步骤：

**1. 影响分类**　将清单分析的数据与环境影响类别相对应。影响类型通常包括资源耗竭、人类健康影响和生态影响。每一类又包括许多小类。此外，一种具体类型可能会具有直接或间接两种影响效应。

**2. 模式化**　根据影响的类别建立清单数据的处理模式。完成模式化的方法有负荷模型、当量模型等，对某一给定区域的实际影响量进行归一化，以便增加不同影响类型的可比性。

**3. 量化评价**　结合具体的案例研究，在有意义时应尽可能将结果集合化，确定不同影响类型的贡献大小。

### （四）结果释义

对以上分析所得结果进行分析解释，对环境影响的优化目的提出改进建议。

LCA 研究中，最重要的技术是模型的建立。在清单分析阶段，一个模型通常包含产品的生产、运输、使用和废弃。在技术领域的建模，通常不确定因子不超过 2 个，几乎所有的测量结果都是可证实和可重复的，但基于环境机制的建模，却通常存在 1~3 个不确定性因子，只有通过重复测量才能获得较好的结果。此外，影响类型中的权重问题，因为其存在主观性，所以有时会存在一些争议。

## 三、生命周期评价工具简介

### （一）LCA 软件

SimaPro 是由荷兰 PRe Consultant 公司所开发的影响评估软件，是数据库最丰富的 LCA 软件之一。SimaPro 中的生态指数工具（ECO‐it）提供了数据库中所需要的单一指标，依据 Eco‐indicator 99（生态指数 99 法）方法，ECO‐it 涵盖了 200 个标准指标。其特色是制造阶段的数据库更为详尽，且可以选择图文输出方式，使用者操作更为简便。

GaBi 是德国 Institut fur Kunststoffprufung und Kunst - stoffkunde 所开发的软件，其数据库包括 800 种不同的能源和材料流程。每种流程又可以让使用者自行发展出一套子系统。数据库中也提供了 400 种工业流程，归纳在 10 种基本流程中。多功能的会话环境让使用者可自行输入或编辑资料。输出时提供能量、质量等多种对照表，也可以输出至微软 Excel 软件。

TEAM 是由美国 Ecobalance 公司开发的软件，其数据库分为 10 大类及 216 小类。10 大类分别为纸浆造纸、石化塑料、无机化学、铜、铝、其他金属、玻璃、能量转换、物流、废弃物管理。使用者可自行定义及编辑资料或单位。

全球畜牧业环境评估模型（GLEAM）是 FAO 主导开发的一个地理信息系统（GLS）框架，用于模拟畜牧生产所涉及活动和过程与环境之间的交互作用。该模型采用生命周期评估的方式模拟了畜牧业供给链上的生物物理过程及活动。GLEAM 的应用目的是量化畜牧业审查和畜牧业对自然资源的使用，确定畜牧业对环境的影响，从而促进适应和环节情景的评估，以便朝着更加可持续的畜牧业迈进。GLEAM 模型将畜牧供给链区分为若干关键阶段，如饲料生产、加工及运输，畜群动态、动物饲养及粪污管理，动物产品加工和运输。该模型可分析多重环境纬度，如饲料使用、温室气体排放、土地使用及土地退化、养分及水资源利用以及与生物多样性之间的相互作用。

（二）LCA 数据库

在工业 LCA 中，Eco - invent 数据库是目前使用最广泛的数据库，且在 Gabi、Simapro 等影响评估软件中进行集成。农业 LCA 常用的数据库有 Agrifootprint、Agribalyse、Food LCA - DK 和 JALCA 等。由于农业的地域性差异，农业数据库很难与其他区域作横向比较。

Agrifootprint 是荷兰开发的用于农业和食品领域的生命周期评价的数据库。该数据库包含大量农作物、动物系统和动物产品的数据集。该数据库也可以在 SimaPro 载入使用。

Agribalyse 是由法国 14 个科研技术机构共同合作开发，致力于建立法国农产品生命周期清单的数据库。该数据库包含 100 多种产品组成的生命周期数据。

## 四、生命周期评价在畜牧业环境方面的应用

生命周期评价在畜牧业环境方面的应用，主要包括猪生产、牛生产、鸡生产、饲料生产，以及比较不同畜禽产品对环境影响方面的研究等五个方面。

**1. LCA 在猪生产方面的研究**　白林（2007）采用 LCA 方法和情景分析法

对中国四川 3 种典型的养猪生产情景进行系统的环境评估。Monterio 等（2016）分析了生产环境下饲养策略对育肥猪环境影响的生命周期评价。LCA 考虑了猪的育肥过程，包括饲料原料和饲料的生产及运输、育肥猪的饲养、粪污的储存、运输。Pexas 等（2020）采用 LCA 方法对不同猪舍（包括舍内温度、通风、粪污清除频率等 23 个猪舍环境影响因素变化）和粪污管理方式（粪污酸化、固液分离、厌氧消化等）对环境的影响进行比较，研究结果表明，粪污管理和猪舍条件都有可能减少猪生产对环境的影响。

**2. LCA 在牛生产方面的研究** 2003 年，Bore（2003）综述了利用 LCA 对奶牛常规方法和有机方法生产牛奶的综合环境影响评估的前景和局限性。Bore 认为不能采用 LCA 直接对不同案例的研究进行比较，但在案例研究内部可采用 LCA 比较适合于获取认识和对生产系统的主要潜在环境影响的差异进行追踪。Bore 还提出，有机牛奶的生产本质上增加了 $CH_4$ 的排放。Cederberg 等（2003）对牛奶和牛肉生产采用 LCA 进行评价，得出的结果是，奶牛生产牛肉和牛奶比肉牛生产过程产生的环境负荷（如 $CH_4$、$NH_3$ 的排放及施肥造成的氮损失）少，这是由于与肉牛生产相比，奶牛生产牛奶和肉过程中需要更少的动物。最终 Cederberg 等得出结论，对于前瞻性 LCA 研究，应进行系统扩展，以获得关联生产系统的环境后果的充分信息。Hospido 等（2005）采用 LCA 方法对西班牙加利西亚地区标准情况和改进情况的奶牛乳腺炎发病率对环境的影响进行比较，发现所有研究类别中，酸化、富营养化和全球变暖潜力是最显著的环境影响。在所有类别中，乳腺炎发病率的降低对环境影响的减少具有积极的影响。

**3. LCA 在鸡生产方面的研究** Pelletier（2008）采用 LCA 分析了美国肉鸡供应链的物质、能源输入和排放物的环境影响，发现饲料供应占肉鸡生产供应链能源消耗的 80％、温室气体排放量的 82％、$O_3$ 消耗排放量的 98％、酸化排放量的 96％和富营养化排放的 97％。Leinonen 等（2012）应用 LCA 方法，量化了英国产蛋量 1 000 kg 的 4 个蛋鸡主要生产系统（笼养、平面圈养、自由放养、有机饲养）的环境负荷，应用来自英国不同鸡蛋生产系统的采食量、死亡率、能源和材料消耗等，得出生产 100 kg 鸡蛋所需蛋鸡数量和饲料消耗量。4 种生产系统中，有机饲养系统的所需蛋鸡数量和饲料消耗量最高，笼养系统最低。同时生产力的差异导致系统间环境影响的差异。此外，由于 $NH_3$ 的排放导致粪污对酸化和富营养化的影响最大。

**4. LCA 在饲料方面的研究** Ogino 等（2013）对常规饲料和低蛋白饲料进行 LCA 研究，比较了两种饲料的温室气体排放，结果表明，低蛋白饲料的温室气体排放比常规饲料低 20％。Werf 等（2005）对猪浓缩饲料生产和运输过程中的环境影响进行研究，发现饲料运输过程对气候变化、酸化和能源利用的影响很大。以副产品为主的饲料比以非加工作物成分为主的饲料具有更高的能源利用和较低的陆地生态毒性。Soleimani 等（2020）应用 LCA 比较了猪整个生产过程中高剩余采食量和低剩余采食量对环境的影响（包括气候变化、酸化潜力、富营养化等），建立了基于猪饲料净能量通量的 LCA 参数模型，证实了提高饲料效率对减少环境影响的重要性。Soleimani 等（2020）通过从环境角度重组选择指标，预估了更有效的环境最佳选择标准。

**5. LCA 在比较不同畜禽产品对环境影响方面的研究** Dalgaard 等（2004）根据丹麦典型农业生产系统，编制了 31 种农业类型清单，对农业种类按土壤类型、标准工作时数、生产类型（奶牛、猪、不同经济作物）和饲养率（每公顷畜禽单位）进行分组。用每组的平均投入和产出等数据建立农村类型模型，同时采用标准养分浓度结合养分循环、能量消耗，以及 $NH_3$、$N_2O$、$CH_4$ 释放模型建立了各类型农村的资源消耗和污染物排放数据，作为主要生产系统和整个产品生产链的 LCA 输入。Casey 等（2006）采用 LCA 方法估算奶牛、肉牛、羔羊生产系统的温室气体排放，发现大规模的生产可以减少单位产品和面积的排放，但单位面积的活体重量将有所减少。Casey 等（2006）还认为不同生产系统之间的排放清单可以比较。孟祥海等（2014）采用 LCA 对畜禽养殖中饲料原料种植、饲料运输加工、畜肠道发酵、畜禽饲养环节能耗、粪污管理系统和畜禽产品屠宰加工等 6 个环节产生的温室气体排放进行核算，得出当年排放量为 $5.09 \times 10^8$ t（$CO_2$ - eq），畜禽肠道发酵和粪污处理两个环节的温室气体排放量占总排放量的 70%。

# 第六章 畜牧业空气质量全程控制

## |第一节| 畜牧业空气污染法律法规及排放标准

### 一、国外畜牧业污染防治法律法规

#### （一）荷兰畜牧业污染防治

荷兰是首个针对恶臭污染立法的国家。20 世纪七八十年代，荷兰畜牧业发展迅速，但同时，畜禽养殖在居住环境、臭味污染等方面的问题也日益显著。由于荷兰人口密集，农业区和非农业区地理位置上的联系非常紧密。为了避免畜禽养殖场的气味影响到公共卫生和环境卫生，荷兰相关部门制定了避免畜禽气味影响周围环境的相关法规。法规限定了养殖场与居民区之间的最小距离，这一法规最初是根据公共卫生检测员的经验而定的。随后，通过系列恶臭相关法规的制定和出台，养殖场周边的居民投诉显著减少。1995 年，荷兰出台了更具操作性的恶臭测试方法，并于 2000 年写入荷兰排放标准大纲。在荷兰的带领下，其他一些欧洲国家也相继制定防治恶臭污染的法律法规。

荷兰也是第一个对 $NH_3$ 排放进行限制的国家。自 1995 年以来，荷兰的 $NH_3$ 排放量已经减少了 40％以上。2005 年，荷兰对养殖场内的畜禽舍实施了 $NH_3$ 排放的限制。

在温室气体减排方面，据统计，荷兰农业部门的温室气体排放量约占总量的 13％，其中大部分来自畜牧业。畜牧业是荷兰农业部门的重要组成部分。荷兰是世界第五大乳制品出口国，也是欧洲肉类生产大国。此外，荷兰拥有 1 000 多家家禽养殖场，每年共生产 100 亿个鸡蛋。畜牧业的高产业转化为高额碳排放。据统计，因为大量的畜群和化学药剂的使用，荷兰每公顷农田的 $CH_4$ 和 $N_2O$ 的排放量高于欧盟其他成员国。此外，种植业和畜牧业需要依赖电力和供暖，这些部门的运作本身就会促进温室气体的排放。荷兰农业部门和土地利用约占全国温室气体排放总量的 17％（2019 年），而畜牧业占荷兰农业温室气体总量的 71％，其中畜禽粪污管理占农业总排放量的近 25％。为减少温室气体排放，荷兰通过荷兰公司、社会组织与政府间达成一系列协议和措施，目的在于到 2030 年将荷兰的温室气体排放减少 49％（与 1990 年相比）。

为实施该目标，荷兰采取的措施主要有：①使用可持续加热能源；②通过改善粪污处理方式减少 $CH_4$ 排放。荷兰采用可再生能源如太阳能、风能和生物能等代替传统能源，在 2019 年，荷兰已有 40% 的家禽养殖场、27.1% 的养牛场和 24.8% 的养猪场及其他农村建筑物的屋顶安装了太阳能电池板。此外，粪污分解过程中产生大量沼气，沼气中约含 40% 的 $CO_2$ 和 60% 的 $CH_4$。因此，荷兰减少 $CH_4$ 排放的第二项举措就是改善粪污处理方式，合理利用沼气资源。荷兰农业部门近年来支持和推广粪污沼气池，促成企业与农民合作，使企业帮助农民建成、维护沼气发电工程，将农场产生的牛粪用于沼气发电。

### （二）美国畜牧业污染防治

20 世纪 40 年代，美国经济从大萧条中复苏，工业迅速发展，但污染问题日益凸显，接连发生了几起重度空气污染事件（如洛杉矶烟雾事件、多诺拉烟雾事件）。1970 年，美国通过《清洁空气法》。该法建立了国家环境空气质量标准（NAAQS），规定了 PM、CO、$N_2O$、$SO_2$、铅、$O_3$ 的浓度上限。同时制定了污染源排放标准，并要求各州政府制定环保标准和计划。美国 1970 年成立了 EPA，其职责之一便是配合各州执行《清洁空气法》。此外，《清洁空气法》授权 EPA 执行相关的强制条款，即养殖场的每栋畜禽舍每日的 $NH_3$ 排放量超过一定范围，就需要向 EPA 汇报。

1982 年，美国出台《综合环境反应、补偿和责任法》（CERCLA），即以污染者付费原则为基础的环境责任制度，包括限制 $NH_3$ 和 $H_2S$ 在内的环境污染物过度排放。

1995 年，EPA 发布了《氨排放控制和污染防治方法报告》（EPA - 456/R-95-002），对工业、种植业和畜牧业生产中的氨排放提出了针对性的措施，并于 1997 年启动 NAAQS 计划，限定期限实现美国各州空气质量达标。

2005 年 1 月，EPA 颁布了一项《空气合规协议》（Air Compliance Agreement）。养殖场经营者可以自主选择签署该协议，并为过去空气污染排放向 EPA 支付费用，这些费用将用于收集少数养殖场的空气质量监测。作为签署协议的回报，在空气排放政策正式实施（2011 或 2012 年）之前，养殖场经营者将不承担任何空气污染排放责任。对于没有签署该协议的养殖场经营者，将在空气排放政策实施前这段过渡期承担相应的排放处罚。

2006 年，美国制定并实施《空气质量议题与畜牧业：环境保护署的空气遵守协议》。该协议计划用两年时间对猪场、牛场和鸡场进行主要空气污染物特征及分布监测，并对主要空气污染物对动物本身、公众健康及生态的影响进行评价。与此同时，美国还启动了"国家（农业）气体排放监测（NAMES）"大型研究项目，该项目涉及美国 9 个州 24 个大型农场。

### （三）日本畜牧业污染防治

20世纪60年代，日本即开展了相关畜牧业污染及恶臭管理的研究。随后，日本政府先后制定了《废弃物处理法》《恶臭防止法》等多部法律用于控制污染物排放。《废弃物处理法》对畜禽粪尿的处理方式做了详细的规定，包括固液分离、化学处理、发酵处理等。《恶臭防止法》规定了由畜禽粪污引发的8种恶臭气体的排放标准，其排放标准高于工业废气。日本政府在随后的几十年对《恶臭防止法》进行修订完善，追加恶臭物质。该法自1972年实施后，相关恶臭投诉案件显著减少。除此之外，日本政府还出台鼓励养殖企业的环保政策，养殖场环保处理设施建设费中50%来自国家财政补贴，25%来自地方，养殖户仅需支付25%的环保处理设施建设费和运行费用。

### （四）畜牧业污染防治法令

**1. 哥德堡议定书** 1999年，15个欧盟成员国签署《哥德堡议定书》，该议定书源于欧洲34个政府和欧洲共同体于1979签署的《长距离跨境空气污染公约》（CLRTAP）。CLRTAP旨在控制、消减和防止远距离跨国界的空气污染，而《哥德堡议定书》则是对该公约的拓展。该议定书规定了土壤酸化、地表水富营养化和地面$O_3$有关的四种污染物，即$SO_x$、$NO_x$、VOCs和$NH_3$的最高排放水平，要求每个成员国到2010年要达到该水平。2012年，欧盟国家对《哥德堡议定书》进行修订，使其涵盖短时间内能造成破坏性变化影响的悬浮颗粒。《哥德堡议定书》为$SO_2$、$NO_x$、VOCs、悬浮颗粒和$NH_3$的排放设置了上限。该议定书还介绍了农民控制$NH_3$排放的具体措施，是最早对$NH_3$排放控制的国际条约，同时建议建设低排放的畜禽舍设施。

**2. 欧盟综合污染预防与控制（IPPC）指令** 于1996年被欧盟通过批准，IPPC指令以环境保护和管理为原则，旨在最大限度地减少人类活动对环境的整体影响。该指令为大型工业和农业活动制定了通用规则。IPPC指令中明确规定，经营者要获得运营许可，必须证明生产经营活动没有重大污染，并且必须使用最佳可行技术（BAT）。在制定许可证条件时（包括排放限值），必须建立在BAT的基础上。人类通过使用先进的技术，可显著减少工业和农业对环境的影响，采用BAT旨在提高能效并减少排放。BAT的结论通过可行技术参考文件（BREF）的形式发布。目前IPPC已发布了30多个不同部门的BRFF。其中一项BRFF专门用于集约化畜牧生产的设施，为"集约化饲养家禽和猪的最佳可行技术（BAT）参考文件"。该BREF中涵盖了40 000多家禽类养殖场、2 000多家生猪养殖场（单头体重超过30 kg）或750多家母猪养殖场，介绍了家禽和猪的营养管理、饲料准备（加工、混合和储存）、家禽和猪的饲养（包括畜禽舍）、粪污收集和储存、粪污加工和土地施肥、病死动物储存等技术手段。

**3. 联合国气候变化框架公约**（UNFCCC） 是联合国于 1992 年为应对全球气候变暖而制定的一项公约，由 150 多个国家及欧洲经济共同体共同签署，其目的是使大气中的温室气体浓度维持在一个稳定的水平，在该水平上人类活动对气候系统的危险干扰不会发生。UNFCCC 设定了 2050 年全球温室气体排放减少 50％的减排目标。

根据《联合国气候变化框架公约》第一次缔约方大会的授权，缔约国于 1997 年在东京签署了《京都议定书》作为 UNFCCC 的补充条款。协议书于 2005 年生效，到 2009 年，共有 183 个国家通过了《京都协议书》（超过全球排放量的 61％）。根据议定书规定，发达国家承诺在 2008—2012 年的温室气体排放比 1990 年减少至少 5％。《京都协议书》为缔约国制定了关于温室气体排放的强制性目标，并为各国实现减排目标确定了三个减排的灵活机制：联合履约、国际排放交易、清洁发展。联合履约是缔约国之间通过项目产生的减排单位的交易和转让，帮助超额排放的国家实现履约义务。它是主要发生在发展中国家和发达国家的项目合作机制。国际排放交易是发达国家交易和转让排放额度，使超额排放的国家通过购买节余排放国家的多余排放额度完成减排义务。清洁发展机制是指发达国家通过资金或技术支持，与发展中国家开展减少温室气体排放和项目合作，取得相应的减排量，减排量通过认证后可用于发达国家履约。

## 二、我国畜牧业污染防治法律法规

《中华人民共和国畜牧法》（以下简称《畜牧法》），于 2006 年 7 月 1 日起施行。《畜牧法》的颁布实施，可以说是中国畜牧业发展的里程碑，为我国畜牧业发展奠定了法律基础。《畜牧法》中规定，畜禽养殖场、养殖小区应当具备的条件包括有对畜禽粪便、废水和其他固体废弃物进行综合利用的沼气池等设施或者其他无害化处理设施。

2014 年 1 月 1 日，《畜禽规模养殖污染防治条例》（以下简称《条例》）开始施行，这是国家第一部专门针对畜禽养殖污染防治的法规性文件，明确了以综合利用作为解决畜禽养殖废弃物污染问题的根本途径，为规模化养殖废弃物污染治理指出一条可持续发展之路。《条例》明确了禁养区划分标准、适用对象（畜禽养殖场、养殖小区）、激励和处罚办法。

除了专门针对畜禽养殖污染防治的法律，在其他的法律条文中，也可以找到对畜牧业污染防治的相关规定。

新的《中华人民共和国环境保护法》，于 2015 年 1 月 1 日起施行。该法明确规定畜禽养殖场、养殖小区、定点屠宰企业等的选址、建设和管理应当符合有关法律法规规定。从事畜禽养殖和屠宰的单位和个人应当采取措施，对畜禽粪便、尸体和污水等废弃物进行科学处置，防止污染环境。

《中华人民共和国大气污染防治法（2018 修订版）》第七十五条规定畜禽养殖场、养殖小区应当及时对污水、畜禽粪便和尸体等进行收集、贮存、清运和无害化处理，防止排放恶臭气体。此外，《大气污染防治法》还规定"企业事业单位和其他生产经营者在生产经营活动中产生恶臭气体的，应当科学选址，设置合理的防护距离，并安装净化装置或者采取其他措施，防止排放恶臭气体。"

《畜禽养殖污染防治管理办法》是执法部门管理畜牧污染的执法依据，该办法从管理层面对畜牧养殖业污染物排放进行规定，制定了养殖场污染物排放的排污申报等级制度及缴纳超标排污费的相关规定。

## 三、我国畜牧业空气防治历程

### （一）氨气

2014 年，我国出台《大气氨源排放清单编制技术指南（试行）》（以下简称《指南》），用于指导各省市区域开展大气 $NH_3$ 源排放清单编制工作。《指南》指出 $NH_3$ 是形成大气细颗粒物（$PM_{2.5}$）的重要前驱物，但"我国对氨排放研究和重视度还不够"。$NH_3$ 是大气中唯一的碱性气体，可溶于水，与酸性物质发生化学反应。这样的化学性质使得 $NH_3$ 能够与大气中的 $SO_2$、$NO_x$ 的氧化产物反应，生成硫酸铵、硝酸铵等二次颗粒物，而后者正是 $PM_{2.5}$ 的重要来源。《指南》将氨排放源分为七大类，农田生态系统、畜禽养殖业、生物质燃烧、化工业、人体排泄物、机动车排放和废弃物处理。《指南》中重点描述主要排放源农田、畜禽养殖业的 $NH_3$ 排放估算流程。

2018 年，我国出台《关于全面加强生态环境保护 坚决打好污染防治攻坚战的意见》（以下简称《意见》）。《意见》中提出开展 $NH_3$ 排放控制试点。同年国务院印发《打赢蓝天保卫战三年行动计划的通知》，提出控制农业源氨排放，以及强化畜禽粪污资源化利用，改善养殖场通风环境，提高畜禽粪污综合利用率，减少氨挥发排放。这是我国首次针对 $NH_3$ 排放制定减排计划。

《室内空气质量标准》（GB/T 18883—2022）中规定，$NH_3$ 1 h 平均值应不大于 0.20 $mg/m^3$。《工作场所有害因素职业接触限值 第 1 部分：化学有害因素》规定 $NH_3$ 接触限值为 20 $mg/m^3$。美国规定的职业接触阈值为18 $mg/m^3$。

2022 年国务院印发的《"十四五"节能减排综合工作方案》中对京津冀及周边地区养殖场提出 $NH_3$ 减排目标。该方案中提到，深入推进规模养殖场污染治理，整县推进畜禽粪污资源化利用。到 2025 年，畜禽粪污综合利用率达到 80%，绿色防控、统防统治覆盖率分别达到 55%、45%，京津冀及周边地区大型规模化养殖场 $NH_3$ 排放总量消减 5%。

### （二）颗粒物

我国 PM 污染防治虽然起步晚，但近年在降低 PM 浓度方面也取得了很大进步。2010 年，《国务院关于推进大气污染物联防联控工作改善区域空气质量指导意见的通知》中要求京津唐、长江三角洲、珠江三角洲等 9 个重点区域空气环境质量达到国家二级及以上标准。2012 年我国发布的《环境空气质量标准》中，增加了对 $PM_{2.5}$ 和 $PM_{10}$ 的监测。2018 年修订的《大气污染防治法》中增加了"推行区域大气污染联合防治，要求颗粒物、二氧化硫、氮氧化物、挥发性有机物、氨等大气污染物和温室气体实现协同控制。"但总体来说，该法对规制 PM 的污染行为并无详细说明。

"十四五"发展规划提出，加强城市大气质量达标管理，推进细颗粒物和臭氧协同控制，地级及以上城市 $PM_{2.5}$ 浓度下降 10%。

国家对 PM 污染的重视程度逐年提升，但总体而言，对 PM 排放并无严格的监管措施和法律保障，尤其畜牧业 PM 的排放，没有明确对颗粒物污染控制的相关法规，我国畜牧业 PM 排放方面还需加强立法和监管。

### （三）温室气体

2015 年，国家标准委发布温室气体管理国家标准，包括《工业企业温室气体排放核算和报告通则》（以下简称《通则》）以及发电、钢铁、水泥等 10 个重点行业温室气体排放核算方法与报告要求。这是国家首次发布管理温室气体的国家标准。《通则》对工业企业温室气体排放核算与报告的基本原则、工作流程、核算边界、核算步骤与方法等进行了规定，填补了我国温室气体管理国家标准的空缺。

《"十三五"控制温室气体排放工作方案》（国发〔2016〕61 号）提出大力发展低碳农业，降低农业领域温室气体排放。为此要求因地制宜建设畜禽养殖场大中型沼气工程，控制畜禽温室气体排放，推进标准化规模养殖，推进畜禽废弃物综合利用。

"十四五"规划中提出，落实 2030 年应对气候变化国家自主贡献目标，制定 2030 年前碳排放达峰行动方案。加大 $CH_4$、氢氟碳化物、全氟化碳等其他温室气体控制力度。提升生态系统碳汇能力。锚定努力争取 2060 年前实现碳中和，采取更加有力的政策和措施。

2020 年，中国在联合国大会上提出 2030 年前使 $CO_2$ 排放达到峰值，并在 2060 年前实现碳中和。为此，中国政府提出了多项 $CO_2$ 减排计划，在农业领域，中国主要采用两项计划：①减少肥料使用；②通过发展数字化、无人化的农场来提高资源的利用率，同时增加产量和使用新能源。

中国承诺到 2030 年之前，$CO_2$ 峰值排放量减少 65%（与 2005 年相比），将非化石燃料在初级能源消耗中的份额增加到约 25%。到 2030 年，将风能和太阳能的装机容量增加到 $1.2 \times 10^6$ MW。到 2030 年，森林库存量增加约 60 亿 $m^3$。

为了完成减排计划，中国政府部门发布了多项温室气体减排标准及减排工作方案。2020 年，我国发布养殖企业温室气体排放的行业标准——《养殖企业温室气体排放技术规范》（以下简称《规范》）。该《规范》规定了畜禽养殖企业温室气体排放的监测范围、监测方法的要求、监测计划的制定、温室气体排放核算参数的监测方法以及数据质量控制。

国务院印发的《"十四五"节能减排综合工作方案》（以下简称《方案》）。《方案》部署了十大工程，要求从八个方面健全政策机制。要求加强能耗双控政策和碳达峰、碳中和目标任务的衔接。《方案》明确，到 2025 年，全国单位国内生产总值能源消耗比 2020 年下降 13.5%，能源消费总量得到合理控制。其中化学需氧量、氨氮、氮氧化物、挥发性有机物排放总量比 2020 年分别下降 8%、8%、10% 以上、10% 以上。《方案》要求，深化用能权有偿使用和交易试点，加强用能权交易与碳排放权交易的统筹衔接，推动能源要素向优质项目、企业、产业及经济发展条件好的地区流动和聚集。培育和发展排污权交易市场，鼓励有条件的地区扩大排污权交易试点范围。《方案》中提到，应加快风能、太阳能、生物质能等可再生能源在农业生产和农村生活中的应用。

## 四、我国养殖场污染物排放限值

### （一）场界污染物排放限值

场界污染物排放限值见表 6-1 至表 6-3。

**表 6-1　恶臭污染物场界标准值**

| 序号 | 控制项目 | 单位 | 一级 | 二级 | | 三级 | |
| --- | --- | --- | --- | --- | --- | --- | --- |
| | | | | 新扩改建 | 现有 | 新扩改建 | 现有 |
| 1 | 氨 | mg/m³ | 1.0 | 1.5 | 2.0 | 4.0 | 5.0 |
| 2 | 三甲胺 | mg/m³ | 0.05 | 0.08 | 0.15 | 0.45 | 0.80 |
| 3 | 硫化氢 | mg/m³ | 0.03 | 0.06 | 0.10 | 0.32 | 0.60 |
| 4 | 甲硫醇 | mg/m³ | 0.004 | 0.007 | 0.010 | 0.020 | 0.035 |
| 5 | 甲硫醚 | mg/m³ | 0.03 | 0.07 | 0.15 | 0.55 | 1.10 |
| 6 | 二甲二硫 | mg/m³ | 0.03 | 0.06 | 0.13 | 0.42 | 0.71 |
| 7 | 二硫化碳 | mg/m³ | 2.0 | 3.0 | 5.0 | 8.0 | 10 |
| 8 | 苯乙烯 | mg/m³ | 3.0 | 5.0 | 7.0 | 14 | 19 |
| 9 | 臭气浓度 | 无量纲 | 10 | 20 | 30 | 60 | 70 |

注：来源《恶臭污染物排放标准》（GB 14554—1993）。

表 6 - 2　现有污染源 PM 排放限值

| 序号 | 污染物 | 最高允许排放浓度（mg/m³） | 最高允许排放速率/kg/h | | | 无组织排放监控浓度限值 | | |
|---|---|---|---|---|---|---|---|---|
| | | | 排气筒高度（m） | 一级 | 二级 | 三级 | 监控点 | 浓度（mg/m³） |
| 1 | PM | 150 | 15 | 2.1 | 4.1 | 5.9 | 无组织 | 5.0 |
| | | | 20 | 3.5 | 6.9 | 10 | 排放源上 | （监控 |
| | | | 30 | 14 | 27 | 40 | 风向设参 | 点与参 |
| | | | 40 | 24 | 46 | 69 | 照点，下 | 照点浓 |
| | | | 50 | 36 | 70 | 110 | 风向设监 | 度差 |
| | | | 60 | 51 | 100 | 150 | 控点 | 值） |

注：来源《大气污染物综合排放标准》（GB 16297—1996）。

表 6 - 3　新污染源 PM 排放限值

| 序号 | 污染物 | 最高允许排放浓度（mg/m³） | 最高允许排放速率/kg/h | | | 无组织排放监控浓度限值 | | |
|---|---|---|---|---|---|---|---|---|
| | | | 排气筒高度（m） | 一级 | 二级 | 三级 | 监控点 | 浓度（mg/m³） |
| 1 | PM | 120 | 15 | 3.5 | 3.5 | 5.0 | 周界外浓度最高点 | 1.0 |
| | | | 20 | 5.9 | 5.9 | 85 | | |
| | | | 30 | 23 | 23 | 34 | | |
| | | | 40 | 39 | 39 | 59 | | |
| | | | 50 | 60 | 60 | 94 | | |
| | | | 60 | 85 | 85 | 130 | | |

注：来源《大气污染物综合排放标准》（GB 16297—1996）。

## （二）场内污染物排放限值

场内污染物排放限值见表 6 - 4、表 6 - 5。

表 6 - 4　畜禽场空气环境质量

| 序号 | 项目 | 缓冲区 | 场区 | 舍区 | | | | |
|---|---|---|---|---|---|---|---|---|
| | | | | 禽舍 | | 猪舍 | | 牛舍 |
| | | | | 雏禽 | 成禽 | 种猪/妊娠猪/育肥猪 | 哺乳猪/保育猪 | |
| 1 | 氨气（mg/m³） | 2 | 5 | 10 | 15 | 25 | 20 | 20 |
| 2 | 硫化氢（mg/m³） | 1 | 2 | 2 | 10 | 10 | 8 | 8 |
| 3 | 二氧化碳（mg/m³） | 380 | 750 | 1 500 | 1 500 | 1 500 | 1 300 | 1 500 |

（续）

| 序号 | 项目 | 缓冲区 | 场区 | 舍区 | | | | 牛舍 |
|---|---|---|---|---|---|---|---|---|
| | | | | 禽舍 | | 猪舍 | | |
| | | | | 雏禽 | 成禽 | 种猪/妊娠猪/育肥猪 | 哺乳猪/保育猪 | |
| 4 | PM$_{10}$（mg/m³） | 0.5 | 1 | 4 | 4 | 1 | 1 | 2 |
| 5 | TSP（mg/m³） | 1 | 2 | 8 | 8 | 3 | 3 | 4 |
| 6 | 恶臭（稀释倍数） | 40 | 50 | 70 | 70 | 70 | 70 | 70 |

注：表中数据皆为日均值。来源《畜禽场环境质量标准》（NY/T 388—1999）、《规模猪场环境参数及环境管理》（GBT 17824.3—2008）。

**表6-5 PM浓度限值**

| 序号 | 污染物项目 | 平均时间 | 浓度限值（μg/m³） | |
|---|---|---|---|---|
| | | | 一级 | 二级 |
| 1 | PM（粒径小于等于10μm） | 年平均 | 40 | 70 |
| | | 24小时平均 | 50 | 150 |
| 2 | PM（粒径小于等于2.5μm） | 年平均 | 15 | 35 |
| | | 24小时平均 | 35 | 75 |

注：来源《环境空气质量标准》（GB 3095—2012）。

### （三）工作场所污染物排放限值

工作场所污染物排放限值见表6-6、表6-7。

**表6-6 工作场所空气中化学有害因素职业接触限值**

| 序号 | 中文名 | 化学文摘号CAS号 | OELs（mg/m³） | | | 临界不良健康效应 | 备注 |
|---|---|---|---|---|---|---|---|
| | | | MAC | PC-TWA | PC-STEL | | |
| 1 | 氨 | 7664-41-7 | — | 20 | 30 | 眼和上呼吸道刺激 | — |
| 2 | 硫化氢 | 7783-06-4 | 10 | | | 神经毒性；强烈黏膜刺激 | |

注：来源《工作场所有害因素职业接触限值 第1部分：化学有害因素》（GBZ 2.1—2019）。

OELs（职业接触限值）：劳动者在职业活动过程中反复接触某种或多种职业性有害因素，不会引起绝大多数接触者不良健康效应的容许接触水平。化学有害因素的职业接触限值分为时间加权平均浓度、短时间接触浓度和最高容许接触浓度三类。

MAC（最高容许浓度）：在一个工作日内、任何时间、任何地点的化学有害因素均布应超过的浓度。

PC－TWA（时间加权平均允许浓度）：即以时间为权数规定的 8 h 工作日、40 h 工作周的平均容许接触浓度。

PC－STEL：短时间接触容许浓度，即在实际测得的 8 h 工作日、40 h 工作周平均接触浓度遵守 PC－TWA 的前提下，容许劳动者短时间（15 min）接触的加权平均浓度。

表 6－7　工作场所空气中粉尘职业接触限值

| 序号 | 中文名 | 化学文摘号 CAS 号 | PC－TWA （mg/m³） | | 临界不良 健康效应 |
|------|--------|------------------|-----------------|---|-----------|
| | | | 总尘 | 呼尘 | |
| 1 | 沸石粉尘 | — | 5 | | 尘肺病；肺癌 |
| 2 | 谷物粉尘（游离 SiO₂ 含量＜10％） | | 4 | | 上呼吸道刺激；尘肺； 过敏性哮喘 |
| 3 | 其他粉尘ᵃ | — | 8 | | |

注：饲料中粉尘主要有无机粉尘、有机粉尘和混合性粉尘。无机粉尘主要有石粉、沸石粉、磷酸氢钙等；有机粉尘主要是谷物粉尘。

a. 指游离 SiO₂ 低于 10％，不含石棉和有毒物质，而未制定职业接触限值的粉尘。

## 五、畜牧业空气污染防治标准规范

任何一个建设项目的前期规划都应为后期生产运行过程中的每一个生产环节做周密的考量与评估。养殖场在建设伊始，基于空气质量控制的考虑，养殖场的选址、生产区的布置以及饲养工艺和饲养单元的设计，都应将环境因素考虑在内。可根据《规模猪场建设》（GB 17824.1—2008）、《种牛场建设标准》（NY/T 2967—2016）、《标准化奶牛场建设规范》（NY/T 1567—2007）和《集约化养鸡场建设标准》（NY/T 2969—2016）等国家行业标准以及地方标准进行养殖场建设。在建设过程中，应考虑与畜禽舍清粪工艺和设备配套的土建建设，畜禽舍、粪污处理区等处建设除臭收集处理设施的预留空间，以及粪便和污水处理设施的建设等。

《畜牧法》中规定："畜牧业生产经营者应当履行动物防疫和环境保护义务，接受有关主管部门已发实施的监督检查。"该条法规明确提出了畜牧生产经营者的环境保护义务。此外，《大气污染防治法》中也规定："企业事业单位和其他生产经营者建设对大气环境有影响的项目，应当依法进行环境影响评价、公开环境影响评价文件；向大气排放污染物的，应当符合大气污染物排放标准，遵守重点大气污染物排放总量控制要求。"可见畜牧生产过程中排放的大气污染物，应该严格遵守国家和地方的相关的污染物排放标准（表 6－8）。

表6-8　我国畜牧业空气污染防治相关标准规范

| 标准规范名称 | 内容 |
| --- | --- |
| 《畜禽养殖业污染物排放标准》（GB 18596—2001） | 针对集约化、规模化的畜禽养殖场和养殖区，规定了污染物控制项目包括生化指标、卫生学指标和感官指标等排放限值，旨在推动畜禽养殖业污染物的减量化、无害化和资源化 |
| 《恶臭污染物排放标准》（GB 14554—1993） | 固定污染源恶臭污染物排放限值、监测和监控要求。恶臭污染物包括氨、硫化氢、三甲胺等控制项目 |
| 《畜禽场环境质量评价准则》（GB/T 19525.2—2004） | 规定了新建、改建、扩建畜禽场环境质量评价的程序、方法、内容及要求 |
| 《畜禽养殖业污染防治技术规范》（HJ/T 81—2001） | 规定了畜禽养殖场的选址要求、场区布局与清粪工艺、畜禽粪便贮存、污水处理、固体粪肥的处理利用、饲料和饲养管理、病死畜禽尸体处理与处置、污染物监测等污染防治的基本技术要求，为畜禽养殖污染物的无害化处置提供了技术标准 |
| 《畜禽养殖业污染治理工程技术规范》（HJ 497—2009） | 规定了畜禽养殖业污染工程设计、施工、验收和运行维护的技术要求 |
| 《排污许可申请与核发技术规范　畜禽养殖行业》（HJ 1029—2019） | 规定了畜禽养殖行业排污单位排污许可证申请与核发的基本情况填报要求、许可排放限值确定、实际排放量核算和合规判定的方法，以及自行监测、环境管理台账与排污许可证执行报告等环境管理要求，提出了畜禽养殖行业污染防治可行技术要求 |
| 《畜禽场环境质量标准》（NY/T 388—1999） | 规定了畜禽场必要的空气环境；生态环境质量标准；畜禽饮用水的水质标准 |
| 《畜禽场环境质量及卫生控制规范》（NY/T 1167—2006） | 规定了畜禽场生态环境质量及卫生指标、空气环境质量及卫生指标、土壤环境质量及卫生指标、饮用水质量及卫生指标和相应的畜禽场质量及卫生控制措施 |
| 《规模畜禽养殖场污染防治最佳可行技术指南》（HJ-BAT-10—2013） | 该指南介绍了畜禽养殖污染来源及主要影响，着重说明了畜禽养殖污染防治技术，为畜禽养殖污染防治工作提供可技术参考 |

养殖场臭气的减排效果评估，可根据《恶臭污染物排放标准》（GB 14554—1993）中规定的场界排放限值，在场界采样检测（主要检测 NH₃ 和恶臭两个指标），看是否符合标准中规定的排放限值。对于养殖场附近有居民区作为环境敏感点，可根据《环境空气质量标准》（GB 3095—1996）中的环境功能区划分，按对应的环境功能区执行该级的环境排放标准。如果需要对畜禽舍内的空气质量进行检测，可参照《畜禽场环境质量标准》（NY/T 388—1999）对

舍内结果进行评价。养殖场区的采样布点等可根据《畜禽场环境质量评价准则》（GB/T 19525.2—2004）在畜禽场内进行布点采样，以及环境质量和环境影响的评价。

畜牧业温室气体排放，可参照 IPCC 指南中对温室气体排放评估进行评价，不过温室气体排放的监测是个系统性工程，需要国家或地方政府相关部门主导评价。此外，对养殖场温室气体排放的评估，科研单位可以与养殖场采用横向合作，对养殖场温室气体排放的评估以科研为基础、以养殖场为依托，也是一种可行性的方案。

# |第二节| 畜牧业空气质量控制应用

## 一、项目案例一

### （一）项目简介

该项目（图 6-1）位于浙江省建德市乾潭镇沛市村。建德市隶属于杭州市，位于浙江省西部，钱塘江上游，全市地域面积 2 321 km²。乾潭镇位于建德市东北部，与桐庐、金华相邻。根据《2020 年建德统计年鉴》数据显示，2020 年建德养猪生产总值 77 430 万元，占该市农业生产总值的 20.9%，占牧业生产总值的 52.9%。生猪养殖给建德市带来经济收益的同时，也带来了生态环境影响。

图 6-1　猪场全景

项目占地 13.83 hm²，每年可向市场提供商品猪46 000 头和小猪 10 000 头。2018 年，为减少猪场污染，该猪场完成了饲养管理、设备装备、污染治理、场区环境等方面的改造升级，特别是养殖场全程臭气处理技术的实施，使养殖场及周围空气质量得到明显改善，生猪品质也得到了提升。

### （二）猪场空气质量控制

**1. 源头减排**　该项目通过降低饲料中粗蛋白水平和向所有品类饲料中添加高效微生物菌剂——洛东酵素的方式提升饲料消化率，实现源头减排。

**2. 过程控制**

（1）精准饲喂　猪场全程采用封闭式管理、分阶段、全进全出的精准饲养技术。同时采用全自动和精准饲喂系统（图6-2、图6-3），按需供应饲料，以节省饲料并降低单位猪只的粪污产生量，实现减少生猪的粪污和臭气减排。

图6-2　自动料线和精准饲喂系统

图6-3　电子饲喂站

（2）节约型饮水　项目采用节水型饮水工艺，当水注入设定好的正常数位时，节水饮水器的腔体内隔水膜吸紧，防止水进入；当猪饮水时，水位降低，空气进入出水管，腔体内隔水膜鼓起，水进入腔体内后再通过阀体排入水槽中，隔水膜再次吸紧，水位始终保持正常水平。避免水的浪费和污水量增大。同时配置污水流量计（图6-4），当舍内污水流量超标时，及时查找原因改进。

（3）雨污分流　项目采用雨污分流，场区污水管网铺设采用全地下密封式，减少粪污水的处理量。

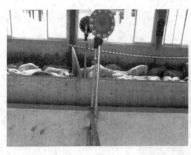

图6-4 节水饮水器和污水流量计

（4）自动清粪 采用机械清粪设备定期清除猪舍粪污，保证舍内空气质量。

（5）智能环控 生产区猪舍全套配置智能环控设备（图6-5）。控制系统与风机联动，当传感器检测到舍内污染物浓度超标时，风机开启，强制排出舍内臭气。温度、湿度测试仪能够自动控制舍内温度、湿度。此外，猪舍内配有地暖系统（图6-6），保证冬季舍内温度。

图6-5 智能环控控制面板

图6-6 供热空气能和地暖

**3. 末端治理**

（1）粪污收集与处理工艺 粪污处理采用异位发酵床模式（图6-7）。猪舍采用自动清粪设备将粪污收集至密闭集污池，再由粪污泵将集污池中的粪污送至异位发酵床，通过异位发酵床进行发酵处理制成有机肥存储在有机肥仓库（图6-8、图6-9）。

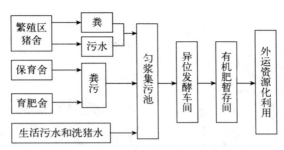

图 6-7　粪污收集与处理工艺流程

图 6-8　发酵一体机和堆肥车间

图 6-9　发酵抛翻机和污液箱

（2）臭气收集与处理工艺　每栋猪舍和粪污处理的异位发酵车间都配置臭气处理系统（图 6-10）。在猪舍、粪污收集池和异位发酵车间等主要恶臭污染排放源安装负压风机，有组织排放猪舍及粪污处理间臭气。在风机端搭建臭气收集和处理系统。

收集后的臭气采用多技术融合臭气处理工艺，以化学方法为主，辅以物理和生物除臭。在臭气收集间自动喷洒除臭剂高压迷雾，所喷洒的除臭剂通过安装的除臭剂发生器（图 6-11）自动产生。除臭剂具有氧化作用、酸性中和作用，通过分解破坏恶臭物质分子结构，生成无臭物质。除臭剂高压迷雾在风机

图 6-10 除臭间

的驱使下弥漫至整个除臭间，迷雾中的高效除臭剂与逸散在空气中的 $H_2S$、$NH_3$、胺类化合物等恶臭气体发生化学反应。为提高除臭效果，臭气收集间要有足够的臭气留滞空间，以延长除臭剂与臭气接触反应的时间。

图 6-11 除臭剂发生器

在末端的臭气收集与处理系统，通过设置多层网膜或除臭过滤层（图 6-12）吸附排出气体中的大量粉尘，从而降低臭气浓度。为确保臭气治理系统的有效运行，在处理间臭气排出口附近安装 $NH_3$ 传感器，并与除臭系统联动。

### （三）臭气全程治理模式总结

该项目通过采用一系列臭气控制手段对原有猪场进行升级改造，达到臭气全程减排的目的。源头减排方面，通过降低饲料中粗蛋白水平和添加微生物菌剂提升饲料利用率，减少粪便中蛋白质含量。过程控制方面，通过精准饲喂、节约型饮水、雨污分流、自动清粪和智能环控等技术手段，控制猪舍内空气污染物形成，改善畜禽舍内空气质量。末端治理过程中，通过异位发酵床技术对粪污进行收集处理，对所有猪舍、异位发酵车间和有机肥堆放车间排放出的臭气进行收集处理。在臭气处理间中，通过生化除臭手段清除臭气，利用多层网膜吸附恶臭物质，加强臭气在处理间的停留时间，保证除臭效果。

图 6-12　臭气收集和处理系统外部图

a. 除臭过滤网系统　b. 除臭间

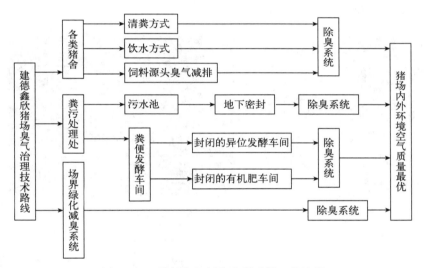

图 6-13　猪场臭气污染全程减排工艺流程

　　经猪场现场取样与检测分析结果表明，改造后的猪场场界恶臭浓度、猪场下风向 $H_2S$ 浓度和 $NH_3$ 浓度显著低于国家相关排放限值，除臭效果明显。

　　项目不但通过多种臭气治理手段达到了猪场空气质量及周边环境改善的目的，取得了良好的社会和生态效益；而且粪污收集处理生产的有机肥在市场上出售，也具有良好的经济效益。该项目可以为其他老旧猪场的臭气治理升级改造提供参考。

## 二、项目案例二

### （一）项目简介

　　杭州某生猪养殖场位于杭州市临安区淤潜镇，场区四面环山，环境优美，气候宜人。养殖场现有存栏母猪 450 头，年出栏商品猪 10 000 头，建有 1 栋二层猪舍，舍内粪污收集采用尿泡粪工艺，配套建设有管理用房、饲料和仓库车间、储粪池、污水池及兽医实验室、洗消设施等。

### （二）猪场空气质量控制

**1. 源头减排** 采用低蛋白生态饲料配方和自动精准喂料系统（图 6-14、图 6-15）。管理人员通过电子客户端下单，喂料由智能饲喂系统自行完成，全场饲喂管理仅需一人即可。饲料传输全程封闭，隔绝了饲料与外界的接触，能够有效控制污染源。该料线系统还具有清空功能，每次输送饲料以后都会自动清空料管，防止饲料霉变，保障料线系统每次启动为零负载。猪群的繁殖、转群、生长、免疫和饲料的进出库、输送、投喂实行电子化跟踪记录管理。猪场在实施精准健康饲喂的同时，取得了良好的臭气源头减排效果。

图 6-14　饲料车间　　　　　　　　图 6-15　智能喂料控制设备

**2. 过程控制**

（1）漏缝地板　猪舍采用全漏缝地板和尿泡粪模式，粪污直接落入尿泡粪池中，无需额外用水冲洗，从源头上节水。粪污在 10 d 内清空并通过预埋的密闭排污管道排入集污池中（图 6-16、图 6-17）。

图 6-16　漏缝地板和料槽　　　　　　图 6-17　排污管道

（2）**智能通风环控**　猪舍安装有智能环境控制系统，采用"混合式隧道"通风模式（图 6-18），满足不同生长阶段猪的通风需求。智能环境控制系统主要由低压大流量节能风机、降温湿帘、水循环系统及控制系统组成。其中，节能风机选用 304 不锈钢电机、玻璃钢外壳，具有良好的防腐性能，使用寿命长。湿帘采用高分子材料及空间交联技术，通风透气耐腐蚀，对空气有很好的过滤作用，降温效果好。

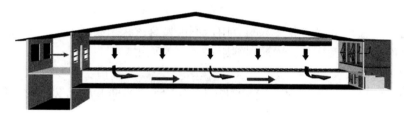

图 6-18　"混合式隧道"通风模式

外界空气经湿帘过滤降温后，经两侧风道自上而下弥漫进入猪舍，并在地沟风机负压引力下经漏缝地板从粪沟排出。该通风系统具有以下特征：①可避免 $NH_3$ 等有害气体上升对生猪造成危害，特别是降低生猪呼吸道疾病风险；②空气经过弥漫风道缓冲后风速较低，对于猪只应激反应的影响较低（图 6-19）。

图 6-19　进风端通道

**3. 末端治理**　在进行末端臭气处理方案设计过程中，由于现场除臭空间受限，结合猪舍通风模式，因地制宜采用在每个地沟风机排风口单独收集方法，结合猪舍环境控制系统配置臭气处理系统，将猪舍地沟风机排出的臭气全部收集与处理，末端处理系统的降尘和臭气减排效果良好。

除了猪舍臭气排放口外，对集粪池、粪污固液分离区、污水处理区、场内排污沟渠等关键节点实行全封闭，对臭气进行集中收集与处理，并定期对以上区域喷洒高效除臭剂。同时在主要污染场所和场界周边栽种桂花、七里香、罗勒等减臭植

图 6-20　臭气收集与处理系统

物，减少臭气向外扩散。

### （三）臭气全程治理模式总结

该项目所处地杭州市临安区，当地经济较发达，居民生活富足。养殖场周边 500 m 范围内散布民居点，居民生活品质要求较高，对养殖臭气容忍度低，给猪场臭气处理带来很高要求。项目通过采用低蛋白生态饲料配方、自动喂料系统、全漏缝地板、智能通风环控、地沟风机及其臭气收集与处理系统、粪污处理区臭气收集与处理系统、场区减臭植物配置等减臭措施，实现猪场臭气的全程治理。牧场全程减臭技术的应用，不仅显著改善了猪场及周边的环境空气质量，而且大幅提升了动物福利健康水平和养殖效益。

# |第三节| 畜牧业空气质量全程控制应用效果评价

本书第四章已经从畜牧生产源头控制、过程控制及末端治理三方面介绍了对畜牧业空气质量的控制。畜牧业空气质量全程控制理念的提出是将每个减排节点串联成一个整体的减排体系。从畜牧生产源头的用水用料，到养殖场建设、畜禽舍环境控制和空气净化，直到畜禽粪污和臭气的末端处理，可以说是一个复杂的系统工程。全程控制过程中，应将每个环节的控制做细做精，最终才能"积小流以成江海"，提升养殖污染减排的整体效果。畜牧业空气污染物减排工作的执行，需要提供科学合理的减排技术方案，严格执行减排设施建设，同时需要在养殖和除臭系统运行过程中进行长期空气质量监测。此外，畜牧业空气质量全程控制的实施更需要行业主管部门、养殖场主以及公众三方一齐努力，才能达到理想的效果。

## 一、畜牧业空气质量全程控制效果评价

对畜牧业空气质量全程控制应用效果的评价，笔者认为可以从污染源调查及应用效果对比开始，研究畜牧业空气质量控制对人、动物、生态环境以及经济的影响。

### （一）污染源调查及应用效果对比

对于畜牧业空气质量全程控制的应用效果，在单一养殖场作为应用效果评价对象时，可以先进行污染源调查，对畜禽饲养种类、数量、饲养工艺、用水和污水量、畜禽粪便产生量、畜禽粪便和污水处理技术等做出全面调查，列出排放清单。计算废水或废气的排放量及所含污染物的浓度。根据养殖场空气污染物分布及源强核算等，分析养殖场实施空气质量控制措施前后的污染程度，确认这些措施的合理性和实际应用效果。

废水/废气排放量计算公式为：

$$Q_i = K \times c_i \times q \times t \qquad (6-1)$$

式中：

　　$Q_i$——废水/废气中 i 种污染物的排放量，t；

　　$K$——单位换算系数，废水 $K$ 为 $10^{-6}$，废气 $K$ 为 $10^{-9}$；

　　$c_i$——i 种污染物实测浓度，$mg/m^3$；

　　$q$——单位时间废水/废气的排放量，$m^3/h$；

　　$t$——污染物排放时间，h。

### （二）人类健康影响评估

　　无论农业还是其他行业，最终受益者都是人类本身。而环境指标的一个终点就是人类健康。因此，对畜牧业空气质量控制的效果评估，需要考虑其对人类健康的影响。首先评估人暴露在未经空气质量控制下的健康风险，然后对实施减排后人类健康的影响程度。这样也会为空气质量控制效果给出最直接和最清晰的评价。

　　目前，我国主要采用的空气污染指数（AQI）作为空气污染评价指标（表 6-9），其中包括 $N_2O$、$SO_2$、CO、烟尘、TSP、$PM_{10}$、$PM_{2.5}$、$O_3$ 和 VOCs 等。国外常用污染物标准指数（PSI）作为评价指标（表 6-10）。

表 6-9　AQI 指数范围及相应的空气质量等级

| AQI 指数 | 级别 | 污染程度 | 对健康的影响 |
|---|---|---|---|
| 0~50 | 一级 | 优 | 空气质量令人满意，基本无空气污染 |
| 50~100 | 二级 | 良 | 空气质量可接受，可能对极少数人群有较弱影响 |
| 101~150 | 三级 | 轻度污染 | 易感人群症状有轻度加剧，健康人群出现刺激症状 |
| 150~200 | 四级 | 中度污染 | 进一步加剧易感人群症状，可能对健康人群有影响 |
| 201~300 | 五级 | 重度污染 | 健康人群普遍出现症状 |
| >300 | 六级 | 严重污染 | 健康人群有明显强烈症状，提前出现某些疾病 |

表 6-10　污染物标准指数分级

| PSI | 大气污染浓度水平 | 污染物浓度 | | | | | | 大气质量分级 |
|---|---|---|---|---|---|---|---|---|
| | | 颗粒物(24 h，$\mu g/m^3$) | $SO_2$ (24 h，$\mu g/m^3$) | CO (8 h，$mg/m^3$) | $O_3$ (1 h，$\mu g/m^3$) | $NO_2$ (1 h，$\mu g/m^3$) | $SO_2 \times$颗粒物 [（$\mu g/m^3$）$^2$] | |
| 500 | 显著危害水平 | 1 000 | 2 620 | 57.5 | 1 200 | 3 750 | 490 000 | （显著）危险性 |
| 400 | 紧急水平 | 875 | 2 100 | 46.0 | 1 000 | 3 000 | 393 000 | 危险性 |
| 300 | 警报水平 | 625 | 1 600 | 34.0 | 800 | 2 260 | 261 000 | 很不健康 |

（续）

| PSI | 大气污染浓度水平 | 污染物浓度 | | | | | | 大气质量分级 |
|---|---|---|---|---|---|---|---|---|
| | | 颗粒物（24 h，$\mu g/m^3$） | $SO_2$（24 h，$\mu g/m^3$） | CO（8 h，$mg/m^3$） | $O_3$（1 h，$\mu g/m^3$） | $NO_2$（1 h，$\mu g/m^3$） | $SO_2 \times$颗粒物 $[（\mu g/m^3）^2]$ | |
| 200 | 警戒水平 | 375 | 800 | 17.0 | 400 | 1 130 | 65 000 | 不健康 |
| 100 | 大气质量一级标准 | 260 | 365 | 10.0 | 160 | 不报告 | 不报告 | 中等 |
| 50 | 大气质量一级标准的 50% | 75 | 80 | 5.0 | 80 | 不报告 | 不报告 | 良好 |
| 0 | | 0 | 0 | 0 | 0 | | | |

### （三）动物生长影响评估

畜禽动物作为畜牧业的主体，其生长性能和产品品质是畜禽养殖生产经营者关注的核心。养殖场中，无论采用何种空气质量控制手段，都应该以不影响畜禽生长为前提；相反，之所以采取空气质量控制策略，也是基于动物福利和畜禽健康的考虑。因此，对于畜禽食用的减排型饲料、畜禽舍内采用的空气净化技术、清粪设备的运行等，这些措施实施的过程中，应对畜禽的健康作正确的评估，建议将采用空气污染控制技术和未采用空气污染控制技术的畜禽做对比实验，以便更好地评估这些技术手段对畜禽生产的影响。

### （四）生态环境影响评估

畜牧业空气质量全程控制对生态环境影响的评估可以采用目前构建大气生态评价指标的方法，如压力-状态-响应（PSR）模型、人类-生态系统福利模型等进行评估。以联合国可持续发展委员会提出的 PSR 模型为例，该模型可以分析环境压力、状态和响应三者之间的关系，人类活动对环境施加的压力改变了环境原有的性质或者自然资源状态（数量），之后人类又通过实施环境、管理和经济方面的策略对这些已有的环境改变作出响应，用以恢复环境质量或是防治环境的退化。PSR 通过建立人类活动与生态环境的相互作用与影响，通过环境压力来源及响应来分析生态环境状态，适用于区域生态和环境指标的评价。目前畜牧业中对粪污污染负荷预测研究中多采用 PSR 模型。

此外，要评价畜牧业空气质量全程控制对生态环境的影响还可以采用生态安全模型评价法，如生态模型法、景观生态模型法、数学模型法、数学地面模型法以及计算机模拟模型法等。以生态模型法中具有代表性的生态足迹法为例，该方法可以评价人类需求与生态承载力之间的平衡关系，进而衡量人类对自然资源利用程度及自然环境为人类提供的生命支持服务。

### （五）经济影响评估

对畜牧业空气质量的经济性评估不但可以评估养殖场主采用减排措施的经

济成本，还可以衡量人们对畜牧业空气质量控制的偏好。在环境经济学中，将环境质量恶化或环境退化（或发生了环境费用或环境成本）称之为环境损害。在畜牧业空气质量控制中，当采用某些措施避免环境损害，改善环境质量，那么避免了的环境损害就是为改善空气质量的行为所带来的效益。

畜牧业空气质量问题归因于环境问题，属于外部性问题，即某个微观经济单位的经济活动对其他微观经济所产生的非市场性影响。而环境影响的经济评估可以将隐性的外部性问题转化为显性的内部性问题，从而可以用影子价格（资源最优配置时所应具有的经济价值）来度量环境影响的真实成本。

畜牧业空气质量的经济评价，不仅有助于将外部性问题内化，还有利于将环境问题进行货币化量度，利用统一的货币价值对环境的影响进行评价和效益分析，为后续的环境决策提供参考。

## 二、畜牧业空气质量全程控制难点

### （一）标准规范不完善

目前我国畜牧业空气质量控制标准规范尚不健全。以养殖场臭气排放为例，专门针对养殖场污染物排放的国家标准有《畜禽养殖业污染物排放标准》（GB 18596—2001），然而该标准中针对臭气排放的限值是 70。此外，只有适用于全国所有向大气排放恶臭气体单位的国家标准——《恶臭污染物排放标准》（GB 14554—1993）。该标准于 1993 年制定实施，随着时代的发展，标准中有些要求已很难与目前我国生态环境保护要求相适应。如 GB 14554—1993标准中规定，臭气浓度场界排放限值为一级 10、二级 20/30（新扩改建/现有）、三级 60/70（新扩改建/现有）。这是依据《大气环境质量标准》（GB 3095—1982）中划分的一类、二类、三类环境空气功能区，将恶臭污染物场界标准划分为三级，不同区域的排污单位执行不同的排放限值。但是由于臭气排放是针对人的嗅觉感官，而人的嗅觉并不会因不同区域而产生明显变化，且目前《大气环境质量标准》（GB 3095—2012）中已将三类区并入二类区，因此养殖场场界执行 GB 14554—1993 和 GB 18596—2001 中臭气浓度排放限值 70的标准显然不合理。

此外，国外的一些相关标准中会规定环境敏感点的臭气浓度限值，但我国养殖场污染物排放相关标准中对环境敏感点的关注很少，只能参照场界污染物排放限值。

### （二）数据库不健全

畜牧业空气质量的评估，离不开数据库这一基石。欧盟和美国等发达国家，已经有完善的畜牧业相关数据库，可以从中查找相关污染物的排放数据，确定排放清单，甚至有完善的地形、气象等环境信息去支撑污染物扩散模拟。我国的畜牧业空气污染物数据库尚不健全，不利于我国的畜牧业空气质量研究。

### （三）养殖场经营者主观能动性不强

一些养殖场经营者主要关心的是其产品的经济效益，对于生产过程中所带来的环境破坏不仅视而不见，有时甚至会出现偷排污染物事件，加大了畜禽养殖生产过程中空气质量的控制难度。此外，由于畜牧业空气质量控制技术种类多、技术措施良莠不齐、国外技术本土化适用性不强等，养殖户面对众多空气质量控制技术不知如何选择或者错误选择，也会导致养殖场的空气污染控制存在困难。

### （四）旧养殖场改建难

由于早期养殖场建设时，养殖户环保意识不足、法律法规不健全、监管不严等原因，许多老旧养殖场都存在环保设施缺失、饲养工艺设备落后等问题，导致空气污染物排放问题严重，即使环保相关部门责令整改，由于已有建筑类型等原因，也很难达到现在的排放标准。这为畜牧业空气质量控制带来了难度。

### （五）楼房养殖空气污染严重

由于土地资源日益紧张，近年来一些楼房养殖日渐兴起。楼房养殖在节约土地和养殖成本的同时，也带来了巨大的环境问题。在本书第二章第二节"不同建筑高度污染物排放特征"中已对楼房养殖污染物排放特征进行了介绍。楼房养殖空气质量控制比平层养殖难度更大，并且由于楼房养殖兴起时间短，发展速度快，目前对楼房养殖空气污染物排放缺少深入的研究，也缺乏相关法律法规的制约和技术规范的指导以及相关部门的监管，因此，对楼房养殖的空气质量全程控制也是技术难点和未来发展方向之一。

## 三、畜牧业空气质量全程控制展望

毫无疑问，伴随全球人口增长和人类饮食结构变化，全球对畜牧产品的需求量也会不断上升。那么，畜牧—环境之间如何平衡，特别是如何控制畜牧生产过程中源源不断的空气污染物排放，值得我们思考。随着畜牧业生产集约化特征日益显著和畜牧结构变革进程的加快，畜牧业的发展也将进一步加剧其对全球气候变化、空气污染和生物多样性破坏等方面的影响。因此，畜牧业空气质量控制是减缓这些环境压力的关键因素。

未来，对于畜牧业发展及其空气质量控制方面，我们能做且应该做到的有以下几点：

（1）加快技术变革，提高畜牧生产率和资源利用率是减少畜牧业空气污染的有效手段。与工业技术的飞速发展相比，农业技术手段相对落后，畜牧业的生产力低下会加剧单位面积的污染负荷，因此要通过技术变革提升畜牧生产效率，更好地利用自然资源，限制空气污染和资源浪费。

（2）除了相关技术手段的提升，更需要政府监管部门出台切实有效的措施，制定畜牧空气污染控制相应的法律法规，对畜禽废物处理处置进行严格的监管，对养殖场污染性气体排放治理措施提供针对性的指导意见等。此外，采取"谁污染谁治理"的原则，污染责任者必须对其生产活动过程中排放的污染物负责，监管部门应对污染责任者做出相应的惩处措施，同时对控制污染物排放的养殖户提供直接的经济或政策补贴。

（3）市场是控制畜牧供应链的有效手段。目前而言，畜牧产品的价格并不能反映畜牧业对土地、空气、水的破坏等环境问题。如果未来将畜牧业空气质量控制的政策适当引入畜牧产品的价格中，使人们购买肉蛋奶时能够分辨出该种产品来源所涉及的环境损害程度，将有效促进畜牧业的空气质量控制。同时，在畜牧产品价格中适当附加环境治理费用，也将是畜牧业空气污染控制的有效措施。

# 参 考 文 献

白林，2007. 四川养猪业清洁生产系统 LCA 及猪粪资源化利用关键技术研究 [D]. 雅安：
　　四川农业大学．

蔡丽媛，张骥，於江坤，等．2015. 江淮地区漏缝地板—机械清粪系统羊舍环境检测及评价
　　[J]. 家畜生态学报，36（12）：34-41.

陈俊材，王威，王之盛，2011. 利用体外法研究纳米氧化锌的添加对瘤胃发酵的影响 [J].
　　动物营养学报，23（8）：1415-1421.

陈文娟，董润坚，周海柱，等，2010. 北方民用猪舍自然通风的数值模拟 [J]. 安徽农业科
　　学，38（13）：6673-6676.

崔克强，吕连宏，罗宏，2014. 恶臭污染预测的新方法 [J]. 环境影响评价（1）：46-48.

段淇斌，冯强，姬永莲，等，2011. 生物发酵床对育肥猪舍氨气和硫化氢浓度季节动态的
　　影响 [J]. 甘肃农业大学学报，46（3）：13-15.

高星星，张尉，方贤才，等，2017，自校准式 NH₃ 浓度检测装置设计与研究 [J]. 中国农
　　机化学报，38（8）：82-85.

郭新彪，杨旭，2015. 空气污染与健康 [M]. 武汉：湖北科学技术出版社．

何莹，张玉钧，尤坤，等，2016. 奶牛场氨排放特征的光谱检测 [J]. 光谱学与光谱分析，
　　36（3）：783-787.

贺城，牛智有，齐德生，2010. 猪舍温度场和气流场的 CFD 模拟比较分析 [J]. 湖北农业
　　科学，49（1）：134-136.

黄藏宇，2012. 猪场微生物气溶胶扩散特征及舍内空气净化技术研究 [D]. 金华：浙江师
　　范大学．

黄丽丽，刘博，翟友存，2017. AUSTAL2000 在恶臭污染环境影响评估中的应用研究 [J].
　　环境科学与管理（1）：186-189.

焦洪超，孙利，崔灿，等，2017. 人工负离子对鸡舍空气环境净化作用研究 [J]. 畜牧兽
　　医学报，48（8）：1543-1550.

介邓飞，泮进明，应义斌，2015. 规模化畜禽养殖污染气体现场检测方法与仪器研究进展
　　[J]. 农业工程学报（1）：236-246.

郎利影，魏娜，贾鑫，2012. 养殖场空气污染监测系统设计——基于电化学气体传感器的
　　应用研究 [J]. 农机化研究，8：216-218.

李文良，施正香，王朝元，2007. 密闭式平养鸡舍纵向通风的数值模拟 [J]. 中国农业大学
　　学报，12（6）：80-84.

李永明，陈绍孟，徐子伟，2017. 高压静电场对猪舍空气净化作用的影响 [J]. 养殖与饲料
　　（12）：13-15.

刘滨疆，钱宏光，李旭英，等 . 2005. 空间电场对封闭型畜禽舍空气微生物净化作用的监测 [J]. 中国兽医杂志，41（8）：20-22.

刘春红，杨亮，邓河，2019. 基于 ARIMA 和 BP 神经网络的猪舍氨气浓度预测 [J]. 中国 环境科学（6）：2320-2327.

刘莉，孙振钧，刘成国，2007. 灰色理论 GM（1，1）模型在畜禽粪便产量预测中的应用 [J]. 农业环境科学学报，26（增刊）：728-730.

刘敏雄，1991. 反刍动物消化生理学 [M]. 北京：中国农业大学出版社 .

孟祥海，程国强，张俊飚，等，2014. 中国畜牧业全生命周期温室气体排放时空特征分析 [J]. 中国环境科学（8）：2167-2176.

秦俪文，2019. 奶牛舍微生物气溶胶 PM2.5，PM10 的检测及其环境状况评估 [D]. 泰安：山东农业大学 .

任景乐，郝海玉，祝贵华，等，2016. 喷雾降尘对蛋鸡舍粉尘颗粒物和细菌含量的影响 [J]. 山东畜牧兽医，37（6）：8-9.

宋从波，刘旭峰，刘茂，2014. 规模化养猪场恶臭防护距离模型比较研究 [C]. 中国灾害防御协会风险分析专业委员会第六届年会论文集 .

孙利，2016. 空气电离与植物提取物对鸡舍空气质量改善作用研究 [D]. 泰安：山东农业大学 .

佟国红，张国强，MORSING S，et al.，2007. 猪舍内气流变化的模拟研究 [J]. 沈阳农业大学学报，38（3）：379-382.

汪开英，代小蓉，李震宇，等，2010. 不同地面结构的育肥猪舍 $NH_3$ 排放系数 [J]. 农业机械学报，41（1）：163-166.

汪开英，李开泰，李王林娟，等，2017. 保育舍冬季湿热环境与颗粒物 CFD 模拟研究 [J]. 农业机械学报，48（9）：270-278.

汪开英，魏波，应洪仓，等，2011. 不同地面结构的育肥猪舍的恶臭排放影响因素分析 [J]. 农业机械学报，42（9）：163-166.

汪开英，吴捷刚，赵晓洋，2019. 畜禽场空气污染检测技术综述 [J]. 中国农业科学，52（8）：1458-1474.

王福山，周斌，汪开英，等，2010. 发酵床养猪垫料中重金属累积初探 [C]. 2010 年家畜环境与生态学术研讨会论文集：432-434.

王亘，李昌建，邹克华，等，2005. 嗅觉仪——用于恶臭污染嗅觉测试的标准化仪器 [C]. 第二届全国恶臭污染测试及控制技术研讨会 .

王亘，邹克华，赵晶晶，等，2009. 恶臭的测定 [J]. 环境科学与管理，34（9）：117-121.

王庚辰，1997. 陆地生态系统温室气体排放（吸收）测量方法简评 [J]. 气候与环境研究，2（3）：251-263.

王树华，段栋梁，程晓亮，等，2017. 空气智能净化系统对密闭猪舍空气质量的影响 [J]. 黑龙江畜牧兽医（13）：113-117.

王校帅，潘乔纳，汪开英，2013. 基于计算流体力学（CFD）技术的分娩母猪舍内环境的

模拟评估 ［C］. 中国畜牧兽医学会 2013 年学术年会.

吴胜，彭艳，2019. 植物精油制剂对断奶仔猪生长性能及舍内空气中微生物气溶胶，氨气浓度的影响 ［J］. 动物营养学报，31（10）：4729-4736.

吴新，2006. 畜禽舍环境控制及防疫系统试验 ［J］. 农业工程，9（1）：34-40.

徐鑫，卢真真，刘继军，2010. 自动防疫系统对冬季鸡舍空气净化的效果 ［J］. 农业工程学报，26（5）：263-268.

许稳，刘学军，孟令敏，等，2018. 不同养殖阶段猪舍氨气和颗粒物污染特征及其动态 ［J］. 农业环境科学学报，37（6）：1248-1254.

闫怀峰，2017. 空气电净化自动防疫系统对猪舍环境的影响 ［J］. 兽医导刊（8）：239.

颜培实，李如治，2011. 家畜环境卫生学 ［M］. 北京：高等教育出版社.

应洪仓，黄丹丹，汪开英，2011. 畜牧业温室气体检测方法与技术 ［J］. 中国畜牧杂志，47（10）：56-60.

俞守华，张洁芳，区晶莹，2009. 基于 BP 神经网络的猪舍有害气体定量检测模型研究 ［J］. 安徽农业科学研究，37（23）：11316-11317.

张迪然，张鸿雁，王元，2008. 冬季新疆和田地区某羊舍内自然通风的数值模拟 ［J］. 新疆农业科学，45（1）：184-187.

张欢，包景岭，王元刚，2011. 恶臭污染评级分级方法 ［J］. 城市环境与城市生态，24（3）：37-42.

张开臣，刘滨疆，钱宏光，2004. 鸡舍空气中粉尘与微生物的电净化技术及其应用 ［J］. 养禽与禽病防治（6）：36-37.

张庆振，严海波，吕梦园，等，2016. 菌肽蛋白对保育猪舍氨气和颗粒物浓度的影响 ［J］. 中国畜牧杂志，52（1）：66-70.

张松乐，1994. Andersen 空气微生物采样器研究进展 ［J］. 中国卫生检验杂志，4（1）：61-64.

张文明，林永成，1994. 国外关于密闭环境中二氧化碳对机体的影响及其卫生标准研究 ［J］. 解放军预防医学杂志（1）：83-86.

张征，2004. 环境评价学 ［M］. 北京：高等教育出版社.

周苗，2014. 生猪养殖环境监测及氨气浓度预警模型研究 ［D］. 长沙：湖南农业大学.

AARNINK A，LANDMAN W，MELSE R，et al.，2005. Systems for eliminating pathogens from exhaust air of animal houses ［C］//proceedings of the Livestock Environment Ⅶ，18-20 May 2005，Beijing，China. American Society of Agricultural and Biological Engineers.

AARNINK A，VAN HARN J，VAN HATTUM T，et al.，2011. Dust reduction in broiler houses by spraying rapeseed oil ［J］. Transactions of the ASABE，54（4）：1479-1489.

AARNINK A，ZHAO Y，VAN HATTUM T，et al.，2008. Reductie fijn stof emissie uit een varkenstal door de combi-wasser van Inno+/Siemers ［J］. Confidential report Animal Sciences Group van Wageningen UR，Lelystad，Netherlands.

ABDEL-HAMID S E，SALEEM A-S Y，YOUSSEF M I，et al，2020. Influence of housing systems on duck behavior and welfare ［J］. Journal of Advanced Veterinary and Animal Research，7（3）：407.

AHMAD M, DENEE M A, JIANG H, et al. , 2016. Sequential anaerobic/aerobic digestion for enhanced carbon/nitrogen removal and cake odor reduction [J]. Water Environment Research, 88 (12): 2233 - 2244.

ALANIS P, SORENSON M, BEENE M, et al. , 2008. Measurement of non - enteric emission fluxes of volatile fatty acids from a California dairy by solid phase micro - extraction with gas chromatography/mass spectrometry [J]. Atmospheric Environment, 42 (26): 6417 - 6424.

AL - KANANI T, AKOCHI E, MACKENZIE A, et al. , 1992. Organic and inorganic amendments to reduce ammonia losses from liquid hog manure [R]. Wiley Online Library.

AMON M, DOBEIC M, SNEATH R W, et al. , 1997. A farm - scale study on the use of clinoptilolite zeolite and De - Odorase® for reducing odour and ammonia emissions from broiler houses [J]. Bioresource technology, 61 (3): 229 - 237.

ANDERSEN K B, BEUKES J A, FEILBERG A, 2013. Non - thermal plasma for odour reduction from pig houses - A pilot scale investigation [J]. Chemical engineering journal, 223: 638 - 646.

ANDREEV L, YURKIN V, 2017. Energy efficient technologies of microclimate creation in animal husbandry [C]//proceedings of the International Conference 'Actual Issues of Mechanical Engineering' . Amsterdam: Atlantis Press.

ANDRIAMANOHIARISOAMANANA F J, SAKAMOTO Y, YAMASHIRO T, et al, 2015. Effects of handling parameters on hydrogen sulfide emission from stored dairy manure [J]. Journal of environmental management, 154: 110 - 116.

AROGO J, ZHANG R, RISKOWSKI G, et al. , 2000. Hydrogen sulfide production from stored liquid swine manure: a laboratory study [J]. Transactions of the ASAE, 43 (5): 1241.

ASMAN W, 1990. A detailed ammonia emission inventory for Denmark [J]. Report DMU LUFT - A133, National Environmental Research Institute, Roskilde, Denmark.

AUNSA - ARD W, POBKRUT T, KERDCHAROEN T, et al. , 2021. Electronic Nose for Monitoring of Livestock Farm Odors (Poultry Farms) [C]//proceedings of the 2021 13th International Conference on Knowledge and Smart Technology (KST) . Piscataway: IEEE.

BAIDUKIN Y A, ZHURALEV M, KIRSH E, et al. , 1979. Air cleaning in a poultry house using electric filters [J]. Sel'skogo Khozyaistva, 6: 46 - 47.

BALSARI P, AIROLDI G, DINUCCIO E, et al. , 2007. Ammonia emissions from farmyard manure heaps and slurry stores - effect of environmental conditions and measuring methods [J]. Biosystems engineering, 97 (4): 456 - 463.

BANHAZI T, 2009. User friendly air quality monitoring system [J]. Applied Engineering in Agriculture, 25 (2): 281 - 290.

BARKER J, CURTIS S, HOGSETT O, et al. , 2002. Safety in swine production systems

[J]. Raleigh: Waste Quality & Waste Management, North Carolina Cooperative Extension Service.

BARRINGTON S, MORENO R G, 1995. Swine manure nitrogen conservation in storage using sphagnum moss [R]. Wiley Online Library.

BEAVER R L, FIELD W E, 2007. Summary of documented fatalities in livestock manure storage and handling facilities – 1975 – 2004 [J]. Journal of Agromedicine, 12 (2): 3 – 23.

BICUDO J R, CLANTON C J, SCHMIDT D R, et al., 2004. Geotextile covers to reduce odor and gas emissions from swine manure storage ponds [J]. Applied Engineering in Agriculture, 20 (1): 65.

BICUDO J R, TENGMAN C L, JACOBSON L D, et al., 2000. Odor, hydrogen sulfide and ammonia emissions from swine farms in Minnesota [J]. Proceedings of the Water Environment Federation, 2000 (3): 589 – 608.

BJERG B, 2011. CFD Analyses of Methods to Improve Air Quality and Efficiency of Air Cleaning in Pig Production [M]//Chemistry, emission control, radioactive pollution and indoor air quality. London: IntechOpen.

BJERG B, LYNGBYE M, ROM H B, et al., 2004. A model for revealing the influence of housing system and management of ammonia emission from pig production units [Z]. AgiEng 2004. Leuven Belgium.

BJERG B, NORTON T, BANHAZI T, et al., 2013. Modelling of ammonia emissions from naturally ventilated livestock buildings. Part 1: Ammonia release modelling [J]. Biosystems engineering, 116 (3): 232 – 245.

BJERG B, SVIDT K, ZHANG G, et al., 2002. Modeling of air inlets in CFD prediction of airflow in ventilated animal houses [J]. Computers and electronics in agriculture, 34 (1 – 3): 223 – 235.

BJORNEBERG D, LEYTEM A, WESTERMANN D, et al., 2009. Measurement of atmospheric ammonia, methane, and nitrous oxide at a concentrated dairy production facility in southern Idaho using open – path FTIR spectrometry [J]. Transactions of the ASABE, 52 (5): 1749 – 1756.

BLANES – VIDAL V, GUIJARRO E, BALASCH S, et al., 2008. Application of computational fluid dynamics to the prediction of airflow in a mechanically ventilated commercial poultry building [J]. Biosystems engineering, 100 (1): 105 – 116.

BLUNDEN J, ANEJA V P, WESTERMAN P W, 2008. Measurement and analysis of ammonia and hydrogen sulfide emissions from a mechanically ventilated swine confinement building in North Carolina [J]. Atmospheric environment, 42 (14): 3315 – 3331.

BOTTCHER R, WILLITS D, 1987. Numerical computation of two – dimensional flow around and through a peaked – roof building [J]. Transactions of the ASAE, 30 (2): 469 – 0475.

BRODERICK G A, 2005. Protein and carbohydrate nutrition of dairy cows [C]//proceedings of the Proceedings，Pacific Northwest Animal Nutrition Conference.

BUNDY D，1974. Dust control in swine confinement buildings by a corona discharge [C]// proceedings of the 1st International Livestock Environment Symposium of the ASAE Nebraska.

CAMBRA – LOPEZ M，WINKEL A，VAN HARN J，et al. ，2009. Ionization for reducing particulate matter emissions from poultry houses [J]. Transactions of the ASABE，52 (5)：1757 – 1771.

CANH T，AARNINK A，SCHUTTE J，et al. ，1998. Dietary protein affects nitrogen excretion and ammonia emission from slurry of growing finishing pigs [J]. Livestock Production Science，56 (3)：181 – 191.

CAO Y，WANG X，BAI Z，et al. ，2019. Mitigation of ammonia，nitrous oxide and methane emissions during solid waste composting with different additives：a meta – analysis [J]. Journal of Cleaner Production，235：626 – 635.

CASEY J，HOLDEN N，2006. Greenhouse gas emissions from conventional，agri – environmental scheme，and organic Irish suckler – beef units [J]. Journal of Environmental Quality，35 (1)：231 – 239.

CEDERBERG C，STADIG M，2003. System expansion and allocation in life cycle assessment of milk and beef production [J]. The International Journal of Life Cycle Assessment，8 (6)：350 – 356.

CHAI L，ZHAO Y，XIN H，et al. ，2017. Reduction of particulate matter and ammonia by spraying acidic electrolyzed water onto litter of aviary hen houses：A lab – scale study [J]. Transactions of the ASABE，60 (2)：497 – 506.

CHAI M，LU M，KEENER T，et al. ，2009. Using an improved electrostatic precipitator for poultry dust removal [J]. Journal of Electrostatics，67 (6)：870 – 875.

CHANG C，CHUNG H，HUANG C – F，et al. ，2001. Exposure of workers to airborne microorganisms in open – air swine houses [J]. Applied and Environmental Microbiology，67 (1)：155 – 161.

CHAOUI H，BRUGGER M，2007. Comparison and sensitivity analysis of setback distance models [C]//proceedings of the International Symposium on Air Quality and Waste Management for Agriculture，16 – 19 September 2007，Broomfield，Colorado. American Society of Agricultural and Biological Engineers.

CHENG S – S，LI Y，GENG S – J，et al. ，2017. Effects of dietary fresh fermented soybean meal on growth performance，ammonia and particulate matter emissions，and nitrogen excretion in nursery piglets [J]. Journal of Zhejiang University – SCIENCE B，18 (12)：1083 – 1092.

CHILDERS J W，PHILLIPS W J，THOMPSON JR E L，et al. ，2002. Comparison of an innovative nonlinear algorithm to classical least – squares for analyzing open – path Fourier transform infrared spectra collected at a concentrated swine production facility [J]. Applied

285

spectroscopy, 56 (3): 325 – 336.

CHIUMENTI A, 2015. Complete nitrification – enitrification of swine manure in a full – scale, non – conventional composting system [J]. Waste Management, 46: 577 – 587.

CHUNG M Y, BEENE M, ASHKAN S, et al. , 2010. Evaluation of non – enteric sources of non – methane volatile organic compound (NMVOC) emissions from dairies [J]. Atmospheric Environment, 44 (6): 786 – 794.

CHUNG T, PARK J, KIM C, et al. , 2017. Evaluation of Aluminum Chloride As an Effective Short – Term Solution for Reducing Odor – Causing Volatile Fatty Acids in Duck Litter [J]. Brazilian Journal of Poultry Science, 19: 545 – 548.

CHUNG Y, HUANG C, TSENG C I, 1996. Reduction of $H_2S/NH_3$ production from pig feces by controlling environmental conditions [J]. Journal of Environmental Science & Health Part A, 31 (1): 139 – 155.

CHéNARD L, LEMAY S, LAGUë C, 2003. Hydrogen sulfide assessment in shallow – pit swine housing and outside manure storage [J]. Journal of agricultural safety and health, 9 (4): 285.

CICEK N, ZHOU X, ZHANG Q, et al. , 2004. Impact of straw cover on greenhouse gas and odor emissions from manure storage lagoons using a flux hood [C]//proceedings of the 2004 ASAE Annual Meeting. American Society of Agricultural and Biological Engineers.

COFALA J, KLIMONT Z, AMANN M, 2006. The potential for further control of emissions of fine particulate matter in Europe [R].

COSTANTINI M, BACENETTI J, COPPOLA G, et al. , 2020. Improvement of human health and environmental costs in the European Union by air scrubbers in intensive pig farming [J]. Journal of Cleaner Production, 275: 124007.

COUNCIL N R, 2003. Air emissions from animal feeding operations: Current knowledge, future needs [R].

COWELL D, APSIMON H, 1998. Cost – effective strategies for the abatement of ammonia emissions from European agriculture [J]. Atmospheric Environment, 32 (3): 573 – 580.

DAI X, WANG X, WANG A, et al. , 2022. Identification of Size – segregated Bioaerosol Community and Pathogenic Bacteria in a Tunnel – ventilated Layer House: Effect of Manure Removal [J]. Water Air & Soil Pollution, 233 (3): 1 – 14.

DALGAARD R, HALBERG N, KRISTENSEN I S, et al. , 2004. An LC inventory based on representative and coherent farm types [J]. Life Cycle Assessment in the Agri – food sector, (61): 98 – 106.

DE BOER I J, 2003. Environmental impact assessment of conventional and organic milk production [J]. Livestock production science, 80 (1 – 2): 69 – 77.

DEWHURST R, EVANS R, MOTTRAM T, et al. , 2001. Assessment of rumen processes by selected – ion – flow – tube mass spectrometric analysis of rumen gases [J]. Journal of Dairy Science, 84 (6): 1438 – 1444.

DING L, LIN H, HETCHLER B, et al., 2021. Electrochemical mitigation of hydrogen sulfide in deep – pit swine manure storage [J]. Science of the total environment, 777: 146048.

DOLEJŠ J, MAŠATA O, TOUFAR O, 2006. Elimination of dust production from stables for dairy cows [J]. Czech journal of animal science, 51 (7): 305 – 310.

ECIM – DJURIC O, TOPISIROVIC G, 2010. Energy efficiency optimization of combined ventilation systems in livestock buildings [J]. Energy and Buildings, 42 (8): 1165 – 1171.

FABBRI C, VALLI L, GUARINO M, et al., 2007. Ammonia, methane, nitrous oxide and particulate matter emissions from two different buildings for laying hens [J]. Biosystems Engineering, 97 (4): 441 – 455.

FABIAN – WHEELER E E, HILE M L, MURPHY D, et al., 2017. Operator exposure to hydrogen sulfide from dairy manure storages containing gypsum bedding [J]. Journal of agricultural safety and health, 23 (1): 9 – 22.

FAO, 2018. World Livestock: Transforming the livestock sector through the Sustainable Development Goals [R/OL]. https://doi. org/10. 4060/ca1201en.

FEILBERG A, LIU D, ADAMSEN A P, et al., 2010. Odorant emissions from intensive pig production measured by online proton – transfer – reaction mass spectrometry [J]. Environmental Science & Technology, 44 (15): 5894 – 5900.

FILIPY J, RUMBURG B, MOUNT G, et al., 2006. Identification and quantification of volatile organic compounds from a dairy [J]. Atmospheric Environment, 40 (8): 1480 – 1494.

FROST J P, STEVENS R J, LAUGHLIN R J., 1990. Effect of separation and acidification of cattle slurry on ammonia volatilization and on the efficiency of slurry nitrogen for herbage production [J]. Journal of Agricultural Science, 115 (1): 49 – 56.

GARLIPP F, HESSEL E F, VAN DEN WEGHE H F., 2011. Effects of three different liquid additives mixed with whole oats or rolled oats on the generation of airborne particles from an experimental simulating horse feeding [J]. Journal of Equine Veterinary Science, 31 (11): 630 – 639.

GAUTAM D P, RAHMAN S, FORTUNA A – M, et al., 2017. Characterization of zinc oxide nanoparticle (nZnO) alginate beads in reducing gaseous emission from swine manure [J]. Environmental technology, 38 (9): 1061 – 1074.

GAY S, SCHMIDT D, CLANTON C, et al., 2003. Odor, total reduced sulfur, and ammonia emissions from animal housing facilities and manure storage units in Minnesota [J]. Applied Engineering in Agriculture, 19 (3): 347.

GERBER P J, STEINFELD H, HENDERSON B, et al., 2013. Tackling climate change through livestock: a global assessment of emissions and mitigation opportunities [M]. Food and Agriculture Organization of the United Nations (FAO).

GOODRICH P R, WANG Y, 2002. Nonthermal plasma treatment of swine housing gases

[C]//proceedings of the 2002 ASAE Annual Meeting, American Society of Agricultural and Biological Engineers.

GRIMM E, 2013. Assessment of odour in the vicinity of livestock installations – the new guideline VDI 3894 [J]. Landtechnik, 68 (5): 310 – 315.

GUARINO M, COSTA A, PORRO M, 2008. Photocatalytic $TiO_2$ coating – to reduce ammonia and greenhouse gases concentration and emission from animal husbandries [J]. Bioresource technology, 99 (7): 2650 – 2658.

GUO H, DEHOD W, AGNEW J, et al, 2006. Annual odor emission rate from different types of swine production buildings [J]. Transactions of the ASABE, 49 (2): 517 – 525.

HAN T, WANG T, WANG Z, et al., 2022. Evaluation of gaseous and solid waste in fermentation bedding system and its impact on animal performance: A study of breeder ducks in winter [J]. Science of The Total Environment: 155672.

HAO X, CHANG C, LARNEY F J, et al., 2001. Greenhouse gas emissions during cattle feedlot manure composting [J]. Journal of Environmental Quality, 30 (2): 376 – 386.

HARPER L A, SHARPE R R, SIMMONS J D, 2004. Ammonia emissions from swine houses in the southeastern United States [J]. Journal of Environmental Quality, 2004, 33 (2): 449 – 457.

HARRIS D B, SHORES R C, JONES L G, 2001. Ammonia emission factors from swine finishing operations [M]. United States Environmental Protection Agency, Office of Research and Development, National Risk Management Research Laboratory.

HARTUNG E, MARTINEC M, BROSE G, et al., 1998. Diurnal course of the odor release from livestock housings and the odor reduction of biofilters [C]//proceedings of the Proceedings of the Conference on Animal Production Systems and the Environment, Des Moines, IA.

HEBER A J, LIM T – T, NI J – Q, et al., 2006. Quality – assured measurements of animal building emissions: Particulate matter concentrations [J]. Journal of the Air & Waste Management Association, 56 (12): 1642 – 1648.

HEBER A J, NI J – Q, LIM T T, et al., 2006. Quality assured measurements of animal building emissions: Gas concentrations [J]. Journal of the Air & Waste Management Association, 56 (10): 1472 – 1483.

HEBER A, GRANT R, BOEHM M, et al., 2011. Evaluation and Analysis of NAEMS Pork Data. Final Report to the National Pork Board [R]. Purdue University, West Lafayette, Indiana: 536.

HEBER A, NI J, LIM T, et al., 2000. Effect of a manure additive on ammonia emission from swine finishing buildings [J]. Transactions of the ASAE, 43 (6): 1895.

HENRY C G, HOFF S J, JACOBSEN L D, et al., 2007. Downwind odor predictions from four swine finishing barns using CALPUFF [C]//proceedings of the International Symposium on Air Quality and Waste Management for Agriculture, 16 – 19 September 2007,

Broomfield, Colorado. American Society of Agricultural and Biological Engineers.

HILL D, BARTH C, 1976. Removal of gaseous ammonia and methylamine using ozone [J]. Transactions of the ASAE, 19 (5): 835 – 0938.

HOBBS P, WEBB J, MOTTRAM T, et al, 2004. Emissions of volatile organic compounds originating from UK livestock agriculture [J]. Journal of the Science of Food and Agriculture, 84 (11): 1414 – 1420.

HOSPIDO A, SONESSON U, 2005. The environmental impact of mastitis: a case study of dairy herds [J]. Science of the total environment, 343 (1 – 3): 71 – 82.

HOUSE H, ENG P, 2016. Manure handling options for robotic milking barns [J]. Dairy Housing, 1 – 8.

HRISTOV A N, OH J, GIALLONGO F, et al. , 2015. The use of an automated system (GreenFeed) to monitor enteric methane and carbon dioxide emissions from ruminant animals [J]. JoVE (Journal of Visualized Experiments), (103): e52904.

HUAITALLA R M, GALLMANN E, XUEJUN L, et al. , 2013. Aerial pollutants on a pig farm in peri – urban Beijing, China [J]. International Journal of Agricultural and Biological Engineering, 6 (1): 36 – 47.

HUSSAIN O, RAO K, 2003. Characterization of activated reactive evaporated $MoO_3$ thin films for gas sensor applications [J]. Materials Chemistry and Physics, 80 (3): 638 – 646.

HUTCHINGS N, SOMMER S, JARVIS S, 1996. A model of ammonia volatilization from a grazing livestock farm [J]. Atmospheric Environment, 30 (4): 589 – 599.

IMPRAIM R, WEATHERLEY A, COATES T, et al. , 2020. Lignite Improved the Quality of Composted Manure and Mitigated Emissions of Ammonia and Greenhouse Gases during Forced Aeration Composting [J]. Sustainability, 12 (24): 10528.

IMS, PETERSEN S O, LEE D, et al. , 2020. Effects of storage temperature on $CH_4$ emissions from cattle manure and subsequent biogas production potential [J]. Waste management, 101: 35 – 43.

JACOBSON L D, HETCHLER B P, AKDENIZ N, et al. , 2011. Air pollutant emissions from confined animal buildings (APECAB) project summary [Z].

JEPPSSON K, 1999 Volatilization of ammonia in deep – litter systems with different bedding materials for young cattle [J]. Journal of Agricultural Engineering Research, 73 (1): 49 – 57.

JI B, ZHENG W, GATES R S, et al. , 2016. Design and performance evaluation of the upgraded portable monitoring unit for air quality in animal housing [J]. Computers and Electronics in Agriculture, 124: 132 – 140.

JIN Y, LIM T T, NI J, et al. , 2020. Aerial emission monitoring at a dairy farm in Indiana [C]//proceedings of the 2010 Pittsburgh, Pennsylvania, June 20 – June 23, American Society of Agricultural and Biological Engineers.

JOHNSON K, HUYLER M, WESTBERG H, et al. , 1994. Measurement of methane emissions from ruminant livestock using a sulfur hexafluoride tracer technique [J]. Environmental science & technology, 28 (2): 359 – 362.

KAHARABATA S K, SCHUEPP P H, DESJARDINS R L, 2000. Estimating methane emissions from dairy cattle housed in a barn and feedlot using an atmospheric tracer [J]. Environmental Science & Technology, 34 (15): 3296 – 3302.

KARLSSON S, 1996. Measures to reduce ammonia losses from storage containers for liquid manure [C]//proceedings of the Poster presented at AgEng International Conference on Agricultural Engineering, Madrid.

KAWASHIMA S, YONEMURA S, 2001. Measuring ammonia concentration over a grassland near livestock facilities using a semiconductor ammonia sensor [J]. Atmospheric Environment, 35 (22): 3831 – 3839.

KIL D Y, KWON W B, KIM B G, 2011. Dietary acidifiers in weanling pig diets: a review [J]. Revista Colombiana de Ciencias Pecuarias, 24 (3): 231 – 247.

KIM K Y, KO H J, KIM H T, et al., 2006. Effect of spraying biological additives for reduction of dust and bioaerosol in a confinement swine house [J]. Annals of Agricultural and Environmental Medicine, 13 (1): 133 – 138.

KIM W, PATTERSON P, 2003. Production of an egg yolk antibody specific to microbial uricase and its inhibitory effects on uricase activity [J]. Poultry science, 82 (10): 1554 – 1558.

KIM Y - J, AHMED S T, ISLAM M M, et al., 2014. Evaluation of Bacillus amyloliquefaciens as manure additive for control of odorous gas emissions from pig slurry [J]. African Journal of Microbiology Research, 8 (26): 2540 – 2546.

KITHOME M, PAUL J, BOMKE A, 1999. Reducing nitrogen losses during simulated composting of poultry manure using adsorbents or chemical amendments [R]. Wiley Online Library.

KROODSMA W, IN'T VELD J H, SCHOLTENS R, 1993. Ammonia emission and its reduction from cubicle houses by flushing [J]. Livestock Production Science, 35 (3 – 4): 293 – 302.

KWON K - S, LEE I - B, HA T, 2016. Identification of key factors for dust generation in a nursery pig house and evaluation of dust reduction efficiency using a CFD technique [J]. Biosystems engineering, 151: 28 – 52.

LABRADA G M V, KUMAR S, AZAR R, et al., 2020. Simultaneous capture of $NH_3$ and $H_2S$ using $TiO_2$ and ZnO nanoparticles – laboratory evaluation and application in a livestock facility [J]. Journal of Environmental Chemical Engineering, 8 (1): 103615.

LALA A O, OSO A O, OSAFO E L, et al., 2020. Impact of reduced dietary crude protein levels and phytase enzyme supplementation on growth response, slurry characteristics, and gas emissions of growing pigs [J]. Animal Science Journal, 91 (1): e13381.

LAMICHHANE P, 2006. Characterization and Control of Odor Emissions from Concentrated

Animal Feeding Operations [D]. Cincinnati: University of Cincinnati.

LEE I-B, YOU B-K, KANG C-H, et al., 2004. Study on forced ventilation system of a piglet house [J]. Japan Agricultural Research Quarterly: JARQ, 38 (2): 81-90.

LEE M, KOZIEL J A, MURPHY W, et al., 2021. Design and testing of mobile laboratory for mitigation of gaseous emissions from livestock agriculture with photocatalysis [J]. International journal of environmental research and public health, 18 (4): 1523.

LEE M, LI P, KOZIEL J A, et al., 2020. Pilot-scale testing of UV-A light treatment for mitigation of $NH_3$, $H_2S$, GHGs, VOCs, odor, and $O_3$ inside the poultry barn [J]. Frontiers in chemistry: 613.

LEINONEN I, WILLIAMS A, WISEMAN J, et al., 2012. Predicting the environmental impacts of chicken systems in the United Kingdom through a life cycle assessment: Egg production systems [J]. Poultry Science, 91 (1): 26-40.

LEUNING R, BAKER S, JAMIE I, et al., 1999. Methane emission from free-ranging sheep: a comparison of two measurement methods [J]. Atmospheric environment, 33 (9): 1357-1365.

LI Y, GUO H, 2006. Comparison of odor dispersion predictions between CFD and CAL-PUFF models [J]. Transactions of the ASABE, 49 (6): 1915-1926.

LIANG Y, XIN H, WHEELER E, et al., 2005. Ammonia emissions from US laying hen houses in Iowa and Pennsylvania [J]. Transactions of the ASAE, 48 (5): 1927-1941.

LIHUA L, AI G-L, 2010. Remote monitoring system of henhouse harmful gases [C]// proceedings of the 2010 International Conference on Computer Application and System Modeling (ICCASM 2010).

LLONCH P, RODRIGUEZ P, JOSPIN M, et al., 2013. Assessment of unconsciousness in pigs during exposure to nitrogen and carbon dioxide mixtures [J]. Animal, 7 (3): 492-498.

LORIMOR J C, XIN H, 1999. Manure production and nutrient concentrations from high-rise layer houses [J]. Applied Engineering in Agriculture, 15 (4): 337.

MALKINA I L, KUMAR A, GREEN P G, et al., 2011. Identification and quantitation of volatile organic compounds emitted from dairy silages and other feedstuffs [J]. Journal of environmental quality, 40 (1): 28-36.

MANUZON R, ZHAO L, GECIK C., 2014. An Optimized Electrostatic Precipitator for Air Cleaning of Particulate Emissions from Poultry Facilities [J]. ASHRAE Transactions, 120 (1).

MAO H, LV Z, SUN H, et al., 2018. Improvement of biochar and bacterial powder addition on gaseous emission and bacterial community in pig manure compost [J]. Bioresource technology, 258: 195-202.

MAURER D L, KOZIEL J A, 2019. On-farm pilot-scale testing of black ultraviolet light and photocatalytic coating for mitigation of odor, odorous VOCs, and greenhouse gases

[J]. Chemosphere, 221: 778 - 784.

MAURER D L, KOZIEL J A, BRUNING K, et al., 2017. Pilot - scale testing of renewable biocatalyst for swine manure treatment and mitigation of odorous VOCs, ammonia and hydrogen sulfide emissions [J]. Atmospheric environment, 150: 313 - 321.

MAV DE MELO A M V, SANTOS J M, MAVROIDIS I, et al., 2012. Modelling of odour dispersion around a pig farm building complex using AERMOD and CALPUFF. Comparison with wind tunnel results [J]. Building and Environment, 56: 8 - 20.

MCCUBBIN D R, APELBERG B J, ROE S, et al., 2002. Livestock ammonia management and particulate - related health benefits [J] Environmental Science & Technology, 36 (6): 1141 - 1146.

MCGINN S, BEAUCHEMIN K, FLESCH T, et al., 2009. Performance of a dispersion model to estimate methane loss from cattle in pens [J]. Journal of Environmental Quality, 38 (5): 1796 - 1802.

MELSE R W, OGINK N, 2005. Air scrubbing techniques for ammonia and odor reduction at livestock operations: Review of on - farm research in the Netherlands [J]. Transactions of the ASAE, 48 (6): 2303 - 2313.

MENDES L B, OGINK N W, EDOUARD N, et al., 2015. NDIR gas sensor for spatial monitoring of carbon dioxide concentrations in naturally ventilated livestock buildings [J]. Sensors, 15 (5): 11239 - 11257.

MENZI H, KATZ P, 1997. A differentiated approach to calculate ammonia emissions from animal husbandry [C]//proceedings of the Voermans JAM and Monteny GJ (Eds): "Ammonia and odour emissions from animal production facilities", International Symposium, Vinkeloord, NL, 6 - 10 October, 35.

MICHIELS A, PIEPERS S, ULENS T, et al., 2015. Impact of particulate matter and ammonia on average daily weight gain, mortality and lung lesions in pigs [J]. Preventive veterinary medicine, 121 (1 - 2): 99 - 107.

MIELCAREK P, RZEŹNIK W, 2015. Odor emission factors from livestock production [J]. Polish Journal of Environmental Studies, 24 (1): 27 - 35.

MITCHELL B, RICHARDSON L, WILSON J, et al., 2004. Application of an electrostatic space charge system for dust, ammonia, and pathogen reduction in a broiler breeder house [J]. Applied Engineering in Agriculture, 20 (1): 87.

MOLLOY S, TUNNEY H, 1983. A laboratory study of ammonia volatilization from cattle and pig slurry [J]. Irish Journal of Agricultural Research: 37 - 45.

MONTEIRO A, GARCIA - LAUNAY F, BROSSARD L, et al., 2016. Effect of feeding strategy on environmental impacts of pig fattening in different contexts of production: evaluation through life cycle assessment [J]. Journal of Animal Science, 94 (11): 4832 - 4847.

MORGAN R J, WOOD D J, VAN HEYST B J, 2014. The development of seasonal emission factors from a Canadian commercial laying hen facility [J]. Atmospheric Environment,

86: 1 - 8.

MOSTAFA E, HOELSCHER R, DIEKMANN B, et al., 2017. Evaluation of two indoor air pollution abatement techniques in forced - ventilation fattening pig barns [J]. Atmospheric Pollution Research, 8 (3): 428 - 438.

MOUNT G H, RUMBURG B, HAVIG J, et al., 2002. Measurement of atmospheric ammonia at a dairy using differential optical absorption spectroscopy in the mid - ultraviolet [J]. Atmospheric Environment, 36 (11): 1799 - 1810.

MUHLBAUER R V, SWESTKA R J, BURNS R T, et al., 2008. Development and testing of a hydrogen sulfide detection system for use in swine housing [C]//proceedings of the 2008 Providence, Rhode Island, June 29 - July 2, American Society of Agricultural and Biological Engineers.

NAKAUE H, KOELLIKER J, PIERSON M, 1981. Effect of feeding broilers and the direct application of clinoptilolite (zeolite) on clean and re - used broiler litter on broiler performance and house environment [J]. Poultry Science, 60: 1221.

NAYLOR T A, WIEDEMANN S, PHILLIPS F A, et al., 2016. Emissions of nitrous oxide, ammonia and methane from Australian layer - hen manure storage with a mitigation strategy applied [J]. Animal Production Science, 56 (9): 1367 - 1375.

NGWABIE N M, JEPPSSON K H, NIMMERMARK S, et al., 2009. Multi - location measurements of greenhouse gases and emission rates of methane and ammonia from a naturally - ventilated barn for dairy cows [J]. Biosystems Engineering, 103 (1): 68 - 77.

NGWABIE N M, SCHADE G W, CUSTER T G, et al., 2007. Volatile organic compound emission and other trace gases from selected animal buildings [J]. Landbauforschung Volkenrode, 57 (3): 273.

NGWABIE N M, SCHADE G W, CUSTER T G, et al., 2008. Abundances and flux estimates of volatile organic compounds from a dairy cowshed in Germany [J]. Journal of Environmental Quality, 37 (2): 565 - 573.

NI J, VINCKIER C, COENEGRACHTS J, et al., 1999. Effect of manure on ammonia emission from a fattening pig house with partly slatted floor [J]. Livestock production science, 59 (1): 25 - 31.

NI J - Q, 2021. Factors affecting toxic hydrogen sulfide concentrations on swine farms - sulfur source, release mechanism, and ventilation [J]. Journal of Cleaner Production, 322: 129126.

NI J - Q, CHAI L, CHEN L, et al, 2012. Characteristics of ammonia, hydrogen sulfide, carbon dioxide, and particulate matter concentrations in high - rise and manure - belt layer hen houses [J]. Atmospheric Environment, 57: 165 - 174.

NI J - Q, HEBER A J, 1998. Sampling and measurement of ammonia concentration at animal facilities - A review [C]//proceedings of the 2001 ASAE Annual Meeting. American Society of Agricultural and Biological Engineers.

NI J - Q, HEBER A J, 2010. An on - site computer system for comprehensive agricultural air quality research [J]. Computers and Electronics in Agriculture, 71 (1): 38 - 49.

NI J - Q, HEBER A J, LIM T T, et al. , 2000. Ammonia emission from a large mechanically - Ventilated swine building during warm weather [R]. Wiley Online Library.

NI J - Q, HEBER A, LIM T, et al. , 2002. Hydrogen sulphide emission from two large pig - finishing buildings with long - term high - frequency measurements [J]. The Journal of Agricultural Science, 138 (2): 227 - 236.

NICOLAI R E, HOFER B, 2009. Swine finishing barn dust reduction resulting from an electrostatic space discharge system [C]//proceedings of the Livestock Environment VIII, 31 August - 4 September 2008, Iguassu Falls, American Society of Agricultural and Biological Engineers.

NONNENMANN M W, DONHAM K J, RAUTIAINEN R H, et al. , 2004. Vegetable oil sprinkling as a dust reduction method in swine confinement [J]. Journal of agricultural safety and health, 10 (1): 7.

NORMAN M, HANSEL A, WISTHALER A, 2007. $O_2^+$ as reagent ion in the PTR - MS instrument: Detection of gas - phase ammonia [J]. International Journal of Mass Spectrometry, 265 (2 - 3): 382 - 387.

NORTON T, GRANT J, FALLON R, et al. , 2010. Assessing the ventilation performance of a naturally ventilated livestock building with different eave opening conditions [J]. Computers and Electronics in Agriculture, 71 (1): 7 - 21.

OECD and Food and Agriculture Oragnization of the United Nations, 2021. Meat, In: OECD - FAO Agricultural Outlook 2021 - 2030 [R]. Paris: OECD Publishing.

OGINK N, AARNINK A, 2003. Managing emissions from swine facilities: current situation in the Netherlands and Europe [C]//proceedings of the Proceedings of the University of Illinois Pork Industry Conference, Citeseer.

OGINO A, OSADA T, TAKADA R, et al. , 2013. Life cycle assessment of Japanese pig farming using low - protein diet supplemented with amino acids [J]. Soil science and plant nutrition, 59 (1): 107 - 118.

OGNEVA - HIMMELBERGER Y, HUANG L, XIN H, 2015. CALPUFF and CAFOs: air pollution modeling and environmental justice analysis in the North Carolina hog industry [J]. ISPRS International Journal of Geo - Information, 4 (1): 150 - 171.

OLIVIER J, PETERS J, 2020. Trends in global $CO_2$ and total greenhouse gas emissions [R]. PBL Netherlands Environmental Assessment Agency: The Hague, The Netherlands.

ORTIZ G, VILLAMAR C A, VIDAL G, 2014. Odor from anaerobic digestion of swine slurry: influence of pH, temperature and organic loading [J]. Scientia agricola, 71: 443 - 450.

PAN L, YANG S X, 2007. A new intelligent electronic nose system for measuring and analysing livestock and poultry farm odours [J]. Environmental monitoring and assessment,

135 (1): 399 – 408.

PARBST K, KEENER K, HEBER A, et al. , 2000. Comparison between low – end discrete and high – end continuous measurements of air quality in swine buildings [J]. Applied Engineering in Agriculture, 16 (6): 693.

PARK J, KANG T, HEO Y, et al. , 2020. Evaluation of short – term exposure levels on ammonia and hydrogen sulfide during Manure – Handling processes at livestock farms [J]. Safety and Health at Work, 11 (1): 109 – 117.

PEARSON J F, BACHIREDDY C, SHYAMPRASAD S, et al. , 2010. Association between fine particulate matter and diabetes prevalence in the US [J]. Diabetes care, 33 (10): 2196 – 2201.

PELLETIER N, 2008. Environmental performance in the US broiler poultry sector: Life cycle energy use and greenhouse gas, ozone depleting, acidifying and eutrophying emissions [J]. Agricultural Systems, 98 (2): 67 – 73.

PEXAS G, MACKENZIE S G, WALLACE M, et al. , 2020. Environmental impacts of housing conditions and manure management in European pig production systems through a life cycle perspective: A case study in Denmark [J]. Journal of Cleaner Production, 253: 120005.

PHILIPPE F – X, LAITAT M, WAVREILLE J, et al, 2013. Influence of permanent use of feeding stalls as living area on ammonia and greenhouse gas emissions for group – housed gestating sows kept on straw deep – litter [J]. Livestock Science, 155 (2 – 3): 397 – 406.

PIMENTEL J, COOK M, 1988. Improved growth in the progeny of hens immunized with jackbean urease [J]. Poultry Science, 67 (3): 434 – 439.

PIRINGER M, KNAUDER W, PETZ E, et al. , 2016. Factors influencing separation distances against odour annoyance calculated by Gaussian and Lagrangian dispersion models [J]. Atmospheric environment, 2016, 140: 69 – 83.

PT O'HAUGHNESSY P T, ALTMAIER R, 2011. Use of AERMOD to determine a hydrogen sulfide emission factor for swine operations by inverse modeling [J]. Atmospheric environment, 45 (27): 4617 – 4625.

PU S, LONG D, LIU Z, et al. , 2018. Preparation of RGO – P25 nanocomposites for the photocatalytic degradation of ammonia in livestock farms [J]. Catalysts, 8 (5): 189.

QIN C, WANG X, ZHANG G, et al. , 2020. Effects of the slatted floor layout on flow pattern in a manure pit and ammonia emission from pit – A CFD study [J]. Computers and Electronics in Agriculture, 177: 105677.

RAJAMÄKI T, ARNOLD M, VENELAMPI O, et al. , 2005. An electronic nose and indicator volatiles for monitoring of the composting process [J]. Water, Air, and Soil Pollution, 2005, 162 (1): 71 – 87.

REIDY B, DäMMGEN U, DöHLER H, et al. , 2008. Comparison of models used for national agricultural ammonia emission inventories in Europe: Liquid manure systems [J].

Atmospheric Environment, 42 (14): 3452 - 3464.

REY J, ATXAERANDIO R, RUIZ R, et al. , 2019. Comparison between non - invasive methane measurement techniques in cattle [J]. Animals, 9 (8): 563.

RIGOLOT C, ESPAGNOL S, ROBIN P, et al. , 2010. Modelling of manure production by pigs and NH₃, N₂O and CH₄ emissions. Part II: effect of animal housing, manure storage and treatment practices [J]. Animal, 4 (8): 1413 - 1424.

RITZ C, MITCHELL B, FAIRCHILD B, et al. , 2006. Improving in - house air quality in broiler production facilities using an electrostatic space charge system [J]. Journal of Applied Poultry Research, 15 (2): 333 - 340.

RO K S, HUNT P G, JOHNSON M H, et al. , 2007. Estimating ammonia and methane emissions from CAFOs using an open - path optical remote sensing technology [C]//proceedings of the 2007 ASAE Annual Meeting. American Society of Agricultural and Biological Engineers.

RODRíGUEZ P, DALMAU A, MANTECA X, et al. , 2016. Assessment of aversion and unconsciousness during exposure to carbon dioxide at high concentration in lambs [J]. Animal Welfare, 25 (1): 73 - 82.

ROUMELIOTIS T, VAN HEYST B, 2008. Summary of ammonia and particulate matter emission factors for poultry operations [J]. Journal of Applied Poultry Research, 17 (2): 305 - 314.

RUMSEY I C, ANEJA V P, LONNEMAN W A, 2012. Characterizing non - methane volatile organic compounds emissions from a swine concentrated animal feeding operation [J]. Atmospheric Environment, 47: 348 - 357.

SARKER N C, RAHMAN S, BORHAN M S, et al. , 2019. Nanoparticles in mitigating gaseous emissions from liquid dairy manure stored under anaerobic condition [J]. Journal of Environmental Sciences, 76: 26 - 36.

SCHAUBERGER G, PIRINGER M, PETZ E, 2001. Separation distance to avoid odour nuisance due to livestock calculated by the Austrian odour dispersion model (AODM) [J]. Agriculture, Ecosystems & Environment, 87 (1): 13 - 28.

SCHIFFMAN S S, BENNETT J L, RAYMER J H, 2001. Quantification of odors and odorants from swine operations in North Carolina [J]. Agricultural and Forest Meteorology, 108 (3): 213 - 240.

SCHIKOWSKI T, SUGIRI D, RANFT U, et al. , 2005. Long - term air pollution exposure and living close to busy roads are associated with COPD in women [J]. Respiratory research, 6 (1): 1 - 10.

SCHULTE D D, MODI M R, HENRY C G, et al. , 2007. Modeling odor dispersion from a swine facility using AERMOD [C]//proceedings of the International Symposium on Air Quality and Waste Management for Agriculture, 16 - 19. September 2007, Broomfield, Colorado. American Society of Agricultural and Biological Engineers.

SECREST C D, 2001. Field measurement of air pollutants near swine confined – animal feeding operations using UV DOAS and FTIR [C]//proceedings of the Water, Ground, and Air Pollution Monitoring and Remediation. International Society for Optics and Photonics.

SEO I – H, LEE I – B, MOON O – K, et al. , 2009. Improvement of the ventilation system of a naturally ventilated broiler house in the cold season using computational simulations [J]. Biosystems engineering, 104 (1): 106 – 117.

SEVI A, ALBENZIO M, MUSCIO A, et al. , 2003. Effects of litter management on airborne particulates in sheep houses and on the yield and quality of ewe milk [J]. Livestock production science, 81 (1): 1 – 9.

SHAN G, LI W, GAO Y, et al. , 2021. Additives for reducing nitrogen loss during composting: a review [J]. Journal of Cleaner Production: 127308.

SHAO L, GRIFFITHS P R, LEYTEM A B. , 2010. Advances in data processing for open – path fourier transform infrared spectrometry of greenhouse gases [J]. Analytical chemistry, 82 (19): 8027 – 8033.

SHEPHERD T A, ZHAO Y, LI H, et al. , 2015. Environmental assessment of three egg production systems – part II. Ammonia, greenhouse gas, and particulate matter emissions [J]. Poultry science, 94 (3): 534 – 543.

SHIRAISHI M, WAKIMOTO N, TAKIMOTO E, et al. , 2006. Measurement and regulation of environmentally hazardous gas emissions from beef cattle manure composting – ScienceDirect [C]//proceedings of the Elsevier BV.

SI J, 2018. Investigating efficiency of engineered water nanostructures (EWNS) generated via electrospray technique to deactivate surface microbes in livestock barns [D]. Saskatoon: University of Saskatchewan.

SILBEY R J, ALBERTY R A, BAWENDI M G, 2005. Physical chemistry [M]. Hoboken: John Wiley&Sons, Inc.

SKEWES P A, HARMON J D, 1995. Ammonia quick test and ammonia dosimeter tubes for determining ammonia levels in broiler facilities [J]. Journal of Applied Poultry Research, 4 (2): 148 – 153.

SMITH W H, 1974. Air pollution – effects on the structure and function of the temperate forest ecosystem [J]. Environmental Pollution, 6 (2): 111 – 129.

SOKOLOV V, VANDERZAAG A, HABTEWOLD J, et al. , 2019. Greenhouse gas mitigation through dairy manure acidification [J]. Journal of environmental quality, 48 (5): 1435 – 1443.

SOLEIMANI T, GILBERT H, 2020. Evaluating environmental impacts of selection for residual feed intake in pigs [J]. Animal, 14 (12): 2598 – 2608.

SOMMER S G, PETERSEN S O, S? RENSEN P, et al, 2007. Methane and carbon dioxide emissions and nitrogen turnover during liquid manure storage [J]. Nutrient Cycling in Agroecosystems, 78 (1): 27 – 36.

SOMMER S, MCGINN S, HAO X, et al. , 2004. New micro – meteorological techniques for measuring gas emission from stored solid manure [C]//proceedings of the 11th International Conference of the FAO ESCORENA Network on Recycling of Agricultural. Municipal and Industrial Residues in Agriculture, Ramiran.

STAMENKOVIĆ L J, ANTANASIJEVIĆ D Z, RISTIĆ M D, et al. , 2015. Modeling of methane emissions using artificial neural network approach [J]. Journal of the Serbian Chemical Society, 80 (3): 421 – 433.

STEINFELD H, GERBER P, WASSENAAR T D, et al, 2006. Livestock's long shadow: environmental issues and options [M]. Food and Agriculture Organization of the United Nations (FAO) .

SUN G, HOFF S J, ZELLE B C, et al. , 2008. Development and comparison of backpropagation and generalized regression neural network models to predict diurnal and seasonal gas and PM10 concentrations and emissions from swine buildings [C]//proceedings of the 2008 Providence, Rhode Island, June 29 July 2. American Society of Agricultural and Biological Engineers.

SUN H, KEENER H M, DENG W, et al. , 2004. Development and validation of 3 – d CFD models to simulate airflow and ammonia distribution in a high – rise™ hog building during summer and winter conditions [J]. Agricultural Engineering International: CIGR Journal.

SUN H, STOWELL R, KEENER H, et al. , 2002. Two – dimensional computational fluid dynamics (CFD) modeling of air velocity and ammonia distribution in a high – rise hog building – 4050 [J]. Transactions of the ASAE, 45 (5): 1559.

SUNESSON A – L, GULLBERG J, BLOMQUIST G, 2001. Airborne chemical compounds on dairy farms [J]. Journal of Environmental Monitoring, 3 (2): 210 – 216.

TAKAI H, PEDERSEN S, JOHNSEN J O, et al. , 1998. Concentrations and emissions of airborne dust in livestock buildings in Northern Europe [J]. Journal of Agricultural Engineering Research, 70 (1): 59 – 77.

TONG B, WANG X, WANG S, et al. , 2019. Transformation of nitrogen and carbon during composting of manure litter with different methods [J]. Bioresource technology, 293: 122046.

TRABUE S, KERR B, SCOGGIN K, 2016. Odor and odorous compound emissions from manure of swine fed standard and dried distillers grains with soluble supplemented diets [J]. Journal of environmental quality, 45 (3): 915 – 923.

VALLERO D, 2014. Fundamentals of air pollution [M]. Burlington: Academic press.

VAN DER HEYDEN C, BRUSSELMAN E, VOLCKE E, et al. , 2016. Continuous measurements of ammonia, nitrous oxide and methane from air scrubbers at pig housing facilities [J]. Journal of environmental management, 181: 163 – 171.

VAN DER HEYDEN C, DEMEYER P, VOLCKE E I, 2015. Mitigating emissions from pig and poultry housing facilities through air scrubbers and biofilters: State – of – the – art and perspectives [J]. Biosystems Engineering, 134: 74 - 93.

VAN DER WERF H M, PETIT J, SANDERS J, 2005. The environmental impacts of the production of concentrated feed: the case of pig feed in Bretagne [J]. Agricultural Systems, 83 (2): 153 - 177.

VAN EMOUS R, WINKEL A, AARNINK A, 2019. Effects of dietary crude protein levels on ammonia emission, litter and manure composition, N losses, and water intake in broiler breeders [J]. Poultry Science, 98 (12): 6618 - 6625.

VAN RANSBEECK N, VAN LANGENHOVE H, DEMEYER P, 2013. Indoor concentrations and emissions factors of particulate matter, ammonia and greenhouse gases for pig fattening facilities [J]. Biosystems engineering, 116 (4): 518 - 528.

VAREL V H, 1997. Use of urease inhibitors to control nitrogen loss from livestock waste [J]. Bioresource Technology, 62 (1 - 2): 11 - 17.

VELTHOF G, VAN BRUGGEN C, GROENESTEIN C, et al., 2012. A model for inventory of ammonia emissions from agriculture in the Netherlands [J]. Atmospheric environment, 46: 248 - 255.

VIGURIA M, LóPEZ D M, 2015. ARRIAGA H, et al. Ammonia and greenhouse gases emission from on - farm stored pig slurry [J]. Water, Air, & Soil Pollution, 226 (9): 1 - 8.

VRANKEN E, CLAES S, BERCKMANS D, 2003. Reduction of ammonia from livestock buildings by the optimization of ventilation control settings [C]. AIR POLLUTION FROM AGRICULTURAL OPERATIONS Ⅲ, PROCEEDINGS.: 167 - 173.

WALKER J I, SCAPLEN M, GEORGE F, 2002. ISCST3, AERMOD and CALPUFF: a comparative analysis in the environmental assessment of a sour gas plant [J]. Jacques Whitford Environment Limited (JWEL) Report Paper, Paper, (25).

WANG K, HUANG D, YING H, et al., 2014. Effects of acidification during storage on emissions of methane, ammonia, and hydrogen sulfide from digested pig slurry [J]. Biosystems Engineering, 122: 23 - 30.

WANG X, CAO M, HU F, et al., 2022. Effect of Fans' Placement on the Indoor Thermal Environment of Typical Tunnel - Ventilated Multi - Floor Pig Buildings Using Numerical Simulation [J]. Agriculture, 12 (6): 891.

WANG X, LI J, WU J, et al., 2021. Numerical Simulation of the Placement of Exhaust Fans in a Tunnel - Ventilated Layer House During the Fall [J]. Transactions of the ASABE, 64 (6): 1955 - 1966.

WANG X, WU J, YI Q, et al., 2021. Numerical evaluation on ventilation rates of a novel multi - floor pig building using computational fluid dynamics [J]. Computers and Electronics in Agriculture, 182: 106050.

WANG X, ZHANG Y, RISKOWSKI G, et al., 2002. Measurement and analysis of dust spatial distribution in a mechanically ventilated pig building [J]. Biosystems engineering, 81 (2): 225 - 236.

WANG Y, LIN H, HU B., 2019. Electrochemical removal of hydrogen sulfide from swine manure [J]. Chemical Engineering Journal, 356: 210-218.

WANG Y, LIU S, XUE W, et al., 2019. The characteristics of carbon, nitrogen and sulfur transformation during cattle manure composting-based on different aeration strategies [J]. International journal of environmental research and public health, 16 (20): 3930.

WEI B, WANG K, DAI X, et al., 2010. Evaluation of indoor environmental conditions of micro-fermentation deep litter pig building in southeast China [C]//proceedings of the 2010 Pittsburgh, Pennsylvania, June 20-June 23, American Society of Agricultural and Biological Engineers.

WENG X, KONG C, JIN H, et al., 2021. Detection of Volatile Organic Compounds (VOCs) in Livestock Houses Based on Electronic Nose [J]. Applied Sciences, 11 (5): 2337.

WHEELER E F, CASEY K D, GATES R S, et al., 2006. Ammonia emissions from twelve US broiler chicken houses [J]. Transactions of the ASABE, 49 (5): 1495-1512.

WHEELER E F, CASEY K D, GATES R S, et al., 2009. Ammonia emissions from USA broiler chicken barns managed with new bedding, built-up litter, or acid-treated litter [C]//proceedings of the Livestock Environment Ⅷ, 31 August-4 September 2008, Iguassu Falls, Brazil. American Society of Agricultural and Biological Engineers.

WILLEKE K, LIN X, GRINSHPUN S A, 1998. Improved aerosol collection by combined impaction and centrifugal motion [J]. Aerosol Science and technology, 28 (5): 439-456.

WINKEL A, MOSQUERA J, AARNINK A J, et al., 2015. Evaluation of a dry filter and an electrostatic precipitator for exhaust air cleaning at commercial non-cage laying hen houses [J]. Biosystems Engineering, 129: 212-225.

WINKEL A, MOSQUERA J, KOERKAMP P W G, et al, 2015. Emissions of particulate matter from animal houses in the Netherlands [J]. Atmospheric Environment, 111: 202-212.

XIN H, LIANG Y, TANAKA A, et al., 2003. Ammonia emissions from US poultry houses: Part I-Measurement system and techniques [C]//proceedings of the Air Pollution from Agricultural Operations-Ⅲ. American Society of Agricultural and Biological Engineers.

XU G, LIU X, WANG Q, et al., 2017. Integrated rice-duck farming mitigates the global warming potential in rice season [J]. Science of the Total Environment, 575: 58-66.

XU S, HAO X, STANFORD K, et al., 2007. Greenhouse gas emissions during co-composting of cattle mortalities with manure [J]. Nutrient Cycling in Agroecosystems, 78 (2): 177-187.

YANG Y, KIRYCHUK S P, SI Y, et al., 2022. Reduction of airborne particulate matter from pig and poultry rearing facilities using engineered water nanostructures [J]. Biosystems Engineering, 218: 1-9.

YAO H, FEILBERG A, 2015. Characterisation of photocatalytic degradation of odorous

300

compounds associated with livestock facilities by means of PTR – MS [J]. Chemical Engineering Journal, 277: 341 – 351.

YOON H – S, SEONG K – W, CHOI K – S, 2015. A study of odor emission characteristics from human waste/livestock manure treatment facilities in Korea [J]. KSCE Journal of Civil Engineering, 19 (3): 564 – 571.

YOU J, VAN DER KLEIN S A, LOU E, et al., 2020. Application of random forest classification to predict daily oviposition events in broiler breeders fed by precision feeding system [J]. Computers and Electronics in Agriculture, 175: 105526.

ZENG L, HE M, YU H, et al., 2016. An H2S sensor based on electrochemistry for chicken coops [J]. Sensors, 16 (9): 1398.

ZHANG D, LUO W, YUAN J, et al., 2017. Effects of woody peat and superphosphate on compost maturity and gaseous emissions during pig manure composting [J]. Waste Management, 68: 56 – 63.

ZHANG R, YAMAMOTO T, BUNDY D S, 1996. Control of ammonia and odors in animal houses by a ferroelectric plasma reactor [J]. IEEE Transactions on Industry Applications, 32 (1): 113 – 117.

ZHANG S, CAI L, KOZIEL J A, et al., 2010. Field air sampling and simultaneous chemical and sensory analysis of livestock odorants with sorbent tubes and GC – MS/olfactometry [J]. Sensors and Actuators B: Chemical, 146 (2): 427 – 432.

ZHAO Y, AARNINK A, DE JONG M, et al., 2011. Effectiveness of multi – stage scrubbers in reducing emissions of air pollutants from pig houses [J]. Transactions of the ASABE, 54 (1): 285 – 293.

ZHU J, 2000. A review of microbiology in swine manure odor control [J]. Agriculture, Ecosystems & Environment, 78 (2): 93 – 106.

ZHU Z, DONG H, TAO X, et al., 2005. Evaluation of airborne dust concentration and effectiveness of cooling fan with spraying misting systems in swine gestation houses [C]// proceedings of the Livestock Environment VII, 18 – 20 May, Beijing, China, American Society of Agricultural and Biological Engineers.

ZIMMERMAN P R, 1993. System for measuring metabolic gas emissions from animals [P]. Google Patents.

图书在版编目（CIP）数据

畜牧业空气质量与控制 / 汪开英著 . —北京：中
国农业出版社，2022.12
ISBN 978 - 7 - 109 - 30204 - 4

Ⅰ. ①畜… Ⅱ. ①汪… Ⅲ. ①畜牧业—空气污染控制
Ⅳ. ①X51

中国版本图书馆 CIP 数据核字（2022）第 213594 号

畜牧业空气质量与控制
**XUMUYE KONGQI ZHILIANG YU KONGZHI**

---

中国农业出版社出版

地址：北京市朝阳区麦子店街 18 号楼
邮编：100125
责任编辑：周锦玉
版式设计：杨 婧 责任校对：刘丽香
印刷：北京中兴印刷有限公司
版次：2022 年 12 月第 1 版
印次：2022 年 12 月北京第 1 次印刷
发行：新华书店北京发行所
开本：700mm×1000mm 1/16
印张：19.5
字数：372 千字
定价：88.00 元

---